高等学校计算机教材

ASP.NET 4.0 实用教程

郑阿奇　主编
彭作民　高　茜　陈冬霞　编著

电子工业出版社
Publishing House of Electronics Industry
北京·BEIJING

内 容 简 介

ASP.NET 4.0 是微软最新面向互联网时代构筑的可视化 Web 开发工具，它以 .NET Framework 作为支撑，开发平台为 Microsoft Visual Studio 2010。

本书包括教程、配套的实验和综合应用。教程包括 ASP.NET 4.0 及其开发环境、Web 设计基础、C#程序设计基础、ASP.NET 4.0 应用程序结构、ASP.NET 4.0 内置对象、ASP.NET 4.0 服务器控件和客户端脚本、ASP.NET 4.0 网站设计、ASP.NET 4.0 数据库编程、ASP.NET 网站开发架构、ASP.NET 4.0 高级技术、ASP.NET 4.0 Web 服务、ASP.NET 4.0 AJAX 简介，最后有 ASP.NET 综合应用实例。除前 4 章和第 9 章外，各章都有小的综合应用实例，并配套相应习题和实验，实验可先验证然后自己再进行修改和扩展。在华信教育资源网（http://www.hxedu.com.cn）上免费提供课件、书中的实例源代码和完整的综合应用系统，方便教和学。

本书可作为大学本科和高职高专相关课程的教材，也可作为 ASP.NET 4.0 自学或者应用开发的参考书。

未经许可，不得以任何方式复制或抄袭本书之部分或全部内容。
版权所有，侵权必究。

图书在版编目（CIP）数据

ASP.NET 4.0 实用教程 / 郑阿奇主编；彭作民，高茜，陈冬霞编著. —北京：电子工业出版社，2013.2
高等学校计算机教材
ISBN 978-7-121-19196-1

Ⅰ. ①A… Ⅱ. ①郑… ②彭… ③高… ④陈… Ⅲ. ①网页制作工具－程序设计－高等学校－教材
Ⅳ. ①TP393.092

中国版本图书馆 CIP 数据核字（2012）第 295347 号

策划编辑：郝黎明
责任编辑：徐　萍
印　　刷：北京虎彩文化传播有限公司
装　　订：北京虎彩文化传播有限公司
出版发行：电子工业出版社
　　　　　北京市海淀区万寿路 173 信箱　邮编　100036
开　　本：787×1092　1/16　印张：30.5　字数：781 千字
版　　次：2013 年 2 月第 1 版
印　　次：2025 年 2 月第 12 次印刷
定　　价：49.50 元

凡所购买电子工业出版社图书有缺损问题，请向购买书店调换。若书店售缺，请与本社发行部联系，联系及邮购电话：(010) 88254888，88258888。
质量投诉请发邮件至 zlts@phei.com.cn，盗版侵权举报请发邮件至 dbqq@phei.com.cn。
本书咨询联系方式：(010) 88254577，ccq@phei.com.cn。

前 言

Microsoft Visual Studio 是微软公司依托 .NET 战略推出的新一代软件开发平台，其中 ASP.NET 是面向互联网时代构筑的可视化 Web 开发工具，它以 .NET Framework 作为支撑。2010 年发布了 .NET Framework 4.0。同时，在最新推出的 Microsoft Visual Studio 2010 上，ASP.NET 4.0 是其中的可视化 Web 开发平台。本书结合 ASP.NET 教学和应用开发的经验，系统介绍 ASP.NET 4.0 及其应用开发。

本书包括教程、配套的实验和综合应用。教程包括 ASP.NET 4.0 及其开发环境、Web 设计基础、C#程序设计基础、ASP.NET 4.0 应用程序结构、ASP.NET 4.0 内置对象、ASP.NET 4.0 服务器控件和客户端脚本、ASP.NET 4.0 网站设计、ASP.NET 4.0 数据库编程、ASP.NET 网站开发架构、ASP.NET 4.0 高级技术、ASP.NET 4.0 Web 服务、ASP.NET 4.0 AJAX 简介，最后有 ASP.NET 综合应用实例。除前 4 章和第 9 章外，各章都有小的综合应用实例，用以消化当前和此前的主要内容与知识，最后由一个大的综合应用实例解决实际问题。每一章均配有相应习题和实验，实验可先验证然后自己再进行修改和扩展。

本书吸取了 ASP.NET 3.5 教程的编写经验，所有的实例均经过运行测试和验证。只要阅读本书，结合实验进行练习，就能在较短的时间内基本掌握 ASP.NET 4.0 及其应用技术。欢迎读者比较选择。

本书同步配套 PowerPoint 课件、书中所有实例的源代码和比较完整的综合应用系统，读者可从华信教育资源网（http://www.hxedu.com.cn）上免费下载。

本书由南京师范大学彭作民、高茜、陈冬霞编著，南京师范大学郑阿奇统编、定稿。参加本书编写的还有梁敬东、顾韵华、王洪元、刘启芬、丁有和、曹弋、徐文胜、殷红先、张为民、姜乃松、钱晓军、朱毅华、时跃华、周何骏、赵青松、周淑琴、陈金辉、李含光、王一莉、徐斌、王志瑞、孙德荣、周怡明、刘博宇、郑进、刘毅等。

由于作者水平有限，书中错误在所难免，欢迎广大读者批评指正！

作者 E-mail：easybooks@163.com

编 者
2013.1

目　录

第1章　ASP.NET 4.0 及其开发环境 ·· (1)
 1.1　ASP.NET 4.0 简介 ··· (1)
  1.1.1　Web 工作原理 ·· (1)
  1.1.2　.NET 概述 ··· (2)
 1.2　Visual Studio 2010 开发环境 ··· (3)
  1.2.1　创建 ASP.NET Web 应用程序 ·· (3)
  1.2.2　ASP.NET 应用程序开发窗口介绍 ·· (4)
  1.2.3　应用程序的开发 ··· (7)
  1.2.4　编译和运行程序 ··· (9)
  1.2.5　部署应用程序 ··· (10)
 1.3　简单的 ASP.NET 应用程序实例 ··· (10)
 习题 ·· (13)
第2章　Web 设计基础 ·· (14)
 2.1　Web 简介 ··· (14)
  2.1.1　Web 的概念 ·· (14)
  2.1.2　WWW 服务 ··· (15)
 2.2　XHTML 语言 ·· (15)
  2.2.1　XHTML 文档基本构成 ··· (15)
  2.2.2　XHTML 格式标记 ··· (19)
  2.2.3　XHTML 多媒体标记 ·· (25)
  2.2.4　XHTML 基本应用 ··· (28)
  2.2.5　框架网页设计 ··· (39)
 2.3　CSS 初步 ·· (42)
  2.3.1　CSS 定义及引用 ·· (43)
  2.3.2　CSS 选择符 ·· (46)
  2.3.3　CSS 属性 ··· (48)
 2.4　XML 基础 ·· (51)
  2.4.1　基本结构 ·· (51)
  2.4.2　语法规则 ·· (53)
  2.4.3　XML 元素 ·· (54)
  2.4.4　XML 属性 ·· (55)
  2.4.5　XML 验证 ·· (56)
  2.4.6　查看 XML 文件 ·· (57)
  2.4.7　使用 CSS 显示 XML 文件 ··· (58)

2.4.8　使用 XSLT 显示 XML 文件 ……………………………………………（59）
　习题 ………………………………………………………………………………（61）
　实验 ………………………………………………………………………………（61）
第 3 章　C# 程序设计基础 …………………………………………………………（63）
　3.1　C# 语法基础 ………………………………………………………………（63）
　　3.1.1　数据类型 ………………………………………………………………（63）
　　3.1.2　变量与常量 ……………………………………………………………（66）
　　3.1.3　运算符与表达式 ………………………………………………………（66）
　3.2　流程控制 …………………………………………………………………（69）
　　3.2.1　条件语句 ………………………………………………………………（69）
　　3.2.2　循环语句 ………………………………………………………………（71）
　　3.2.3　跳转语句 ………………………………………………………………（73）
　　3.2.4　异常处理 ………………………………………………………………（74）
　3.3　面向对象编程 ……………………………………………………………（75）
　　3.3.1　类和对象 ………………………………………………………………（76）
　　3.3.2　属性、方法和事件 ……………………………………………………（77）
　　3.3.3　构造函数和析构函数 …………………………………………………（78）
　习题 ………………………………………………………………………………（79）
　实验 ………………………………………………………………………………（79）
第 4 章　ASP.NET 4.0 应用程序结构 ……………………………………………（81）
　4.1　ASP.NET 4.0 应用程序分类 ……………………………………………（81）
　　4.1.1　Web 应用程序 …………………………………………………………（81）
　　4.1.2　移动 Web 应用程序 ……………………………………………………（81）
　　4.1.3　Web 服务 ………………………………………………………………（82）
　4.2　ASP.NET 4.0 应用程序结构 ……………………………………………（82）
　　4.2.1　应用程序文件类型 ……………………………………………………（82）
　　4.2.2　应用程序目录结构 ……………………………………………………（83）
　4.3　ASP.NET 4.0 页面框架 …………………………………………………（83）
　　4.3.1　aspx 页面元素 …………………………………………………………（83）
　　4.3.2　ASP.NET 页面布局 ……………………………………………………（84）
　　4.3.3　页面指令 ………………………………………………………………（86）
　　4.3.4　页面生命周期 …………………………………………………………（90）
　　4.3.5　页面事件 ………………………………………………………………（91）
　习题 ………………………………………………………………………………（92）
　实验 ………………………………………………………………………………（93）
第 5 章　ASP.NET 4.0 内置对象 …………………………………………………（94）
　5.1　输出数据：Response 对象 ………………………………………………（94）
　　5.1.1　Response 对象常用属性和方法 ………………………………………（94）

  5.1.2 Response 对象的应用 …………………………………………………(95)

5.2 接收数据：Request 对象 …………………………………………………………(96)

  5.2.1 Request 对象常用属性和方法 ……………………………………………(96)

  5.2.2 Request 对象的应用 ………………………………………………………(96)

5.3 服务器对象：Server 对象 …………………………………………………………(103)

  5.3.1 Server 对象常用属性和方法 ………………………………………………(104)

  5.3.2 Server 对象的应用 …………………………………………………………(104)

5.4 集合对象：Application 对象 ………………………………………………………(105)

  5.4.1 Application 对象常用属性、方法和事件 …………………………………(105)

  5.4.2 Application 对象的应用 ……………………………………………………(106)

5.5 会话对象：Session 对象 …………………………………………………………(107)

  5.5.1 Session 对象常用属性、方法和事件 ………………………………………(108)

  5.5.2 会话状态模式的配置 ………………………………………………………(109)

  5.5.3 优化会话性能 ………………………………………………………………(110)

  5.5.4 Session 对象的应用 …………………………………………………………(111)

5.6 缓存对象：Cache 对象 ……………………………………………………………(114)

5.7 网页对象：Page 对象 ……………………………………………………………(114)

  5.7.1 Page 对象常用属性、方法和事件 …………………………………………(115)

  5.7.2 Page 对象的应用 ……………………………………………………………(116)

5.8 综合应用 ……………………………………………………………………………(118)

习题 …………………………………………………………………………………………(123)

实验 …………………………………………………………………………………………(124)

第6章 ASP.NET 4.0 服务器控件和客户端脚本 …………………………………………(125)

6.1 控件概述 ……………………………………………………………………………(125)

6.2 HTML 服务器控件 …………………………………………………………………(126)

  6.2.1 HTML 服务器控件的层次结构 …………………………………………(126)

  6.2.2 HTML 服务器控件的基本语法 …………………………………………(126)

  6.2.3 HTML 服务器控件的属性、方法和事件 ………………………………(127)

  6.2.4 HTML 服务器控件的应用 ………………………………………………(128)

6.3 标准控件 ……………………………………………………………………………(129)

  6.3.1 文本控件 ……………………………………………………………………(132)

  6.3.2 按钮控件 ……………………………………………………………………(134)

  6.3.3 选择和列表控件 ……………………………………………………………(136)

  6.3.4 表格控件 ……………………………………………………………………(144)

  6.3.5 图像控件 ……………………………………………………………………(146)

  6.3.6 动态广告控件 ………………………………………………………………(148)

  6.3.7 日历控件 ……………………………………………………………………(151)

  6.3.8 视图控件 ……………………………………………………………………(156)

	6.3.9 向导控件 ……………………………………………………………………（158）
6.4	验证控件 …………………………………………………………………………………（164）
	6.4.1 客户端验证和服务器验证 ……………………………………………………（165）
	6.4.2 RequiredFieldValidator 控件 …………………………………………………（166）
	6.4.3 RangeValidator 控件 …………………………………………………………（167）
	6.4.4 CompareValidator 控件 ………………………………………………………（168）
	6.4.5 RegularExpressionValidator 控件 ……………………………………………（169）
	6.4.6 CustomValidator 控件 ………………………………………………………（171）
	6.4.7 ValidationSummary 控件 ……………………………………………………（172）
	6.4.8 关闭客户端验证功能 …………………………………………………………（174）
	6.4.9 使用验证组 ……………………………………………………………………（175）
6.5	用户控件与自定义服务器控件 …………………………………………………………（176）
	6.5.1 用户控件 ………………………………………………………………………（177）
	6.5.2 自定义控件 ……………………………………………………………………（180）
6.6	使用 JavaScript 处理页面和服务器控件 ………………………………………………（183）
	6.6.1 在控件上直接应用 JavaScript ………………………………………………（183）
	6.6.2 使用 Page.ClientScript 属性 …………………………………………………（183）
6.7	客户端回调 ………………………………………………………………………………（186）
	6.7.1 回送和回调 ……………………………………………………………………（186）
	6.7.2 使用回调 ………………………………………………………………………（186）
6.8	文件的上传和邮件发送 …………………………………………………………………（189）
	6.8.1 文件上传 ………………………………………………………………………（189）
	6.8.2 邮件发送 ………………………………………………………………………（191）
6.9	综合应用 …………………………………………………………………………………（193）
习题	……………………………………………………………………………………………（197）
实验	……………………………………………………………………………………………（197）

第 7 章 ASP.NET 4.0 网站设计 …………………………………………………………………（199）

7.1	母版页 ……………………………………………………………………………………（199）
	7.1.1 母版页和内容页概述 …………………………………………………………（199）
	7.1.2 创建母版页 ……………………………………………………………………（201）
	7.1.3 创建内容页 ……………………………………………………………………（203）
	7.1.4 母版页和内容页的运行机制 …………………………………………………（206）
	7.1.5 访问母版页控件和属性 ………………………………………………………（208）
	7.1.6 动态加载母版页 ………………………………………………………………（209）
	7.1.7 母版页应用范围 ………………………………………………………………（209）
	7.1.8 缓存母版页 ……………………………………………………………………（210）
7.2	主题和皮肤 ………………………………………………………………………………（210）
	7.2.1 主题概述 ………………………………………………………………………（211）

		7.2.2 创建主题	(213)
		7.2.3 应用主题	(216)
		7.2.4 动态加载主题	(219)
	7.3	网站导航	(219)
		7.3.1 站点地图	(220)
		7.3.2 用 SiteMapPath 控件导航	(221)
		7.3.3 用 Menu 控件导航	(222)
		7.3.4 用 TreeView 控件导航	(225)
	7.4	综合应用	(226)
	习题		(231)
	实验		(231)
第8章	ASP.NET 4.0 数据库编程		(234)
	8.1	数据库（SQL Server 2008）基础	(234)
		8.1.1 数据库概述	(234)
		8.1.2 创建数据库和表	(235)
		8.1.3 数据操作	(237)
		8.1.4 数据查询	(238)
	8.2	数据访问技术	(239)
		8.2.1 数据访问概述	(239)
		8.2.2 数据源控件简介	(239)
		8.2.3 数据绑定控件简介	(240)
	8.3	数据源控件	(241)
		8.3.1 SqlDataSource 控件	(241)
		8.3.2 AccessDataSource 控件	(252)
		8.3.3 XmlDataSource 控件	(253)
		8.3.4 SiteMapDataSource 控件	(255)
		8.3.5 ObjectDataSource 控件	(256)
		8.3.6 LinqDataSource 控件	(270)
	8.4	数据绑定控件	(273)
		8.4.1 GridView 控件	(273)
		8.4.2 ListView 控件	(278)
		8.4.3 DetailsView 控件	(282)
		8.4.4 FormView 控件	(283)
		8.4.5 其他数据绑定控件	(285)
		8.4.6 内部数据绑定语法	(285)
	8.5	ADO.NET 数据访问编程模型	(286)
		8.5.1 ADO.NET 数据访问模型简介	(286)
		8.5.2 ADO.NET 数据提供程序	(288)

8.5.3 .NET 数据集 ……………………………………………………………（293）
　　8.5.4 利用 ADO.NET 查询数据库 …………………………………………（297）
　　8.5.5 利用 ADO.NET 更新数据库 …………………………………………（303）
8.6 LINQ 查询 ……………………………………………………………………（309）
　　8.6.1 LINQ to Objects ………………………………………………………（309）
　　8.6.2 LINQ to XML …………………………………………………………（312）
　　8.6.3 LINQ to SQL …………………………………………………………（314）
8.7 综合应用 ………………………………………………………………………（317）
习题 ……………………………………………………………………………………（327）
实验 ……………………………………………………………………………………（328）

第 9 章 ASP.NET 网站开发架构 ………………………………………………………（330）
9.1 B/S 架构设计理念 ……………………………………………………………（330）
9.2 单层设计架构 …………………………………………………………………（331）
9.3 二层设计架构 …………………………………………………………………（337）
　　9.3.1 "门面模式"简介 ………………………………………………………（337）
　　9.3.2 二层开发设计架构 ……………………………………………………（338）
9.4 三层设计架构 …………………………………………………………………（342）
　　9.4.1 简单的三层设计架构 …………………………………………………（342）
　　9.4.2 用 Visual Studio 2010 创建三层设计架构 …………………………（345）
　　9.4.3 理解三层设计架构 ……………………………………………………（351）
　　9.4.4 引入实体项目的三层设计架构 ………………………………………（352）
　　9.4.5 跨数据库实现的三层设计架构 ………………………………………（361）
习题 ……………………………………………………………………………………（371）

第 10 章 ASP.NET 4.0 高级技术 ………………………………………………………（372）
10.1 ASP.NET 配置 ………………………………………………………………（372）
　　10.1.1 ASP.NET 配置概述 …………………………………………………（372）
　　10.1.2 配置文件的结构 ………………………………………………………（373）
　　10.1.3 常用配置 ………………………………………………………………（373）
10.2 身份验证与授权 ………………………………………………………………（376）
　　10.2.1 身份验证概述 …………………………………………………………（376）
　　10.2.2 设置验证方式 …………………………………………………………（377）
　　10.2.3 Forms 身份验证 ………………………………………………………（377）
　　10.2.4 用户授权 ………………………………………………………………（380）
10.3 ASP.NET XML 编程 …………………………………………………………（381）
　　10.3.1 XML 数据访问 ………………………………………………………（381）
　　10.3.2 XML 数据显示 ………………………………………………………（387）
10.4 综合应用 ………………………………………………………………………（388）
习题 ……………………………………………………………………………………（390）

实验 ··· (390)

第 11 章 ASP.NET 4.0 Web 服务 ··· (392)
    11.1 Web 服务的基本概念 ·· (392)
        11.1.1 基于组件的分布式计算概念 ··· (392)
        11.1.2 什么是 Web Service ··· (393)
        11.1.3 Web Service 使用的标准协议 ··· (394)
    11.2 创建 ASP.NET Web 服务 ·· (396)
        11.2.1 Web 服务类 ··· (396)
        11.2.2 WebService 特性 ·· (397)
        11.2.3 定义 Web 服务方法 ·· (397)
        11.2.4 测试 Web 服务 ·· (399)
    11.3 使用 ASP.NET Web 服务 ·· (400)
        11.3.1 添加 Web 引用 ·· (400)
        11.3.2 客户端调用 Web 服务 ··· (401)
    11.4 综合应用 ··· (402)
    习题 ·· (404)
    实验 ·· (404)

第 12 章 ASP.NET 4.0 AJAX 简介 ·· (407)
    12.1 ASP.NET AJAX 概述 ··· (407)
        12.1.1 为什么使用 AJAX ·· (407)
        12.1.2 Visual Studio 2010 与 ASP.NET AJAX ······································· (408)
        12.1.3 ASP.NET AJAX 客户端技术 ·· (409)
        12.1.4 ASP.NET AJAX 服务器技术 ·· (409)
    12.2 建立 ASP.NET AJAX 应用程序 ··· (409)
        12.2.1 建立不使用 AJAX 的页面 ·· (409)
        12.2.2 建立包含 AJAX 的页面 ··· (410)
    12.3 ASP.NET AJAX 服务器控件 ··· (411)
        12.3.1 ScriptManager 控件 ·· (411)
        12.3.2 ScriptManagerProxy 控件 ··· (412)
        12.3.3 UpdatePanel 控件 ··· (413)
        12.3.4 Timer 控件 ·· (416)
        12.3.5 UpdateProgress 控件 ··· (417)
    12.4 ASP.NET AJAX 控件工具集简介 ··· (422)
    12.5 综合应用 ··· (424)
    习题 ·· (427)
    实验 ·· (427)

第 13 章 ASP.NET 综合实例 ··· (436)
    13.1 系统功能设计 ·· (436)

13.2 系统流程 …………………………………………………………………（436）
13.3 数据库设计 ………………………………………………………………（437）
13.4 数据访问层设计 …………………………………………………………（438）
13.5 添加触发器 ………………………………………………………………（439）
13.6 业务逻辑层设计 …………………………………………………………（444）
13.7 表示层设计 ………………………………………………………………（455）
  13.7.1 母版页设计 ………………………………………………………（455）
  13.7.2 站点导航地图文件设计 …………………………………………（457）
  13.7.3 页面设计 …………………………………………………………（457）
  13.7.4 全局变量 …………………………………………………………（468）
13.8 读者完成系统扩展 ………………………………………………………（469）
附录 A 编码规范 ………………………………………………………………（470）

第 1 章

ASP.NET 4.0 及其开发环境

微软公司在 2000 年推出了 .NET 战略，它是微软面向互联网时代构筑的新一代开发平台，是微软在 21 世纪初的一个重大战略步骤。ASP.NET 基于微软公司的 .NET 框架，是当前最流行的 Web 应用程序开发技术之一，主要用于建立动态 Web 网站。

1.1 ASP.NET 4.0 简介

在正式介绍 ASP.NET 4.0 技术之前，我们先来了解一下 Web 应用程序的工作原理。

1.1.1 Web 工作原理

WWW（World Wide Web）简称 Web，是 Internet 提供的一项最基本、应用最广泛的服务。Web 是存储在 Internet 计算机中数量巨大的文档的集合。这些文档称为页面，是一种超文本（Hypertext）信息，可以用于描述超媒体。文本、图形、视频、音频等多媒体称为超媒体（Hypermedia）。Web 上的信息是由彼此关联的文档组成的，而使其连接在一起的便是超链接（Hyperlink）。

1. Web 服务器与客户端

所谓 Web 服务器，并不仅仅指的是硬件，更主要的是指软件，即安装了 Web 服务器软件的计算机。用户通过 Web 浏览器向 Web 服务器请求一个资源（用 URL 表示），当 Web 服务器接收到这个请求后，将替用户查找该资源，然后将结果变成 HTML 文档返回给浏览器。在接收到 Web 服务器的响应后，浏览器将响应的内容按 HTML 格式显示出来。Web 服务器的工作流程如图 1.1 所示。

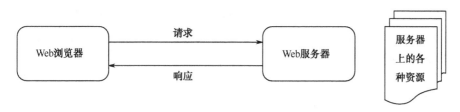

图 1.1　Web 服务器工作流程

2. 静态网页和动态网页

早期的 Web 网站以提供信息为主要功能，网页的内容由设计者事先将固定的文字及图片放入网页中,这些内容只能由人手工更新,这种类型的页面被称为"**静态网页**",静态网页文件的扩展名通常为 htm 或 html。

然而,随着应用的不断增强,网站需要与浏览者进行必要的交互,从而为浏览者提供更为个性化的服务。Web 服务器能通过 Web 请求了解用户的输入操作,从而对此操作做出相应的响应。由于整个过程中页面的内容会随着操作的不同而变化,因此通常将这种交互式的网页称为"**动态网页**"。设计动态网页,需要 Web 动态开发技术。

3. Web 开发技术

目前市场上主流的 Web 开发技术有 ASP(ASP.NET)、JSP 和 PHP。

JSP(JavaServer Pages)是一种允许用户将 HTML 或 XML 标记与 Java 代码相组合,从而动态生成 Web 页的技术。JSP 允许 Java 程序利用 Java 平台的 JavaBeans 和 Java 库,运行速度比 ASP 快,具有跨平台特性。已有允许用户在 IIS 服务器中使用 JSP 的插件模块。

PHP(Hypertext Preprocessor)是一种嵌入 HTML 页面中的脚本语言。它大量地借用 C 和 Perl 语言的语法,并结合 PHP 自己的特性,使 Web 开发者能够快速地写出动态页面。

ASP.NET 是微软在 ASP 之后推出的全新一代的动态网页实现系统,用于建立强大的 Web 应用程序,它不是 ASP 技术的简单升级,而是微软发展的新体系结构 .NET 的一部分,是 ASP 和 .NET 技术的结合,提供基于组件、事件驱动的可编程网络表单,大大简化了编程。ASP.NET 还可以用于建立网络服务。

1.1.2 .NET 概述

随着 Internet 应用的迅速发展,为了适应用户对 Web 应用持续增长的需要,微软公司于 2002 年正式发布 .NET Framework(又称 .NET 框架)和 Visual Studio .NET 开发环境,使之成为一个支持多语言、通用的运行平台,并在其中引入了全新的 ASP.NET Web 开发技术。

2002 年正式发布 .NET Framework 1.0 后, .NET Framework 不断更新,从 1.0、1.1、2.0、3.5 再到 2010 年正式发布 .NET Framework 4.0 版本,同时也提供了 Visual Studio 2010 集成开发环境。

.NET Framework 是一个多语言组件开发和运行环境,它提供了一个跨语言的统一编程环境。.NET Framework 的目的之一是为了让开发人员更容易地建立 Web 应用程序和 Web 服务,使 Internet 上的各应用程序之间可以使用 Web 服务器进行沟通。开发人员可以将远端应用程序提供的服务和单机应用程序的服务结合在一起,组成一个整体的应用程序。

从层次上来看,.NET Framework 位于操作系统之上,这些操作系统可以是最新的 Windows 系统,包括 Windows 2000、Windows XP 或 Windows Server 2003 等。目前的 .NET Framework 主要包括如下内容。

(1).NET 语言:5 种基本语言的编译器,包括 C#、Visual Basic、J#(Java 语言的克隆体)、具有托管扩展的 C++及 Jscript .NET(JavaScript 的服务器版本)。

(2).NET FCL(Framework Class Library,框架类库):包括对 Windows 和 Web 应用程序、数据访问、Web 服务等方面的支持。

(3)CLR(Common Language Runtime,公共语言运行库):.NET Framework 核心的面向对象引擎,可以执行所有 .NET 程序,并且为这些程序提供自动服务,如安全检测、内存管理及性能优化等。

.NET Framework 的结构如图 1.2 所示。

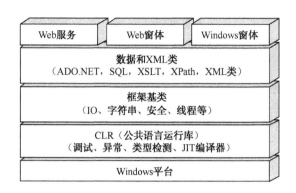

图 1.2 .NET Framework 结构

实际上，由于 CLR 将所有代码先编译成 MSIL（MicroSoft Intermediate Language，微软中间语言），然后再编译成本机机器语言代码，因此，理论上 .NET 可以应用在 UNIX、Linux、Mac OS 或其他操作系统上。而且由于 CLR 的存在，使得 .NET Framework 消除了异类框架之间的差别，也可以让开发人员选择其喜好的编程语言。

.NET 框架通常由安装程序自动安装，如安装 Visual Studio 2010 时自动安装框架 .NET Framework 4.0。

1.2 Visual Studio 2010 开发环境

Visual Studio 开发环境是当前最具影响力的集成开发环境，它提供了一整套的开发工具，可以生成 ASP.NET Web 应用程序、Web 服务应用程序、Windows 应用程序和移动设备应用程序等。随着 ASP.NET 4.0 的推出，与之相适应的工具也产生了，这就是 Visual Studio 2010。相对于之前的版本，Visual Studio 2010 提供了更好的集成开发环境，可以更加高效地创建各种类型的 .NET 应用程序或组件。与之前的版本相同，Visual Studio 2010 也默认支持多种编程语言，如 C#、VC++、VB.NET、VJ#等。除此之外，Visual Studio 2010 还提供了许多新特性，能够帮助不同类型的开发人员快速创建各类应用程序。

1.2.1 创建 ASP.NET Web 应用程序

在 Visual Studio 2010 环境中可以创建各种类型的.NET 应用程序，本节以创建 ASP.NET Web 应用程序为例，介绍如何使用 Visual Studio 2010 开发环境。

选择"开始"菜单|"所有程序"|"Microsoft Visual Studio 2010"|"Microsoft Visual 2010"命令，打开 Visual Studio 2010 主界面，如图 1.3 所示。

单击主界面起始页上的"新建项目"快捷按钮或"文件"菜单栏下的"新建项目"选项，打开"新建项目"对话框，如图 1.4 所示。在该对话框左边窗口中显示打开"Visual C#"节点，单击"Web"选项，在窗口的模板中选择"ASP.NET Web 应用程序"，在"名称"文本框输入项目名称，在"位置"框选择项目的存储路径，单击"确定"按钮完成创建。

ASP.NET 4.0 实用教程

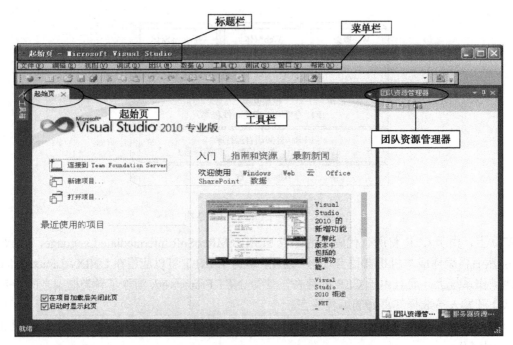

图 1.3　Visual Studio 2010 主界面

图 1.4　"新建项目"对话框

1.2.2　ASP.NET 应用程序开发窗口介绍

新建的 ASP.NET 应用程序开发窗口如图 1.5 所示，主要包括工具箱、代码编辑器、解决方案资源管理器和属性窗口。

第 1 章　ASP.NET 4.0 及其开发环境

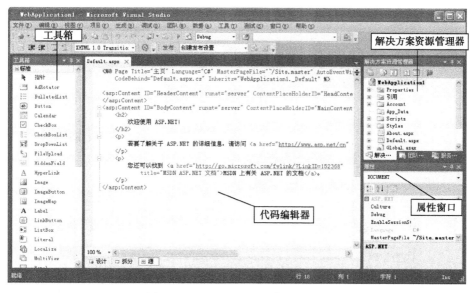

图 1.5　ASP.NET 应用程序开发窗口

1．工具箱

工具箱的主要功能是提供控件库的分组、拖曳、隐藏以及自定义添加控件库，且完全和整体解决方案整合在一起，方便开发人员使用，有效地提高了生产力。工具箱中可以操作的控件分为标准、数据、验证、导航等类别（如图 1.6 所示），展开节点后就可以从工具箱中把控件以拖曳的方式拉到页面上来使用。其中"标准"中包含了一些比较常用的控件，如 Button、CheckBox 等，如图 1.7 所示。

图 1.6　工具箱窗口　　　　　　　　图 1.7　标准控件

2．代码编辑器

代码编辑器窗口主要用于开发人员对 ASP.NET 程序页面进行代码编写，可以分为设计、拆分和源模式。单击代码编辑器窗口下方的"设计"按钮即可切换到设计模式，在设计模式下可以显示设计的效果，用户可以直接向页面中拖曳、移动和修改控件来设计页面，如图 1.8 所示；单击"源"按钮则切换到源模式，在源模式下用户可以直接输入代码来设计页面，如图 1.9 所示；单击"拆分"按钮则可以同时显示页面和代码，如图 1.10 所示。

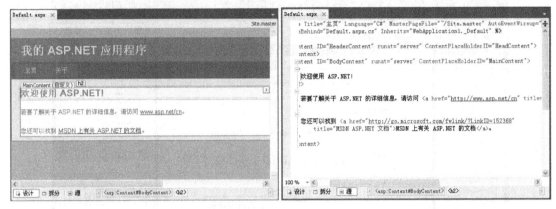

图 1.8 "设计"模式　　　　　　　　图 1.9 "源"模式

图 1.10 "拆分"模式

Visual Studio 2010 中提供了功能强大的代码编辑器,除了自动格式化和亮显特性以外,还提供了其他很多实用的功能。例如,代码编辑器会自动在每个命名空间、类、方法的代码片段之间添加折叠符号,使开发人员能够非常方便地折叠或展开代码;Visual Studio 2010 还可以检测出多种代码错误,并在错误的代码下加上错误波浪线,方便开发人员进行调试。

3. 解决方案资源管理器

解决方案资源管理器是一个常用的窗口,当创建了一个新的网站项目之后,就可以使用解决方案资源管理器对网站项目进行管理,通过解决方案资源管理器可以浏览当前项目所包含的所有资源(.aspx 文件、.aspx.cs 文件、图片等),双击项目中的文件即可在代码编辑器窗口中打开该文件。还可以向项目中添加新的资源,或者修改、复制和删除已经存在的资源,在解决方案资源管理器中右击项目名称,会弹出如图 1.11 所示的菜单。

该菜单中包含了多个对项目进行操作的菜单项,其中"添加"菜单下包括"新建项"、"现有项"、"新建文件夹"和"添加 ASP.NET 文件夹"命令,选择"新建项"可以添加 ASP.NET 4.0 支持的所有文件资源,"现有项"命令可用于把已经存在的文件资源添加到当前项目中,"新建文件夹"命令用于在项目中添加一个文件夹,"添加 ASP.NET 文件夹"命令可以向网站项目中添加一个 ASP.NET 独有的文件夹。"添加引用"菜单可用于添加对类的引用,"添加 Web 引用"和"添加服务引用"分别可以添加 Web 公开类和服务的引用。

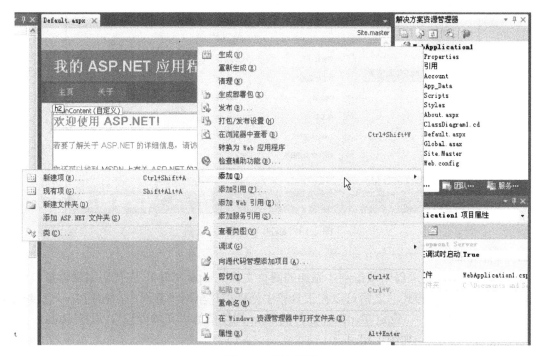

图 1.11 添加菜单

4. 属性窗口

属性窗口用于显示用户选择内容的属性,在 Web 页面的设计模式下,单击某一个控件或右击后选择"属性"菜单,属性窗口中都会显示该控件的各种属性。如图 1.12 所示即为一个 Button 控件的属性窗口,可以修改它的属性来对这个按钮进行设置。例如,可以将"Text"属性值设置为"确定",按钮上显示的文字即为"确定"。

1.2.3 应用程序的开发

在网站项目创建完成之后,就可以进行 ASP.NET 应用程序的开发了。在开发过程中要做的工作主要包括添加网页、设计程序界面、编写程序代码、保存应用程序等。

1. 添加网页文件

右击项目名称,选择"添加"菜单下的"新建项"子菜单,在如图 1.13 所示对话框中选择"Web 窗体"模板,然后在"名称"文本框中输入网页文件的名称,单击"添加"按钮即可添加一个网页文件。

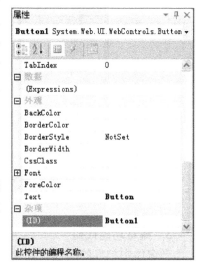

图 1.12 Button 控件的属性窗口

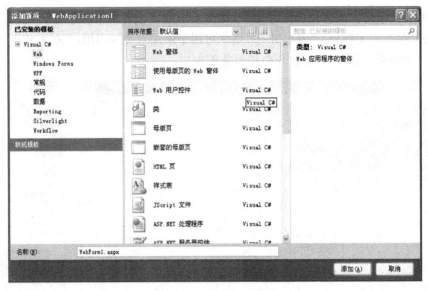

图 1.13 添加 Web 窗体

2. 设计界面

在解决方案资源管理器中双击刚才添加的网页文件（.aspx 文件），在代码编辑器窗口中单击"设计"按钮进入设计模式。之后可以在工具箱中拖曳控件至网页界面中，如拖曳一个 TextBox 控件和一个 Button 控件，设定 TextBox 控件的 Text 属性值为"文本内容"，设定 Button 控件的 Text 属性值为"确定"，如图 1.14 所示。

图 1.14 设计界面

3. 编写功能代码

当窗体中控件的属性设置完成后，下一步就要编写代码来实现功能了。Visual Studio 2010 的集成开发环境能自动生成事件代码的模板，用户只需在生成的模板中添加自己的代码即可。在网页文件的设计模式下，双击之前添加的 Button 控件，系统自动在代码编辑器中打开 .aspx.cs 文件，并出现如下代码行：

```
protected void Button1_Click(object sender, EventArgs e)
{
}
```

只需要在"{}"中添加要执行的代码即可,当单击"确定"按钮时就会执行所添加的代码,如图 1.15 所示。

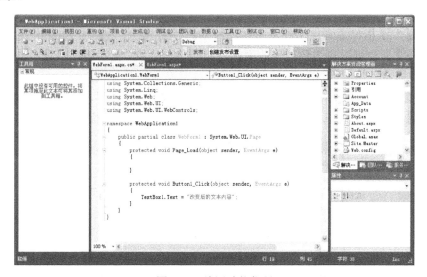

图 1.15　编写功能代码

4. 保存应用程序

使用"文件"菜单中的"全部保存"命令或单击工具栏上的"全部保存"按钮,可以将所有编辑过的代码和设计的网页保存起来。

1.2.4　编译和运行程序

应用程序编写完成后就可以编译和运行了,在 Visual Studio 2010 中编译网站很简单,只需单击"生成"菜单中的"生成"选项即可,或右键单击网站项目,在弹出的快捷菜单中选择"生成"选项。

运行应用程序也很简单,首先右击要运行的网页文件,选择"设为起始页"菜单项,之后再单击"调试"菜单中的"开始执行(不调试)"选项或直接单击工具栏上的"启动调试"按钮 ▶ (Ctrl+F5 组合键也可以),即可运行当前网页。右击项目中的 .aspx 网页文件,在弹出的快捷菜单中选择"在浏览器中查看"选项也可以运行选择的网页。

执行后在网页中单击"确定"按钮,结果如图 1.16 所示。

图 1.16　网页执行效果

1.2.5 部署应用程序

所谓"部署"是指将源站点文件发布到远程 Web 服务器上。Visual Studio 2010 提供了发布网站的功能，开发人员可以将需要部署的网站发布到某个目录，然后将该目录中的文件直接部署到 IIS 服务器中即可。

发布网站很简单，只需单击"生成"菜单中的"发布"选项即可，或右击网站项目，在弹出的快捷菜单中选择"发布"选项。图 1.17 显示了发布站点工具的界面。

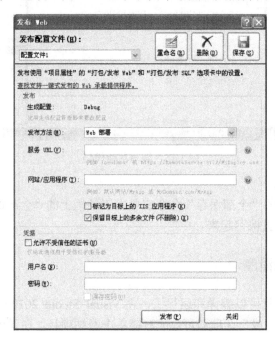

图 1.17 发布站点工具界面

1.3 简单的 ASP.NET 应用程序实例

为了使读者能够对 ASP.NET 应用程序的开发有进一步的了解，本节将设计一个简单的 ASP.NET 应用程序实例。该实例包含一个用户登录界面和一个主页，用户输入指定的名称和密码后可以登录到主页中。

1. 创建网站项目和网站文件

创建一个新的 ASP.NET Web 应用程序，项目名称为"用户登录系统"。在解决方案资源管理器中右击项目名称，选择"添加"菜单下的"新建项"子菜单，添加一个 Web 窗体，并命名为 login.aspx。用同样的方法添加另外一个 Web 窗体，并命名为 main.aspx。

2. 设计网页

打开 login.aspx 文件的设计模式，首先使用"表/插入表"菜单命令插入一个 3 行 2 列的表格，居中显示，如图 1.18 所示。在页面中添加表格之后，选中第 3 行，右击选择"修改"菜单下的"合并单元格"子菜单，如图 1.19 所示。

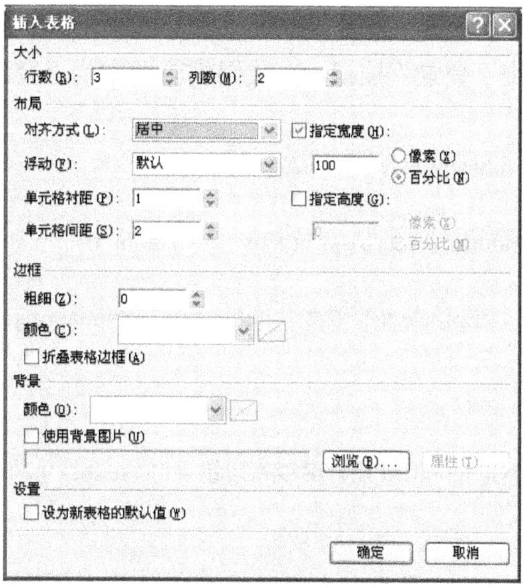

图 1.18 插入表格

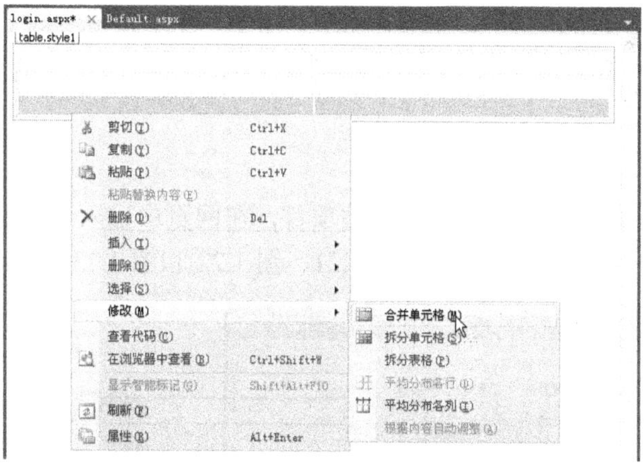

图 1.19 合并单元格

然后选择工具箱中的标签（Label）、文本框（TextBox）和按钮（Button）3 种控件放入表格中：先将光标定位到表格的单元格中，再拖曳控件到此单元格中，效果如图 1.20 所示。

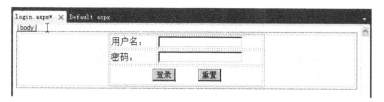

图 1.20 登录页面效果

在 main.aspx 网页文件中添加一个 Label 控件，将其 Text 属性值设为"欢迎登录！"。

3. 设置控件属性

设置"用户名"列的 TextBox 控件的 ID 属性值为"username"；"密码"列的 TextBox 控件的 ID 属性值为"password"，TextMode 属性设置为"password"；"username"和"password"控件的 width 属性均设置为"150px"；设置"登录"按钮的 ID 为"loginBtn"；设置"重置"按钮的 ID 为"resetBtn"。

4. 编写功能代码

在 login.aspx 文件中双击"登录"按钮，在代码编辑器中为"登录"按钮单击事件添加代码，如下所示：

```
protected void loginBtn_Click(object sender, EventArgs e)
{
    if ((username.Text == "admin") && (password.Text == "admin"))
    {
        Response.Write("<script>alert('登录成功!');location.href='main.aspx';</script>");
    }
    else
    {
        Response.Write("<script>alert('用户名或密码错误!')</script>");
    }
}
```

双击"重置"按钮，在代码编辑器中为"重置"按钮单击事件添加如下代码：

```
protected void resetBtn_Click(object sender, EventArgs e)
{
    username.Text = "";
    password.Text = "";
}
```

5. 运行程序

将 login.aspx 设为起始页，然后运行网站项目，在网页中输入正确的用户名"admin"和密码"admin"，单击"登录"按钮，效果如图 1.21、图 1.22 和图 1.23 所示。

图 1.21　输入用户名和密码

图 1.22　登录成功

图 1.23　主页面

习 题

1. 安装 Visual Studio 2010 对计算机硬件和软件的要求是什么？
2. Visual Studio 2010 有哪些新特点？
3. 什么是 HTML？
4. JavaScnpt 脚本语言是一种什么语言？
5. CSS 的作用是什么？
6. 客户端动态技术有哪些？
7. 服务器动态技术有哪些？
8. 如何发布 Web 应用程序？
9. .NET Framework 主要包括哪些内容？
10. CLR 的作用是什么？
11. 开发 ASP.NET 应用程序，必须具备的工具包括（　　）。
    A．.NET Framework　　B．Visual Studio 2010　　C．IIS　　D．数据库系统
12. 如何用 Visual Studio 2010 新建一个 Web 项目或网站？

第 2 章

Web 设计基础

在今天的社会生活中，Internet 无处不在，它集合了全球绝大多数重要的信息资源，是信息时代人们进行交流不可或缺的工具。Web 是 Internet 提供的一项最基本、应用最广泛的服务，而学习 Web 网页设计更成为一种时尚。

2.1 Web 简介

2.1.1 Web 的概念

Web 页面就是我们在浏览器里看到的网页，它组织在一个文件中，文件的位置在浏览器的地址栏中采用 URL 规则指定。

1. 网页

网页一般用 HTML/XHTML 语言写成，在网页中可以嵌入文本、图形、音频和视频信息，是一种多媒体作品。HTML/XHTML 本身只能描述静态的 Web 页面，但在其中可以嵌入 Java、JavaScript、ActiveX、VBScript、VRML 等语言，以完成非常复杂的任务。

2. 主页（或首页）

主页可以认为是一组网页中最主要的网页，是进入其他网页的起始网页，主页通过超链接链接到其他网页。

3. 超链接

Web 上的信息是由彼此关联的文档组成的，而使其连接在一起的是超链接。超链接是 HTML 语言中的一个标记，标记中显示的内容较之其他内容有明显特征，如颜色不同、带有下画线等。标记中的一个属性的值指向链接到的另一个网页的 URL。在超链接标记中显示的内容位置单击，通过超链接即可转到指定的网页。

4. 网站

若干个网页按一定方式连接起来形成一个整体，用来描述一组完整的信息。这样一组存放在 Web 服务器上、具有共同主题的、相关联的网页组成的一组资源称为网站。网站的网页总是由一个主页和若干个其他网页组成。主页也可以认为是网站的门面。

2.1.2 WWW 服务

Web 浏览器和服务器用超文本传输协议（HTTP 协议）来传输 Web 文档，通过统一资源定位符 URL 标识文档在网络上服务器的位置及服务器中的路径，如图 2.1 所示。

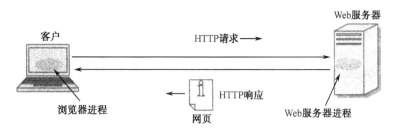

图 2.1 传输 Web 文档

Web 文档是用超文本标记语言 HTML（HyperText Markup Language）编制的文档文件，由浏览器解释并显示在用户浏览器的窗口中。HTML 是一种简单、通用的标记语言，可以制作包含文字、表格、图像、声音等精彩内容的网页，目前流行的版本是 HTML 4.01，最新版本为 HTML 5。XHTML 是可扩展超文本标签语言（EXtensible HyperText Markup Language），XHTML 1.0 与 HTML 4.01 几乎是相同的，是符合 W3C 标准的更严谨、更纯净的 HTML 版本。

网页设计在客户端需要使用 XHTML 语言、CSS 样式表，本章分别对它们加以介绍。

2.2 XHTML 语言

2.2.1 XHTML 文档基本构成

一个 XHTML 文档由 DOCTYPE、head 和 body 三个主要的部分构成，基本的文档结构如下：
<!DOCTYPE 文档类型声明...>

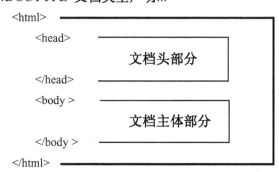

在 XHTML 文档中，文档类型声明总是位于首行，文档的其余部分类似于 HTML。基本的 HTML 页面从<html>标记开始，以</html>标记结束，其他所有 HTML 代码都位于这两个标记之间。<head>与</head>之间是文档头部分，<body>与</body>之间是文档主体部分。

下面是一个简单的（最小化的）XHTML 文档：
<!DOCTYPE html
PUBLIC "-//W3C//DTD XHTML 1.0 Strict//EN"

```
"http://www.w3.org/TR/xhtml1/DTD/xhtml1-strict.dtd">
<html>
 <head>
     <title>simple document</title>
 </head>
 <body>
     <p>a simple paragraph</p>
 </body>
</html>
```

这种文档用普通的记事本就可以创建、编辑，并且可以在各种操作系统平台（如 UNIX、Windows 等）中执行。

1. 文档类型声明

文档类型声明定义文档的类型，包括三种文档类型。

（1）Strict（严格类型）

在此情况下，需要干净的标记，避免表现上的混乱，与层叠样式表（CSS）配合使用。上面这个最小化的 XHTML 文档用的就是 Strict 类型：

```
<!DOCTYPE html
PUBLIC "-//W3C//DTD XHTML 1.0 Strict//EN"
"http://www.w3.org/TR/xhtml1/DTD/xhtml1-strict.dtd">
```

（2）Transitional（过渡类型）

当需要利用 HTML 在表现上的特性，为那些不支持 CSS 的浏览器编写 XHTML 时使用 Transitional 类型，格式如下：

```
<!DOCTYPE html
PUBLIC "-//W3C//DTD XHTML 1.0 Transitional//EN"
"http://www.w3.org/TR/xhtml1/DTD/xhtml1-transitional.dtd">
```

（3）Frameset（框架类型）

当需要使用 HTML 框架将浏览器窗口分割为两部分或更多框架时使用 Frameset 类型，格式如下：

```
<!DOCTYPE html
PUBLIC "-//W3C//DTD XHTML 1.0 Frameset//EN"
"http://www.w3.org/TR/xhtml1/DTD/xhtml1-frameset.dtd">
```

2. 文档头

文档头部分处于<head>与</head>标记之间，在文档头部分一般可以使用以下几种标记。

- <title>和</title>：指定网页的标题。例如，"<title>主页</title>"表示该网页的标题为"主页"，在浏览器标题栏中显示的文本即为"主页"，通常 Web 搜索工具用它作为索引。
- <style>和</style>：指定文档内容的样式表，如字体大小、格式等。在文档头部分定义了样式表后，就可以在文档主体部分引用样式表。
- <!--和-->：用于注释内容，其之间的内容为 XHTML 的注释部分。
- <meta>：描述标记，用于描述网页文档的属性参数。

描述标记的格式为<meta 属性="值"... />，常用的属性有 name、content 和 http-equiv。name 为 meta 的名字；content 为页面的内容；http-equiv 为 content 属性的类别。http-equiv 取不同值时，content 表示的内容也不一样。

http-equiv="Content-type"时，content 表示页面内容的类型，例如：

```
<meta name="description" http-equiv="Content-type" content="text/html; charset=gb2312" />
```

表示 meta 的名称为 description，网页是 XHTML 类型，编码规则是 gb2312。

http-equiv="refresh"时，content 表示刷新页面的时间，例如：

`<meta http-equiv="refresh" content="10; URL=xxx.htm" />`

表示 10 秒后进入 xxx.htm 页面，如果不加 URL 则表示每 10 秒刷新一次本页面。

http-equiv="Content-language"时，content 表示页面使用的语言，例如：

`<meta http-equiv="Content-language" content="en-us" />`

表示页面使用的语言是美国英语。

http-equiv="pics-Label"时，content 表示页面内容的等级。

http-equiv="expires"时，content 表示页面过期的日期。

- `<script>`和`</script>`：在这两个标记之间可以插入脚本语言程序。例如：

```
<script language="javascript">
    alert("你好！");
</script>
```

表示插入的是 JavaScript 脚本语言，脚本语言主要用于客户端（前端）页面开发，详细内容将在本书第 4 章介绍。

3. 文档主体

`<body>`和`</body>`是文档正文标记，文档的主体部分就处于这两个标记之间。`<body>`标记中还可以定义文档主体的一些内容，格式如下：

`<body 属性="值"... 事件="执行的程序"...> ... </body>`

`<body>`标记常用的属性如下。

- background：文档背景图片的 URL 地址。例如：

`<body background="back-ground.gif">`

表示文档背景图片名称为 back-ground.gif，上面的代码中没有给出图片所在的位置，则表示图片和文档文件在同一文件夹下。如果图片和文档文件不在同一位置，则需要给出图片的路径，例如：

`<body background="C:/image/back-ground.gif">`

说明：在指定文件位置时，为防止与转义符"\"混淆，一般用"/"来代替"\"。

- bgcolor：文档的背景颜色。例如：

`<body bgcolor="red">`

表示文档的背景颜色为红色。系统的许多标记都会用到颜色值，颜色值一般用颜色名称或十六进制数值来表示，表 2.1 列出了 16 种标准颜色的名称及其十六进制数值。

表 2.1　16 种标准颜色的名称及其十六进制数值

颜　色	名　称	十六进制数值	颜　色	名　称	十六进制数值
淡蓝	aqua(cyan)	#00FFFF	海蓝	navy	#000080
黑	black	#000000	橄榄色	olive	#808000
蓝	blue	#0000FF	紫	purple	#800080
紫红	fuchsia(magenta)	#FF00FF	红	red	#FF0000
灰	gray	#808080	银色	silver	#C0C0C0
绿	green	#008000	淡青	teal	#008080
浅绿	lime	#00FF00	白	white	#FFFFFF
褐红	maroon	#800000	黄	yellow	#FFFF00

- text：文档中文本的颜色。例如：

```
<body text="blue">
```

表示文档中文字的颜色均为蓝色。
- link：文档中链接的颜色。
- vlink：文档中已被访问过的链接的颜色。
- alink：文档中正在被选中的链接的颜色。

正文标记中的常用事件有 onload 和 onunload。onload 表示文档首次加载时调用的事件处理程序，onunload 表示文档卸载时调用的事件处理程序。

4．示例

【例 2.1】 使用 XHTML 设计一个以南京师范大学校门为背景的网页。

（1）准备

在桌面上新建一个 XHTML 文件夹，到南京师范大学校园网下载一幅仙林新校区大门的照片，以文件名 njnu.jpg 保存于 XHTML 文件夹下。

（2）编辑 XHTML 文档

打开 Windows 记事本，输入下列内容：

```
<!DOCTYPE html
PUBLIC "-//W3C//DTD XHTML 1.0 Strict//EN"
"http://www.w3.org/TR/xhtml1/DTD/xhtml1-strict.dtd">
<html>
<head>
 <title>南京师范大学校门</title>
 <script language="JavaScript">
     function myp()
     {
             alert("欢迎访问!");
     }
 </script>
</head>
<body background="njnu.jpg" onload="myp()">
<div align="center">
    <font color="#8888FF" size="7">
        南京师范大学仙林新校区
    </font>
</div>
</body>
</html>
```

以 example2-1.html 作为文件名保存到 XHTML 文件夹中（与 njnu.jpg 在同一个文件夹里）。

（3）运行

双击打开刚刚编辑的文档，将显示如图 2.2 所示的页面。

从上例的代码中可以很清楚地看出 XHTML 与 HTML 有以下几点最主要的不同之处：

① 元素必须被正确地嵌套；

② XHTML 元素必须被关闭；

③ 标签名必须用**小写字母**；

④ XHTML 文档必须拥有一个根元素。

图 2.2　南京师范大学校门背景网页

另外，XHTML 还有下列语法规则：
① 属性名称必须**小写**；
② 属性值必须**加引号**；
③ 属性不能简写；
④ 用 id 属性代替 name 属性；
⑤ XHTML DTD 定义了强制使用的 HTML 元素。

XHTML 页面中显示的内容都是在文档的主体部分（即<body>和</body>标记之间）定义的。文档主体部分能够定义文本、图像、声音、滚动字幕、表格、表单、超链接和框架等，这些都依靠丰富的 XHTML 语言标记来完成。

2.2.2　XHTML 格式标记

文本是网页的重要内容。编写 XHTML 文档时，可以将文本放在标记之间来设置文本的格式。文本格式包括分段、换行、段落对齐方式、字体、字号、文本颜色及字符样式等。

1. 分段标记

分段标记的格式如下：
　<p 属性="值"...>...</p>

段落是文档的基本信息单位，利用分段标记可以忽略文档中原有的回车和换行来定义一个新段落，或换行并插入一个空格。

单独用<p>标记时会空一行，使后续内容隔行显示；同时使用<p>和</p>标记则将段落包围起来，表示一个分段的块。

分段标记的常用属性为 align，表示段落的水平对齐方式。其取值可以是 left（左对齐）、center（居中）、right（右对齐）和 justify（两端对齐）。其中 left 是默认值，当该属性省略时就使用默认值，例如：
　<p align="center">分段标记演示</p>

在下面的标记中也会经常用到 align 属性。

2. 换行标记

换行标记为
，该标记将强行中断当前行，使后续内容在下一行显示。

3. 标题标记

标题标记的格式如下：

```
<hn 属性="值">…</hn>
```

其中 hn 的取值为 h1、h2、h3、h4、h5 和 h6，均表示黑体，h1 表示字最大，h6 表示字最小。标题标记的常用属性也是 align，与分段标记类似。

4. 对中标记

对中标记的格式如下：

```
<center>…</center>
```

对中标记的作用是将标记中间的内容全部居中。

5. 块标记

块标记的格式如下：

```
<div 属性="值"…>…</div>
```

块标记的作用是定义文档块，常用的属性也是 align。

【例 2.2】 应用前面提到的各种标记。

新建 example2-2.html 文件，输入以下代码：

```
<!DOCTYPE html
PUBLIC "-//W3C//DTD XHTML 1.0 Strict//EN"
"http://www.w3.org/TR/xhtml1/DTD/xhtml11-strict.dtd">
<html>
<head>
    <title>标记应用</title>
</head>
<body>
    <p align="center">分段标记</p>
    换行标记<br />
    <center>对中标记</center><br /><br />
    <div align="center">下面使用了 div 标记
        <h1>标题标记 1</h1>
        <h2>标题标记 2</h2>
        <h3 align="left">标题标记 3</h3>
    </div>
</body>
</html>
```

运行结果如图 2.3 所示。

实际上，<div>标记在更多情况下用于布局，例如：

```
<div  id="top">
    <div id="logo">…</div>
    <div id="ad">…</div>
    <div id="set">…</div>
</div>
<div  id="center">
    <div id="left">…</div>
```

```
        <div id="right">...</div>
</div>
<div  id="bottom">
</div>
```

图 2.3　运行结果

如此设置样式，布局效果如图 2.4 所示。

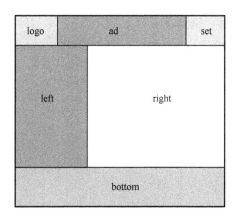

图 2.4　<div>的布局

另外，<span>用于在一行内布局。它仅在行内定义一个区域，即在一行内可以由数个 span 元素划分成几个区域，从而实现某种特定的布局效果。不仅如此，span 元素还能定义宽和高，例如：

```
<div id=" top"... >
     <span  ...>    ... </span>
     <span  ...>    ...
     <span  ...>    ... </span>
     </span>
</div>
```

span 元素作为文本或其他内联元素的容器,与 div 元素一样在 CSS 布局中有着不可忽视的作用。

6. 水平线标记

水平线标记用于在文档中添加一条水平线,分隔文档,格式如下:

```
<hr 属性="值"... />
```

该标记常用的属性有 align、color、noshade、size 和 width。align 表示水平线的对齐方式;color 表示线的颜色;noshade 没有值,显示一条无阴影的实线;size 是线的宽度(以像素为单位);width 是线的长度(像素或百分比)。例如:

```
<hr />
<hr size="2" width="300" noshade ="noshade"  />
<hr size="6" width="60%" color="red" align="center" />
```

7. 字体标记

字体标记用于设置文本的字符格式,主要包括字体、字号和颜色等,格式如下:

```
<font 属性="值"...>...</font>
```

该标记常用的属性如下。

- face:其值为一个或多个字体名,中间用逗号隔开。浏览器首先使用第 1 种字体显示标记内的文本。如果浏览器所在的计算机中没有安装第 1 种字体,则尝试使用第 2 种字体……依次类推,直到找到匹配的字体为止。如果 face 中列出的字体都不符合,则使用默认字体。例如:

```
<font face="黑体,楷体-GB2312,仿宋-GB2312" >设置字体</font>
```

- size:指定字体的大小,值为 1~7,默认值为 3。size 值越大,字就越大。也可以使用 "+" 或 "−" 来指定相对字号。例如:

```
<font size="6">这是 6 号字</font>
<font size="+3">这也是 6 号字</font>
```

- color:指定字体的颜色,颜色值在表 2.1 中已经列出。

8. 固定字体标记

固定字体标记的格式如下:

```
<b>粗体</b>
<i>斜体</i>
<big>大字体</big>
<small>小字体</small>
<tt>固定宽度字体</tt>
```

9. 标线标记

标线标记的格式如下:

```
<sup>上标</sup>
<sub>下标</sub>
<u>下画线</u>
<s>删除线</s>
```

10. 特殊标记

在网页中,一些特殊符号(如多个空格和版权符号"©"等)是不能直接输入的,这时可以使用字符实体名称或数字表示方式。例如,要在网页中输入一个空格,可以输入" "或" "。表 2.2 列出了一些常用的特殊符号和它们的实体名称及数字表示。

表2.2 常用的特殊符号和它们的实体名称及数字表示

字符	说明	字符实体名称	数字表示	字符	说明	字符实体名称	数字表示
	无断行空格			¥	元符号	&yen;	&#165;
¢	美分符号	&cent;	&#162;	§	节符号	&sect;	&#167;
£	英镑符号	&pound;	&#163;	©	版权符号	&copy;	&#169;
®	注册符号	&reg;	&#174;	&	"and"符号	&amp;	&#38;
°	度	&deg;	&#176;	<	小于符号	&lt;	&#60;
²	平方符号	&sup2;	&#178;	>	大于符号	&gt;	&#62;
³	立方符号	&sup3;	&#179;	€	欧元符号	&euro;	&#8364;

11. 列表标记

列表标记可以分为有序列表标记、无序列表标记和描述性列表标记。

(1) 有序列表标记

有序列表是在各列表项前面显示数字或字母的缩排列表,可以使用有序列表标记<ol>和列表项标记<li>来创建,格式如下:

```
<ol 属性="值"...>
    <li>列表项 1</li>
    <li>列表项 2</li>
    ...
    <li>列表项 n</li>
</ol>
```

说明:

- <ol>标记用于控制有序列表的样式和起始值,它通常有 start 和 type 两个常用的属性。start 是数字序列的起始值;type 是数字序列的列样式,type 的值有 1、A、a、I、i。1 表示阿拉伯数字 1、2、3 等;A 表示大写字母 A、B、C 等;a 表示小写字母 a、b、c 等;I 表示大写罗马数字 I、II、III等;i 表示小写罗马数字 i、ii、iii 等。
- <li>标记用于定义列表项,位于<ol>和</ol>标记之间。<li>有 type 和 value 两个常用属性。type 是数字样式,取值与<ol>标记的 type 属性相同;value 指定新的数字序列起始值,以获得非连续性数字序列。

(2) 无序列表标记

无序列表是一种在各列表项前面显示特殊项目符号的缩排列表,可以使用无序列表标记<ul>和列表项标记<li>来创建,格式如下:

```
<ul 属性="值"...>
    <li>列表项 1</li>
    <li>列表项 2</li>
    ...
    <li>列表项 n</li>
</ul>
```

说明:无序列表标记<ul>常用的属性是 type,其取值为 disc、circle 和 square。它们分别表示用实心圆、空心圆和方块作为项目符号。

(3) 描述性列表标记

描述性列表标记<dl>和<dd>,本身并不具备作为列表显示的意义。只有当它们与<ul>或<ol>

标签结构组合起来使用时，才能更好地表现出描述列表的作用。

例如，很多使用<dl>和<dd>布局的网站的典型结构代码如下：

```
<div id="sidebar">
    <dl>
        <dt>栏目标题 1</dt>
        <dd>
            <ul>
                <li>新闻标题 1</li>
                …
                <li>新闻标题 n</li>
            </ul>
        </dd>
        …
        <dt>栏目标题 n</dt>
        <dd>
            <ul>
                <li>新闻标题 1</li>
                …
                <li>新闻标题 n</li>
            </ul>
        </dd>
    </dl>
</div>
```

这种简单的<dl>和<dd>组合更适合作为不同内容段的描述。

【例2.3】 创建一个有序列表，要求列表描述项的字体为黑体，斜体，颜色为红色，字号为4，列表项序列从 B 开始。

新建 example2-3.html 文件，输入以下代码：

```
<!DOCTYPE html
PUBLIC "-//W3C//DTD XHTML 1.0 Strict//EN"
"http://www.w3.org/TR/xhtml1/DTD/xhtml1-strict.dtd">
<html>
<head>
    <title>有序列表</title>
</head>
<body>
    <font face="黑体" color="red" size="4"><i>计算机课程</i></font>
    <ol type="A" start="2">
        <li>计算机导论</li>
        <li>操作系统</li>
        <li>计算机原理</li>
        <li>数据结构</li>
    </ol>
</body>
</html>
```

运行结果如图 2.5 所示。

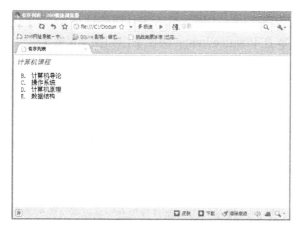

图 2.5　运行结果

2.2.3　XHTML 多媒体标记

1. 图像标记

利用图像标记可以向网页中插入图像，或者在网页中播放视频文件，格式如下：

<img 属性="值"… />

图像标记的属性如下。

- src：图像文件的 URL 地址，图像可以是 jpeg、gif 或 png 文件。
- alt：图像的简单说明，在浏览器不能显示图像或加载时间过长时显示。
- height：所显示图像的高度（像素或百分比）。
- width：所显示图像的宽度。
- hspace：与左右相邻对象的间隔。
- vspace：与上下相邻对象的间隔。
- align：图像达不到显示区域大小时的对齐方式。当页面中有图像与文本混排时，可以使用此属性，取值为 top（顶部对齐）、middle（中央对齐）、bottom（底部对齐）、left（图像居左）、right（图像居右）。
- border：图像边框像素数。
- controls：指定该选项后，若有多媒体文件则显示一套视频控件。
- dynsrc：指定要播放的多媒体文件。在<img>标记中，dynsrc 属性要优先于 src 属性，如果指定的多媒体文件存在，则播放该文件，否则显示 src 指定的图像。
- start：指定何时开始播放多媒体文件。
- loop：指定多媒体文件的播放次数。
- loopdealy：指定多媒体文件播放之间的延迟（以 ms 为单位）。

例如：

<img src="image/nj2014-1.jpg" alt="南京 2014" height="400" width="500" align="right"/ >

说明：src="image/nj2014-1.jpg"是图像的相对路径，如果页面文件处于 Practice 文件夹，则说明该图像文件在 Practice 文件夹的 image 子文件夹下。

【例 2.4】　用图像标记制作一个"2014 南京青奥会"主题的网页。

（1）准备

新建 Practice 文件夹，在其下建立子目录 image；到南京青奥会官网上搜索两张图片，分别命名为 nj2014-1.jpg 和 nj2014-2.jpg；上网下载一个计时的动态 avi 文件，命名为 nj2014-clock.avi。两张图片和 avi 文件都存放在 Practice\image 路径下，如图 2.6 所示。

图 2.6 准备"2014 南京青奥会"主题网页的资源

（2）编辑 XHTML 文档

输入下列内容，以 example2-4.html 作为文件名保存：

```
<!DOCTYPE html
PUBLIC "-//W3C//DTD XHTML 1.0 Strict//EN"
"http://www.w3.org/TR/xhtml1/DTD/xhtml1-strict.dtd">
<html>
<head>
    <meta http-equiv="content-type" content="text/html; charset=gb2312">
    <title>喜迎南京青奥会</title>
</head>
<body>
    <img src="image/nj2014-1.jpg" alt="2014 南京青奥会专题" hspace="50" vspace="10">
    <img src="image/nj2014-2.jpg" width="400" height="266" alt="让青年拥抱奥运" border="1" align="left">
    <img dynsrc="image/nj2014-clock.avi" controls loop="infinite" start="fileopen">
</body>
</html>
```

（3）运行

由于 360 安全浏览器会自动屏蔽掉 ActiveX 脚本，这样会使本例用到的多媒体文件 nj2014-clock.avi 无法正常播放，故建议大家**使用普通的 IE 浏览器**运行本网页，效果如图 2.7 所示。

图 2.7 "2014 南京青奥会"主题网页

2. 字幕标记

在 XHTML 语言中，可以在页面中插入字幕，水平或垂直滚动显示文本信息。字幕标记的格式如下：

`<marquee 属性="值"...>滚动的文本信息</marquee>`

说明：

`<marquee>`标记的主要属性如下。

- align：指定字幕与周围主要属性的对齐方式，取值为 top、middle、bottom。
- behavior：指定文本动画的类型，取值为 scroll（滚动）、slide（滑行）、alternate（交替）。
- bgcolor：指定字幕的背景颜色。
- direction：指定文本的移动方向，取值为 down、left、right、up。
- height：指定字幕的高度。
- hspace：指定字幕的外部边缘与浏览器窗口之间的左右边距。
- vspace：指定字幕的外部边缘与浏览器窗口之间的上下边距。
- loop：指定字幕的滚动次数，其值是整数，默认为 infinite，即重复显示。
- scrollamount：指定字幕文本每次移动的距离。
- scrolldelay：指定前段字幕文本延迟多少毫秒后重新开始移动文本。

例如，在【例 2.4】的文档 example2-4.html 中添加如下几行代码：

```
<!DOCTYPE html
    ...>
<html>
<head>
    ...
</head>
<body>
    ...
    <marquee bgcolor="silver" direction="left" scrollamount="4" scrolldelay="100" width="700" height="30">
        <font face="黑体" size="5" color="red">
        <b>2014 年南京青奥会 让奥运走进青年，让青年拥抱奥运！</b>
</body>
</html>
```

再次运行，显示效果如图 2.8 所示。

对比图 2.7 可以发现，网页下方多了一行滚动字幕："2014 年南京青奥会 让奥运走进青年，让青年拥抱奥运！"

3. 背景音乐标记

背景音乐标记只能放在文档头部分，也就是`<head>`与`</head>`标记之间，格式如下：

`<bgsound 属性="值"... />`

背景音乐标记的主要属性如下。

- balance：指定将声音分成左声道和右声道，取值为 -10 000～10 000，默认值为 0。
- loop：指定声音播放的次数。设置为 0，表示播放一次；设置为大于 0 的整数，则播放指定的次数；设置为 -1，表示反复播放。
- src：指定播放的声音文件的 URL。
- volume：指定音量高低，取值为 -10 000～0，默认值为 0。

图 2.8 给网页添加滚动字幕

有兴趣的读者可以自己尝试给图 2.8 所示的网页加入声音特效。

2.2.4 XHTML 基本应用

XHTML 的基本应用包括表格的制作、表单的应用和超链接的应用等。

1. 表格的制作

一个表格由表头、行和单元格组成，常用于组织、显示信息或安排页面布局。一个表格通常由<table>标记开始，到</table>标记结束。表格的内容由<tr>、<th>和<td>标记定义。<tr>说明表的一个行，<th>说明表的列数和相应栏目的名称，<td>用来填充由<tr>和<th>标记组成的表格。

一个典型的表格格式如下：

```
<table 属性="值"...>
<caption>表格标题文字</caption>
<tr 属性="值"...>
    <th>第 1 个列表头</th> <th>第 2 个列表头</th>... <th>第 n 个列表头</th>
</tr>
<tr>
    <td 属性="值"...>第 1 行第 1 列数据</td>
    <td>第 1 行第 2 列数据</td>
    ...
    <td>第 1 行第 n 列数据</td>
</tr>
<tr>
    ...
    <td>第 n 行第 1 列数据</td>
    <td>第 n 行第 2 列数据</td>
    ...
    <td>第 n 行第 n 列数据</td>
</tr>
</table>
```

(1) <table>标记的属性

用<table>标记创建表格时可以设置如下属性。

- align：指定表格的对齐方式，取值为 left（左对齐）、right（右对齐）、center（居中对齐），默认值为 left。
- background：指定表格背景图片的 URL 地址。
- bgcolor：指定表格的背景颜色。
- border：指定表格边框的宽度（像素），默认值为 0。
- bordercolor：指定表格边框的颜色，border 不等于 0 时起作用。
- bordercolordark：指定 3D 边框的阴影颜色。
- bordercolorlight：指定 3D 边框的高亮显示颜色。
- cellpadding：指定单元格内数据与单元格边框之间的间距。
- cellspacing：指定单元格之间的间距。
- width：指定表格的宽度。

(2) <tr>标记的属性

表格中的每一行都是由<tr>标记来定义的，它有如下属性。

- align：指定行中单元格的水平对齐方式。
- background：指定行的背景图像文件的 URL 地址。
- bgcolor：指定行的背景颜色。
- bordercolor：指定行的边框颜色，只有当<table>标记的 border 属性不等于 0 时起作用。
- bordercolordark：指定行的 3D 边框的阴影颜色。
- bordercolorlight：指定行的 3D 边框的高亮显示颜色。
- valign：指定行中单元格内容的垂直对齐方式，取值为 top、middle、bottom、baseline（基线对齐）。

(3) <th>和<td>标记的属性

表格的单元格通过<td>标记来定义，标题单元格可以使用<th>标记来定义，<th>和<td>标记的属性如下。

- align：指定单元格的水平对齐方式。
- bgcolor：指定单元格的背景颜色。
- bordercolor：指定单元格的边框颜色，只有当<table>标记的 border 属性不等于 0 时起作用。
- bordercolordark：指定单元格的 3D 边框的阴影颜色。
- bordercolorlight：指定单元格的 3D 边框的高亮显示颜色。
- colspan：指定合并单元格时一个单元格跨越的表格列数。
- rowspan：指定合并单元格时一个单元格跨越的表格行数。
- valign：指定单元格中文本的垂直对齐方式。
- nowrap：若指定该属性，则要避免 Web 浏览器将单元格里的文本换行。

【例 2.5】 创建一个统计学生课程成绩的表格。

新建 example2-5.html 文件，输入以下代码：

```
<!DOCTYPE html
PUBLIC "-//W3C//DTD XHTML 1.0 Strict//EN"
"http://www.w3.org/TR/xhtml1/DTD/xhtml1-strict.dtd">
<html>
```

```html
<head>
    <title>学生成绩显示</title>
</head>
<body>
<table align="center" border="1" bordercolor="red">
<caption><font size="5" color="blue">学生成绩表</font></caption>
    <tr bgcolor="#CCCCCC">
        <th width="80">专业</th>
        <th width="80">学号</th>
        <th width="80">姓名</th>
        <th width="90">计算机导论</th>
        <th width="90">数据结构</th>
    </tr>
    <tr>
      <td rowspan="3"><font color="blue">计算机</font></td>
      <td>081101</td>
      <td>王 林</td>
      <td align="center">80</td>
      <td align="center">78</td>
    </tr>
    <tr>
      <td>081102</td>
      <td>程 明</td>
      <td align="center">90</td>
      <td align="center">60</td>
    </tr>
    <tr>
      <td>081104</td>
      <td>韦严平</td>
      <td align="center">83</td>
      <td align="center">86</td>
    </tr>
    <tr>
      <td><font color="green">通信工程</font></td>
      <td>081201</td>
      <td>王 敏</td>
      <td align="center">89</td>
      <td align="center">100</td>
    </tr>
</table>
</body>
</html>
```

运行结果如图 2.9 所示。

2. 表单的应用

表单用来从用户（站点访问者）处收集信息，然后将这些信息提交给服务器处理。表单中可以包含各种交互的控件，如文本框、列表框、复选框和单选按钮等。用户在表单中输入或选择数据后提交，该数据就会提交到相应的表单处理程序中，以各种不同的方式进行处理。

图 2.9 运行结果

表单的定义格式如下：
```
<form 定义>
    [<input 定义 />]
    [<textarea 定义>]
    [<select 定义>]
    [<button 定义 />]
</form>
```
（1）表单标记<form>

在 XHTML 语言中，表单内容用<form>标记来定义，格式如下：

`<form 属性="值"...事件="代码">...</form>`

➢ <form>标记的常用属性如下。

● name：指定表单的名称。命名表单后可以使用脚本语言来引用或控制该表单。
● id：指定表示该标记的唯一标识码。
● method：指定表单数据传输到服务器的方法，取值是 post 或 get。post 表示在 HTTP 请求中嵌入表单数据；get 表示将表单数据附加到该页请求的 URL 中。例如，某表单提交一个文本数据 id 值至 page.htm 页面。如果以 post 方法提交，新页面的 URL 为"http://localhost/page.htm"，而若以 get 方式提交相同表单，则新页面的 URL 为"http://localhost/page.htm?id=..."。
● action：指定接收表单数据的服务器程序或动态网页的 URL 地址。提交表单之后，即运行该 URL 地址所指向的页面。
● target：指定目标窗口。target 属性的取值有_blank、_parent、_self 和_top，分别表示：在未命名的新窗口中打开目标文档；在显示当前文档的窗口的父窗口中打开目标文档；在提交表单所使用的窗口中打开目标文档；在当前窗口中打开目标文档。

➢ <form>标记的主要事件如下。

● onsubmit：提交表单时调用的事件处理程序。
● onreset：重置表单时调用的事件处理程序。

（2）表单输入控件标记<input>

表单输入控件的格式如下：

`<input 属性="值"... 事件="代码" />`

为了让用户通过表单输入数据，在表单中可以使用<input>标记来创建各种输入型表单控件。表单控件通过<input>标记的 type 属性设置成不同的类型，包括单行文本框、密码框、隐藏域、复选框、单选按钮、按钮和文件域等。

① 单行文本框。在表单中添加单行文本框可以获取站点访问者提供的一行文本信息，格式如下：

<input　type="text"　属性="值" … 事件="代码" />

➢ 单行文本框的属性如下。
- name：指定单行文本框的名称，通过它可以在脚本中引用该文本框控件。
- id：指定表示该标记的唯一标识码。通过 id 值就可以获取该标记对象。
- value：指定文本框的值。
- defaultvalue：指定文本框的初始值。
- size：指定文本框的宽度。
- maxlength：指定允许在文本框内输入的最大字符数。
- form：指定所属的表单名称（只读）。

例如，要设置如图 2.10 所示的文本框可以使用以下代码：

姓名：<input　type="text " size="10 " value="王小明" />

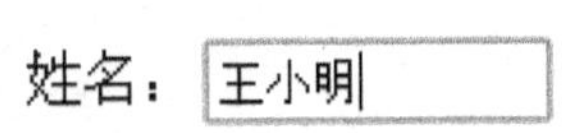

图 2.10　文本框

➢ 单行文本框的方法如下。
- Click()：单击该文本框。
- Focus()：得到焦点。
- Blur()：失去焦点。
- Select()：选择文本框的内容。

➢ 单行文本框的事件如下。
- onclick：单击该文本框执行的代码。
- onblur：失去焦点执行的代码。
- onchange：内容变化执行的代码。
- onfocus：得到焦点执行的代码。
- onselect：选择内容执行的代码。

② 密码框。密码框也是一个文本框，当访问者输入数据时，大部分浏览器会以星号显示密码，使别人无法看到输入内容，如图 2.11 所示。其格式如下：

<input　type= "password"　属性="值"…事件="代码"　/>

图 2.11　密码框

其中，属性、方法和事件与单行文本框基本相同，只是密码框没有 onclick 事件。

③ 隐藏域。在表单中添加隐藏域是为了使访问者看不到隐藏域的信息。每个隐藏域都有自己的名称和值。当提交表单时，隐藏域的名称和值就会与可见表单域的名称和值一起包含在表单的结果中。其格式如下：

```
<input type="hidden" 属性="值"... />
```
隐藏域的属性、方法和事件与单行文本框基本相同，只是没有 defaultvalue 属性。

④ 复选框。在表单中添加复选框是为了让站点访问者选择一个或多个选项，格式如下：
```
<input type="checkbox" 属性="值"...事件="代码" />选项文本
```
> 复选框的属性如下。
- name：指定复选框的名称。
- id：指定表示该标记的唯一标志码。
- value：指定选中时提交的值。
- checked：如果设置该属性，则第一次打开表单时该复选框处于选中状态。被选中时其值为 TRUE，否则为 FALSE。
- defaultchecked：判断复选框是否定义了 checked 属性。已定义时其值为 TRUE，否则为 FALSE。

例如，要创建如图 2.12 所示的复选框，可以使用如下代码：

兴趣爱好：
```
<input type="checkbox" name="box" checked ="checked" />旅游
<input type="checkbox" name="box" checked ="checked" />篮球
<input type="checkbox" name="box" />上网
```

兴趣爱好：　☑旅游　☑篮球　□上网

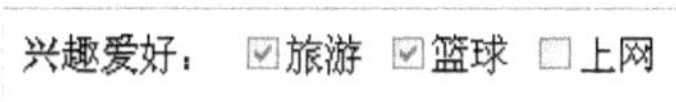

图 2.12　复选框

> 复选框的方法如下。
- Click()：单击该复选框。
- Focus()：得到焦点。
- Blur()：失去焦点。
> 复选框的事件如下。
- onclick：单击该复选框执行的代码。
- onblur：失去焦点执行的代码。
- onfocus：得到焦点执行的代码。

⑤ 单选按钮。在表单中添加单选按钮是为了让站点访问者从一组选项中选择其中一个选项。在一组单选按钮中，一次**只能选择一个**。其格式如下：
```
<input type="radio" 属性="值" 事件="代码"... />选项文本
```
单选按钮的属性如下。
- name：指定单选按钮的名称，若干名称相同的单选按钮构成一个控件组，在该组中只能选择一个选项。
- value：指定提交时的值。
- checked：如果设置了该属性，当第一次打开表单时该单选按钮处于选中状态。

单选按钮的方法和事件与复选框相同。

当提交表单时，该单选按钮组名称和所选取的单选按钮指定值都会包含在表单结果中。

例如，要创建如图 2.13 所示的单选按钮，可以使用如下代码：
```
<input type="radio" name="rad" value="1" checked= "checked" />男
<input type="radio" name="rad" value="0" />女
```

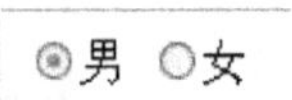

⊙男 ○女

图 2.13 单选按钮

⑥ 按钮。使用<input>标记可以在表单中添加三种类型的按钮:"提交"按钮、"重置"按钮和"自定义"按钮。其格式如下:

<input type="按钮类型" 属性="值" onclick="代码" />

根据 type 值的不同,按钮的类型也不一样。

- type="submit":创建一个"提交"按钮。单击该按钮,表单数据(包括提交按钮的名称和值)会以 ASCII 文本形式传送到由表单的 action 属性指定的表单处理程序中。一般来说,一个表单必须有一个"提交"按钮。
- type="reset":创建一个"重置"按钮。单击该按钮,将删除所有已经输入表单中的文本并清除所有选择。如果表单中有默认文本或选项,将会恢复这些值。
- type="button":创建一个"自定义"按钮。在表单中添加自定义按钮时,必须为该按钮编写脚本以使按钮执行某种指定的操作。

按钮的其他属性还有 name(按钮的名称)和 value(显示在按钮上的标题文本)。

事件 oncilck 的值是单击按钮后执行的脚本代码,例如:

<input type="submit" name="bt1" value="提交按钮" />
<input type="reset" name="bt2" value="重置按钮" />
<input type="button" name="bt3" value="自定义按钮" />

⑦ 文件域。文件域由一个文本框和一个"浏览"按钮组成,用户可以在文本框中直接输入文件的路径和文件名,或单击"浏览"按钮从磁盘上查找、选择所需文件。其格式如下:

<input type="file" 属性="值"...>

文件域的属性有 name(文件域的名称)、value(初始文件名)和 size(文件名输入框的宽度)。

例如,要创建如图 2.14 所示的文件域(普通 IE 浏览器的显示效果),可以使用如下代码:

<input type="file" name="fl" size="20" />

图 2.14 文件域

(3)其他表单控件

① 滚动文本框。在表单中添加滚动文本框是为了使访问者可以输入多行文本,格式如下:

<textarea 属性="值"...事件="代码"...>初始值</textarea>

说明:<textarea>标记的属性有 name(滚动文本框控件的名称)、rows(控件的高度,以行为单位)、cols(控件的宽度,以字符为单位)和 readonly(滚动文本框中的内容是否能被修改)。

滚动文本框的其他属性、方法和事件与单行文本框基本相同。

例如,要创建如图 2.15 所示的滚动文本框(普通 IE 浏览器的显示效果),可以使用如下代码:

<meta http-equiv="content-type" content="text/html; charset=gb2312">
<textarea name="ta" rows="8" cols="20" readonly="readonly">这是本文本框的初始内容,是只读的,用户无法修改
</textarea>

图 2.15　滚动文本框

② 选项选单。表单中选项选单（下拉菜单）的作用是使访问者从列表或选单中选择选项，格式如下：

```
<select name="值" size="值" [multiple ="multiple"]>
    <option [selected ="selected"] value="值">选项 1</option>
    <option [selected ="selected"] value="值">选项 2</option>
    …
</select>
```

其中，
- name：指定选项选单控件的名称。
- size：指定在列表中一次可以看到的选项数目。
- multiple：指定允许做多项选择。
- selected：指定该选项的初始状态为选中。

例如，要创建如图 2.16 所示的选项选单，可以使用如下代码：

```
学历：<select name="se" size="1" >
    <option>研究生</option>
    <option selected="selected">大学</option>
    <option>高中</option>
    <option>初中</option>
    <option>小学</option>
    </select>
```

图 2.16　选项选单

③ 对表单控件进行分组。可以使用<fieldset>标记对表单控件进行分组，将表单划分为更小、更易于管理的部分。其格式如下：

```
<fieldset>
    <legend>控件组标题</legend>
    组内表单控件
</fieldset>
```

【例 2.6】　制作一个学生个人资料的表单，包括姓名、学号、性别、出生日期、所学专业、选修课程、备注和兴趣等信息项。要求综合运用前面所讲的各类表单控件，使页面简洁美观。

创建文件 example2-6.html，输入以下代码：

```html
<!DOCTYPE html
PUBLIC "-//W3C//DTD XHTML 1.0 Strict//EN"
"http://www.w3.org/TR/xhtml1/DTD/xhtml1-strict.dtd">
<html>
<head>
    <title>学生个人信息</title>
</head>
<body>
<form name="form1" method="post" action="xsServlet">
<fieldset style="width:450px" align="center">
<legend><b>学生个人信息</b></legend>
 <fieldset style="width:400px" align="left">
 <legend><b>基本资料</b></legend>
    <table width="400" border="0" align="center" bgcolor="#CCFFCC">
        <tr>
            <td width="120">学号：</td>
            <td><input name="XH" type="text" value="081101"></td>
        </tr>
        <tr>
            <td>姓名：</td>
            <td><input name="XM" type="text" value="王林"></td>
        </tr>
        <tr>
            <td>性别：</td>
            <td><input name="SEX" type="radio" value="男" checked="checked">男
                <input name="SEX" type="radio" value="女">女</td>
        </tr>
        <tr>
            <td>出生日期：</td>
            <td><input name="Birthday" type="text" value="1989-05-06"></td>
        </tr>
    </table>
 </fieldset>
 <fieldset style="width:400px" align="left">
 <legend><b>详细资料</b></legend>
    <table width="400" border="0" align="center" bgcolor="#CCFFFF">
        <tr>
            <td>专业：</td>
            <td><select name="ZY">
                    <option>计算机</option>
                    <option>软件工程</option>
                    <option>信息管理</option>
                    <option>通信工程</option>
                    <option>信息网络</option>
                </select></td>
        </tr>
        <tr>
```

```html
            <td>选修课程：</td>
            <td><select name="KC" size="3" multiple="multiple">
                    <option selected>计算机导论</option>
                    <option selected>数据结构</option>
                    <option>数据库原理</option>
                    <option>操作系统</option>
                    <option>计算机网络</option>
            </select></td>
        </tr>
        <tr>
            <td>备注：</td>
            <td><textarea name="BZ">团员</textarea></td>
        </tr>
        <tr>
            <td>兴趣：</td>
            <td><input name="XQ" type="checkbox" value="听音乐" checked="checked" >听音乐
                <input name="XQ" type="checkbox" value="看小说">看小说
                <input name="XQ" type="checkbox" value="上网" checked="checked">上网</td>
        </tr>
    </table>
 </fieldset>
 <input type="submit" name="BUTTON1" value="提交" align="center">
 <input type="reset" name="BUTTON2" value="重置" align="center">
 </fieldset>
 </form>
 </body>
 </html>
```

运行结果如图 2.17 所示。

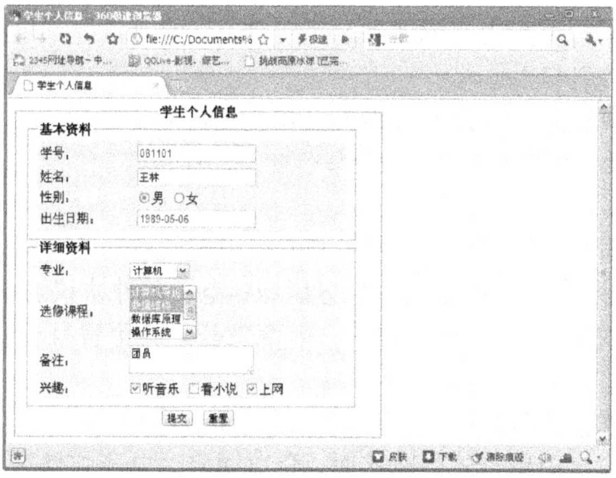

图 2.17 运行结果

3. 超链接的应用

在网页中，超链接通常以文本或图像形式呈现。当鼠标指针指向网页中的超链接时，会变成手的形状。单击超链接，浏览器会按照超链接所指示的目标载入另一个网页，或者跳转到同一网页的其他位置。其格式如下：

`<a 属性="值"…>超链接内容</a>`

按照目标地址的不同，超链接分为文件链接、锚点链接和邮件链接。

(1) 文件链接

文件链接的目标地址是网页文件，目标网页文件可以位于当前服务器或其他服务器上。超链接使用<a>标记来创建，其常用的属性如下。

- href：指定目标地址的 URL，这是必选项。
- target：指定窗口或框架的名称。该属性指定将目标文档在指定的窗口或框架中打开。如果省略该属性，则在当前窗口中打开。target 属性的取值可以是窗口或框架的名称，也可以是如下保留字。

  _blank：未命名的新浏览器窗口。

  _parent：父框架或窗口。

  _self：所在的同一窗口或框架。

  _top：整个浏览器窗口中，并删除所有框架。
- title：指定超链接时所显示的标题文字，例如：

```
<a href="http://www.qq.com">腾讯</a>
<a href="1_6stu.html">链接到本文件夹中的 1_6stu.html 文件</a>
<a href="../index.html">链接到上一级文件夹中的 index.html 文件</a>
<a href="image/tp.jpeg">链接到图片</a>
<a href="http://www.163.com" title="图片链接"><img src=" image/tp.jpg " /></a>
```

(2) 锚点链接

锚点链接的目标地址是网页中的一个位置。创建锚点链接时，要在页面的某一处设置一个位置标记（锚点），并给该位置指定一个名称，以便在同一页面或其他页面中引用。

要创建锚点链接，首先要在页面中用<a>标记为要跳转的位置命名。例如，在 1_6stu.html 页面中进行如下设置：

```
<a id="xlxq"></a>
```

说明：<a>和</a>标记之间不要放置任何文字。

创建锚点后如果在同一页面中要跳转到名为"xlxq"的锚点处，可以使用如下代码：

```
<a href="#xlxq">去本页面的锚点处</a>
```

如果要从其他页面跳转到该页面的锚点处，可以使用如下代码：

```
<a href="1_6stu.html #xlxq">去该页面的锚点处</a>
```

(3) 邮件链接

通过邮件链接可以启动电子邮件客户端程序，并由访问者向指定地址发送邮件。创建邮件链接也使用<a>标记，该标记的 href 属性由三部分组成：电子邮件协议名称 mailto，电子邮件地址，可选的邮件主题（其形式为"subject=主题"）。前两部分之间用冒号分隔，后两部分之间用问号分隔，例如：

```
<a href="mailto:163@163.com?subject=XHTML 教程">当前教程答复</a>
```

当访问者在浏览器窗口中单击邮件链接时，会自动启动电子邮件客户端程序，并将指定的主题填入主题栏中。

【例 2.7】 使用<a>标记在【例 2.1】网页上创建超链接。

(1) 准备

上网搜索南京师范大学徽标（njnu-logo.jpg）、东南大学主页标头图片（seu.gif）及南京师范大学主页（njnu.htm），将它们保存在"桌面\XHTML"文件夹下。

（2）编辑 XHTML 文档

打开【例 2.1】的源文档 example2-1.html，修改如下：
```
<!DOCTYPE html
…>
<html>
<head>
 …
</head>
<body background="njnu.jpg" onload="myp()">
    <a href="http://www.nju.edu.cn">南京大学</a>   
    <a href="seu.gif">东南大学</a></p>
    <div align="center">
        …
    </div>
    <p><a href="njnu.htm"><img src="njnu-logo.jpg"></a></p>
</body>
</html>
```

（3）运行

运行文件，将显示如图 2.18 所示的页面。

图 2.18　在页面上增加超链接

可以看到，图 2.18 的页面上多了三个超链接："南京大学"和"东南大学"两个文字链接、南京师范大学徽标图片链接。可以试着单击这些链接，看看它们都去往哪里。

2.2.5　框架网页设计

框架可以将文档划分为若干窗格，在每个窗格中显示一个网页，从而得到在同一个浏览器窗口中显示不同网页的效果。框架网页是通过一个框架集<frameset>和多个框架<frame>标记来定义的。在框架网页中将<frameset>标记放在<head>标记之后取代<body>的位置，还可以使用<noframes>标记指出框架不能被浏览器显示时的替换内容。

框架网页的基本结构如下：

```
<!DOCTYPE html
PUBLIC "-//W3C//DTD XHTML 1.0 Frameset//EN"
"http://www.w3.org/TR/xhtml1/DTD/xhtml1-frameset.dtd">
<html>
<head>
        <title>框架网页的基本结构</title>
</head>
<frameset 属性="值"...>
        <frame 属性="值".../>
        <frame 属性="值".../>
        …
</frameset>
</html>
```

1. 框架集

框架集包括如何组织各个框架的信息，可以用<frameset>标记定义。框架是按照行、列组织的，可以用<frameset>标记的下列属性对框架结构进行设置。

- cols：在创建纵向分隔框架时指定各个框架的列宽，取值有三种形式，即像素、百分比和相对尺寸。例如：

cols=" *, *, *" 表示将窗口划分为三个等宽的框架。

cols=" 30%, 200, *" 表示将浏览器窗口划分为三列框架，其中第 1 列占窗口宽度的 30%，第 2 列为 200 像素，第三列为窗口的剩余部分。

cols=" *, 3 *, 2 *" 表示左边的框架占窗口的 1/6，中间的占 1/2，右边的占 1/3。

- rows：指定横向分隔框架时各个框架的行高，取值与 cols 属性类似。但 rows 属性不能与 cols 属性同时使用，若要创建既有纵向分隔又有横向分隔的框架，应使用嵌套框架。
- frameborder：指定框架周围是否显示 3D 边框。若取值为 1（默认值）则显示，为 0 则显示平面边框。
- framespacing：指定框架之间的间隔（以像素为单位，默认为 0）。

要创建一个嵌套框架集，可以使用如下代码：

```
<html>
<head>
        <title>嵌套框架</title>
</head>
<frameset rows="20%,400,*">
        <frame />
        <frameset cols="300, *" />
                <frame />
                <frame />
        </frameset>
        <frame />
</frameset>
</html>
```

2. 框架

框架使用<frame>标记来创建，主要属性如下。
- name：指定框架的名称。
- frameborder：指定框架周围是否显示 3D 边框。
- marginheight：指定框架的高度（以像素为单位）。
- marginwidth：指定框架的宽度（以像素为单位）。
- noresize：指定不能调整框架的大小。
- scrolling：指定框架是否可以滚动，取值为 yes、no 和 auto。
- src：指定在框架中显示的网页文件。

【例 2.8】 设计一个框架网页，并在各个框架中各显示一个网页。

（1）example2-8frame.html（主网页）

```
<!DOCTYPE html
PUBLIC "-//W3C//DTD XHTML 1.0 Frameset//EN"
"http://www.w3.org/TR/xhtml1/DTD/xhtml1-frameset.dtd">
<html>
<head>
    <title>框架中显示网页</title>
</head>
<frameset rows="80, *">
    <frame src=" example2-8top.html" name="frmtop" />
    <frameset cols="25%,*">
        <frame src=" example2-8left.html" name="frmleft" />
        <frame src=" example2-content.html" name="frmmain" />
    </frameset>
</frameset>
</html>
```

（2）example2-8top.html（上部网页）

```
<!DOCTYPE html
PUBLIC "-//W3C//DTD XHTML 1.0 Strict//EN"
"http://www.w3.org/TR/xhtml1/DTD/xhtml1-strict.dtd">
<html>
<body bgcolor="#8888FF">
<marquee  behavior="alternate"  direction="right">
    <font size="5" color="blue">欢迎登录学生成绩管理系统</font>
</marquee>
</body>
</html>
```

（3）example2-8content.html（下部右边网页）

```
<!DOCTYPE html
PUBLIC "-//W3C//DTD XHTML 1.0 Strict//EN"
"http://www.w3.org/TR/xhtml1/DTD/xhtml1-strict.dtd">
<html>
<head>
    <title>content 网页</title>
</head>
```

```
<body>
    <h2 align="center">这里是 content 网页。</h2>
</body>
</html>
```

（4）example2-8left.html（下部左边网页）

```
<!DOCTYPE html
PUBLIC "-//W3C//DTD XHTML 1.0 Strict//EN"
"http://www.w3.org/TR/xhtml1/DTD/xhtml1-strict.dtd">
<html>
<head>
    <title>left 网页</title>
</head>
<body>
    <a href=" example2-5.html" target="frmmain">学生成绩表</a></br></br>
    <a href=" example2-6.html" target="frmmain">学生信息显示</a></br></br>
    <a href=" example2-8content.html" target="frmmain">返回主页</a></br>
</body>
</html>
```

完成后运行 example2-8frame.html 文件，单击页面下部左边网页的"学生信息显示"超链接，运行效果如图 2.19 所示。

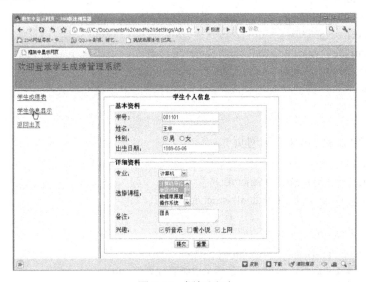

图 2.19　框架网页

2.3　CSS 初步

层叠样式表（Cascading Style Sheets，CSS）是 W3C 协会为弥补 XHTML 在显示方面的不足而制定的一套扩展样式标准。CSS 标准重新定义了 XHTML 中的文字显示样式，并增加了一些新概念，提供了更为丰富的显示样式。同时，CSS 还可进行集中样式管理，允许将样式定义单独存储于样式文件中，这样可以使**显示内容**和**显示样式**定义**分离**，使多个 XHTML 文件共享样式定义。

2.3.1 CSS 定义及引用

样式表的作用是告诉浏览器如何呈现文档，样式定义是 CSS 的基础。通常，CSS 可以通过**三种方式**对页面中的元素进行样式定义：内嵌样式、内部样式和外联样式。

下面只简单介绍一下这三种样式定义在网页中的应用。

1. 内嵌样式

在标记中直接使用 style 属性可以对该标记括起的内容应用样式来显示，例如：

```
<p style="font-family: '宋体';color:green;background-color:yellow;font-size:9px"></p>
```

使用 style 属性定义时，内容与值之间用冒号"："分隔。用户可以定义多项内容，内容之间以分号"；"分隔。由于这种方式在 XHTML 标记内部引用样式，所以称为内嵌样式或内联样式。

注意：

若要在 XHTML 文件中使用内嵌样式，必须在该文件的头部对整个文档进行单独的样式语言声明，例如：

```
<meta http-equiv="Content-type" content="text/css; charset=gb2312" />
```

由于内嵌样式将样式和要展示的内容混在一起，违背了使用样式表的初衷，所以建议尽量不要使用这种方式。

2. 内部样式

所谓的内部样式，就是利用 style 标签来包含本页所需样式定义的代码。它虽然也是将表现样式的代码和组织内容的代码放在同一个页面中，但是由于其**单独**将表现样式的 CSS 代码放在 style 标签之内，故它与内嵌样式有着本质上的区别。

定义内部样式表的格式如下：

```
.类选择符{规则表}
```

其中，"类选择符"是引用的样式的类标记，"规则表"是由一个或多个样式属性组成的样式规则，各样式属性间用分号隔开，每个样式属性的定义格式为"样式名:值"。例如：

```
.style1{font-family:"黑体"; color:green; font-sizex:15px;}
```

其中，"font-family"表示字体，"color"表示字体颜色，"font-size"表示字体大小。样式表定义时使用<style>标记括起，放在<head>标记范围内，<style>标记内定义的前后可以加上注释符"<!--"、"-->"，它的作用是使不支持 CSS 的浏览器忽略样式表定义。<style>标记的 type 属性指明样式的类别，默认值为"text/css"，例如：

```
<head>
    <style type="text/css">
    <!--
        .style1 {font-size: 20px; font-family: "黑体";}
    -->
    </style>
</head>
```

内部样式表主要使用标记的 class 属性来引用，只要将标记的 class 属性值设置为样式表中定义的类选择符即可，例如：

```
<div class="style1">内部样式表的引用</div>
<input type="text" name="text" class="style1"  />
```

利用类选择符和标记的 class 属性，可以使相同的标记使用不同的样式，或使不同的标记使用相同的样式。

【例 2.9】 内嵌样式与内部样式示例。

输入下列内容，以 example2-9css1.html 作为文件名保存：

```html
<!DOCTYPE html
PUBLIC "-//W3C//DTD XHTML 1.0 Transitional//EN"
"http://www.w3.org/TR/xhtml1/DTD/xhtml1-transitional.dtd">
<html>
<head>
    <title>CSS 示例</title>
    <meta http-equiv="content-type" content="text/html; charset=gb2312">
    <style type="text/css">
    <!--
        .heiti {font-size: 20px; font-family: "黑体"; color:red;}
    -->
    </style>
</head>
<body>
    <div>
        <p style="font-family: '宋体';color:green;background-color:yellow;font-size:9px">内嵌样式</p>
    </div>
    <div class="heiti">内部样式</div>
    <input type="text" name="text" class="heiti"  />
</body>
</html>
```

运行文件，将显示如图 2.20 所示的页面。

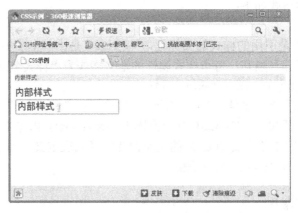

图 2.20　内嵌样式与内部样式

3. 外联样式

无论是内嵌样式还是内部样式，都只能由当前的 XHTML 文档引用，这样一来，只有当前页面中的元素可以重用 CSS 代码，而其他页面则不能，这对于制作大型网站是极为不利的！因为大型网站往往囊括了数量庞大的页面，且众多页面的显示风格是高度一致的，大型网站的这些特点对 CSS 代码重用提出了更高的要求，需要依靠外联样式。

外联样式表就是把样式存放在单独的 CSS 文件中。在 XHTML 中的<head>中采用<link>标记将 CSS 文件关联起来，例如：

```
<head>
<meta … />
```

```
<link href="mystyle.css" type="text/css" rel="stylesheet" rev="stylesheet"  />
</head>
```
其中，mystyle.css 是定义的样式表文件，内容如下：
```
div{
    width:300px;              /*定义 div 元素的宽度为 300 像素*/
    height:200px;             /*定义 div 元素的高度为 200 像素*/
    padding:6px;
    border:#006600 2px solid;
    font-size:16px;
    color:#889900;
}
#sty1{
    …
}
…
```
这样，被关联的 XHTML 中的 div 均采用该样式，也可以采用 class 属性引用其他样式。

引用样式文件的 XHTML 文档在头部用<link>标记链接 CSS 样式文件，<link>标记的属性主要有 rel、href、type 和 media。rel 属性用于定义链接的文件和 XHTML 文档之间的关系，通常取值为 stylesheet；href 属性指出 CSS 样式文件的位置和文件名；type 属性指出样式的类别（通常取值为 text/css）；media 属性用于指定接收样式表的介质，默认值为 screen（显示器），还可以是 print（打印机）、projection（投影机）等。

【例 2.10】 XHTML 文档链接 CSS 文件。

（1）定义独立的 CSS 样式文件

外联样式定义的内容一般放在一个独立的 CSS 样式文件中，本例取文件名为 example2-10style1.css，内容如下：
```
p {font-family: "宋体"; color: green; background-color: yellow; font-size: 12pt; }
h1,h2 {font-family: "隶书", "宋体"; color:#ff8800}
.heti {font-family: "黑体"; font-size: 20pt; color: #000000; }
#id1 {color: blue; }
```

◎◎● 注意：

文件不包含<style>标记，因为<style>是 html 标记而非 css 样式。

（2）编辑 XHTML 文档，链接 CSS 文件

输入下列内容，以 example2-10css2.html 作为文件名保存：
```
<!DOCTYPE html
PUBLIC "-//W3C//DTD XHTML 1.0 Transitional//EN"
"http://www.w3.org/TR/xhtml1/DTD/xhtml1-transitional.dtd">
<html>
<head>
    <title>链接外部 css 文件</title>
    <meta http-equiv="content-type" content="text/html; charset=gb2312">
    <link rel="stylesheet" type="text/css" href=" example2-10style1.css" media="screen">
</head>
<body topmargin=4>
    <h1>内容 h1 样式显示</h1>
    <h2>内容 h2 样式显示</h2>
```

```
            <h3 id="id1">内容 id1 样式显示</h3>
            <h4>h4 内容默认样式显示</h4>
            <p>内容 p 样式显示</p>
            <p class="heti">内容 heti 样式显示</p>
    </body>
</html>
```

用浏览器打开文档，将显示如图 2.21 所示的页面。

图 2.21 链接 CSS 文件

细心的读者会注意到本例文件 example2-10style1.css 中 p{}、h1,h2{}、#id1{}的用法与前述 ".类选择符{规则表}" 的格式略有差异，下面对此详加说明。

2.3.2 CSS 选择符

定义样式表的符号就是 CSS 选择符。选择符可分为以下几种情况。

1. 标记符

标记符{规则表}

标记符可以是一个或多个，各个标记之间以逗号分开。

例如，【例 2.10】的 CSS 文件里有如下代码：

p {font-family: "宋体"; color: green; background-color: yellow; font-size: 12pt; }
h1,h2 {font-family: "隶书", "宋体"; color:#ff8800}

2. 类选择符和 class 属性

利用类选择符和标记的 class 属性可以使相同的标记使用不同的样式，也可以使不同的标记使用同样的样式，因为只要使标记的 class 属性值为样式表中定义的类选择符即可。

类选择符在样式表中定义具有样式值的类，有两种定义格式：

① 标记名.类名{规则 1; 规则 2; ... }
② .类名{规则 1; 规则 2; ... }

前者是为特定的标记定义的类，该标记的 class 属性设置为该类名，只有使用该标记的内容才会采用这个样式；后者为一般定义的类，只要某标记引用了该类名就可采用这个样式。请看下面的例子。

【例2.11】 两种 CSS 类选择符示例。

输入下列内容，以 example2-11css3.html 作为文件名保存：

```
<!DOCTYPE html
PUBLIC "-//W3C//DTD XHTML 1.0 Transitional//EN"
"http://www.w3.org/TR/xhtml1/DTD/xhtml1-transitional.dtd">
<html>
<head>
    <title>两种 css 类选择符</title>
    <meta http-equiv="content-type" content="text/html; charset=gb2312">
    <style type="text/css">
    <!--
        p.back{font-family:"隶书", "宋体"; color:#ff8800}
        .heti {font-family:"黑体"; font-size: 20pt; color:#000000;}
    -->
    </style>
</head>
<body topmargin=4>
    <p class="back">标签 p 的内容可以 p.back 样式显示</p>
    <div class="back">标签 div 的内容不可以 p.back 样式显示</div>
    <p class="heti">标签 p 的内容可以.heti 样式显示</p>
    <div class="heti">标签 div 的内容也可以.heti 样式显示</div>
</body>
</html>
```

运行文件，将显示如图 2.22 所示的页面。

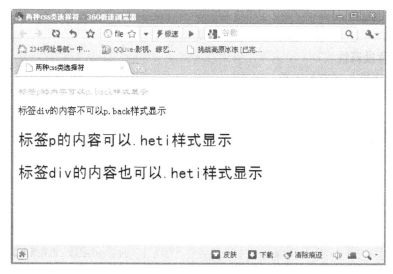

图 2.22　两种 CSS 类选择符的适用对象

3. id 选择符和 id 属性

id 选择符用于定义一个元素独有的样式，它与类选择符的区别在于：id 选择符在一个 XHTML 文件中只能引用一次，而类选择符可多次引用。

id 选择符的定义格式如下：

#id 名{规则 1; 规则 2;...}

这个选择符在【例 2.10】的 CSS 文件中曾经出现过：

```
#id1 {color: blue; }
```
其引用方法如下:
```
<h3 id="id1">内容 id1 样式显示</h3>
```

2.3.3 CSS 属性

CSS 属性包括字体属性、颜色和背景属性、文本属性、列表属性、方框属性、分类属性和定位属性等。

1. 字体属性

字体属性如表 2.3 所示。

表 2.3 字体属性说明

属性名	取值	说明
font-family	"宋体" "隶书"…	字体
font-size	12pt … 8px …	字号
font-style	italic bold …	字体风格
font-weight	100 200 …	字加粗
font-variant		字体变化
font		字体综合设置

2. 颜色和背景属性

颜色和背景属性如表 2.4 所示。

表 2.4 颜色和背景属性说明

属性名	取值	说明
color	颜色表示	指定页面元素的前景色
background-color	颜色表示 transparent	指定页面元素的背景色
background-image	URL none	指定页面元素的背景图像
background-repeat	repeat repeat-x repeat-y no-repeat	指定一个被指定的背景图像被重复的方式。默认值为 repeat
background-attachment	scroll fixed	指定背景图像是否跟随页面内容滚动。默认值为 scroll
background-position	数值表示法 关键词表示法	指定背景图像的位置
background	背景颜色 背景图像 背景重复 背景位置	背景属性综合设定

3. 文本属性

文本属性如表 2.5 所示。

表 2.5 文本属性说明

属性名	取值	说明
letter-spacing	长度值 normal	设定字符之间的间距
text-decoration	none underline overline line-through blink	设定文本的修饰效果，line-through 是删除线，blink 是闪烁效果。默认值为 none
text-align	left right center justify（将文字均分展开）	设置文本横向排列对齐方式
vertical-align	baseline super Sub top middle bottom text-top text-bottom 百分比	设定元素纵向排列对齐方式
text-indent	长度值 百分比	设定块级元素第一行的缩进量
line-height	normal 长度值 数字 百分比	设定相邻两行的间距

4. 列表属性

列表属性如表 2.6 所示。

表 2.6 列表属性说明

属性名	取值	说明
list-style-type	无序列表值： disc circle square 有序列表值： decimal lower-roman upper-roman lower-alpha upper-alpha 公用值：none	表项的项目符号 disc：实心圆点 circle：空心圆 square：实心方形 decimal：阿拉伯数字 lower-roman：小写罗马数字 upper-roman：大写罗马数字 lower-alpha：小写英文字母 upper-alpha：大写英文字母 none：不设定

续表

属 性 名	取 值	说 明
list-style-image	url（URL）	使用图像作为项目符号
list-style-position	outside、inside	设置项目符号是否在文字里面，与文字对齐
list-style	项目符号、位置	综合设置项目属性

5. 方框属性

方框属性如表 2.7 所示。

表 2.7 方框属性说明

属 性 名	说 明
margin-top	设定 HTML 文件内容与块元素的上边界距离。值为百分比时依照其上级元素的设置值。默认值为 0
margin-right	设定 HTML 文件内容与块元素的右边界距离
margin-bottom	设定 HTML 文件内容与块元素的下边界距离
margin-left	设定 HTML 文件内容与块元素的左边界距离
margin	设定 HTML 文件内容与块元素的上、右、下、左边界距离。如果只给出 1 个值，则被应用于 4 个边界，如果只给出 2 个或 3 个值，则未显式给出值的边用其对边的设定值
padding-top	设定 HTML 文件内容与上边框之间的距离
padding-right	设定 HTML 文件内容与右边框之间的距离
padding-bottom	设定 HTML 文件内容与下边框之间的距离
padding-left	设定 HTML 文件内容与左边框之间的距离
padding	设定 HTML 文件内容与上、右、下、左边框的距离。设定值的个数与边框的对应关系同 margin 属性
border-top-width	设置元素上边框的宽度
border-right-width	设置元素右边框的宽度
border-bottom-width	设置元素下边框的宽度
border-left-width	设置元素左边框的宽度
border-width	设置元素上、右、下、左边框的宽度。设定值的个数与边框的对应关系同 margin 属性
border-top-color	设置元素上边框的颜色
border-right-color	设置元素右边框的颜色
border-bottom-color	设置元素下边框的颜色
border-left-color	设置元素左边框的颜色
border-color	设置元素上、右、下、左边框的颜色。设定值的个数与边框的对应关系同 margin 属性
border-style	设定元素边框的样式。设定值的个数与边框的对应关系同 margin 属性。默认值为 none
border-top	设定元素上边框的宽度、样式和颜色
border-right	设定元素右边框的宽度、样式和颜色
border- bottom	设定元素下边框的宽度、样式和颜色
border-left	设定元素左边框的宽度、样式和颜色
width	设置元素的宽度

续表

属性名	说明
height	设置元素的高度
float	设置文字围绕于元素周围。left：元素靠左，文字围绕在元素右边；right：元素靠右，文字围绕在元素左边；None：以默认位置显示
clear	清除元素浮动。none：不取消浮动；left：文字左侧不能有浮动元素；right：文字右侧不能有浮动元素；both：文字两侧都不能有浮动元素

6. 定位属性

定位属性如表 2.8 所示。

表 2.8 定位属性说明

属性名	说明
top	设置元素与窗口上端的距离
left	设置元素与窗口左端的距离
position	设置元素位置的模式
z-index	z-index 将页面中的元素分成多个"层"，形成多个层"堆叠"的效果，从而营造出三维空间效果

2.4 XML 基础

XML 指可扩展标记语言（EXtensible Markup Language），是一种标记语言，很类似 HTML。HTML 被设计用来显示数据，XML 被设计用来传输和存储数据。

2.4.1 基本结构

XML 文档呈现一种树结构，它从"根部"开始，然后扩展到"枝叶"。

1. 一个 XML 文档实例

例如，John 写给 George 的便签，以 XML 文档表示如下：

```
<?xml version="1.0" encoding="ISO-8859-1"?>
<note>
<to>George</to>
<from>John</from>
<heading>Reminder</heading>
<body>Don't forget the meeting!</body>
</note>
```

第 1 行是 XML 声明。它定义 XML 的版本（1.0）和所使用的编码（ISO-8859-1 = Latin-1/西欧字符集）；

第 2 行"<note>"是描述文档的根元素；

接下来的 4 行是描述根的 4 个子元素（to、from、heading 及 body）；

最后一行"</note>"定义根元素的结尾。

2. 树结构

XML 文档必须包含根元素，该元素是所有其他元素的父元素。文档中的元素形成了一棵文档树。这棵树从根部开始，并扩展到树的最底端。例如：

```
<root>
    <child>
        <subchild>.....</subchild>
    </child>
</root>
```

所有元素均可拥有子元素，相同层级上的子元素成为同胞（兄弟或姐妹），所有元素均可拥有文本内容和属性（类似 HTML 中）。

下面是某 XML 文档中几本书的信息：

```
<bookstore>
<book category="COOKING">
    <title lang="en">Everyday Italian</title>
    <author>Giada De Laurentiis</author>
    <year>2005</year>
    <price>30.00</price>
</book>
<book category="CHILDREN">
    <title lang="en">Harry Potter</title>
    <author>J K. Rowling</author>
    <year>2005</year>
    <price>29.99</price>
</book>
<book category="WEB">
    <title lang="en">Learning XML</title>
    <author>Erik T. Ray</author>
    <year>2003</year>
    <price>39.95</price>
</book>
</bookstore>
```

据此可以很容易地画出该文档的树结构图，如图 2.23 所示。

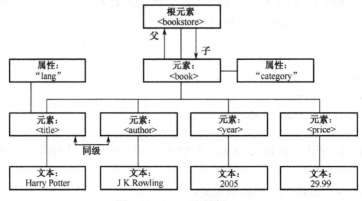

图 2.23　XML 文档树

例子中的根元素是<bookstore>。文档中的所有<book>元素都被包含在<bookstore>中。<book>元素有 4 个子元素：<title>、<author>、<year>、<price>。

2.4.2 语法规则

XML 的语法规则很简单，且很有逻辑。这些规则很容易学习，也很容易使用。

1. 所有 XML 元素都必须有关闭标签

在 HTML 中经常会看到没有关闭标签的元素：

\<p\>This is a paragraph
\<p\>This is another paragraph

在 XML 中，省略关闭标签是非法的。所有元素都必须有关闭标签：

\<p\>This is a paragraph\</p\>
\<p\>This is another paragraph\</p\>

注释：XML 声明不属于 XML 本身的组成部分，不是 XML 元素，也不需要关闭标签。

2. XML 标签对大小写敏感

XML 元素使用 XML 标签进行定义。XML 标签对大小写敏感。在 XML 中，标签 \<Letter\> 与标签 \<letter\> 是不同的。

必须使用相同的大小写来编写打开标签和关闭标签：

\<Message\>这是错误的。\</message\>
\<message\>这是正确的。\</message\>

3. XML 必须正确地嵌套

在 XML 中，所有元素都必须彼此正确地嵌套：

\<b\>\<i\>This text is bold and italic\</i\>\</b\>

在上例中，正确嵌套的意思是：由于 \<i\> 元素是在 \<b\> 元素内打开的，因此它必须在 \<b\> 元素内关闭。

4. XML 文档必须有根元素

XML 文档必须有一个元素是所有其他元素的父元素（即根元素）。

5. XML 的属性值必须加引号

与 HTML 类似，XML 也可拥有属性（名称/值对）。XML 的属性值必须加引号。例如：

\<note date="08/08/2008"\>
\<to\>George\</to\>
\<from\>John\</from\>
\</note\>

6. 实体引用

在 XML 中，一些字符拥有特殊的意义。例如，如果把字符"<"放在 XML 元素中，会发生错误，这是因为解析器会把它当作新元素的开始。

\<message\>if salary < 1000 then\</message\>

为了避免这个错误，请用实体引用来代替"<"字符：

\<message\>if salary < 1000 then\</message\>

在 XML 中，有 5 个预定义的实体引用：

&lt;	<	小于号
&gt;	>	大于号
&amp;	&	和号
&apos;	'	单引号
&quot;	"	引号

实际上，在 XML 中只有字符"<"和"&"确实是非法的。大于号是合法的，但是用实体引用来代替它是一个好习惯。

2.4.3 XML 元素

1. 什么是 XML 元素

XML 元素指的是从开始标签直到结束标签的部分。元素可包含其他元素、文本或者两者的混合物。元素也可以拥有属性。

```
<bookstore>
<book category="CHILDREN">
    <title>Harry Potter</title>
    <author>J K. Rowling</author>
    <year>2005</year>
    <price>29.99</price>
</book>
<book category="WEB">
    <title>Learning XML</title>
    <author>Erik T. Ray</author>
    <year>2003</year>
    <price>39.95</price>
</book>
</bookstore>
```

在上例中，<bookstore> 和 <book> 都拥有元素内容，因为它们包含了其他元素。<author> 只有文本内容。只有 <book> 元素拥有属性（category="CHILDREN"）。

2. 元素命名规则

XML 元素必须遵循以下命名规则：
- 名称可以含字母、数字及其他的字符；
- 名称不能以数字或者标点符号开始；
- 名称不能以字符"xml"（或者 XML、Xml）开始；
- 名称不能包含空格。

可使用任何名称，没有保留的字词，但命名有下列建议：

（1）使名称具有描述性。使用下画线的名称也很不错。
（2）名称应当比较简短。比如不要使用"the_title_of_the_book"。
（3）避免"-"字符。因为一些软件会认为"first-name"需要提取第一个单词。
（4）避免"."字符。因为一些软件会认为"first.name"中 name 是对象 first 的属性。
（5）避免":"字符。因为冒号会被转换为命名空间来使用。
（6）XML 文档经常对应数据库，数据库的字段会对应 XML 文档中的元素。最好使用数据库的名称规则来命名 XML 文档中的元素。
（7）非英语的字母也是合法的 XML 元素名，不过需要留意使用的软件是否支持这些字符。

3. 元素的可扩展性

XML 元素是可扩展的，以便携带更多的信息。例如：

```
<note>
<date>2008-08-08</date>
```

```
<to>George</to>
<from>John</from>
<heading>Reminder</heading>
<body>Don't forget the meeting!</body>
</note>
```
原来的应用程序仍然可以找到 XML 文档中的<to>、<from>和<body>元素。

2.4.4 XML 属性

1. 属性的用法

XML 元素可以在开始标签中包含属性，类似于 HTML，属性提供关于元素的额外（附加）信息，它通常提供不属于数据组成部分的信息。在下面的例子中，文件类型与数据无关，但是对需要处理这个元素的软件来说却很重要：

`<file type="gif">computer.gif</file>`

XML 属性必须被引号包围，单引号和双引号均可使用。如果属性值本身包含双引号，则有必要使用单引号。例如：

`<gangster name='George "Shotgun" Ziegler'>`

或者可以使用实体引用，例如：

`<gangster name="George &quot;Shotgun&quot; Ziegler">`

2. 属性与元素

例如：
```
<person sex="female">
    <firstname>Anna</firstname>
    <lastname>Smith</lastname>
</person>
```
这里，sex 是一个属性。

又例如：
```
<person>
    <sex>female</sex>
    <firstname>Anna</firstname>
    <lastname>Smith</lastname>
</person>
```
这里，sex 则是一个子元素。它与上例提供相同的信息。

一般来说，在 XML 中应该尽量避免使用属性。如果信息感觉起来很像数据，建议使用子元素。因为使用属性会引起一些问题：

（1）属性无法包含多重的值（元素可以）；
（2）属性无法描述树结构（元素可以）；
（3）属性不易扩展（为未来的变化）；
（4）属性难以阅读和维护。

3. 针对元数据的 XML 属性

有时候会使用 id 标识 XML 元素，例如：
```
<messages>
    <note id="501">
```

```xml
        <to>George</to>
        <from>John</from>
        <heading>Reminder</heading>
        <body>Don't forget the meeting!</body>
    </note>
    <note id="502">
        <to>John</to>
        <from>George</from>
        <heading>Re: Reminder</heading>
        <body>I will not</body>
    </note>
</messages>
```

上面的 id 仅仅是一个标识符，用于标识不同的便签，它并不是便签数据的组成部分。一般情况下，元数据（有关数据的数据）应当存储为属性，而数据本身则应存储为元素。

2.4.5 XML 验证

拥有正确语法的 XML 被称为"形式良好"的 XML，通过 DTD 验证的 XML 是"合法"的 XML。"形式良好"的 XML 文档会遵守下列 XML 语法规则：

（1）XML 文档必须有根元素；
（2）XML 文档必须有关闭标签；
（3）XML 标签对大小写敏感；
（4）XML 元素必须被正确的嵌套；
（5）XML 属性必须加引号。

合法的 XML 文档同样遵守文档类型定义（DTD）的语法规则，例如，文件名为 note1.xml 的文档内容如下：

```xml
<?xml version="1.0" ?>
<!DOCTYPE note [
    <!ELEMENT note (to,from,heading,body)>
    <!ELEMENT to       (#PCDATA)>
    <!ELEMENT from     (#PCDATA)>
    <!ELEMENT heading (#PCDATA)>
    <!ELEMENT body     (#PCDATA)>
]>
<note>
<to>George</to>
<from>John</Ffrom>
<heading>Reminder</heading>
<body>Don't forget the meeting!</body>
</note>
<?xml version="1.0" encoding="ISO-8859-1"?>
```

在上例中，也可以采用 DOCTYPE 声明是对外部 dtd 文件的引用。

W3C 支持一种基于 XML 的 DTD 代替者，它名为 XML Schema：

```xml
<xs:element name="note">
<xs:complexType>
```

```
    <xs:sequence>
      <xs:element name="to"        type="xs:string"/>
      <xs:element name="from"      type="xs:string"/>
      <xs:element name="heading"   type="xs:string"/>
      <xs:element name="body"      type="xs:string"/>
    </xs:sequence>
  </xs:complexType>
</xs:element>
```

2.4.6 查看 XML 文件

在所有的现代浏览器中，均能够查看原始的 XML 文件。不要指望 XML 文件会直接显示为 HTML 页面。如果 XML 文档保存在 note.xml 中，用浏览器查看 XML 文件，显示如图 2.24 所示。

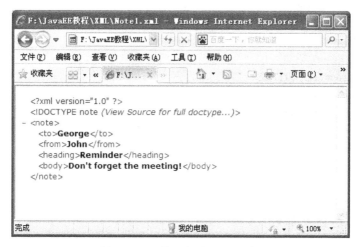

图 2.24 浏览器查看 XML 文件

如果 XML 文档出现错误，例如，</from>误写成了</From>，用浏览器查看 XML 文件，显示如图 2.25 所示。

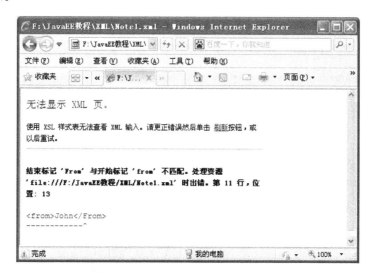

图 2.25 浏览器查看错误 XML 文件

2.4.7 使用 CSS 显示 XML 文件

通过使用 CSS, 可为 XML 文档添加显示信息。例如, cd_catalog.xml 文件内容如下:

```xml
<?xml version="1.0" encoding="ISO-8859-1"?>
<?xml-stylesheet type="text/css" href="cd_catalog.css"?>
<CATALOG>
  <CD>
    <TITLE>Empire Burlesque</TITLE>
    <ARTIST>Bob Dylan</ARTIST>
    <COUNTRY>USA</COUNTRY>
    <COMPANY>Columbia</COMPANY>
    <PRICE>10.90</PRICE>
    <YEAR>1985</YEAR>
  </CD>
  <CD>
    <TITLE>Hide your heart</TITLE>
    <ARTIST>Bonnie Tyler</ARTIST>
    <COUNTRY>UK</COUNTRY>
    <COMPANY>CBS Records</COMPANY>
    <PRICE>9.90</PRICE>
    <YEAR>1988</YEAR>
  </CD>
</CATALOG>
```

cd_catalog.css 文件内容如下:

```css
CATALOG
{
    background-color: #ffffff;
    width: 100%;
}
CD
{
    display: block;
    margin-bottom: 10pt;
    margin-left: 0;
}
TITLE
{
    color: #FF0000;
    font-size: 20pt;
}
ARTIST
{
    color: #0000FF;
    font-size: 20pt;
}
```

```
COUNTRY,PRICE,YEAR,COMPANY
{
    display: block;
    color: #000000;
    margin-left: 20pt;
}
```

用浏览器查看 cd_catalog.xml 文件，显示如图 2.26 所示。

图 2.26 浏览器查看使用 CSS 的 XML 文件

2.4.8 使用 XSLT 显示 XML 文件

XSLT（eXtensible Stylesheet Language Transformations）是首选的 XML 样式表语言，XSLT 远比 CSS 更加完善。使用 XSLT 的方法之一是在浏览器显示 XML 文件之前，系统先把它转换为 HTML。

例如，breakfast_menu..xml 文件内容如下：

```
<?xml version="1.0" encoding="ISO-8859-1"?>
<!-- Edited with XML Spy v2007 (http://www.altova.com) -->
<?xml-stylesheet type="text/xsl" href=" breakfast_menu.xsl" ?>
<breakfast_menu>
 <food>
    <name>Belgian Waffles</name>
    <price>$5.95</price>
    <description>two of our famous Belgian Waffles with plenty of real maple syrup</description>
    <calories>650</calories>
 </food>
 <food>
    <name>Strawberry Belgian Waffles</name>
    <price>$7.95</price>
    <description>light Belgian waffles covered with strawberries and whipped cream</description>
```

```xml
        <calories>900</calories>
    </food>
    <food>
        <name>Berry-Berry Belgian Waffles</name>
        <price>$8.95</price>
        <description>light Belgian waffles covered with an assortment of fresh berries and whipped cream</description>
        <calories>900</calories>
    </food>
    <food>
        <name>French Toast</name>
        <price>$4.50</price>
        <description>thick slices made from our homemade sourdough bread</description>
        <calories>600</calories>
    </food>
    <food>
        <name>Homestyle Breakfast</name>
        <price>$6.95</price>
        <description>two eggs, bacon or sausage, toast, and our ever-popular hash browns</description>
        <calories>950</calories>
    </food>
</breakfast_menu>
```

breakfast_menu.xsl 文件内容如下：

```xml
<?xml version="1.0" encoding="ISO-8859-1"?>
<!-- Edited with XML Spy v2007 (http://www.altova.com) -->
<html xsl:version="1.0" xmlns:xsl="http://www.w3.org/1999/XSL/Transform" xmlns="http://www.w3.org/1999/xhtml">
    <body style="font-family:Arial,helvetica,sans-serif;font-size:12pt;
            background-color:#EEEEEE">
        <xsl:for-each select="breakfast_menu/food">
            <div style="background-color:teal;color:white;padding:4px">
                <span style="font-weight:bold;color:white">
                <xsl:value-of select="name"/></span>
                - <xsl:value-of select="price"/>
            </div>
            <div style="margin-left:20px;margin-bottom:1em;font-size:10pt">
                <xsl:value-of select="description"/>
                <span style="font-style:italic">
                    (<xsl:value-of select="calories"/> calories per serving)
                </span>
            </div>
        </xsl:for-each>
    </body>
</html>
```

用浏览器查看 breakfast_menu.xml 文件，显示如图 2.27 所示。

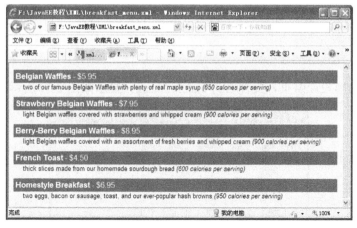

图 2.27　浏览器查看使用 XSLT 的 XML 文件

习　题

1．请写出 HTML 的主体结构。
2．列举出 HTML 的各种标记并介绍其作用。
3．写出字体为"黑体"、字号为"5"、颜色为"红色"的字体的 HTML 代码。
4．使用 HTML 绘制一个 5 行 4 列的表格，最后一行各列合并为一列。
5．写出一个登录表单，包含登录名、密码和"登录"按钮。
6．<form>标记中的<input>文本框、密码框类型和<textarea>有什么不同？
7．框架的分割有哪几种表示方法？
8．设计一个框架，分为左、右两个页面，单击左边页面的超链接后右边页面将会显示相应的信息。
9．什么是 CSS 样式表？如何进行样式表的定义和引用？

实　验

1．根据本章内容设计网页，文件名为 exec2-1.aspx，显示如图 2.28 所示。

图 2.28　HTML 标记使用

（1）将网页背景定义成蓝色，并在网页中插入一幅图片，规定图片的大小，将"标题标记"设计成滚动字幕。

（2）在网页中显示一篇新闻稿，要求尽可能多地使用 XHTML 标记，设计完成后在浏览器中显示该网页。

2．根据本章内容设计网页，文件名为 exec2-2.aspx，显示如图 2.29 所示。

图 2.29　表单的使用

（1）将表单中性别的默认值修改为"女"；将"学号"文本框中的内容设为不可更改；将表单中所有文本框的长度设为 20。

（2）创建一个登录表单，包括"登录名"、"密码"文本框和"提交"按钮，创建完后编写代码获得用户输入的登录名和密码。登录名为"user"、密码为"123456"时提示登录成功。

（3）设计一个框架，分成左、右两个页面，左边页面包含各个超链接，单击超链接时右边的页面将显示相应的表单内容。

第 3 章

C# 程序设计基础

C#（读作"C sharp"）是 .NET 平台为应用开发而全新设计的一种编程语言，具有开发简单、现代和时尚、完全面向对象、类型安全等特点，已经成为 Windows 应用开发语言中的宠儿。C# 作为 ASP.NET 的编程脚本语言，更是受到广泛欢迎。

3.1 C# 语法基础

要熟练掌握 C# 的运用首先要从最基本的语法学起。

3.1.1 数据类型

C# 包括两种变量类型：值类型和引用类型。数据类型的分类如图 3.1 所示。本节简单介绍这两种数据类型及装箱和拆箱的基本概念。

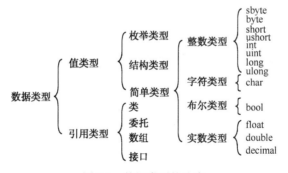

图 3.1 数据类型的分类

1. 值类型

所谓值类型就是一个包含实际数据的量。当定义一个值类型的变量时，C# 会根据它所声明的类型，以堆栈方式分配一块大小相适应的存储区域给这个变量，随后对这个变量的读、写操作就直接在这块内存区域进行。例如：

```
int  iNum=10;         //分配一个 32 位内存区域给变量 iNum，并将 10 放入该内存区域
iNum=iNum+10;         //从变量 iNum 中取出值，加上 10，再将计算结果赋给 iNum
```

简单类型是系统预置的，一共有 13 个数值类型，如表 3.1 所示。

表 3.1　C# 简单类型

C#关键字	.NET CTS 类型名	说　明	范围和精度
short	System.Int16	16 位有符号整数类型	$-32\,768 \sim 32\,767$
ushort	System.UInt16	16 位无符号整数类型	$0 \sim 65\,535$
int	System.Int32	32 位有符号整数类型	$-2\,147\,483\,648 \sim 2\,147\,483\,647$
uint	System.Uint32	32 位无符号整数类型	$0 \sim 4\,294\,967\,295$
long	System.Int64	64 位有符号整数类型	$-9\,223\,372\,036\,854\,775\,808 \sim 9\,223\,372\,036\,854\,775\,807$
ulong	System.UInt64	64 位无符号整数类型	$0 \sim 18\,446\,744\,073\,709\,551\,615$
char	System.Char	16 位字符类型	所有的 Unicode 编码字符
float	System.Single	32 位单精度浮点类型	$\pm 1.5 \times 10^{-45} \sim \pm 3.4 \times 10^{38}$（大约 7 个有效十进制数位）
double	System.Double	64 位双精度浮点类型	$\pm 5.0 \times 10^{-324} \sim \pm 3.4 \times 10^{308}$（15～16 个有效十进制数位）
bool	System.Boolean	逻辑值（真或假）	true，false
decimal	System.Decimal	128 位高精度十进制数类型	$\pm 1.0 \times 10^{-28} \sim \pm 7.9 \times 10^{28}$（28～29 个有效十进制数位）
sbyte	System.SByte	8 位有符号整数类型	$-128 \sim 127$
byte	System.Byte	8 位无符号整数类型	$0 \sim 255$

表中"C#关键字"是指在 C# 中声明变量时可使用的类型说明符。例如：

　　int myNum　　　　　　//声明 myNum 为 32 位的整数类型

.NET 的 CTS 包含所有简单类型，它们位于 .NET 框架的 System 名字空间。C# 的类型关键字就是 .NET 中 CTS 所定义类型的别名。从表 3.1 可见，C# 的简单数据类型可以分为整数类型、字符类型、实数类型和布尔类型。

注意：

C#中的变量必须在声明及初始化之后方可使用，缺一不可。如果仅仅将变量声明，而未将其初始化，将导致无法使用此变量，程序在编译时会抛出错误。

2. 引用类型

引用类型的变量不存储它们所代表的实际数据，而是存储实际数据的引用。引用类型分两步创建：首先在堆栈上创建一个引用变量，然后在堆上创建对象本身，再把这个内存的句柄（也是内存的首地址）赋给引用变量。例如：

　　string S1, S2;
　　S1="ABCD"; S2 = S1;

其中，S1、S2 是指向字符串的引用变量，S1 的值是字符串"ABCD"存放在内存的地址，这就是对字符串的引用，两个引用型变量之间的赋值，使得 S2、S1 都是对"ABCD"的引用，如图 3.2 所示。

注意：

堆和栈是两个不同的概念，在内存中的存储位置也不一样。堆一般用于存储可变长度的数据，按任意顺序和大小进行分配和释放内存；而栈一般用于存储固定长度的数据，是按先进后出的原则存储数据项的一种数据结构。

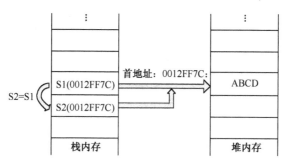

图 3.2 引用类型赋值示意

引用类型包括 class（类）、interface（接口）、数组、delegate（委托）、object 和 string。其中 object 和 string 是两个比较特殊的类型。C# 的统一类型系统中，所有类型（预定义类型、用户定义类型、引用类型和值类型）都是直接或间接从 object 继承的。可以将任何类型的值赋给 object 类型的变量。例如：

  int a = 10;
  object abj = a;   //将 int 类型 a 赋给 object 类型 abj

  string 类型表示 Unicode 字符的字符串。string 是 .NET Framework 中 System.String 的别名。尽管 string 是引用类型，但定义相等运算符是为了比较 string 对象（而不是引用）的值。这使得对字符串相等性的测试更为直观。例如：

  string myString1 = "中国";   //把字符串"中国"赋给字符型变量 myString1
  string myString2 = "中国";   //把字符串"中国"赋给字符型变量 myString2
  Console.WriteLine(myString1 == myString2); //相等，显示 True

  上面第 3 行代码执行后将显示"True"。当使用"=="直接对两个字符串变量进行比较时，系统将比较字符串的内容。

  字符串可以使用两种形式表达，即直接使用双引号括起来或者在双引号前加上@。通常情况下，会直接使用双引号来表示字符串，例如：

  string myString ="sample"。   //正确

  但是，当字符串中包含某些特殊转义符时，@将非常有用。请看下面出现错误的例子：

  string myString = "C:\Windows";   //错误

  因为"\"被认为是转义符的开始，而"\W"却不是系统内置的转义符，因此编译出错。下面是正确的两个例子：

  string myString = "C:\\Windows";   //正确，"\\" 转义为 "\"
  string myString = @"C:\Windows";   //正确

  对于使用"@"开始的字符串标识，编译器将忽略其中的转义符，而将其直接作为字符处理。

3. 装箱和拆箱

  值类型与引用类型之间的转换被称为装箱和拆箱。装箱和拆箱是 C# 类型系统的核心。通过装箱和拆箱操作，可以轻松实现值类型与引用类型的相互转换，任何类型的值最终都可以按照对象来处理。

  装箱是值类型转换为 object 类型，或者转换为由值类型所实现的任何接口类型。把一个值类型的值装箱，也就是创建一个对象并把这个值赋给这个对象。以下是一个装箱的代码：

  int i = 123;   //把"123"赋给 int 型变量 i
  object o= i;   //装箱操作

  拆箱操作正好相反，是从 object 类型转换为值类型，或者是将一个接口类型转换为一个实现该接口的值类型。

拆箱的过程分为两个步骤：一是检查对象实例是否是给定的值类型的装箱值，二是将值从对象实例中复制出来。下面列出一个简单的拆箱操作代码：

```
int i = 123;                    //把"123"赋给 int 型变量 i
object o = i;                   //装箱操作
int j = (int)o;                 //拆箱操作
```

3.1.2 变量与常量

在进行程序设计时，经常需要保存程序运行的信息，因此 C# 引入了"变量"的概念，而在程序中某些值是不能改变的，这就叫"常量"。

1. 变量

变量是在程序运行过程中其值可以改变的量，它是一个已命名的存储单元，通常用来记录运算的中间结果或保存数据。在 C# 中，每个变量都具有一个类型，它确定哪些值可以存储在该变量中。创建一个变量就是创建这个类型的实例，变量的特性由类型来决定。

C# 中的变量必须先声明后使用。声明变量包括变量的名称、数据类型，必要时指定变量的初始值。声明变量的形式为：

```
类型  标识符;
```

或：

```
类型  标识符[=初值] [,...];
```

标识符必须以字母或者 _（下画线）开头，后面跟字母、数字和下画线的组合。例如：

```
name、_Int、Name、x_1           //都是合法的标识符
```

但 C# 是大小写敏感的语言，name、Name 分别代表不同的标识符，在定义和使用时要特别注意。另外，变量名不能与 C# 中的关键字相同，除非标识符是以@作为前缀的。例如：

```
int       x ;                       //合法
float     y1=0.0, y2 =1.0, y3 ;     //合法，变量说明的同时可以设置初始数值
string    char                      //不合法，因为 char 是关键字
string    @char                     //合法
```

C# 允许在任何模块内部声明变量，模块开始于"{"，结束于"}"。每次进入声明变量所在的模块时，都创建变量并分配存储空间，离开这个模块时，则销毁这个变量并收回分配的存储空间。实际上，变量只在这个模块内有效，所以称为局部变量，这个模块区域就是变量的作用域。

2. 常量

常量，顾名思义就是在程序运行期间其值不会改变的量，一个固定的数值就是一个常量。另外还可以定义一个常量，格式如下：

```
const 数据类型  常量名 = 常量值;
```

const 关键字表示声明一个常量，常量名就是标识符，用于唯一标识该常量，常量名要有代表意义，不能过于简练或复杂。

常量值的类型要和常量的数据类型一致，如果定义的是字符串型，常量值就应该是字符串，否则会发生错误。

3.1.3 运算符与表达式

表达式是由操作数和运算符构成的。操作数可以是常量、变量、属性等；运算符指示对操作数进行什么样的运算。因此，也可以说表达式就是利用运算符来执行某些计算并且产生计算结果

的语句。例如：
```
int a=3,b=5,c;
c=a+b;              //赋值表达式语句，结果是 c 等于 8
```
C# 提供大量的运算符，按需要操作数的数目来分，有一元运算符（如++）、二元运算符（如 +、*）、三元运算符（如?：）。按运算功能来分，基本的运算符可以分为以下几类。

1. 算术运算符

算术运算符作用的操作数类型可以是整型也可以是浮点型，运算符如表 3.2 所示。

表 3.2 算术运算符

运算符	含义	示例（假设 x, y 是某一数值类型的变量）	运算符	含义	示例（假设 x, y 是某一数值类型的变量）
+	加	x+y; x+3;	%	取模	x % y; 11%3；11.0 % 3;
-	减	x-y; y-1;	++	递增	++x; x++;
*	乘	x*y; 3*4;	--	递减	--x; x--;
/	除	x/y; 5/2; 5.0/2.0;			

其中：

（1）"+ - * /" 运算与一般代数意义及其他语言相同。但需要注意：当 "/" 作用的两个操作数都是整型数据类型时，其计算结果也是整型。例如：
```
4/2         //结果等于 2
5/2         //结果等于 2
5/2.0       //结果等于 2.5
```

（2）"%" 为取模运算，即获得整数除法运算的余数，所以也称取余。例如：
```
11%3        //结果等于 2
12%3        //结果等于 0
11.0%3      //结果等于 2，这与 C/C++不同，它也可作用于浮点类型的操作数
```

（3）"++" 和 "--" 为递增和递减运算符，是一元运算符，它作用的操作数必须是变量，不能是常量或表达式。它既可出现在操作数之前（前缀运算），也可出现在操作数之后（后缀运算），前缀和后缀有共同之处，也有很大区别。例如：
```
++x         //先将 x 加一个单位，然后再将计算结果作为表达式的值
x++         //先将 x 的值作为表达式的值，然后再将 x 加一个单位
```
不管是前缀还是后缀，它们操作的结果对操作数而言都是一样的，操作数都加了一个单位，但它们出现在表达式运算中是有区别的。例如：
```
int   x, y;
x=5;   y=++x;      // x 和 y 的值都等于 6
x=5;   y=x++;      // x 的值是 6，y 的值是 5
```

2. 关系运算符

关系运算符用来比较两个操作数的值，运算结果为布尔类型的值（true 或 false），如表 3.3 所示。

3. 逻辑运算符

逻辑运算符是用来对两个布尔类型的操作数进行逻辑运算的，运算的结果也是布尔类型，如表 3.4 所示。

表 3.3 关系运算符

运算符	操作	结果（假设 x，y 是某相应类型的操作数）
>	x>y	如果 x 大于 y，则为 true，否则为 false
>=	x>=y	如果 x 大于等于 y，则为 true，否则为 false
<	x<y	如果 x 小于 y，则为 true，否则为 false
<=	x<=y	如果 x 小于等于 y，则为 true，否则为 false
==	x==y	如果 x 等于 y，则为 true，否则为 false
!=	x!=y	如果 x 不等于 y，则为 true，否则为 false

表 3.4 逻辑运算符

运算符	含义	运算符	含义
&	逻辑与	&&	短路与
|	逻辑或	||	短路或
^	逻辑异或	!	逻辑非

假设 p、q 是两个布尔类型的操作数，表 3.5 给出了逻辑运算的真值表。

表 3.5 逻辑运算真值表

p	q	p & q	p | q	p ^ q	! p
true	true	true	true	false	false
true	false	false	true	true	false
false	true	false	true	true	true
false	flase	flase	false	false	true

运算符"&&"和"||"的操作结果与"&"和"|"一样，但它们的短路特征使代码的效率更高。所谓短路就是在逻辑运算的过程中，如果计算第一个操作数时就能得知运算结果，就不会再计算第二个操作数，例如：

```
int  x,y;
bool  z;
x=1； y=0；
z=( x >1) & (++ y >0);        //z 的值为 false，y 的值为 1
z=( x >1) && (++ y >0);       //z 的值为 false，y 的值为 0
```

逻辑非运算符"!"是一元运算符，它对操作数进行"非"运算，即真/假值互为非（反）。

4．赋值运算符

赋值运算符有两种形式，一种是简单赋值运算符，另一种是复合赋值运算符。

（1）简单赋值运算符

语法格式：

var = exp

赋值运算符左边的称为左值，右边的称为右值。右值是一个与左值类型兼容的表达式（exp），它可以是常量、变量或一般表达式。左值必须是一个已定义的变量或对象（var），因为赋值运算就是将表达式的值存放到左值，因此左值必须是内存中已分配的实际物理空间。例如：

```
int a=1;
int b=++a;                //a 的值加 1 赋给 b
```

如果左值和右值的类型不一致,在兼容的情况下,则需要进行自动转换(隐式转换)或强制类型转换(显式类型转换)。一般原则是,从占用内存较少的短数据类型向占用内存较多的长数据类型赋值时,可以不做显式的类型转换,C# 会进行自动类型转换;反之,当从较长的数据类型向占用较少内存的短数据类型赋值时,则必须做强制类型转换。例如:

```
int a=2000;
double b=a;              //隐式转换,b 等于 2000
byte c=(byte)a;          //显式转换,c 等于 208
```

(2)复合赋值运算符

在进行如 x = x +3 运算时,C# 提供一种简化方式 x +=3,这就是复合赋值运算。

语法格式:

var op= exp   // op 表示某一运算符等价于 var=var op exp

除了关系运算符,一般二元运算符都可以和赋值运算符一起构成复合赋值运算,如表 3.6 所示。

表 3.6 复合赋值运算

运算符	用法示例	等价表达式	运算符	用法示例	等价表达式
+=	x += y	x = x + y	&=	x &= y	x = x & y
-=	x -= y	x = x-y	|=	x |= y	x = x | y
*=	x *= y	x = x * y	^=	x ^= y	x = x ^ y
/=	x /= y	x = x / y	%=	x %= y	x = x % y

5. 条件运算符

语法格式:

exp1 ? exp2 : exp3

其中,表达式 exp1 的运算结果必须是一个布尔类型值,表达式 exp2 和 exp3 可以是任意数据类型,但它们返回的数据类型必须一致。

首先计算 exp1 的值,如果其值为 true,则计算 exp2 的值,这个值就是整个表达式的结果;否则,取 exp3 的值作为整个表达式的结果。例如:

```
z=x>y?x:y;               //z 的值就是 x,y 中较大的一个值
z=x>=0?x:-x;             //z 的值就是 x 的绝对值
```

条件运算符"?:"是 C# 中唯一一个三元运算符。

除以上 5 种类型的运算符外,还有位运算符、分量运算符('.')、下标运算符('[ ]')等,这里不再详细介绍。

3.2 流程控制

一般应用程序代码都不是按顺序执行的,必然要求进行条件判断、循环和跳转等过程,这就需要实现流程控制。在 C# 中,主要的流程控制语句包括条件语句、循环语句、跳转语句和异常处理等。

3.2.1 条件语句

条件语句就是条件判断语句,它能让程序在执行时根据特定条件是否成立而选择执行不同的

语句块。C#提供两种条件语句结构：if 语句和 switch 语句。

1. if 语句

if 语句是最常用的分支语句，使用该语句可以有条件地执行其他语句。if 语句常用的形式有 3 种：if、if…else 和 if…else if…else。

（1）if

语法格式：

```
if (condition)
{
    //语句块
}
```

其中，condition 为判断的条件表达式，如果表达式返回 true，则执行花括号"{}"中的语句块，如果只有一条语句则可以省略花括号；如果返回 false 则跳过这段代码。例如：

```
if  ( x<0 )   x = -x ;                          //取 x 的绝对值
if  (a+b>c && b+c>a && a+c>b)                   //判断数据合法性
{
    p = (a+b+c) / 2 ;
    s = Math.Sqrt (p * (p–a) * (p–b) * (p–c) ) ;  //求三角形面积
}
```

（2）if…else

语法格式：

```
if (condition)
{
    //代码段 1
}
else
{
    //代码段 2
}
```

这里也是首先判断 if 条件表达式，如果为 true 则执行随后花括号内的代码段 1，如果为 false 则执行代码段 2。

（3）if…else if…else

当需要判断的条件不止一个时，不能只使用一个 if 条件来做判断，如判断一个数等于不同值的情况，这时可以在中间加上 else if 的判断。语法格式如下：

```
if(condition1)
{
    //代码段 1
}
else if(condition2)
{
    //代码段 2
}
…
else
{
```

```
    //代码段 n
}
```

else if 语句是 if 语句的延伸,其自身也有条件判断的功能。只有当上面 if 语句中的条件不成立即表达式为 false 时,才会对 else if 语句中的表达式 condition2 进行判断。如果 condition2 为 true 则执行代码段 2 中的语句,如果为 false 则跳过这段代码。else if 语句可以有很多个,当 if 和 else if 语句中的条件都不满足时就执行 else 语句中的代码段。

由于 if、else if 和 else 语句中的条件是互斥的,所以其中只有一个代码段会被执行。

另外,if 语句还可以进行复杂的嵌套使用,从而建立更复杂的逻辑处理。

2. switch 语句

switch 语句是一个多分支结构的语句,它所实现的功能与 if…else if…else 结构很相似,但在大多数情况下,switch 语句表达方式更直观、简单、有效。

语法格式:

```
switch (表达式)
{
    case 常量 1:
        语句序列 1;              //由零个或多个语句组成
        break;
    case 常量 2:
        语句序列 2;
        break;
    …
    default:                    //default 是任选项,可以不出现
        语句序列 n;
        break;
}
```

switch 语句的执行流程是,首先计算 switch 后的表达式,然后将结果值一一与 case 后的常量值比较,如果找到相匹配的 case,程序就执行相应的语句序列,直到遇到跳转语句(break),switch 语句执行结束;如果找不到匹配的 case,就归结到 default 处,执行它的语句序列,直到遇到 break 语句为止;当然如果没有 default,则不执行任何操作。

3.2.2 循环语句

循环语句是指在一定条件下重复执行一组语句,它是程序设计中的一个非常重要也是非常基本的方法。C# 提供了 4 种循环语句:while、do…while、for 和 foreach。

1. while 语句

语法格式:

```
while (条件表达式)
{
    循环体语句;
}
```

如果条件表达式为真(true),则执行循环体语句。while 语句的执行流程如图 3.3 所示。

例如,求 0~100 之间的整数和:

```
int Sum, i;
Sum=0; i=1;
```

```
while(i<=100)
{
    Sum+=i;
    i++;
}
Console.WriteLine("Sum is " + Sum);                    //输出结果是：Sum is 5050
```

2. do…while 语句

语法格式：

```
do
{
    循环体语句；
}while (条件表达式);
```

该循环首先执行循环体语句，再判断条件表达式；如果条件表达式为真（true），则继续执行循环体语句。do…while 循环语句的执行流程如图 3.4 所示。

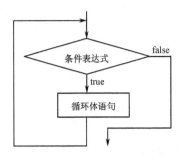

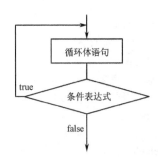

图 3.3 while 语句执行流程图　　　　　　　　图 3.4 do…while 语句执行流程图

while 语句与 do…while 语句很相似，它们的区别在于 while 语句的循环体有可能一次也不执行，而 do…while 语句的循环体至少执行一次。

3. for 语句

C# 的 for 循环是循环语句中最具特色的，它功能较强，灵活多变，使用广泛。

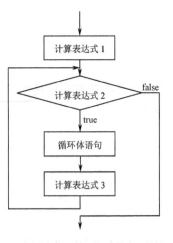

语法格式：

```
for(表达式 1;  表达式 2;  表达式 3)
{
    循环体语句;
}
```

for 语句的执行流程如图 3.5 所示。一般情况下，表达式 1 是设置循环控制变量的初值；表达式 2 是布尔类型的表达式，作为循环控制条件；表达式 3 是设置循环控制变量的增值（正、负皆可）。

4. foreach 语句

foreach 语句是 C# 中新引入的，它表示收集一个集合中的各元素，并针对各元素执行内嵌语句。

语法格式：

foreach (类型　标识符　in　集合表达式) 语句;

图 3.5 for 语句执行流程图

其中：

（1）标识符是指 foreach 循环的迭代变量，它只在 foreach 语句中有效，并且是一个只读局部变量,也就是说在 foreach 语句中不能改写这个迭代变量。它的类型应与集合的基本类型相一致。

(2) 集合表达式是指被遍历的集合,如数组。

在 foreach 语句执行期间,迭代变量按集合元素的顺序依次将其内容读入。

例如:

```
int m=0;
string mystring = "laskdjflasdkjasdalfakeoflkdsa";
foreach(char mychar in mystring)
{
    if (mychar == 'a')                //判断迭代变量 mychar 是否为 a 字符
        m++;
}
Console.WriteLine("字符串中有{0}个 a",m);    //输出"字符串中有 6 个 a"
```

3.2.3 跳转语句

跳转语句用于改变程序的执行流程,转移到指定之处。C# 中有 4 种跳转语句:continue、break、return、goto 语句。它们具有不同的含义,用于特定的上下文环境之中。

1. continue 语句

语法格式:

continue ;

continue 语句只能用于循环语句中,它的作用是结束本轮循环,不再执行余下的循环体语句。对 while 和 do…while 结构的循环,在 continue 执行之后,就立刻测试循环条件,以决定循环是否继续下去;对 for 结构循环,在 continue 执行之后,先求表达式 3(即循环增量部分),然后再测试循环条件。通常它会和一个条件语句结合起来用,不会是独立的一条语句,也不会是循环体的最后一条语句,否则没有任何意义。例如:

```
for (int n =1; n<=100; n++)
{
    if ( n % 3 !=0 )
        continue ;                    //如果 n 不能被 3 整除,则直接进入下一轮循环
    Console.WriteLine(n +" " );         //只有能被 3 整除的数,才会执行到此并显示出来
}
```

此段代码是输出 1~100 之间含有因子 3 的数。

注意:

如果 continue 语句陷于多重循环结构之中,它只对包含它的最内层循环有效。

2. break 语句

语法格式:

break;

break 语句只能用于循环语句或 switch 语句中。如果在 switch 语句中执行到 break 语句,则立刻从 switch 语句中跳出,转到 switch 语句的下一条语句;如果在循环语句执行到 break 语句,则会导致循环立刻结束,跳转到循环语句的下一条语句。不管循环有多少层,break 语句只能从包含它的最内层循环跳出一层。例如:

```
int m=0;
string mystring = "laskdjflasdkjasdalfakeoflkdsa";
foreach(char mychar in mystring)
```

```
{
    m++;
    if (mychar == 'a')                          //判断迭代变量 mychar 是否为 a 字符
        break;                                   //mychar 为 a 字符则跳出循环
}
Console.WriteLine("字符串中第 1 个 a 在"+m+"位置");  //输出"字符串中第 1 个 a 在 2 位置"
```
此段代码是查找出字符串中第 1 个 a 所在的位置。

3. return 语句

语法格式：

return;

或

return 表达式;

return 语句出现在一个方法内。在方法中执行到 return 语句时，程序流程转到调用这个方法处。如果方法没有返回值（返回类型修饰为 void），则使用"return"格式返回；如果方法有返回值，则使用"return 表达式"格式，其后面跟的表达式就是方法的返回值。

4. goto 语句

goto 语句可以将程序的执行流程从一个地方转移到另一个地方，非常灵活，但正因为它太灵活，所以容易造成程序结构混乱的局面，应该有节制地、合理地使用 goto 语句。

语法格式：

goto 标号；
标号：语句；

其中，"标号"就是定位在某一语句之前的一个标识符，称为标号语句。

3.2.4 异常处理

程序中对异常的处理能使程序更加健壮。现在的许多程序设计语言都增加了异常处理的能力，C# 也不例外。异常产生的原因主要有两点：

（1）由 throw 语句立即无条件地引发异常，控制永远不会到达紧跟在 throw 语句后的语句。

（2）在处理 C# 语句和表达式的过程中，会出现一些例外情况，使某些操作无法正常完成，此时就会引发一个异常。例如，整数除法运算中，如果分母为零，就会引发一个 DivideByZeroException 异常。

异常处理语法格式：

```
try
{
    语句
}catch(类型  标识符)
{
    语句
}finally
{ 语句 }
```

如果执行 try 块出现异常则转到相应的 catch 块，执行完 catch 块后再执行 finally 块。finally 块总是在离开 try 语句块后执行的而且 finally 块中的程序是必须执行的，finally 块主要是释放资源。例如：

```
    int a = 5, b = 0;
    try
    {
        a /= b;                                   //不能除以零所以抛出异常
    }catch (DivideByZeroException de)
    {
        Console.WriteLine(de.Message);            //输出"试图除以零。"
        return;                                   //返回
    }
    finally
    {   Console.WriteLine("执行到 finally 块中"); }  //输出"执行到 finally 块中"
```

3.3　面向对象编程

在传统的结构化程序设计方法中，数据和处理数据的程序是分离的。当对某段程序进行修改或删除时，整个程序中所有与其相关的部分都要进行相应的修改，从而使程序代码的维护比较困难。为了避免这种情况的发生，C#引进了面向对象编程（Object-Oriented Programming，OOP）的设计方法，它将数据及处理数据的相应函数"封装"到一个"类（class）"中，类的实例称为"对象"。在一个对象内，只有属于该对象的函数才可以存取该对象的数据。这样，其他函数就不会无意中破坏它的内容，从而达到保护和隐藏数据的效果。

面向对象的程序设计有三个主要特征：封装、继承和多态。

1. 封装

封装是将数据和代码捆绑到一起，避免外界的干扰和不确定性。在 PHP 中，封装是通过类来实现的。类是抽象数据类型的实现，一个类的所有对象都具有相同的数据结构，并且共享相同的实现操作的代码，而各个对象又有着各自不同的状态，即私有的存储。因此，类是所有对象的共同的行为和不同状态的结合体。

由一个特定的类所创建的对象称为这个类的实例，因此类是对象的抽象及描述，它是具有共同行为的若干对象的统一描述体。类中还包含生成对象的具体方法。

2. 继承

类提供了创建新类的一种方法，再借助于"继承"这一重要机制扩充了类的定义，实现了面向对象的优越性。

继承提供了创建新类的方法，这种方法就是，一个新类可以通过对已有的类进行修改或扩充来满足新类的需求。新类共享已有类的行为，而自己还具有修改的或额外添加的行为。因此，可以说继承的本质特征是行为共享。

从一个类继承定义的新类，将继承已有类的所有方法和属性，并且可以添加所需要的新的方法和属性。新类称为已有类的子类，已有类称为父类，又叫基类。

3. 多态

不同的类对于不同的操作具有不同的行为，称为多态。多态机制使具有不同内部结构的对象可以共享相同的外部接口，通过这种方式减少代码的复杂度。

3.3.1 类和对象

对象是面向对象语言的核心,数据抽象和对象封装是面向对象技术的基本要求,而实现这一切的主要手段和工具就是类。从编程语言的角度讲,类就是一种数据结构,它定义数据和操作这些数据的代码。类是对象的数据抽象,实例化后的类为对象。

1. 类的声明

要定义一个新的类,首先要声明它。语法格式:

```
[属性集信息]  [类修饰符]  class 类名 [: 类基]
{
    [类成员]
}
```

其中,

- 属性集信息:C# 语言提供给程序员的,为程序中定义的各种实体附加一些说明信息,这是 C# 语言的一个重要特征。
- 类修饰符:可以是表 3.7 所列的几种之一或是它们的有效组合,但在类声明中,同一修饰符不允许出现多次。
- 类基:它定义该类的直接基类和由该类实现的接口。当多于一项时,用逗号","分隔。如果没有显式地指定直接基类,则其基类隐含为 object。

表 3.7 类修饰符

修饰符	作用说明
public	表示不限制对类的访问。类的访问权限省略时默认为 public
protected	表示该类只能被这个类的成员或派生类成员访问
private	表示该类只能被这个类的成员访问
internal	表示该类能够由程序集中的所有文件使用,而不能由程序集之外的对象使用
new	只允许用在嵌套类中,它表示所修饰的类会隐藏继承下来的同名成员
abstract	表示这是一个抽象类,该类含有抽象成员,因此不能被实例化,只能用作基类
sealed	表示这是一个密封类,不能从这个类再派生出其他类。显然密封类不能同时为抽象类

例如:
```
class Point            //Point 类的访问权限默认为 public
{
    int x, y;          //类的成员
}
```

2. 类的成员

类的定义包括类头和类体两部分,其中类体用一对大花括号"{ }"括起来,类体用于定义该类的成员。

语法格式:
```
{
    [类成员声明]
}
```

类成员由两部分组成，一个是以类成员声明形式引入的类成员，另一个则是直接从它的基类继承而来的成员。类成员声明主要包括常数声明、字段声明、方法声明、属性声明、事件声明、索引器声明、运算符声明、构造函数声明、析构函数声明、静态构造函数声明、类型声明等。当字段、方法、属性、事件、运算符和构造函数声明中含有 static 修饰符时，表明它们是静态成员，否则就是实例成员。

（1）访问修饰符

类成员声明中可以使用如表 3.8 中的 5 种访问修饰符中的一种。当类成员声明不包含访问修饰符时，默认约定访问修饰符为 private。

表 3.8 类成员访问修饰符

修 饰 符	作 用 说 明
public	同一程序集中的任何其他代码或引用该程序集的其他程序集都可以访问该类型或成员
protected	只有同一类或结构或者派生类中的代码可以访问该类型或成员
private	只有同一类或结构中的代码可以访问该类型或成员
internal	同一程序集中的任何代码都可以访问该类型或成员，但其他程序集中的代码不可以
protected internal	同一程序集中的任何代码或其他程序集中的任何派生类都可以访问该类型或成员

（2）常数声明

语法格式：

[属性集信息] [常数修饰符] const 类型 标识符 = 常数表达式 [, …]

常数表达式的值应该是一个可以在编译时计算的值，常数声明不允许使用 static 修饰符，但它和静态成员一样只能通过类访问。

（3）字段声明

语法格式：

[属性集信息] [字段修饰符] 类型 变量声明列表;

其中，变量声明列表中可以用逗号","分隔多个变量，并且变量标识符还可用赋值号"="设定初始值。

3. 创建类的对象

类和对象是紧密结合的，类是对象总体上的定义，而对象是类的具体实现。创建类对象时需要使用关键字 new。

语法格式：

类名 对象名=new 类名();   //类名()是构造函数

例如，创建类 Circle 的一个对象 m：

Circle m=new Circle();   //创建了一个 m 对象

3.3.2 属性、方法和事件

在 C# 中，按照类的成员是否为函数可以将其分为两大类，一种不以函数体现，称为成员变量，主要有以下几个类型。

- 常量：代表与类相关的常量值。
- 变量：类中的变量。
- 事件：由类产生的通知，用于说明发生了什么事情。

- 类型：属于类的局部类型。

另一种是以函数形式体现的，一般包含可执行代码，执行时完成一定的操作，被称为成员函数，主要有以下几个类型。

- 方法：完成类中各种功能的操作。
- 属性：定义类的值，并为它们提供读、写操作。
- 运算符：定义类对象能使用的操作符。

3.3.3 构造函数和析构函数

1. 构造函数

当定义了一个类之后，就可以通过 new 运算符将其实例化，产生一个对象。为了能规范、安全地使用这个对象，C# 提供了实现对象进行初始化的方法，这就是构造函数。

语法格式：

```
[属性集信息] [构造函数修饰符] 标识符 ( [参数列表] ) [: base ( [参数列表] ) ] [: this ( [参数列表] ) ]
{
    //构造函数语句块
}
```

其中，

- 构造函数修饰符：public、protected、internal、private、extern。一般地，构造函数总是 public 类型的。如果是 private 类型的，表明类不能被外部类实例化。
- 标识符（[参数列表]）：构造函数名，必须与这个类同名，不声明返回类型，并且没有任何返回值。它与返回值类型为 void 的函数不同。构造函数可以没有参数，也可以有一个或多个参数。参数列表的一般格式如下：

参数类型1 参数名,参数类型2 参数名2,…

例如：

```
class A
{
    int   X,Y;                    //声明 int 类型字段
    public A(int x)               //带有一个参数的构造函数
    {
        X=x;                      //给字段赋值
    }
    public A(int x,int y)         //带有两个参数的构造函数
    {
        X=x;
        Y=y;
    }
}
```

用 new 运算符创建一个类的对象时，类名后的一对圆括号提供初始化列表，这实际上就是提供给构造函数的参数。系统根据这个初始化列表的参数个数、参数类型和参数顺序调用不同的构造函数。

2. 析构函数

一般来说，创建一个对象时需要用构造函数初始化数据，与此相对应，释放一个对象时就用

析构函数。所以析构函数是用于实现析构类实例所需操作的方法。

语法格式：

```
[属性集信息]　[ extern ] ～标识符 ( )
{
    //析构函数体
}
```

其中，
- 标识符：必须与类名相同，但为了区别于构造函数，前面需加"～"，表明它是析构函数。
- 析构函数：不能写返回类型，也不能带参数，一个类最多只能有一个析构函数。

例如：

```
class A
{
    int X;
    public A()              //不带参数的构造函数
    {
        X=10;
    }
    ～A()                   //析构函数
    { }
}
```

如果没有显式地声明析构函数，编译器将自动产生一个默认的析构函数。

注意：

（1）析构函数不能由程序显式地调用，而是由系统在释放对象时自动调用。

（2）销毁一个实例时，按照从派生程度最大到派生程度最小的顺序，调用该实例继承链中的各个析构函数。

习　　题

1．C# 的数据类型有_____和_____两种。
　　A．值类型　　　　B．调用类型　　　　C．引用类型　　　　D．关系类型

2．C# 中可以把任何类型的值赋给 object 类型变量，当值类型赋给 object 类型变量时，系统要进行_____操作；而将 object 类型变量赋给一个值类型变量时，系统要进行_____操作，并且必须加上_____类型转换。

3．编程求 100 以内能被 7 整除的最大自然数。

4．设计一个程序，输入一个四位整数，将各位数字分开，并按其反序输出。例如：输入 1234，则输出 4321。要求必须用循环语句实现。

5．设计一个程序，求一个 4×4 矩阵两对角线元素之和。

实　　验

根据本章内容设计网页，文件名为 exec3-2.aspx，页面显示如图 3.6 所示。

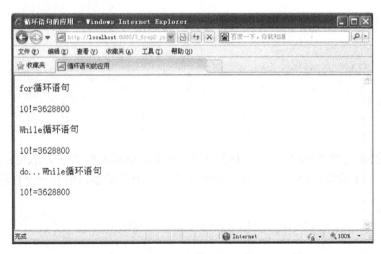

图 3.6　循环语句的应用

（1）修改上述代码，使用三种循环方式中的一种，使其能够计算 1×2×3×…×n。

（2）修改上述代码，使用三种循环方式中的一种，使其能够输入起点、终点和步长。

（3）修改上述代码，使用三种循环方式中的一种，使其能够同时计算 1～n 的和与乘积，通过单选按钮选择是计算求和还是计算阶乘。

（4）将计算 1+2+3+…+n 和计算 1×2×3×…×n 分别编成函数和过程，通过调用函数和过程得到计算结果进行显示。

第 4 章

ASP.NET 4.0 应用程序结构

进行 ASP.NET 4.0 应用程序的开发，还需进一步了解 ASP.NET 4.0 应用程序结构和页面相关知识，对此有一定了解后才能真正进入网站开发阶段。本章将介绍 ASP.NET 4.0 应用程序的分类，以及 ASP.NET 4.0 网页的结构、元素等相关知识。

4.1 ASP.NET 4.0 应用程序分类

在早期的 ASP 程序中，实际上只有一种应用程序类型，即 Web 页面，也就是 .aspx 文件，只是在其中嵌入了脚本程序从而构成动态功能。而 ASP.NET 提供了更多增强的应用程序类型，其中包括 Web 应用程序、移动 Web 应用程序和 Web 服务。与普通的 Windows 应用程序不同，ASP.NET 将所有文件、页面、处理程序、模块和可执行代码的总和定义为 ASP.NET 应用程序，这些内容必须能够在 IIS 给定的虚拟目录（包括子目录）的范围内调用或执行。

4.1.1 Web 应用程序

在开发的 ASP.NET 应用程序中最多的是 ASP.NET Web 应用程序类型，也就是 ASP.NET Web 窗体应用程序。例如，通常的 ASP.NET 网站就是这类的应用程序。最简单的 ASP.NET Web 应用程序包含一个目录，其中至少包含一个.aspx 文件，即 ASP.NET 页。

除了应用程序目录和.aspx 文件外，ASP.NET Web 应用程序还可以包含配置文件（web.config）、用户控件文件（.ascx 文件）、应用程序配置文件（global.asax）、代码隐藏文件（.cs 或 .vb 文件）、程序集（.dll）和提供额外功能的类文件等。

4.1.2 移动 Web 应用程序

ASP.NET 移动 Web 应用程序实际上是一种特殊的 Web 应用程序。它主要是针对移动设备（如手机、PDA 等）而设计的。在 ASP.NET 中，移动 Web 应用程序与普通 Web 应用程序之间的主要区别在于移动 Web 应用程序使用移动 Web 控件,这些控件包括 Form 表单控件和其他标准控件，如标签、文本框等。另外，还添加了移动设备专用的控件，如 PhoneCall 和 SelectionList 等。需要注意的是，移动 Web 窗体页和普通移动 Web 窗体页是可以共存于同一个应用程序之中的。

开发用于移动设备浏览器的 ASP.NET 页与开发用于桌面浏览器的页没有本质区别。为了帮助创建用于移动设备的应用程序，ASP.NET 提供了一个专用于移动 Web 开发的 System.Web.Mobile 命名空间。可以从 MobilePage 基类中创建网页并从 System.Web.Mobile 命名空间中添加控件。此命名空间定义了一套移动 Web 服务器控件和适配器，特别适用于创建需要供多种不同移动设备（如移动电话）使用的应用程序。

尽管 ASP.NET 集成了使 ASP.NET 移动 Web 应用程序开发与传统的 Web 应用程序开发遵循同一模式的技术，但这并不意味着可以创建同时用于桌面浏览器和移动设备浏览器的单一页面。移动设备上的浏览器的限制通常意味着，专门为桌面浏览器设计的页不能自动转换以用于移动设备浏览器，因此针对移动设备浏览器需要单独设计页面。

为了方便调试移动 Web 应用程序，Visual Studio 2010 提供了移动设备仿真程序，用于在计算机上模拟移动设备。

4.1.3　Web 服务

Web 服务是 ASP.NET 提供的另一种应用程序类型。在 .NET Framework 中，将其称为 XML Web 服务，主要是为了将 Web 服务与 XML 标准关联在一起。Web 服务实际上是一种能够跨 Internet 调用的组件，不过，Web 服务的真正威力体现在基础结构中。Web 服务是建立在 .NET Framework 和 CLR 之上的，Web 服务可以充分利用这些技术的优点，例如，ASP.NET 支持的性能、状态管理和身份验证都可以在使用 ASP.NET 生成 Web 服务时利用。

Web 服务的基础结构是遵照 SOAP、XML 和 WSDL 等行业标准生成的，这使得其他平台的客户端可以和 Web 服务进行交互，只要可以发送根据服务描述进行格式化、符合标准的 SOAP 消息，该客户端就可以调用 ASP.NET 创建的 Web 服务。

4.2　ASP.NET 4.0 应用程序结构

一个 ASP.NET 4.0 应用程序通常由多个 Web Form 组成，每个 Web Form 将共享相同应用程序的很多通用的资源和配置设置。从文件组成来看，一个标准的 ASP.NET 4.0 应用程序由多个文件组成，包括 Web 页面、HTTP 处理器、HTTP 模板，以及可执行的代码、配置文件和数据库文件等。

4.2.1　应用程序文件类型

一个 ASP.NET 应用程序主要由一个站点或 IIS 虚拟目录组成，其中至少应包含一个 ASP.NET Web 页面或者 Web 服务。一般情况下，ASP.NET 应用程序可能包含以下文件。

- Web 窗体页（.aspx 文件）：这是 ASP.NET 应用程序的基础。
- Web 服务（.asmx 文件）：为其他计算机提供共享应用程序的服务。
- 代码隐藏文件：这取决于应用程序的开发语言及代码模型，如果采用代码隐藏机制，将会产生一些源代码文件，如选择 C# 作为开发语言，就产生 .cs 文件。
- 配置文件（web.config）：该文件是 XML 格式的文件，包含各种 ASP.NET 功能的配置信息，如数据库连接、安全设置、状态管理等。

- Global.asax 文件：用于处理应用程序级事件的可选文件，该文件驻留在 ASP.NET 应用程序的根目录下。
- 用户控件文件（.ascx）：该文件定义可重复使用的自定义用户控件。
- 其他组件：包含其他组件的第三方程序集，如 .dll 文件等。

应用程序目录中还可以包含其他资源，如样式表、图像、XML 文件等。

4.2.2 应用程序目录结构

每个 Web 应用程序都有一个目录，为了更易于管理和使用，ASP.NET 保留了一些可用于特定内容的文件和目录名称。表 4.1 列出了保留的目录名及其通常包含的文件。

表 4.1 ASP.NET 应用程序目录结构

目 录 名	说　　明
App_Browsers	包含 ASP.NET 用于标识个别浏览器并确定其功能的浏览器定义文件（.browser）
App_Data	包含应用程序数据文件，包括 MDF 文件、XML 文件和其他数据存储文件。ASP.NET 使用此目录来存储应用程序的本地数据库
App_GlobalResources	包含编译到全局范围程序集当中的资源（.resx 和 .resources 文件）
App_LocalResources	包含与应用程序特定页、用户控件或母版页关联的资源（.resx 和 .resources 文件）
App_Themes	包含用于定义 ASP.NET 网页和控件外观的文件集合（.skin 和 .css 文件及图像文件和其他资源）
App_WebReferences	包含用于在应用程序中使用的 Web 引用的引用协定文件（.wsdl 文件）、XML 架构（.xsd 文件）和发现文档文件（.disco 和 .discomap 文件）
Bin	包含已编译程序集（.dll 文件）。这些程序集通常是在应用程序中引用的控件、组件或其他代码。应用程序将自动引用此目录中的代码所表示的任何类

4.3　ASP.NET 4.0 页面框架

一般静态网页文件的扩展名为 html 或 htm，ASP.NET 动态网页文件的扩展名是 aspx。在 aspx 文件中，通常包括页面的整体结构、各种元素的排列、页面中使用的指令及相应的页面事件处理程序等内容，熟悉这些内容就能对简单的页面进行分析，了解页面的具体含义。

4.3.1 aspx 页面元素

每个 aspx 网页中包含两方面的代码：用于定义显示的代码和用于逻辑处理的代码。用于显示的代码包括 HTML 标记及对 Web 控件的定义等；用于逻辑处理的代码主要是用 C# 或者其他语言编写的事件处理程序。

每个 aspx 文件一般包含 3 部分元素：页面指令、代码脚本块和页面内容。以第 1 章 1.3 节中实例的 login.aspx 文件的内容来说，其中，页面指令是以<%@ … %>括起来的代码，代码如下：

```
<%@ Page Language="C#" AutoEventWireup="true" CodeBehind="login.aspx.cs" Inherits="用户登录系统.login" %>
```

页面指令用于指定当前页编译处理时所使用的设置，一个页面可包含多条页面指令。指令的大小写并不重要，也不要求在属性值的两侧加上引号。

代码脚本块是由"<script runat=server></script>"标签对括起来的程序代码。在代码脚本块中可以定义页面的全局变量及程序处理过程等。需要注意的是，不是所有的 aspx 网页文件都包含代码脚本块部分。一般情况下代码脚本块都包含在 aspx 文件子目录下的 .aspx.cs 文件中，这样就可以把纯 UI 元素与处理这些元素的代码分开，这是维护代码的较好方式。

页面内容的形式与标准 HTML 页面基本一致。除了标准页面所具有的元素外，还包含一个 form 元素、一些 Web 服务器控件及相关程序代码。为了使 Web 服务器控件能正常工作，必须将其放置于<form></form>标签对内部。在 login.aspx 中，Label 控件、TextBox 控件和 Button 控件均在 form 元素内部。

4.3.2 ASP.NET 页面布局

页面布局在网页设计中占据重要的作用，一个网页的布局直接影响了一个网站的效果。ASP.NET 页面布局涉及两个方面的内容，一个是页面整体结构布局，另一个是页面元素布局。

1. 页面整体结构布局

常用的网页布局方式有两种：一种是传统的表格布局，优点是布局直观方便，缺点是日后调整布局麻烦，网页显示速度慢（整个表格下载结束后才能显示）；另一种是利用 DIV+CSS 布局，也是当前网页设计中主要采用的方法。

导航区		
左栏	中间	右栏
版权信息		

图 4.1 表格布局

（1）表格布局。利用表格布局主要通过将网页中的内容分为若干个区块，用表格的单元格代表区块，然后分别在不同的区块内填充内容，如图 4.1 所示。

一般先把整个网站分为几个大的区块，规划出页面整体布局，然后根据页面的布局利用表格绘制页面，如果单元格内的元素很多，需要在单元格内再插入一个表格，对单元格内的元素再进行布局，以此类推，直到网页内的元素位置可以方便控制为止。

利用表格布局的局限性：因为网页内的所有元素都在表格内，而浏览器需要把整个表格全部下载到客户端后才可以显示表格内的内容，用户会感觉到网站打开速度有些慢，所以不提倡采用表格对整个网页布局，一般情况下只是利用表格控制网页局部的布局。

（2）DIV+CSS 布局。DIV+CSS 的页面布局是 Web 2.0 时代提倡的一种页面布局方式，是一种比较灵活方便的布局方法。对于 DIV+CSS 布局的页面，浏览器会边解析边显示。实际上 DIV+CSS 布局的最大优点是体现了结构和表现的分离，方便日后网站的维护和升级。

DIV+CSS 网页布局的基本流程如下：

① 规划网页结构，把网站从整体上分为几个区块，规划好每个区块的大小和位置；
② 将区块用 DIV 标签代替，设置好每个 DIV 的大小和样式；
③ 通过布局属性设置 DIV 的位置布局。

要控制 DIV 的布局属性，可以采用 Visual Studio 2010 的样式生成器里的"布局"来设置，主要用到如下几个属性。

➤ 允许对象浮动（float），可取值：
● "不允许边上显示对象（none）"，即在 DIV 的两边不能显示其他的元素，独占一行。
● "靠左（left）"，允许对象向左浮动。
● "靠右（right）"，允许对象向右浮动。

➤ 清除浮动对象（clear，代表浮动清除），可取值：

- "任何一边(none)",DIV 的任何一边都可以有浮动对象。
- "仅右边(right)",DIV 的右边允许出现浮动对象,左边的元素被清除。
- "仅左边(left)",DIV 的左边允许出现浮动对象,右边的元素被清除。
- "不允许(both)",DIV 的两边均不允许出现浮动对象,两边的元素都被清除。

上面两个属性必须结合起来使用,来控制 DIV 的布局。

页面布局主要分为两栏布局和多栏布局。下面分别介绍利用 DIV+CSS 进行页面布局的方法。

两栏布局,即网页主体部分由两栏组成,如图 4.2 所示。

整个网页插入一个宽 800 像素的 DIV,在其内部再放入其他的 DIV。顶部是"标题栏",底部是"版权栏",主体分为两栏,"内容栏"宽 500 像素,"侧栏"宽 300 像素。为了能够让"内容栏"偏到左边,需设置其 float 属性为 left,为了让"侧栏"偏到右边,需设置其 float 属性为 right。为了让"版权栏"两边没有别的元素,需设置其 clear 属性为 both。

如果栏数超过两个,可以通过层嵌套,将其分隔成如上所述的布局。例如,为 3 栏,则可以如图 4.3 所示布局。

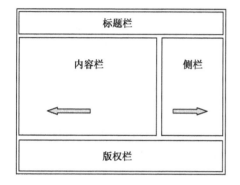

图 4.2 两栏布局

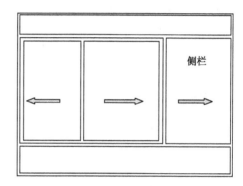

图 4.3 多栏布局

可以把左边的两个 DIV 放到一个 DIV 内部,这样就可以把这两个 DIV 看成一个对待,内部可以再进行布局。以此类推,当布局很复杂时,可以采用 DIV 内部再放 DIV 的方式来实现。

Visual Studio 2010 中新建的网页默认方式就是使用 DIV 方式来布局的,后面章节介绍的利用母版来建立统一风格的网站页面,实际上也是使用 DIV 方式来构建页面结构布局。

2. 页面元素布局

ASP.NET 的页面元素布局方式有两种,一种是网格布局(Grid Layout),另一种是流布局(Flow Layout)。

在流布局下,元素没有任何定位的样式属性,它们将在页中从上至下、从左至右或从右至左排列,具体取决于页的 dir 属性的设置、元素的容器元素或浏览器的语言设置。任何 Web 浏览器都可显示使用此布局的 HTML 文档。如果调整页的大小,元素有时将被重新定位。在 Visual Studio 2008 中,默认情况下,HTML 页或 ASP.NET 网页中的元素以它们在标记中的出现顺序呈现,即以流模式来定位元素。

如果页面中的某些元素带有坐标信息,则浏览器将以此坐标为标准,采用网格布局来定位所有元素。这样,无论用户使用的显示分辨率是多少,也无论浏览器窗口大小如何调整,这些元素都将显示在固定的位置。

可以对单个元素应用定位选项,从而可将元素放置在页中的精确位置。也可以为添加到页中的任何新元素指定定位选项。

Visual Studio 2010 开发工具允许指定与 W3C 规范中为级联样式表定义的定位选项对应的定位选

项。定位选项在实现 W3C HTML 4.0 标准的任何浏览器中都有效。Visual Studio 2010 提供了以下 4 种定位选项。

（1）absolute：元素呈现到页中由 left、right、top 和 bottom 样式属性的任意组合所定义的位置。位置（0,0）是基于当前元素的父级定义的。父级是具有定位信息的第一个容器元素。例如，如果当前元素在具有定位信息的 div 元素内，则将基于 div 元素的位置来计算绝对定位信息。如果当前元素没有带定位信息的容器元素，则将基于 body 元素计算定位信息。

（2）relative：元素呈现到页中由 left 和 top 样式属性所定义的位置。此选项与 absolute 的区别在于，（0,0）位置是根据元素在页面流中的位置来定义的。具有相对定位并且 top 和 left 都设置为 0 的元素将在流中正常显示。

需要注意的是，使用绝对或相对定位的元素在页中可能会不按照页标记声明中的顺序显示，这可能会引起混乱。例如，在"源"视图中，可能将某个按钮定义为标记中的第一个元素，但设置它的定位后，该按钮可能在呈现的页或"设计"视图中显示为最后一个元素。

（3）static：元素使用流布局呈现，即元素不使用二维定位。如果要对重写设置（该设置继承自主题或样式表）的单个控件设置定位选项，则可选择此选项。

（4）Not Set：该选项允许从将来可能要添加的单个控件或多个控件中移除任何现有的定位信息。

4.3.3 页面指令

页面指令指定一些设置，由页和用户控件编译器在处理 ASP.NET Web 窗体页（.aspx 文件）和用户控件（.ascx 文件）时使用这些设置。使用指令时，标准的做法是将指令放置于文件的顶端。每个指令都包含一个或多个属性与值，形式如下：

<%@ 指令 属性 1="值" ...%>

表 4.2 列出了 ASP.NET 提供的页面指令。

表 4.2 ASP.NET 页面指令

指　　令	说　　明
@ Assembly	以声明方式将程序集链接到当前页或用户控件
@ Control	定义 ASP.NET 页分析器和编译器使用的控件特定的属性；只能包含在 .ascx 文件（用户控件）中
@ Implements	以声明方式指示页或用户控件实现指定的 .NET Framework 接口
@ Import	将命名空间显式导入页或用户控件中
@ Master	将页标识为母版页，并定义 ASP.NET 页分析器和编译器使用的属性；只能包含在 .master 文件中
@ MasterType	定义用于确定页的 Master 属性类型的类或虚拟目录
@ OutputCache	以声明方式控制页或用户控件的输出缓存策略
@ Page	定义 ASP.NET 页分析器和编译器使用的页特定的属性；只能包含在 .aspx 文件中
@ PreviousPageType	创建一个强类型的引用，该引用指向来自跨页发送的目标的源页
@ Reference	以声明方式将页、用户控件或 COM 控件链接到当前的页或用户控件
@ Register	将别名与命名空间和类相关联，以便在用户控件和自定义服务器控件被纳入到请求页或用户控件中时得以呈现

下面对常用的页面指令进行详细的说明。

1. Page 指令

Page 指令用于定义特定于页面的属性，ASP.NET 页分析器和编译器根据此属性来编译页面。Page 指令只能置于 aspx 文件中，并且一个页面只允许出现一条 Page 指令。Page 指令包含很多属性，表 4.3 描述了 Page 指令的部分属性。

表 4.3 Page 指令的属性

属 性	说 明
Async	布尔值，默认值为 false。若为 true，则使页面成为异步处理程序，生成的页面派生于 IHttpAsyncHandler，而不是让 IhttpHandler 将一些内置的异步功能添加到该页
AsyncTimeOut	整型值，默认值为 45s。定义在处理异步任务时使用的超时时间间隔（单位为 s）
AutoEventWireup	布尔值，默认值为 true。指示页的事件是否自动绑定
Buffer	布尔值，默认值为 true。确定是否启用了 HTTP 响应缓冲
ClassName	字符串，指定在请求页时将进行动态编译的页类的名称
ClientTarget	字符串，用来指示 ASP.NET 服务器控件应该为其呈现内容的目标用户代理
CodeFile	字符串，指定指向页引用的代码隐藏文件的路径。此属性与 Inherits 属性一起使用可以将代码隐藏源文件与网页相关联。此属性仅对编译的页有效
CodeFileBaseClass	字符串，指定页的基类及其关联的代码隐藏类的类型名称。此属性是可选的，如果使用此属性，则必须同时使用 CodeFile 属性
CodePage	整型值，默认值为 Web 服务器的默认代码页。指示用于响应的编码方案的值
CompilationMode	设置是否应使用指定多个枚举选项之一的字符串来编译页。默认值为 Always，因此，默认情况下编译 .aspx 页
CompilerOptions	包含用于编译页的编译器选项的字符串。在 C# 和 Visual Basic 中，这是编译器命令行开关的序列
ContentType	将响应的 HTTP 内容类型定义为标准的 MIME 类型，支持任何有效的 HTTP 内容类型字符串。常见类型有 text/html、text/css、image/bmp、image/jpeg、image/gif、application/msword、application/zip
Culture	字符串，指示页的区域性设置。该属性的值必须是有效的区域性 ID。常见的区域性 ID 有 zh-CN（中国）、zh-HK（中国香港特区）、en-US（美国）等
Debug	布尔值，指示是否应使用调试符号编译该页
Description	提供该页的文本说明。ASP.NET 分析器忽略该值
EnableEventValidation	布尔值，默认值为 true。在回发和回调方案中启用事件验证
EnableSessionState	定义页的会话状态要求。如果启用了会话状态，则为 true；如果可以读取会话状态但不能进行更改，则为 ReadOnly；否则为 false。默认值为 true。这些值是不区分大小写的
EnableTheming	布尔值，默认值为 true。指示是否在页上使用主题。如果使用主题，则为 true；否则为 false
EnableViewState	布尔值，默认值为 true。指示是否在页请求之间保持视图状态
EnableViewStateMac	布尔值，默认值为 false。指示当页从客户端回发时，ASP.NET 是否应该对页的视图状态运行计算机身份验证检查（MAC）
ErrorPage	字符串，定义在出现未处理页异常时用于重定向的目标 URL

续表

属性	说明
Explicit	布尔值，默认值为 false。确定是否使用 Visual Basic Option Explicit 模式来编译页
Inherits	字符串，定义供页继承的代码隐藏类。它可以是从 Page 类派生的任何类。此属性与 CodeFile 属性一起使用，后者包含指向代码隐藏类的源文件的路径。Inherits 属性在使用 C# 作为页面语言时区分大小写，而在使用 Visual Basic 作为页面语言时不区分大小写
Language	指定在对页中的所有内联呈现（<% %> 和 <%= %>）和代码声明块进行编译时使用的语言。值可以表示任何 .NET Framework 支持的语言，包括 Visual Basic、C# 或 JScript。每页只能使用和指定一种语言
LCID	定义 Web 窗体页的区域设置标识符。区域设置标识符是一个 32 位值，该值唯一地定义某个区域设置。除非使用该属性为 Web 窗体页指定不同的区域设置，否则 ASP.NET 使用 Web 服务器默认的区域设置。注意，LCID 和 Culture 属性是互相排斥的；如果使用了其中一个属性，就不能在同一页中使用另一个属性
MaintainScrollPositionOnPostback	布尔值，默认值为 false。指示在回发后是否将用户返回到客户端浏览器中的同一位置。在页面较长的情况下，用户回发数据后将返回页面顶端，如果设置为 true，则返回至该页提交的位置
MasterPageFile	字符串，设置内容页的母版页或嵌套母版页的路径。支持相对路径和绝对路径
ResponseEncoding	指示用于包含页内容的 HTTP 响应的编码方案的名称。分配给该属性的值是有效的编码名称。常用的编码名称有 utf-8、gb2312、big5 等
StyleSheetTheme	字符串，指定在页上使用的有效主题标识符。如果设置了 StyleSheetTheme 属性，则单独的控件可以重写主题中包含的样式设置。这样，主题可以提供站点的整体外观，同时，利用 StyleSheetTheme 属性中包含的设置可以自定义页及其各个控件的特定设置
Theme	字符串，指定在页上使用的有效主题标识符。如果设置 Theme 属性时没有使用 StyleSheetTheme 属性，则将重写控件上的单独的样式设置，以便于创建统一而一致的页外观
Title	字符串，指定在响应的 HTML<title>标记中呈现的页的标题。也可以通过编程方式将标题作为页的属性来访问
Trace	布尔值，默认值为 false。指示是否启用跟踪。如果启用了跟踪，则为 true；否则为 false
TraceMode	指示当启用跟踪时如何为页显示跟踪消息。可能的值为 SortByTime 和 SortByCategory。当启用跟踪时，默认值为 SortByTime
Transaction	指示在页上是否支持事务。可能的值有 Disabled、NotSupported、Supported、Required 和 RequiresNew。默认值为 Disabled
ValidateRequest	布尔值，默认值为 true。指示是否应发生请求验证。如果为 true，请求验证将根据具有潜在危险的值的硬编码列表检查所有输入数据。如果出现匹配情况，将引发 HttpRequestValidationException 异常。该功能在计算机配置文件（Machine.config）中启用。可以在应用程序配置文件（Web.config）中或在页上将该属性设置为 false 来禁用该功能。注意：该功能有助于减少对简单页或 ASP.NET 应用程序进行跨站点脚本攻击的风险。如果应用程序不能正确验证用户输入，则可能会受到多种类型的格式错误输入的攻击，包括跨站点脚本攻击和 Microsoft SQL Server 注入式攻击。应该仔细地评估应用程序中所有形式的输入，并确保对它们进行了正确的验证和编码，或者确保应用程序在处理数据或将信息发送回客户端之前已退出。除此之外，别无他法
ViewStateEncryptionMode	使用 3 个可能的枚举值来确定如何加密视图状态：Auto、Always 或 Never。默认值为 Auto，表示如果单个控件请求进行加密，将加密视图状态
WarningLevel	指示编译器将警告视为错误（从而终止对页进行编译）的编译器警告等级。警告级别可以是 0～4

2. Import 指令

Import 指令的功能是将命名空间显式地导入 ASP.NET 应用程序文件（如网页、用户控件、母版页或 Global.asax 文件）中，同时使导入的命名空间的所有类和接口可用于文件。导入的命

名空间可以是 .NET Framework 类库或用户定义的命名空间的一部分。

Import 指令的语法为：

```
<%@ Import Namespace="value" %>
```

其中，value 表示命名空间名称。

导入命名空间后，用户在编写程序时可直接使用所导入命名空间的所有类和接口，而无须使用完全限定名来访问这些类和接口。例如，要创建 DataTable 类的一个实例，如果不导入 System.Data 命名空间，则需要使用完全限定名来创建实例，代码如下：

```
System.Data.DataTable dt = new System.Data.DataTable();
```

若将 System.Data 命名空间导入，则可以使用简化的代码：

```
DataTable dt = new DataTable();
```

在同一个页面中可以使用多条 Import 指令，每一个 Import 指令只能导入一个命名空间。

3. Assembly 指令

Assembly 指令的功能是在编译期间将程序集关联到页面或用户控件上，使程序集的所有类和接口都可以在页面上使用。Assembly 指令支持两个属性，分别是 Name 和 Src。

（1）Name：允许指定用于关联页面文件的程序集名称。程序集名称应只包含文件名，不包含文件的扩展名，ASP.NET 引擎会按照系统路径逐一搜索，同时也会查找 Web 应用程序的 \Bin 目录。例如，文件是 MyAssembly.cs，Name 属性值应是 MyAssembly。

（2）Src：允许指定编译时所使用的程序集源文件，需要指明源文件的全路径。例如，文件是 MyAssembly.cs，Src 属性值应是 MyAssembly.cs。

在同一个页面中，可以使用多条 Assembly 指令，但是在同一条 Assembly 指令中，Name 和 Src 属性只能任选其一。下面是使用@Assembly 指令的两个例子：

```
<%@ Assembly Name=" MyAssembly"%>
<%@ Assembly Src=" MyAssembly.cs"%>
```

注意：

通过使用 Src 属性指定源文件时，在用户第一次访问 aspx 页面的情况下，在性能上不如使用 Name 属性的方式。但是，由于系统在第一次编译之后会保留编译结果，并不会每一次都重新编译，因此，在之后的页面访问中，两者在性能上是没有区别的。

4. Reference 指令

Reference 指令的功能是将其他页面、用户控件或任何文件动态编译，并链接到当前页面。这样，用户就可以在当前文件内部引用这些对象及其公共成员。Reference 指令支持 3 个属性，分别是 Page、Control 和 VirtualPath。

（1）Page：指定外部页，ASP.NET 应动态编译该页并将它链接到包含@Reference 指令的当前文件。

（2）Control：指定外部用户控件，ASP.NET 应动态编译该控件并将它链接到包含 @Reference 指令的当前文件。

（3）VirtualPath：引用的虚拟路径，可以是任何文件类型。例如，它可能会指向母版页。

下面是使用@ Reference 指令的 3 个例子：

```
<%@ Reference Page =" MyPage.aspx"%>
<%@ Reference Control =" MyControl.ascx"%>
<%@ Reference VirtualPath =" MasterPage.master"%>
```

5. Register 指令

Register 指令的功能是将别名与命名空间和类名关联起来，作为定制服务器控件语法中的标记，这为开发人员提供了一种在 ASP.NET 应用程序文件中引用自定义控件的简明方法。把一个用户控件拖放到页面上，Visual Studio 2010 就会在页面上创建一个 Register 指令，这样就在页面上注册了用户控件，可以通过特定名称在页面中访问该控件了。

Register 指令支持 5 个属性，分别是 assembly、namespace、src、tagname 和 tagprefix。

（1）assembly：指定与 tagprefix 属性关联的命名空间所驻留的程序集。程序集名称不能包括文件扩展名。

（2）namespace：指定正在注册的自定义控件的命名空间。

（3）src：指定与 tagprefix:tagname 对关联的声明性 ASP.NET 用户控件文件的位置（相对的或绝对的）。

（4）tagname：指定与类关联的任意别名。此属性只用于用户控件。

（5）tagprefix：指定一个任意别名，它提供对包含指令的文件中所使用标记的命名空间的短引用。

下面是使用@ Register 指令将用户控件导入页面的一个例子：

```
<%@ Register tagprefix = "MyTag" tagname = "MyControl" Src =" MyControl.ascx" %>
```

6. Implements 指令

Implements 指令的功能是允许 ASP.NET 实现特定的 .NET Framework 接口，如果页面需要实现多个接口，可以使用多条 Implements 指令。Assembly 指令仅支持 interface 属性，指定要在页或用户控件中实现的接口。

下面是使用@ Implements 指令的一个例子：

```
<%@ Implements interface =" System.Web.UI.IValidator" %>
```

7. 其他指令

除了上面介绍的指令外，还有如下指令。

（1）Control 指令：该指令与 Page 指令类似，用来定义 ASP.NET 页分析器和编译器使用的特定于用户控件（.ascx 文件）的属性。此指令只能用于 ASP.NET 用户控件（其源代码包含在 .ascx 文件中）。

（2）Master 指令：该指令定义 ASP.NET 页分析器和编译器使用的特定于母版页（.master 文件）的属性。

（3）MasterType 指令：该指令提供一种方法，用于当通过 Master 属性访问 ASP.NET 母版页时，创建对该母版页的强类型引用。

（4）PreviousPage 指令：该指令提供一种方法来获得上一页的强类型，可通过 PreviousPage 属性访问上一页。

（5）OutputCache 指令：该指令以声明的方式控制 ASP.NET 页或页中包含的用户控件的输出缓存策略。

4.3.4 页面生命周期

ASP.NET 页运行时，此页将经历一个生命周期，在生命周期中将执行一系列处理步骤。这些步骤包括初始化、实例化控件、还原和维护状态、运行事件处理程序代码及进行呈现。了解页生命周期非常重要，因为这样就能在生命周期的合适阶段编写代码，以达到预期效果。

一般来说，页要经历表 4.4 概述的各个阶段。除了页生命周期阶段以外，在请求前后还存在应用程序阶段，但是这些阶段并不特定于页。表 4.4 列出了常规页的生命周期阶段。

表 4.4 常规页生命周期阶段

阶 段	说 明
页请求	页请求发生在页生命周期开始之前。用户请求页时，ASP.NET 将确定是否需要分析和编译页（从而开始页的生命周期），或者是否可以在不运行页的情况下发送页的缓存版本以进行响应
开始	在开始阶段，将设置页属性，如 Request 和 Response。在此阶段，页还将确定请求是回发请求还是新请求，并设置 IsPostBack 属性。此外，在开始阶段期间，还将设置页的 UICulture 属性
页初始化	页初始化期间，可以使用页中的控件，并将设置每个控件的 UniqueID 属性。此外，任何主题都将应用于页。如果当前请求是回发请求，则回发数据尚未加载，并且控件属性值尚未还原为视图状态中的值
加载	加载期间，如果当前请求是回发请求，则将使用从视图状态和控件状态恢复的信息加载控件属性
验证	在验证期间，将调用所有验证程序控件的 Validate 方法，此方法将设置各个验证程序控件和页的 IsValid 属性
回发事件处理	如果请求是回发请求，则调用所有事件处理程序
呈现	在呈现之前，会针对该页和所有控件保存视图状态。在呈现阶段，页会针对每个控件调用 Render 方法，它会提供一个文本编写器，用于将控件的输出写入页的 Response 属性的 OutputStream 中
卸载	完全呈现并已将页发送至客户端、准备丢弃该页后，将调用卸载。此时，将卸载页属性（如 Response 和 Request）并执行清理

4.3.5 页面事件

ASP.NET 页面中有许多事件专用于特定的服务器控件。例如，当用户单击页面中的一个按钮时执行某个操作，就要在服务器代码中创建一个按钮单击事件。除了服务器控件之外，有时还希望在创建或删除页面时进行初始化操作，ASP.NET 页面生命周期中有许多事件可以完成这些任务。

表 4.5 列出了最常用的页生命周期事件。除了列出的事件外还有其他事件，不过，大多数页处理方案不使用这些事件。

表 4.5 常用页事件

事 件	说 明	典型使用
PreInit	在页初始化开始时发生	使用该事件来执行下列操作： （1）检查 IsPostBack 属性来确定是不是第一次处理该页； （2）创建或重新创建动态控件； （3）动态设置主控页； （4）动态设置 Theme 属性； （5）读取或设置配置文件属性值。 注意：如果请求是回发请求，则控件的值尚未从视图状态还原。如果在此阶段设置控件属性，则其值可能会在下一事件中被覆盖
Init	在所有控件都已初始化且已应用所有外观设置后引发	使用该事件来读取或初始化控件属性
InitComplete	在页初始化完成时发生	使用该事件来处理要求先完成所有初始化工作的任务

续表

事 件	说 明	典 型 使 用
PreLoad	在页 Load 事件之前发生	如果需要在 Load 事件之前对页或控件执行处理，应使用该事件。在 Page 引发该事件后，它会为自身和所有控件加载视图状态，然后会处理 Request 实例包括的任何回发数据
Load	当服务器控件加载到 Page 对象中时发生	使用 OnLoad 事件方法来设置控件中的属性并建立数据库连接
LoadComplete	在页生命周期的加载阶段结束时发生	对需要加载页上的所有其他控件的任务使用该事件
PreRender	在加载 Control 对象之后、呈现之前发生	页上的每个控件都会发生 PreRender 事件。使用该事件对页或其控件的内容进行最后更改
SaveStateComplete	在已完成对页和页上控件的所有视图状态和控件状态信息的保存后发生	在该事件发生前，已针对页和所有控件保存了 ViewState。将忽略此时对页或控件进行的任何更改。使用该事件执行满足以下条件的任务：要求已经保存了视图状态，但未对控件进行任何更改
Unload	当服务器控件从内存中卸载时发生。该事件首先针对每个控件发生，继而针对该页发生	在控件中，使用该事件对特定控件执行最后清理，如关闭控件特定数据库连接。对于页自身，使用该事件来执行最后清理工作，如关闭打开的文件和数据库连接，或完成日志记录或其他请求特定任务。注意：在卸载阶段，页及其控件已被呈现，因此无法对响应流做进一步更改。如果尝试调用方法（如 Response.Write 方法），则该页将引发异常

需要注意的是，各个 ASP.NET 服务器控件也都有自己的生命周期，该生命周期与页生命周期类似。例如，控件的 Init 和 Load 事件在相应的页事件期间发生。

习 题

1. ASP.NET 页面文件的后缀名是什么？
2. 基于 C# 的 ASP.NET 程序文件的后缀是什么？
3. Web 页的 Page_Load 事件在（　　）阶段触发。
   A. 页框架初始化　　B. 用户代码初始化　　C. 验证　　D. 事件处理
4. Global.asax 文件的作用是什么？应将其放在什么位置能起作用？
5. 下列必须位于 Bin 目录下的文件是（　　）。
   A. .cs 文件　　B. .vb 文件　　C. .aspx 文件　　D. .dll 文件
6. 应用程序文件夹的内容除（　　）之外并不在响应 Web 请求时提供响应。
   A. App_Themes　　B. App_Data　　C. App_Code　　D. Bin
7. aspx 页面代码模式有哪两种？
8. ASP.NET 中支持的应用程序指令包括（　　）。
   A. @Application　　B. @import　　C. @Assembly　　D. @include

实　　验

打开 Visual Studio 2010，选择"文件"下的"新建网站"命令，创建一个使用文件系统的 ASP.NET 网站，仿照图 4.4 中所示布局创建一个简单的 Web 窗体页。

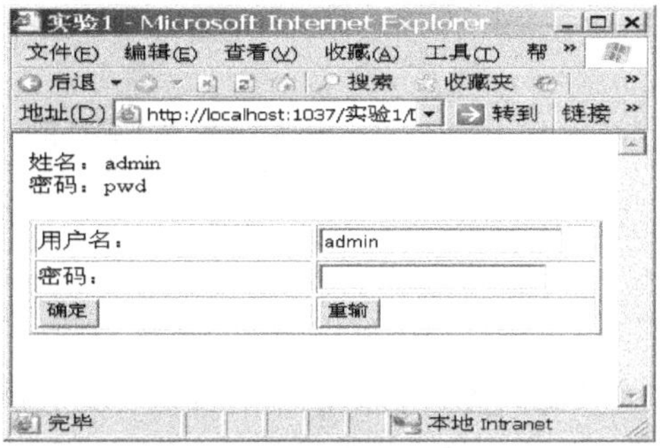

图 4.4　创建 ASP.NET 网站

查看网站中网页的代码，熟悉 Page 标签中的属性。

第 5 章

ASP.NET 4.0 内置对象

ASP.NET 4.0 中定义了多个内置对象，它们是全局对象，即不必事先声明就可以直接使用。这些内置对象提供基本的请求、响应、会话等处理功能。ASP.NET 4.0 程序设计几乎不能没有对象，它是程序设计中最频繁使用的元素之一，例如，Request、Response 和 Server 对象主要用于建立服务器和客户端浏览器之间的联系。本章介绍 ASP.NET 4.0 常用内置对象的含义、字段、属性和方法，并通过实例介绍这些内置对象在程序开发中的使用技巧。

5.1 输出数据：Response 对象

Response 对象是早期 ASP 版本中用于将消息向页面上输出的内置对象，该对象用于向浏览器发送数据，数据以 HTML 的格式发送。Response 与 Request 对象组成了一对发送、接收数据的对象，这也是实现动态的基础。简而言之，Request 对象管理 ASP.NET 的 Input 功能，而 Response 对象则管理 Output 功能。

在 ASP.NET 中，Response 对象实际上是 System.Web 命名空间中的 HttpResponse 类，出于习惯仍然将 ASP.NET 中的 HttpResponse 类称为 Response 对象。

5.1.1 Response 对象常用属性和方法

Response 对象有许多属性和方法，表 5.1 列出了 Response 对象常用的属性和方法。

表 5.1 Response 对象常用的属性和方法

名 称	方法/属性	描 述
AddHeader	方法	将一个 HTTP 标头添加到输出流。提供 AddHeader 是为了与 ASP 的先前版本保持兼容
AppendHeader	方法	将 HTTP 标头添加到输出流
AppendToLog	方法	将自定义日志信息添加到 Internet 信息服务（IIS）日志文件
BinaryWrite	方法	将一个二进制字符串写入 HTTP 输出流
BufferOutput	属性	获取或设置一个值，该值指示是否缓冲输出并在处理完整个响应之后发送它
Charset	属性	获取或设置输出流的 HTTP 字符集
ClearContent	方法	清除缓冲区流中的所有内容输出
ContentType	属性	获取或设置输出流的 HTTP MIME 类型

续表

名称	方法/属性	描述
Cookies	属性	获取响应的 Cookie 集合
End	方法	将当前所有缓冲的输出发送到客户端，停止该页的执行，并引发 EndRequest 事件
Flush	方法	向客户端发送当前所有缓冲的输出
IsClientConnected	属性	获取一个值，通过该值指示客户端是否仍连接在服务器上
Redirect	方法	将客户端重定向到新的 URL，并指定该新 URL
Write	方法	将信息写入 HTTP 响应输出流
WriteFile	方法	将指定的文件直接写入 HTTP 响应输出流

5.1.2 Response 对象的应用

在程序设计中，通常使用 Response 的 Write 方法向浏览器传送响应，用 Redirect 方法进行页面的重定向等操作。下面通过实例介绍 Response 对象的主要用途。

1. 向浏览器发送信息

Response 对象最常用的方法是 Write，用于向浏览器发送信息。下面语句的功能是向浏览器输出"欢迎进入聊天室"的文本信息。

```
Response.Write("欢迎进入聊天室");
```

使用 Write 方法输出的字符串会被浏览器按 HTML 语法进行解释。因此可以使用 Write 方法直接输出 HTML 代码来实现页面内容和格式的定制。例如，下面的语句向浏览器输出红色的"欢迎进入聊天室"文本。

```
Response.Write("<font color=red>欢迎进入聊天室</font>");
```

2. 重定向

Response 对象的 Redirect 方法可将当前网页导向指定页面，称为重定向。使用方法如下：

```
Response.Redirect(URL);                              //将网页转移到指定的 URL
```
例如：
```
Response.Redirect("Page1.htm");                      //将网页转移到当前目录的 Page1.htm
Response.Redirect("http://localhost/wh/who.htm")     //将网页转移到"/wh/who.htm"
```

3. 缓冲处理

所谓缓冲处理，是指将输出暂时存放在服务器的缓冲区，待程序执行结束或接收到 Flush 或 End 指令后，再将输出数据发送到客户端浏览器。Response 对象的 BufferOutput 属性用于设置是否进行缓冲，IIS 默认其为 True。Response 对象的 ClearContent、Flush 和 ClearHeaders 三个方法用于缓冲的处理。

例如，要将缓冲中的前一部分内容发送到浏览器，而后一部分内容删除，可以使用如下代码：

```
Response.BufferOutput = true;                        //启用缓冲
Response.Write("缓冲的前一部分，输出到浏览器");
Response.Flush();                                    //输出缓冲区内容
Response.Write("缓冲的后一部分，不输出到浏览器");
Response.ClearContent();                             //清除缓冲区内容
```

4. 结束程序运行

有时希望在某种条件下提前结束网页运行并输出已生成的内容，可使用 Response 对象的 End 方法来实现。Response.End()方法的功能是结束程序的执行，若缓冲区有数据，则还会将其输出到客户端。End()方法的用法如下：

Response.End();

上面代码的功能是结束程序的执行，并将缓冲区的内容输出到浏览器。

5.2 接收数据：Request 对象

Request 对象派生自 HttpRequest 类，当用户在客户端使用 Web 浏览器向 Web 应用程序发出请求时，就会将客户端的信息发送到 Web 服务器。Web 服务器接收到一个 HTTP 请求，其中包含了所有查询字符串参数或表单参数、Cookie 数据及浏览器信息，在 ASP.NET 运行时把这些客户端的请求信息封装成 Request 类。

5.2.1 Request 对象常用属性和方法

Request 对象有许多属性和方法，表 5.2 列出了 Request 对象常用的属性和方法。

表 5.2　Request 对象常用的属性和方法

名　　称	方法/属性	描　　述
AcceptTypes	属性	获取客户端支持的 MIME 接收类型的字符串数组
Browser	属性	获取或设置有关正在请求的客户端浏览器功能的信息
ClientCertificate	属性	获取当前请求的客户端安全证书
ContentEncoding	属性	获取或设置实体主体的字符集
ContentLength	属性	指定客户端发送的内容长度（以字节计）
ContentType	属性	获取或设置传入请求的 MIME 内容类型
Cookies	属性	获取客户端发送的 Cookie 集合
Files	属性	获取采用多部分 MIME 格式的由客户端上载的文件集合
Form	属性	获取客户端表单元素中所填入的信息
Headers	属性	获取 HTTP 标头集合
Item	属性	从 Cookies、Form、QueryString 或 ServerVariables 集合中获取指定的对象
MapPath	方法	为当前请求将请求的 URL 中的虚拟路径映射到服务器上的物理路径
Params	属性	获取 QueryString、Form、ServerVariables 和 Cookies 项的数据
Path	属性	获取当前请求的虚拟路径
PathInfo	属性	获取具有 URL 扩展名的资源的附加路径信息
PhysicalApplicationPath	属性	获取当前正在执行的服务器应用程序根目录的物理文件系统路径
QueryString	属性	获取 HTTP 查询字符串变量集合
RequestType	属性	获取或设置客户端使用的 HTTP 数据传输方法（GET 或 POST）
SaveAs	方法	将 HTTP 请求保存到磁盘
ServerVariables	属性	获取 Web 服务器变量的集合

5.2.2 Request 对象的应用

Request 对象主要用于获取客户端表单数据、服务器环境变量、客户端浏览器的能力及客端浏览器的 Cookies 等。这些功能主要利用 Request 对象的集合数据来实现。下面通过实例介绍 Request 对象的主要用途。

1. 获取表单数据

获取表单数据是 Request 对象最主要的用途。动态网页的主要特征是浏览器与服务器之间的交互性，客户端浏览器利用表单的提交将数据传送到服务器，服务器将检索结果回送浏览器。表单是标准 HTML 的一部分，它允许用户利用表单中的文本框、复选框、单选按钮、列表框等元素为服务器的应用提供初始数据，用户通过单击表单中的命令按钮提交输入数据。服务器通过读取表单元素数据获得相应的值。

服务器获取表单数据的方式取决于客户端表单提交的方式。

（1）若表单的提交方式为"get"，则表单数据将以字符串形式附加在 URL 之后，在 QueryString 集合中返回服务器。例如：

```
http://localhost/example.aspx?XX=value1&YY=value2
```

上式中问号"?"之后即为表单中的项和数据值：表单项 XX 的值为 value1，表单项 YY 的值为 value2。

此时，服务器要使用 Request 对象的 QueryString 集合来获取表单数据。例如：

```
Request.QueryString["XX"];        //获取表单项 XX 的值
Request.QueryString["YY"];        //获取表单项 YY 的值
```

（2）若表单的提交方式为"post"，则表单数据将放在浏览器请求的 HTTP 标头中返回服务器，其信息保存在 Request 对象的 Form 集合中。此时，服务器要使用 Request 对象的 Form 集合来获取表单数据。例如：

```
Request.Form["XX"];               //获取表单项 XX 的值
Request.Form["YY"];               //获取表单项 YY 的值
```

（3）无论表单以何种方式提交，都可使用 Request 对象的 Params 集合来读取表单数据。例如：

```
Request.Params["XX"];             //获取表单项 XX 的值
Request.Params["YY"];             //获取表单项 YY 的值
```

或者，可以省略 QueryString、Form 或 Params，直接使用形式"Request[表单项]"来读取表单数据。例如：

```
Request["XX"];                    //获取表单项 XX 的值
Request["YY"];                    //获取表单项 YY 的值
```

使用 Params 集合或简略形式读取表单数据的处理过程是：Request 对象首先在 QueryString 集合中搜索表单项变量的值，若找到即返回相应值；否则，在 Form 集合中搜索，若找到也返回相应值；若都找不到，则返回 null。

【例 5.1】 一个用户登录的实例，利用 Form 数据集合获取客户端提交的登录信息。

新建一个站点，命名为"WebApp5"，添加单文件网页"example5-1.aspx"。页面设计：页面中放置两个文本框（用于输入用户名和密码）和两个按钮（登录、重输），如图 5.1 所示。

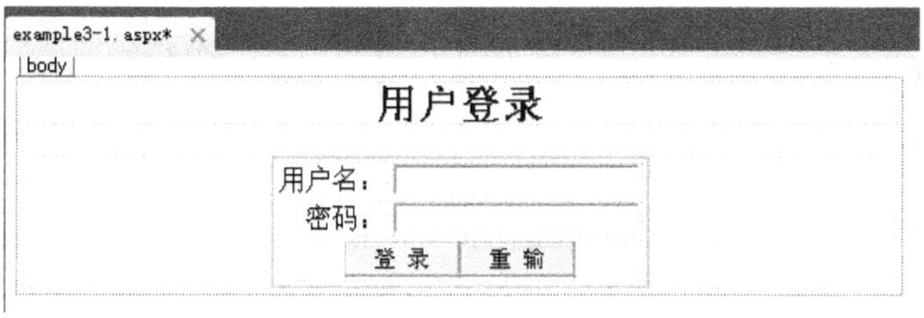

图 5.1 用户登录页面

本例网页 example5-1.aspx 的程序代码如下：

```
<html>
<body>
    <h2 style="width: 100%; text-align: center" >用户登录</h2>
    <form id="form1" runat="server" >
    <div>
        <table class="style1" align="center" style="border: thin solid #C0C0C0">
            <tr>   <td align="right"> 用户名： </td>
            <td><asp:TextBox ID="UserName" runat="server" Width="150"></asp:TextBox></td>
            </tr>
            <tr> <td align="right" > 密码： </td>
            <td><asp:TextBox ID="PWD" runat="server" TextMode="Password" Width="150">
                </asp:TextBox></td>
            </tr>
            <tr> <td align="center" colspan="2">
                <asp:Button ID="Button2" runat="server" Text=" 登 录 " OnClick=
                "Login_Click"/><input id="Reset2" type="reset" value=" 重 输 " /> </td>
            </tr>
        </table>
    </div>
    </form>
</body>
</html>
```

在 example5-1.aspx 网页的设计模式中双击"登录"按钮，在 example5-1.aspx.cs 中编写处理代码，如下所示：

```
protected void Login_Click(object sender, EventArgs e)
{
    Response.Write("你输入的用户名是：" + Request.Form["UserName"] + "<br>");
    Response.Write("你输入的密码是：" + Request.Form["PWD"] + "<br>");
}
```

程序的运行结果如图 5.2 所示。当用户输入用户名和密码，单击"登录"按钮以后，将显示用户输入的用户名和密码信息。

图 5.2　访问 Form 数据集合

读者可使用 QueryString 集合或简略形式改写本例程序。特别要注意的是 Form 集合对应的表单提交方法为 post，而 QueryString 集合对应的表单提交方法为 get。

2. 获取服务器环境变量

Request 对象的 ServerVariables 数据集合可用来读取服务器的环境变量信息。它由一些预定义的服务器环境变量组成，如发出请求的浏览器的信息、构成请求的 HTTP 方法、用户登录 Windows 的账号、客户端的 IP 地址等，这些变量为 ASP.NET 的处理带来了方便。这些变量都是只读变量，表 5.3 列出了一些主要的服务器环境变量。

表 5.3　服务器环境变量

名　称	描　述
ALL_HTTP	客户端发送的所有 HTTP 标头（header）
CONTENT_LENGTH	客户端发出内容的长度
CONTENT_TYPE	客户端发出内容的数据类型，如 "text/html"
HTTP_HOST	客户端的主机名称
HTTP_USER-AGENT	客户端浏览器的信息，如浏览器的类型、版本、操作系统
HTTPS	浏览器是否以 SSL 发送，若是，则为 ON，否则为 OFF
LOCAL_ADDR	服务器 IP 地址。常用于查询绑定多个 IP 地址的多宿主机所使用的地址
PATH_TRANSLATED	当前网页的实际路径
QUERY_STRING	客户端以 Get 方式返回的表单数据
REMOTE_ADDR	发出请求的远程主机的 IP 地址
REMOTE_HOST	发出请求的主机名称
REQUEST_METHOD	浏览器将数据发送到服务器的方式，如 POST、GET 等
SERVER_NAME	服务器主机名或 IP 地址
SERVER_PORT	服务器连接的端口号
SERVER_PROTOCOL	服务器的 HTTP 版本
SERVER_SOFTWARE	服务器的软件名称及版本
URL、PATH_INFO	当前网页的虚拟路径

通过访问 Request 对象的 ServerVariables 数据集合，可以容易地获得服务器环境变量。例如，下面的代码可以获取并输出 Web 服务器当前网页虚拟路径、当前网页实际路径、服务器主机名或 IP 地址、服务器连接端口、客户端主机名称及浏览器信息。

```
Response.Write("当前网页虚拟路径:" + Request.ServerVariables["URL"] );
Response.Write("实际路径:" + Request.ServerVariables["PATH_TRANSLATED"] );
Response.Write("服务器名或 IP:" + Request.ServerVariables["SERVER_NAME"] );
Response.Write("服务器连接端口:" + Request.ServerVariables["SERVER_PORT"]);
Response.Write("客户端主机名:" + Request.ServerVariables["REMOTE_HOST"]);
Response.Write("浏览器:" + Request.ServerVariables["HTTP_USER_AGENT"] );
```

3. 获取客户端浏览器能力信息

Request 对象的 Browser 集合是 HttpBrowserCapabilities 类型的对象，包含了正在请求的浏览器的能力信息，表 5.4 列出了主要的浏览器能力属性。

表 5.4　浏览器能力属性

名　　称	描　　述
ActiveXControls	浏览器是否支持 ActiveX 控件
BackgroundSounds	是否支持背景音乐
Beta	是否为测试版
Browser	用户代理（User-Agent）标头中有关浏览器的描述
ClrVersion	客户端安装的 .NET 的 CLR 版本，若未安装，返回值为 0，0，-1，-1
Cookies	是否支持 Cookie
Frames	是否支持框架
JavaApplets	是否支持 Java Applets
JavaScript	是否支持 JavaScript
MSDomVersion	支持的 Microsoft HTML 文档对象模型版本
Platform	客户端操作系统
Tables	是否支持 HTML 表格
VBScript	是否支持 VBScript
Version	浏览器完整版本号
W3CDomVersion	支持的 W3C XML 文档对象模型的版本号
Win16	客户端是否为 Win16 结构计算机
Win32	客户端是否为 Win32 结构计算机

通过访问 Request 对象的 Browser 数据集合，可以容易地查询浏览器的能力。例如，下面的代码可以获取并输出浏览器描述、版本、是否支持 Cookie、是否支持 VBScript、DOM 版本号、是否安装 CLR、客户端操作系统等信息。

```
Response.Write("浏览器:" + Request.Browser.Browser);
Response.Write("版本:" + Request.Browser.Version);
Response.Write("支持 Cookie:" + Request.Browser.Cookies);
Response.Write("支持 VBScript:" + Request.Browser.VBScript);
Response.Write("微软 DOM 版本号:" + Request.Browser.MSDomVersion.ToString());
Response.Write("W3C DOM 版本号:" + Request.Browser.W3CDomVersion.ToString() );
Response.Write("安装 CLR:" + Request.Browser.ClrVersion.ToString());
Response.Write("客户端操作系统:" + Request.Browser.Platform);
```

4. 获取客户端 Cookie

Request 对象的 Cookies 数据集合用来记录客户端的信息，它由 HttpCookie 类派生，也常称其为 Cookie 对象。通常当浏览器访问 Web 服务器时，服务器使用 Response 对象的 Cookies 集合向客户端的 Cookie 写入信息，再通过 Request 对象的 Cookies 属性来检索 Cookie 信息。客户端 Cookie 存放于磁盘上，记录了浏览器的信息、何时访问 Web 服务器、访问过哪些页面等信息。使用 Cookie 的主要优点是服务器能够依据它快速获得浏览者的信息，而不必将浏览者信息存储在服务器上，可减少服务器的磁盘占用量。表 5.5 列出了 Cookie 对象的属性。

表 5.5　Cookie 对象的属性

名称及值	描述
Domain="…"	获取或设置可访问此 Cookie 对象的域
Expires="#Date#"	获取或设置 Cookie 的终止日期和时间
HasKeys	获取或设置 Cookie 对象中是否含有子键（Subkey）
Name="…"	获取或设置 Cookie 对象的名称
Value="…"	获取或设置 Cookie 对象的值
Values[key]="val"	向 Cookie 中添加名为 key、值为 val 的子键；Values（key）可获得子键名为 key 的键值

下面的例子说明了 Cookie 的创建和读取方法。

【例 5.2】　一个用户投票的实例，它利用 Cookie 记录用户是否已投票，防止重复投票。

本例中，当用户单击投票按钮时，向客户端写入一个生命周期为 10 天，名为"CookieExmp"的 Cookie 文件，其中包含三条记录，子键分别为"yaoming"、"kebi"和"Voted"，值分别为姚明的票数、科比的票数和当前时刻（DateTime.Now.Date()）。

在站点"WebApp5"中添加单文件网页"example5-2.aspx"，页面设计：页面中放置两个标签（用于显示姚明和科比的票数）和两个投票按钮，如图 5.3 所示。

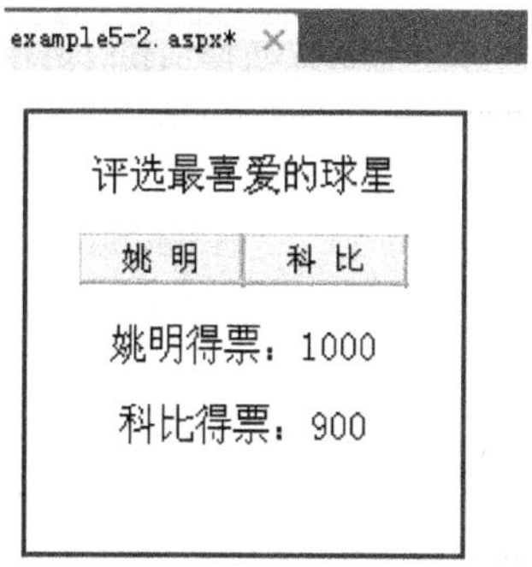

图 5.3　投票页面

本例网页 example5-2.aspx 的程序代码如下：

```
<html>
<head runat="server">
    <title>例 5.2</title>
</head>
<body>
    <form id="form1" runat="server">
    <div style="border: thin solid #0000FF; height: 177px; width: 183px; text-align: center;">
        <br />
        评选最喜爱的球星<br />
        <br />
        <asp:Button ID="Button1" runat="server" Text=" 姚 明 " onclick="Yaoming_Click" />
        <asp:Button ID="Button2" runat="server" Text=" 科 比 " onclick="Kebi_Click" />
        <br />
        <br />
        姚明得票：<asp:Label ID="LblYaoming" runat="server" Text="1000"></asp:Label>
        <br />
        <br />
        科比得票：<asp:Label ID="LblKebi" runat="server" Text="900"></asp:Label>
        <br />
    </div>
    </form>
</body>
</html>
```

在 example5-2.aspx.cs 文件中代码如下：

```csharp
using System;
using System.Collections.Generic;
using System.Linq;
using System.Web;
using System.Web.UI;
using System.Web.UI.WebControls;

namespace WebApp5
{
    public partial class example5_2 : System.Web.UI.Page
    {
        string hasvoted;                                    //定义一个变量，判断是否已经投票
        //页面加载时执行此方法
        protected void Page_Load(object sender, EventArgs e)
        {
            HttpCookie cookie = Request.Cookies["CookieExmp"];   //定义一个 Cookie
            if (cookie != null)
            {
                LblYaoming.Text = cookie.Values["yaoming"];
                LblKebi.Text = cookie.Values["kebi"];
                hasvoted = cookie.Values["Voted"];
            }
        }
        //单击"科比"
        protected void Kebi_Click(object sender, EventArgs e)
        {
            if (hasvoted == null)
            {
                int score1, score2;
                score1 = System.Convert.ToInt32(LblYaoming.Text);
                score2 = System.Convert.ToInt32(LblKebi.Text) + 1;   //科比的票数加 1
                WriteCookies(score1, score2);                        //写入 Cookie
            }
            else
            {
                Response.Write("请不要重复投票！");
            }
        }
        //单击"姚明"
        protected void Yaoming_Click(object sender, EventArgs e)
        {
            if (hasvoted == null)
            {
                int score1, score2;
                score1 = System.Convert.ToInt32(LblYaoming.Text) + 1;//姚明的票数加 1
                score2 = System.Convert.ToInt32(LblKebi.Text);
```

```
                WriteCookies(score1, score2);
            }
            else
            {   Response.Write("请不要重复投票！"); }
    }
    //写入 Cookie
    protected void WriteCookies(int YaomingScore, int KebiScore)
    {
        HttpCookie MyCookie = new HttpCookie("CookieExmp");
        MyCookie["yaoming"] = YaomingScore.ToString();
        MyCookie["kebi"] = KebiScore.ToString();
        MyCookie["Voted"] = DateTime.Now.Date.ToShortDateString();
        MyCookie.Expires = DateTime.Today.AddDays(10d);
        Response.Cookies.Add(MyCookie);
        LblYaoming.Text = Request.Cookies["CookieExmp"]["yaoming"];
        LblKebi.Text = Request.Cookies["CookieExmp"]["kebi"];
    }
}
```

程序运行后，当第一次单击"姚明"按钮时，姚明的得票将加1，同时向客户端写入Cookie，当再次单击"姚明"按钮时，读取Cookie并判断出用户已投过票，系统将提示"请不要重复投票！"，结果如图5.4所示。

图 5.4　创建和读取 Cookie

5.3　服务器对象：Server 对象

Server 是最基本的 ASP.NET 对象，它派生自 HttpServerUtility 类，包含了服务器的相关信息。通过该类，可以获得最新的错误信息、对 HTML 文本进行编码和解码、访问和读/写服务器的文件等。一般可通过 Page 对象的 Server 属性获取对应的 Server 对象，即 Page.Server，而通常 Page 可省略，直接使用 Server 进行操作。

5.3.1 Server 对象常用属性和方法

Server 对象有许多属性和方法，表 5.6 列出了 Server 对象常用的属性和方法。

表 5.6 Server 对象常用属性和方法

名　　称	方法/属性	描　　述
ClearError	方法	清除前一个异常
CreateObject(type)	方法	创建由 type 指定的对象或服务器组件的实例
Execute(path)	方法	执行由 path 指定的 ASP.NET 程序，执行完毕后仍继续原程序的执行
GetLastError()	方法	获取最近一次发生的异常
HtmlDecode	方法	对已被编码以消除无效 HTML 字符的字符串进行解码
HtmlEncode(string)	方法	将 string 指定的字符串进行编码
MachineName	属性	服务器的计算机名称，为只读属性
MapPath(path)	方法	将参数 path 指定的虚拟路径转换成实际路径
ScriptTimeout	属性	获取或设置程序执行的最长时间，即程序必须在该段时间内执行完毕，否则将自动终止，时间以秒为单位。系统的默认值为 90s。例如，ScriptTimeout = 100，表示最长程序执行时间为 100s
Transfer(url)	方法	结束当前 ASP.NET 程序，然后执行参数 url 指定的程序
UrlDecode	方法	对字符串进行解码，该字符串针对 HTTP 传输进行了编码并在 URL 中发送到服务器
UrlEncode(string)	方法	对 string 进行 URL 编码

5.3.2 Server 对象的应用

使用 Server 对象可进行 HTML 编码和解码、URL 编码和解码、执行指定的 ASP.NET 程序、将程序的虚拟路径转换为实际路径及进行文件操作等。

1. HTML 与 URL 编码和解码

Server 对象的 HtmlEncode 方法将对字符串进行编码，使它不被浏览器按 HTML 语法进行解释，按字符串原样在浏览器中显示。当不希望将传送的字符串中与 HTML 标记相同的串解释为 HTML 标记时，可使用该方法。例如，希望传送内容中包含的"<p>"在浏览器中直接显示出来，此时就可使用 HtmlEncode 方法转换后再传送。HtmlDecode 方法的功能与 HtmlEncode 方法刚好相反，它可以对 HTML 编码的字符串进行解码。

与 HTML 类似，URL 串也可进行编、解码。例如，在浏览器中使用 GET 方法传送数据到服务器时，被传送的表单变量值将附在 URL 之后，并在浏览器的地址栏中显示出来，此时被传送串中的特殊字符，如空格、中文等都被进行了 URL 编码。URL 编码保证了浏览器中提交的文本能够正确传输。利用 UrlEncode 方法可以测试 URL 编码的结果，UrlDecode 的功能与 UrlEncode 相反。

2. 路径转换

在程序中给出的文件路径通常使用的是虚拟路径，即相对于虚拟根目录的路径。例如，若虚拟目录 xxx 对应的实际路径为"E:\TestASPNET\Test"，则虚拟文件路径"/abc.txt"对应的实际路径为"E:\TestASPNET\Test\abc.txt"。有些应用中需要访问服务器的文件、文件夹或数据库文件，此时就需要将虚拟文件路径转换为实际文件路径。使用 Server 对象的 MapPath 方法可实现这种路径转换。例如：

```
Server.MapPath("/abc.txt")           //返回文件 abc.txt 的实际路径名
Server.MapPath("/")                  //返回虚拟根目录的实际路径名
```

3. 执行指定程序

Server 对象的 Execute 方法和 Transfer 方法都可让服务器执行指定的程序。Execute 类似于高级语言中的过程调用，将程序流程转移到指定的程序，当该程序执行结束后，流程将返回原程序的中断点继续执行。而 Transfer 则终止当前程序的执行，而转去执行指定的程序。例如，下面的程序代码输出文本"输出本程序结果部分"后，转而执行 example5-3.aspx 程序，完成后再输出文本"输出 example5-3.aspx 的结果部分"。

```
protected void Page_Load(object sender, EventArgs e)
{
    Response.Write("<h3>输出本程序结果部分</h3><hr>");
    Server.Execute("example3-3.aspx");
    Response.Write("<hr><h3>输出 example5-3.aspx 的结果部分</h3>");
}
```

5.4 集合对象：Application 对象

ASP.NET 应用程序是单个 Web 服务器上的某个虚拟目录及其子目录范围内的所有文件、页、处理程序、模块和代码的总和。Application 对象派生自 HttpApplicationState 类，HttpApplicationState 类的单个实例在客户端第一次从某个特定的 ASP.NET 应用程序虚拟目录中请求任何 URL 资源时创建。对于 Web 服务器上的每个 ASP.NET 应用程序都要创建一个单独的实例，然后通过内部 Application 对象公开对每个实例的引用。

Application 对象的一个常用功能是存储应用程序级的全局变量，比如，可以将网站当前在线访问者的数量信息存储在 Application 对象中。不过，多年来，全局变量在其他编程环境中被认为是有害的，ASP.NET 也不例外。在使用 Application 对象时，应认真考虑在其中放置什么内容，也可以考虑采用其他解决方案，如使用较灵活的 Cache 对象，它有助于控制对象的生存期，有关高速缓存的内容将在后面章节中介绍。

5.4.1 Application 对象常用属性、方法和事件

Application 对象有许多属性和方法，表 5.7 列出了 Application 对象常用的属性和方法。

表 5.7 Application 对象常用的属性和方法

名 称	方法/属性	描 述
Add(name,value)	方法	向 Contents 集合中添加名为 name、值为 value 的变量
AllKeys(index)	属性	只读。AllKeys 从 Content 集合中返回所有的变量名，AllKeys(index)返回下标为 index 的变量名
Clear	方法	清除 Contents 集合中的所有变量

续表

名称	方法/属性	描述
Contents({name,index})	属性	从 Contents 集合中获取名为 name 或下标为 index 的变量值，如 Application.Contents["cnt"]或简写为 Application["cnt"]。保留它是为了与 ASP 兼容
Count	属性	获取 Contents 集合中的变量数
Get({name,index})	方法	获取名为 name 或下标为 index 的变量值
GetKey(index)	方法	获取下标为 index 的变量名
Item({name,index})	属性	从 Contents 集合内获取名称为 name 或下标为 index 的变量值，如 Application.Item["cnt"]或简写为 Application["cnt"]
Lock	方法	锁定对 HttpApplicationState 变量的访问以促进访问同步，禁止其他用户修改 Application 对象的变量
Remove(name)	方法	从 Contentes 集合中删除名为 name 的变量
RemoveAll	方法	清除 Contents 集合中的所有变量
RemoveAt(index)	方法	删除 Contents 集合中下标为 index 的变量
Set(name,value)	方法	将名为 name 的变量值修改为 value
StaticObjects(name)	属性	获取 Global.asax 文件中由<object>标记声明的所有对象
UnLock	方法	取消锁定对 HttpApplicationState 变量的访问以促进访问同步，允许其他用户修改 Application 对象的变量

Application 事件处理程序只能在 Global.asax 文件中定义，且 Global.asax 文件必须存放在 Web 主目录中。当浏览器与 Web 服务器连接时，会先检查 Web 主目录中有没有 Global.asax 文件，如果有，则先执行该文件中定义的事件处理程序。

Application 对象有以下 4 个事件。

（1）OnStart 事件：在整个 ASP.NET 应用中首先被触发的事件，也就是在一个虚拟目录中第一个 ASP.NET 程序执行时触发。

（2）OnEnd 事件：与 OnStart 正好相反，在整个应用停止时被触发（通常发生在服务器被重启/关机时，或 IIS 被停止时）。

（3）OnBeginRequest 事件：在每一个 ASP.NET 程序被请求时发生，即客户端每访问一个 ASP.NET 程序时就触发一次该事件。

（4）OnEndRequest 事件：ASP.NET 程序结束时触发该事件。

5.4.2 Application 对象的应用

Application 对象主要用于在访问同一网站的各个用户之间共享信息，记录整个网站的信息，如访问人数、在线人数、在线调查等。

【例 5.3】 网页访问计数器。

本例使用 Application 对象的变量 cnt 对来访人数进行累计，即应用程序每执行一次，变量 cnt 增加 1，同时在页面上显示来访人数的累计值。注意，若有多个人同时访问网站，对 cnt 变量的同时增 1 操作会造成最终 cnt 只被增 1，因此在进行 cnt 变量增 1 操作之前必须锁定 Application 对象，增 1 操作结束之后再开锁。

在站点"WebApp5"中添加单文件网页"example5-3.aspx"和全局应用类"Global.asax"。

在 Global.asax 文件的 Application_Start 事件处理程序中创建计数器变量，代码如下：

```
protected void Application_Start(object sender, EventArgs e)
{
    Application.Set("cnt", 0);                    //创建访问计数器变量，初值为 0
}
```

网页 example5-3.aspx 的程序代码如下：

```
<html>
<body>
    <form id="form1" runat="server">
        <asp:Label CssClass="newStyle1" ID="Counter" runat="server" Text="Label"></asp:Label>
    </form>
</body>
</html>
```

example5-3.aspx.cs 中 Page_Load 方法的代码如下：

```
protected void Page_Load(object sender, EventArgs e)
{
    Application.Lock();                                       //锁定，不允许其他用户修改变量
    Application.Set("cnt", (int)Application["cnt"] + 1);      //访问计数增加 1
    Application.UnLock();                                     //开锁，允许其他用户修改变量
    Counter.Text = "您是第" + Application["cnt"] + "位来访者";
}
```

程序的运行结果如图 5.5 所示，每次刷新网页，计数器值都会加 1。

图 5.5 访问计数器

【例 5.3】中的 Application["cnt"] 变量可以像一般的变量一样进行操作，但与一般变量是有区别的。主要区别有以下两点：

（1）生命周期不同。一般变量从程序开始执行时产生，程序执行结束时释放。而 Application 变量的生命始于 IIS 启动并有用户访问网页时，它并不会因为程序执行、结束而释放，只有当 Web 站点停止或者操作系统重启等情况下才被释放。

（2）作用范围不同。一般变量对于每个访问者都有一个副本，而 Application 变量对所有应用程序只有一份，它相当于一个全局变量，这个"全局"指整个虚拟目录或站点下的应用程序。

5.5 会话对象：Session 对象

会话（Session）是一个 ASP.NET 概念，它建立在无状态的 HTTP 协议基础之上，对于 Web 应用来说，它是维护状态的高效、优秀的方式之一。

Session 对象派生自 HttpSessionState 类，提供对会话状态值及会话级别设置和生存期管理方法的访问。它与 Application 对象一样，都是 ASP.NET 应用程序公用的对象。所不同的是，Application 对象是应用程序级别的公用对象，而 Session 是用户级别的公用对象，这个 Session 对象用于在单个用户访问的各页面之间传递信息，即 Session 是连接所有网页的公用对象。例如，某个时刻有 10 位连接者，则 Session 对象的个数为 10，每个连接者都有自己的 Session 对象，且互不相干，而 Application 对象的个数为 1。

5.5.1 Session 对象常用属性、方法和事件

Session 对象有许多属性和方法，表 5.8 列出了 Session 对象常用的属性和方法。

表 5.8 Session 对象常用属性和方法

名称	方法/属性	描述
Add(name,value)	方法	向 Contents 集合中添加名为 name、值为 value 的变量
Abandon	方法	释放 Session 对象，调用此方法将触发 OnEnd 事件
Clear	方法	清除 Contents 集合中的所有变量
CopyTo(array,index)	方法	复制 Session 对象的变量集合到 Array 指定的数组
Contents({name,index})	属性	从 Contents 集合中获取名为 name 或下标为 index 的变量值
Count	属性	获取 Contents 集合中的变量数
IsReadOnly	属性	只读。Session 是否为只读，默认为 False
IsNewSession	属性	只读。Session 对象是否与当前请求一起创建
Item({name,index})	属性	从 Contents 集合内获取名称为 name 或下标为 index 的变量值
Keys	属性	获取 Contents 集合内的所有变量。Keys(index)为获取下标为 index 的变量值
Mode	属性	获取当前会话状态模式
Remove(name)	方法	从 Contentes 集合中删除名为 name 的变量
RemoveAll	方法	清除 Contents 集合中的所有变量
RemoveAt(index)	方法	删除 Contents 集合中下标为 index 的变量
SessionID	属性	获取用于标识每个 Session 对象的标识码
StaticObjects	属性	获取由 ASP.NET 应用程序文件 Global.asax 中的 <object Runat="Server" Scope="Session"/> 标记声明的对象的集合
Timeout	属性	获取或设置 Session 对象的失效时间，单位为分钟，默认为 20min

Session 对象的使用与 Application 对象非常相似，它也有两个集合 Contents、StaticObjects，用于存储变量和对象，变量与对象的设置和引用方法都与 Application 对象相同。例如，Session.Contents["cnt"]、Session.item["cnt"] 和 Session["cnt"]都表示访问 Session 对象的 cnt 变量。

Session 对象有以下两个事件。

（1）OnStart 事件：当用户第一次访问 ASP.NET 应用程序时将创建 Session 对象，并触发 OnStart 事件。对同一用户该事件只发生一次，除非发生 OnEnd 事件，否则不会再触发该事件。

（2）OnEnd 事件：在 Timeout 属性所设置的时间内没有再访问网页，或者调用了 Abandon 方法都会触发此事件。该事件通常用于用户会话结束的处理，如将数据写入文件或数据库等。注意，仅当会话状态 mode 被设置为 InProc 时，才会引发 OnEnd 事件。

Session 对象的生命周期始于用户第一次连接到应用程序的任何网页，在以下情况之一发生时结束：

（1）断开与服务器的连接。

（2）浏览者在 Timeout 属性规定的时间内未与服务器联系。

5.5.2 会话状态模式的配置

事实上 Session 对象是使用提供程序在服务器进行存储的，具体存储在服务器的磁盘中还是内存中，可以通过配置 web.config 中的 sessionState 元素，来选择使用不同的提供程序存储 Session 对象，从而确定 Session 对象存储的位置。ASP.NET 包含三个存储 Session 对象的提供程序。

（1）进程中的会话状态存储：在 ASP.NET 内存的高速缓存中存储会话。

（2）进程外的会话状态存储：在 ASP.NET State Server 服务 aspnet_state.exe 中存储会话。

（3）SQL 会话状态存储：在 SQL Server 数据库中存储会话，用 spnet_regsql.exe 配置它。

配置 web.config 中的 sessionState 元素的格式如下：

```
<configuration>
    <system.web>
        <sessionState mode="Off|InProc|StateServer|SQLServer|Custom" ../>
    </system.web>
    …
</configuration>
```

ASP.NET 会话状态建立在一个可扩展的、基于提供程序的新存储模型上，除了以上三个提供程序，用户还可以实现自定义的提供程序，有兴趣的读者可查阅相关资料。

1. 进程中的会话状态

将配置设置为 InProc，即选择进程中的会话状态存储，会话数据就存储在 HttpRuntime 的内部高速缓存中。会话状态在进程中时，对象存储为活动的引用，这是一种非常快的机制。

但是，因为对象存储在内存中，在会话超时前，它们有可能会耗尽内存。例如，一个用户访问站点，单击了一个页面，就可能要在会话中存储一个 50MB 的 XmlDocument，如果该用户一直没有进一步访问，这块内存就要被占用 20min（默认的会话超时时间），直到该会话超时。

另外，进程中会话还存在一个很大的局限，当 ASP.NET 应用程序被重新启动后，所有原先的会话数据都会丢失。

所以，进程中会话非常适合于只需要一个 Web 服务器的小型应用程序，也适合有 IP 负载平衡机制把每个用户返回到最初创建会话的服务器中。

2. 进程外的会话状态

进程外的会话状态保存在 aspnet_state.exe 进程中，该进程作为一个 Windows 服务运行。使用 Services MMC 管理单元或在命令行上运行如下命令，就可以启动 ASP.NET 状态服务：

```
net start aspnet_state
```

在默认情况下，状态服务监听 TCP 端口 42424。可以通过修改注册表来改变端口，注册表键值如下：

```
HKEY_LOCAL_MACHINE\SYSTEM\CurrentControlSet\Services\aspnet_state\Parameters\Port
```

要选择进程外的会话状态，把 web.config 中的 sessionState 元素设置从 InProc 改为 StateServer 即可，另外，还必须在 stateConnectionString 属性中设置运行会话状态服务的服务器 IP 地址和端口，示例如下：

```
<configuration>
    <system.web>
        <sessionState mode="StateServe "
            stateConnectionString="tcpip=127.0.0.1:42424 " />
    </system.web>
    …
</configuration>
```

注意：

对于世界一流的、可用性非常高的 Web 站点来说，应考虑使用进程外会话模型，而不是 InProc。即使可以通过负载平衡机制确保把会话保存起来，仍要面对应用程序的再次利用问题。进程外状态服务的数据在应用程序再次利用时会保存起来，但计算机重新启动时还是会丢失。如果状态存储在另一台计算机上，在 Web 服务器再次使用或重新启动时，状态仍存在。

3. SQL 支持的会话状态

将配置设置为 SQL Server，即选择 SQL 支持的会话状态存储，在这种模式下，会话存储在 SQL Server 数据库中，它允许会话用于大型 Web 场（有多台 Web 服务器），如果需要，会话可以在 IIS 重新启动的过程中保存下来。

SQL 支持的会话状态用 aspnet_regsql.exe 配置。下面的命令行示例给系统配置了 SQL 会话支持，其中 SQL Server 位于 localhost，数据库用户为 sa，密码为 1234，在 ASPState 数据库中永久存储。

```
C:\>aspnet_regsql –S localhost -U sa -P 1234 –ssadd –sstype p
```

如果使用 SQL Express，可用 .\SQLEXPRESS 替代 localhost。有关 aspnet_regsql.exe 配置的详细方法读者可查阅相关资料。

5.5.3 优化会话性能

在默认情况下，所有的页面都可以对 Session 对象进行写入访问。因为可以在一个浏览器客户端同时请求多个页面（例如，使用框架、同一个机器上的多个浏览器窗口等），所以在请求页面的过程中，该页面会在一个 Session 上打开读取器/写入器锁定。如果页面在一个 Session 上有写入锁定，该 Session 上请求的其他页面就必须等待第一个请求结束。也就是说，只为该 SessionID 锁定 Session。这些锁定不影响有其他 Session 的用户。

为了让使用 Session 的页面具有最佳的性能，ASP.NET 允许通过 @Page 指令的 EnableSessionState 属性设置来明确说明页面需要什么 Session 对象。EnableSessionState 属性的取值如下。

（1）EnableSessionState="True"：页面需要对 Session 进行读/写访问。有这个 SessionID 的 Session 在每个请求过程中都会被锁定。

（2）EnableSessionState="False"：页面不需要访问 Session。如果代码使用 Session 对象，就会抛出异常，停止页面的执行。

（3）EnableSessionState="ReadOnly"：页面需要对 Session 进行只读访问。在 Session 上给每个请求加上读取锁定，但可以同时读取其他页面。锁定请求的顺序是很重要的。只要请求了写入锁定，即使在线程获得访问权限之前请求了该锁定，所有后续的读取锁定请求也会被禁止，而无论这些读取锁定是当前设置的还是没有设置。ASP.NET 显然可以处理多个请求，但一次只有一个请求能获得 Session 的显式访问。

如果网页没有指定 EnableSessionState 属性，ASP.NET 总是会做出最保守的决定，影响页面的执行性能。所以，应给每个页面设置 EnableSessionState 属性，这样就可以使 ASP.NET 更高效地执行。

注意：

如果编写一个不需要 Session 的页面，可以设置 EnableSessionState="False"，这会使 ASP.NET 在需要 Session 的页面之前安排该页面，提高应用程序的整体可伸缩性。另外，如果应用程序不使用 Session，在 web.config 中设置 Mode="OFF"，会减少整个应用程序的开销。

5.5.4 Session 对象的应用

使用 Session 对象可以记录用户访问网站的数据，配合 Application 对象实现更完善的站点计数器、在线用户数统计，还可在页面之间传递信息等。

1. 准确计数

在【例 5.3】中，无论用户是首次访问还是刷新网页，计数器都会加 1，这样就产生了重复计数。可以利用 Session 对象来区分是首次访问还是刷新网页，从而可以避免重复计数。

【例 5.4】 防止计数器的重复计数。

在【例 5.3】的基础上修改 example5-3 代码，通过 Session 的 IsNewSession 属性值来判断用户是否为首次访问应用程序，首次访问时变量 cnt 加 1，否则不加 1。这样能避免重复计数。

部分程序代码如下：

```
protected void Page_Load(object sender, EventArgs e)
{
    if (Session.IsNewSession)
    {
        Application.Lock();                                   //锁定，不允许其他用户修改变量
        Application.Set("cnt", (int)Application["cnt"] + 1);  //访问计数增加 1
        Application.UnLock();                                 //开锁，允许其他用户修改变量
    }
    Counter.Text = "您是第" + Application["cnt"] + "位来访者";
}
```

程序运行后，当再次刷新时，计数器值不会加 1。

2. 统计在线用户数

许多网站都需要统计当前在线的用户数量，利用 Application 对象和 Session 对象，可以正确地统计在线用户数。

【例 5.5】 利用 Application 对象和 Session 对象统计在线用户数。

本例使用 Application 对象的变量 CurrentUsrs 对在线人数进行累计，在 Session 的 Start 事件处理程序中，对在线人数加 1，当用户退出浏览后，即在 Session 的 End 事件处理程序中，对在线人数减 1。这样就能正确地统计在线用户数。

在站点"WebApp5"中添加单文件网页"example5-5.aspx"。在 Global.asax 文件的 Application_Start 事件处理程序中创建在线用户计数器变量，在 Session_Star 和 Session_End 事件代码中分别进行加 1 和减 1 统计，代码如下：

```
protected void Application_Start(object sender, EventArgs e)
{
    Application.Set("cnt", 0);              //创建访问计数器变量,初值为 0
    Application.Add("CurrentUsrs", 0);      //创建在线人数计数器变量,初值为 0
}
protected void Session_Start(object sender, EventArgs e)
{
    //在会话启动时激发
    Session.Timeout = 30;                   //定义会话超时时间为 30min
    Application.Lock();
    Application["CurrentUsrs"] = (int)Application["CurrentUsrs"] + 1;
    Application.UnLock();
}
protected void Session_End(object sender, EventArgs e)
{
    //在会话结束时激发
    Application.Lock();
    Application["CurrentUsrs"] = (int)Application["CurrentUsrs"] - 1;
    Application.UnLock();
}
```

网页 example5-5.aspx 的程序代码如下:

```
<html>
<body>
    <form id="form1" runat="server">
        <asp:Label CssClass="newStyle1" ID="Counter" runat="server" Text="Label"></asp:Label>
    </form>
</body>
</html>
```

example5-5.aspx.cs 中的 Page_load 方法代码如下:

```
protected void Page_Load(object sender, EventArgs e)
{
    Counter.Text = "当前在线用户数: " + Application["CurrentUsrs"] ;
}
```

程序运行后,显示当前在线用户数,效果如图 5.6 所示。

图 5.6 在线用户计数器

3. 跨页传递参数

有时从一个网页要转到另一个页面,同时需要将参数也传递到下一个网页供使用,利用 Session 对象,可以有效地进行跨页传递参数。

【例 5.6】 利用 Session 对象实现跨页传递参数。

本例使用 Session 对象的变量来存储要传递的数据。在第一个页面中将数据保存到 Session 对象中,在第二个页面中读取 Session 对象中的数据,从而实现数据的传递。

在站点"WebApp5"中添加单文件网页"login.aspx"和"example5-6.aspx"。

login.aspx 页面设计:在页面中放置两个文本框(用于输入用户名和密码)和两个按钮(登录、重输)。程序代码如下:

```
<html>
<head id="Head1" runat="server">
    <title>登录页</title>
    <style type="text/css">
        .style1 {      width: 80%;       }
    </style>
</head>
<body>
    <h2 style="width: 100%; text-align: center" >用户登录</h2>
    <form id="form1" runat="server" >
    <div>
        <table class="style1" align="center" style="border: thin solid #008080">
            <tr> <td align="right"> 用户名:   </td>
                <td><asp:TextBox ID="UserName" runat="server" width="150"></asp:TextBox>
                    </td>
            </tr>
            <tr> <td align="right" width="150" >密码:   </td>
                <td><asp:TextBox ID="PWD" runat="server" TextMode="Password">
                    </asp:TextBox>    </td>
            </tr>
            <tr>
                <td align="center" colspan="2">
                    <asp:Button ID="Button2" runat="server" Text=" 登 录 "
                        OnClick="login_btn" /> 
                    <input id="Reset2" type="reset" value=" 重 输 " />
                </td>
            </tr>
        </table>
    </div>
    </form>
</body>
</html>
```

login.aspx.cs 中单击按钮"login_btn"触发方法的代码如下:

```
protected void login_btn(object sender, EventArgs e)
{
    Session["UName"] = UserName.Text;    //保存 Session 变量 UName
```

```
            Session["Pass"] = PWD.Text;              //保存 Session 变量 Pass
            Response.Redirect("example5-6.aspx");    //重定向到 example5-6.aspx
}
```

网页 example5-6.aspx 的程序代码如下：

```
<html>
<head runat="server">
    <title>例 5.6</title>
</head>
<body>
    <form id="form1" runat="server"> <div></div> </form>
</body>
</html>
```

example5-6.aspx.cs 中 Page_load 方法的代码如下：

```
protected void Page_Load(object sender, EventArgs e)
{
    Response.Write("你输入的用户名是：" + Session["UName"] + "<br>");
    Response.Write("你输入的密码是：" + Session["Pass"] + "<br>");
}
```

运行 login.aspx 程序，输入用户名 "abc"、密码 "123456" 后，单击 "登录" 按钮，重定向到 example5-6 页面，程序正确地获得用户名和密码并显示，效果如图 5.7 所示。

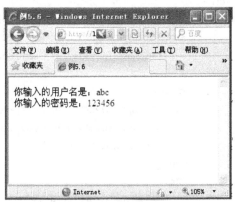

图 5.7　跨页传递参数

5.6　缓存对象：Cache 对象

在 ASP.NET 中，Cache 对象实际上是 System.Web 命名空间中的 HttpCachePolicy 类，出于习惯，仍然将 ASP.NET 中的 HttpCachePolicy 类称为 Cache 对象。Cache 对象用于设置 ASP.NET 应用程序的缓存，有关缓存的内容将在后面的章节中详细介绍。

5.7　网页对象：Page 对象

在浏览器中打开 Web Form 网页时，ASP.NET 先编译 Web Form 网页，分析网页及其代码，然后以动态的方式产生新的类，再编译新的类。Web Form 网页编译后所创建的类由 Page 类派生而来，因此，Web Form 网页可以使用 Page 类的属性、方法与事件。

每次请求 Web Form 网页，新派生的类将成为一个能在服务器执行的可执行文件。在运行阶段，Page 类会以动态的方式创建 HTML 标记并返回浏览器，同时处理收到的请求（Request）和响应（Response）。若网页中包含服务器控件，Page 类便可作为服务器控件的容器，并在运行阶段创建服务器控件。

5.7.1 Page 对象常用属性、方法和事件

Page 对象有许多属性和方法，表 5.9 列出了 Page 对象常用的属性和方法。

表 5.9 Page 对象常用的属性和方法

名称	方法/属性	描述
Application	属性	获取目前 Web 请求的 Application 对象，Application 对象派生自 httpapplicationstate 类，每个 Web 应用程序都有一个专属的 Application 对象
Cache	属性	获取与网页所在应用程序相关联的 Cache 对象，Cache 对象派生自 Cache 类，允许在后续的请求中保存并捕获任意数据，Cache 对象主要用来提升应用程序的效率
ClientScript	属性	获取用于管理脚本、注册脚本和向页添加脚本的 ClientScriptManager 对象
ClientTarget	属性	获取或设定数值，覆盖浏览器的自动侦测，并指定网页在特定浏览器用户端如何显示。若设置了此属性，则会禁用客户端浏览器检测，使用在应用程序配置文件（web.config）中预先定义的浏览器能力
Controls	属性	获取 ControlCollection 对象，该对象表示 UI 层次结构中指定服务器控件的子控件
DataBind	方法	将数据源绑定到网页的服务器控件上
EnableViewState	属性	获取或设置目前网页请求结束时，网页是否要保持视图状态及其所包含的任何服务器控件的视图状态（viewstate），默认为 true
ErrorPage	属性	获取或设置当网页发生未处理的异常情况时，要将用户定向到哪个错误信息网页，此属性可以让用户自定义所要显示的错误信息。如果没有设置此属性，ASP.NET 会显示默认的错误信息网页
FindControl	方法	在网页上搜索标志名称为 id 的控件，返回值为标志名称为 id 的控件，若找不到标志名称为 id 的控件，则会返回 Nothing
HasControls	方法	获取布尔值，用来判断 Page 对象是否包含控件，返回 True 表示包含控件，返回 False 表示不包含控件
IsClientScriptBlockRegistered	方法	获取布尔值，用来判断客户端脚本块是否已使用键值 key 注册过，例如，代码 IsClientScriptBlockRegistered("clientScript")可以判断是否有客户端脚本块使用键值"clientScript"登录过
IsPostBack	属性	获取布尔值，用来判断网页在何种情况下加载，返回 False 表示是第一次加载该网页，返回 True 表示是因为客户端返回数据而被重新加载
IsValid	属性	获取布尔值，用来判断网页上的验证控件是否全部验证成功，返回 True 表示全部验证成功，返回 False 表示至少有一个验证控件验证失败

续表

名称	方法/属性	描述
MapPath	方法	将 VirtualPath 指定的虚拟路径（相对或绝对路径）转换成实际路径
RegisterClientScriptBlock	方法	发送客户端脚本给浏览器，参数 key 为脚本块的键值，参数 script 为要发送到客户端的脚本，此方法会在网页<Form Runat="Server">标记之后将客户端脚本发送到浏览器
RegisterHiddenField	方法	在网页窗体上添加名称为 hiddenFieldName、值为 hiddenFieldInitialValue 的隐藏字段
Request	属性	获取请求网页的 Request 对象，Request 对象派生自 HttpRequest 类，主要用来获取客户端的相关信息
Response	属性	获取与请求网页相关的 Response 对象，Response 对象派生自 HttpResponse 类，允许发送 HTTP 响应数据给客户端
Server	属性	获取 Server 对象，Server 对象派生自 HttpServerUtility 类
Session	属性	获取 Session 对象，Session 对象派生自 HttpSessionstate 类
Trace	属性	获取目前 Web 请求的 Trace 对象，Trace 对象派生自 TraceContext 类，可以用来处理应用程序跟踪
Validators	属性	获取请求的网页所包含的 ValidatorsCollection（验证控件集合），网页上的验证控件均存放在此集合中

IsPostBack 是 Page 对象的一个重要属性。这是一个只读的 Boolean 类型属性，它可以指示页面是第一次加载还是为了响应客户端回传而进行的加载。有经验的程序员通常将一些耗费资源的操作（例如，从数据库获取数据或构造列表项）放在页面第一次加载时执行。如果页面回传到服务器并再次加载，就无须重复这些操作了。因为，任何输入或构建的数据都已被视图状态自动保留到后续的回传中。

Page 对象最主要的事件是 Init、Load 和 UnLoad，在 Init 和 Load 事件中可以进行页面的初始化操作。虽然 Init、Load 事件在网页加载时都会被触发，但它们是有区别的。

（1）Init 事件：当一个用户多次请求同一个网页（Page）时，Init 事件在每一次请求时被触发。由于视图状态尚未加载，在该事件的生存期内不应访问其他服务器控件。

（2）Load 事件：当一个用户多次请求同一个网页（Page）时，Load 事件在每一次请求时被触发，可以在此事件中访问控件。可以使用 Page 对象的 IsPostBack 属性来判断是否是第一次请求。若为 False 则是第一次请求，否则为回发。

5.7.2　Page 对象的应用

ASP.NET 是事件驱动的应用程序，Page_Load 事件是当一个页面开始执行时，只要定义了 Page_Load 事件的处理方法，就会最先执行这个处理方法。通常在这个事件处理程序中进行页面的初始化。

【例 5.7】　初始化控件值。

本例设计一个 ASP.NET 网页，在浏览器中显示一个选择论坛主题的下拉列表，该页面被请求时，在 Page_Load 事件中动态初始化列表项内容。

在站点"WebApp5"中添加单文件网页"example5-7.aspx"。在页面中放置 1 个下拉列表框

DropDownlist（用于显示论坛主题）。

example5-7.aspx 程序代码如下：

```
<html>
<head runat="server">
    <title>例 5.7</title>
</head>
<body>
    <form id="form1" runat="server">
    <div>
        请选择论坛主题：<asp:DropDownList ID="title" runat="server">
         </asp:DropDownList>
    </div>
    </form>
</body>
</html>
```

example5-7.aspx.cs 中 Page_load 方法如下：

```
protected void Page_Load(object sender, EventArgs e)
{
    if (!Page.IsPostBack)
    {
        title.Items.Add("课程");
        title.Items.Add("考试");
        title.Items.Add("综合");
    }
}
```

程序的运行结果如图 5.8 所示。当用户首次请求 example5-7.aspx 页面时，触发 Page_Load 事件，程序为下拉列表框进行初始化，添加 3 个选项。如果用户再次刷新网页，虽然也会触发 Page_Load 事件，但此时 Page.IsPostBack 的值为 true，因此不会为下拉列表框再添加 3 个选项。

图 5.8　初始化控件值

5.8 综合应用

【例 5.8】 聊天室设计。

1. 功能设计

之所以称为群聊天室，是因为群内用户都知道群密码，通过群密码检测用户是否可以登录聊天。用户可以直接进入群聊天室观看别人聊天，但必须在登录后才能聊天，而登录时必须要有群聊天室密码（本群密码设置为123456），进入聊天室后可以实时看到当前在线的所有用户，可以实时看到所有的聊天内容，可以向所有用户发送内容。 设计后运行的界面如图 5.9 和图 5.10 所示。

图 5.9　含登录界面的群聊天界面　　　　图 5.10　含发送界面的群聊天界面

2. 页面说明

本系统包括以下几个页面。

（1）登录页面：登录页面（login.aspx）用于用户登录。当登录成功后进入发送页面。

（2）发送页面：发送页面（send.aspx）用于发送聊天内容，内容显示在显示聊天信息页面上，同时带有登出和登录功能，此处的登录链接到登录页面（便于体现系统）。

（3）显示聊天信息页面：显示聊天信息页面（main.aspx）用于显示所有的聊天内容。

（4）显示登录用户页面：显示登录用户页面（register.aspx）用于显示所有的登录用户。

（5）框架页面：框架页面（HTMLPage.htm）是静态页面，用于把上面的页面组合在一个页面上。

3. 关键技术

（1）聊天记录的存储：由于 Application 对象是建立在应用程序级上的共享信息的对象，并且在整个 Web 应用程序运行期间持久地保存，因此本例利用 Application 对象来存储聊天信息，保存的信息包括所有在线用户列表、所有群聊记录。当应用程序启动时，初始化这些变量。

（2）页面之间的传值：通过 Session 对象来传递登录者信息。

4. 实现过程

（1）打开 VS2010，新建一个 ASP.NET 项目，命名为"ChattingRoom"。

（2）打开"解决方案资源管理器"→右击站点→选择"添加"→选择"新建项"，在弹出的"添加新项"对话框中选择"全局应用程序类"，图标为 全局应用程序类 。在 Global.asax 文件中添加代码，代码如下所示（黑体部分）：

```csharp
void Application_Start(object sender, EventArgs e)
{
    //在应用程序启动时运行的代码
    Application["chatcontent"] = "<h2>欢迎来到聊天室!</h2>";     //定义存放聊天记录的对象
    Application["user"] = null;                                  //定义存放登录用户的对象
}
void Application_End(object sender, EventArgs e)
{
    //在应用程序关闭时运行的代码
    Application.RemoveAll();                                     //移除所有对象
}
```

(3) 打开"解决方案资源管理器"→右击站点→选择"添加"→选择"新建项",在弹出的"添加新项"对话框中选择"Web 窗体"模板→命名为"login.aspx"→单击"添加"按钮。按照此方法分别添加"main.aspx"、"Register.aspx"和"send.aspx"Web 窗体。

(4) 创建一个 HTML 页面,把所有的页面组合成一个页面。打开"解决方案资源管理器"→右击站点→选择"添加"→选择"新建项",在弹出的"添加新项"对话框中选择"HTML 页"模板→默认名为"HTMLPage.htm"→单击"添加"按钮。修改此页面的 HTML 代码,修改后的代码如下所示:

```html
<!DOCTYPE html PUBLIC "-//W3C//DTD XHTML 1.0 Transitional//EN"
    "http://www.w3.org/TR/xhtml1/DTD/xhtml1-transitional.dtd">
<html>
<head>
    <title>聊天系统</title>
</head>
<frameset rows="80%,20%">                    //窗口被分成上、下两部分,各占页面的80%和20%
    <frameset cols="20%,80%">                //上面窗口被分成左、右两部分,各占页面的20%和80%
        <frame src="Register.aspx"></frame>  //上面的左边窗口引用Register.aspx
        <frame src="main.aspx"></frame>      //上面的右边窗口引用main.aspx
    </frameset>
    <frame src="send.aspx"></frame>          //下面窗口引用send.axpx
</frameset>
<body>
</body>
</html>
```

(5) 设计"login.aspx"页面。打开"login.aspx"的设计视图,从工具箱的标准栏中拖放 2 个 TextBox 和 1 个 Button 控件到此页面上,分别命名为 LoginID、LoginPwd 和 LoginBtn。LoginPwd 的 TextMode 属性设置为"Password",LoginBtn 的 Text 属性设置为"登录",添加一些提示字样,设计后的页面如图 5.11 所示。双击 Button 控件,添加事件代码,代码如下所示(阴影部分,下同):

```csharp
protected void LoginBtn_Click(object sender, EventArgs e)
{
    if(LoginID.Text.Trim()==string.Empty)           //如果没有输入用户名则返回
```

```csharp
        {
            Response.Write("<script>alert('请输入用户名！')</script>");
            return;
        }
        if(LoginPwd.Text!="123456")                    //如果密码不为规定的 123456 则返回
        {
            Response.Write("<script>alert('密码不正确，请正确输入本聊天室的密码！')</script>");
            return;
        }
        if(!IfLogined())                               //调用 IfLogined 方法
        {
            Response.Write("<script>alert('用户名已存在！')</script>");
            return;
        }
        Session["username"] = LoginID.Text;            //保存 Session 变量 username
        if (Application["user"] == null)               //判断用户对象是否为空值
        {    Application["user"] = Session["username"];    }
        else
        {    Application["user"] +="," +Session["username"];    }
        Response.Redirect("send.aspx");                //跳转到 send.aspx 页面
}
protected bool IfLogined()                             //检查用户是否已经登录
{
    Application.Lock();
    string users;                                      //已在线的用户名
    string[] user;                                     //用户在线数组
    if (Application["user"] != null)
    {
        users = Application["user"].ToString();
        user = users.Split(',');
        foreach(string s in user)
        {
            if (s == LoginID.Text.Trim().ToString())
            {    return false;    }                    //如果已经登录返回 false
        }
    }
    Application.UnLock();
    return true;                                       //如果未登录返回 true
}
```

（6）设计"send.aspx"页面。打开"send.aspx"的设计视图，从工具箱的标准栏中拖放 1 个 Label（ID 为 UserName）、1 个 TextBox（ID 为 Message）和 3 个 Button（ID 为 SendBtn、LoginBtn

和 LoginOutBtn）控件到此页面上，Button1 的 Text 属性设置为"发送"，Button2 的 Text 属性设置为"登录"，Button3 的 Text 属性设置为"登出"，设计后的页面如图 5.12 所示。双击"发送"按钮，添加事件代码，代码如下所示：

```csharp
protected void SendBtn_Click(object sender, EventArgs e)
{
    string message;
    //登录者字体为蓝色
    message = "<font color='blue'>" + Session["username"].ToString() + "</font>说：";
    message += Message.Text;
    message += "(<i>" + DateTime.Now.ToString()+"</i>)";//发送的时间设置为斜体
    message += "<br>";
    Application.Lock();                              //锁定，不允许其他用户修改
    Application["chatcontent"] = (string)Application["chatcontent"] + message;//聊天内容放在对象中
    Application.UnLock();                            //取消锁定，允许其他用户修改
    Message.Text =null;
}
```

切换到设计视图，双击"登录"按钮，添加 Click 事件代码，代码如下所示：

```csharp
protected void LoginBtn_Click(object sender, EventArgs e)
{
    Response.Redirect("login.aspx");                //当重新登录时重定向到登录页面
}
```

切换到设计视图，双击"登出"按钮，添加 Click 事件代码，代码如下所示：

```csharp
protected void LoginOutBtn_Click(object sender, EventArgs e) //登出
{
    Application.Lock();
    if (Application["user"] != null)                //如果登录用户对象不为空值则执行下面代码
    {
        string users;                               //已在线的用户名
        string[] user;                              //在线用户数组
        users = Application["user"].ToString();
        Application["user"] = null;
        user = users.Split(',');                    //以","分割字符串，返回所登录用户数组
        foreach (string s in user)                  //删除此登录用户
        {
            if (s != Session["username"].ToString())
            {
                if (Application["user"] == null)
                { Application["user"] = s; }
                else
                { Application["user"] = Application["user"] + "," + s; }
            }
        }
```

```csharp
            }
        }
        if(Session["username"]!=null)
        {     Session["username"] = null;          }
        Application.UnLock();
        Response.Redirect("login.aspx");              //重定向到登录页面
}
```

当此页面运行时判断是否登录,在 Page_Load 方法内添加代码,代码如下所示:
```csharp
protected void Page_Load(object sender, EventArgs e)
{
    if (Session["username"] != null)                  //如果已经登录,Label 显示登录者说:
    {     UserName.Text = Session["username"].ToString() + "说: ";     }
    else
    {     Response.Redirect("login.aspx");          }
}
```

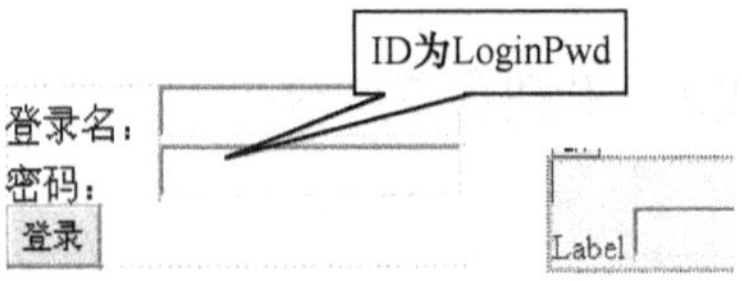

图 5.11 login.aspx 页面设计 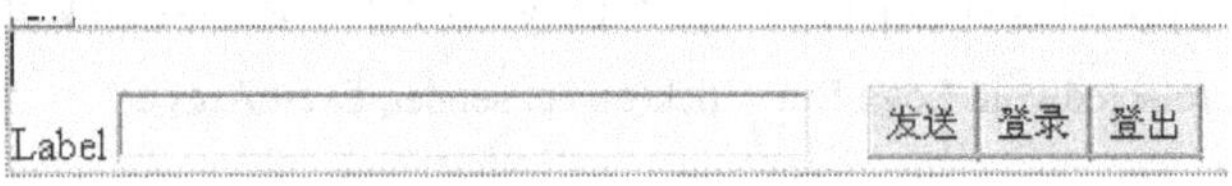　　　　　　图 5.12 send.aspx 页面设计

(7)打开"main.aspx.cs"代码页,在 Page_Load 方法内添加代码,代码如下所示:
```csharp
protected void Page_Load(object sender, EventArgs e)
{
    Response.AddHeader("Refresh","3");                //每 3s 刷新页面
    Response.Write((string)Application["chatcontent"]);  //在页面上输出聊天内容
}
```

(8)设计"Register.aspx"页面。打开"Register.aspx"的设计视图,从工具箱的标准栏中拖放 1 个 Label 和 1 个 ListBox(ID 为 UserList)控件到此页面上,Label1 的 Text 属性设置为"已经登录的用户:",将 ListBox 控件拉到适当的大小。打开 Register.aspx.cs 页面,添加代码,代码如下所示:
```csharp
using System.Collections;


protected ArrayList ItemList = new ArrayList();
protected void Page_Load(object sender, EventArgs e)
{
    Response.AddHeader("Refresh", "1");               //每 1s 刷新页面
    Application.Lock();                               //锁定,不允许其他用户修改
    string users;                                     //已登录的用户名
    string[] user;                                    //已登录用户数组
    if (Application["user"] != null)                  //如果登录用户对象不为空值则执行下面代码
```

```
            {
                users = Application["user"].ToString();
                user = users.Split(',');                          //以","分割字符串,返回所登录用户数组
                for (int i = user.Length - 1; i >= 0; i--)
                {    ItemList.Add(user[i].ToString());    }       //将登录用户存入动态数组 ItemList 中
                UserList.DataSource = ItemList;                   //将 ItemList 作为 ListBox1 的数据源
                UserList.DataBind();                              //绑定 ListBox1
            }
            Application.UnLock();                                 //取消锁定,允许其他用户修改
        }
```

(9) 设置起始页。打开"解决方案资源管理器"→右击"HTMLPage.htm"文件→选择"设为起始页"选项,表示首先运行的页面,如图 5.13 所示。

(10) 按"Ctrl+F5"组合键运行此网站,登录,发送聊天信息,结果如图 5.14 所示。

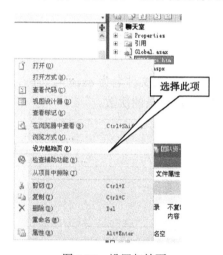

图 5.13 设置起始页

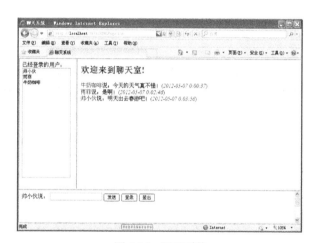

图 5.14 聊天系统

习 题

1. 是否要先创建内置对象的实例,然后才能使用?
2. Request、Response 对象主要的功能是什么?
3. 获取服务器的名称,可以利用( )对象。
   A. Response   B. Session   C. Server   D. Cookie
4. Application 对象的特点包括( )。
   A. 数据可以在 Application 对象内部共享
   B. 一个 Application 对象包含事件,可以触发某些 Application 对象脚本
   C. 个别 Application 对象可以用 IIS 来设置而获得不同属性
   D. 单独的 Application 对象可以隔离出来在它们自己的内存中运行
5. 试述 Session 对象的生命周期。
6. Web 应用程序启动或者终止时,将激发_____和_____全局事件。

7. 实现两个页面，利用 Response 对象和 Request 对象在网页间进行内容传递。

8. 实现两个页面，利用 Session 对象进行内容传递。

实　　验

1. 根据本章内容，使用 Application 和 Session 对象统计在线人数，网页文件名为 exec5-1.aspx，显示如图 5.15 所示。

图 5.15　统计在线人数

2. 根据本章内容，利用 Cookie 对象统计 IP 地址登录次数，网页文件名为 exec5-2.aspx，显示如图 5.16 所示。单击"统计"按钮，文本框中会显示该 IP 地址登录的次数。

图 5.16　统计 IP 地址登录次数

第 6 章

ASP.NET 4.0 服务器控件和客户端脚本

所谓服务器控件，就是指在服务器端运行的控件。在 ASP.NET 4.0 中，服务器控件与代码和标记一起放在页面中，在初始化时会根据用户浏览器的版本生成适合浏览器的 HTML 代码。服务器控件是 ASP.NET 页面中的核心构造模块。本章将具体介绍 ASP.NET 4.0 服务器控件的使用、如何在 ASP.NET 页面中使用 JavaScript 改变服务器控件的操作，以及如何进行客户端回调。

6.1 控 件 概 述

控件是一种类，绝大多数控件都具有可视的界面，能够在程序运行中显示其外观。利用控件进行可视化设计既直观又方便，可以实现所见即所得的效果。程序设计的主要内容是选择和设置控件及对控件的事件编写处理代码。

服务器控件是指在服务器上执行程序逻辑的组件，通常具有一定的用户界面，但也可能不包括用户界面。服务器控件包含在 ASP.NET 页面中，在运行页面时，用户可与控件发生交互行为。当页面被用户提交时，控件可在服务器端引发事件，服务器端则会根据相关事件处理程序来进行事件处理。服务器控件是动态网页技术的一大进步，它真正地将后台程序和前端网页融合在一起。服务器控件的广泛应用简化了应用程序的开发，提高了工作效率。

ASP.NET 提供两种不同类型的服务器控件：HTML 服务器控件和 Web 服务器控件。这两种控件迥然不同：HTML 服务器控件会映射为特定的 HTML 元素，而 Web 服务器控件则映射为 ASP.NET 页面上需要的特定功能。根据开发设计需要，在同一页面或应用程序中可以同时使用 HTML 服务器控件和 Web 服务器控件。

HTML 服务器控件和 Web 服务器控件用来完成最基本的页面显示功能。ASP.NET 还提供一系列的验证服务器控件，利用这些控件可以方便地完成页面的数据验证，从而确保用户在应用程序的窗体中输入信息的有效性。ASP.NET 允许开发人员创建自己的用户控件，可以在设计视图中编辑它，再将它嵌入到其他 ASP.NET 网页中，然后将它们集成进 ASP.NET 应用程序。开发人员还可以自定义服务器控件，将它添加进 Visual Studio 2010 的工具箱，在开发应用程序时，可以像拖曳其他 Web 标准控件那样方便地使用它。用户控件和自定义服务器控件提高了代码的可重用性，使得开发程序更加方便快捷。

6.2 HTML 服务器控件

HTML 服务器控件运行在服务器上,并且可以直接映射为大多数浏览器支持的标准 HTML 标签。HTML 服务器控件由普通 HTML 控件转换而来,外观基本上与普通 HTML 控件一致。

默认情况下,服务器无法使用 Web 窗体页上的 HTML 元素,这些元素被视为传递给浏览器的不透明文本。将 HTML 元素转换为 HTML 服务器控件,可将其公开为在服务器上可编程的元素。ASP.NET 允许提取 HTML 元素,通过少量的工作把它们转换为服务器控件。在源视图中对 HTML 元素添加 runat="server" 属性,即可将 HTML 元素转换为服务器控件。另外,为了让控件在服务器端代码中被识别出,还应当添加 id 属性。

HTML 服务器控件除了在服务器端处理事件外,还可以在客户端通过脚本处理事件。但它对客户端浏览器的兼容性较差,不能兼容不同的浏览器。它和 HTML 元素具有相同的抽象层次,没有太复杂的功能。

6.2.1 HTML 服务器控件的层次结构

HTML 服务器控件位于命名空间 System.Web.UI.HtmlControls。在该命名空间中包含了 20 多个 HTML 控件类,根据类型可以分为 HTML 容器控件和 HTML 输入控件。图 6.1 显示了 HTML 服务器控件的层次结构。

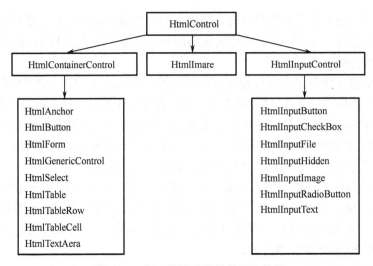

图 6.1 HTML 服务器控件的层次结构

6.2.2 HTML 服务器控件的基本语法

定义 HTML 服务器控件的基本语法格式如下:

```
<HTML 标记 ID="控件名称" runat="Server">
```

HTML 服务器控件是由 HTML 标记所衍生出来的新功能,在所有的 HTML 服务器控件的语法中,最前端是 HTML 标记,不同控件所用的标记不同;runat ="server" 表示控件将会在服务器端执行;ID 用来设置控件的名称,在同一程序中各控件的 ID 均不相同,ID 属性允许以编程方式引用该控件。

表 6.1 列举了 HTML 服务器控件与 HTML 标记的对应表示,并标示出它们所属的类别。

表 6.1 HTML 服务器控件与 HTML 标记的对应

HTML 服务器控件名称	类别	HTML 标记	说明
HtmlHead	容器	\<head\>	\<head\>元素,可以在其控件集合中添加其他元素
HtmlTitle	容器	\<title\>	标题元素
HtmlForm	容器	\<form\>	每个页面最多有一个 HtmlForm 控件
HtmlInputButton	输入	\<input\>	\<input type=button\>
HtmlInputSubmit	输入	\<input\>	\<input type=submit\>
HtmlInputReset	输入	\<input\>	\<input type=reset\>
HtmlInputCheckbox	输入	\<input\>	\<input type=checkbox\>
HtmlInputFile	输入	\<input\>	\<input type=file\>
HtmlInputHidden	输入	\<input\>	\<input type=hidden\>
HtmlInputImage	输入	\<input\>	\<input type=image\>
HtmlInputRadioButton	输入	\<input\>	\<input type=radio\>
HtmlInputText	输入	\<input\>	\<input type=text\>
HtmlInputPassword	输入	\<input\>	\<input type=password\>
HtmlImage	空	\<img\>	图片
HtmlLink	空	\<link\>	读取/设置目标 URL
HtmlTextArea	容器	\<textarea\>	多行文本输入框
HtmlAnchor	容器	\<a\>	锚标签
HtmlButton	容器	\<button\>	服务器端按钮,可自定义显示格式,IE 6.0 及以上版本可用
HtmlMeta	容器	\<meta\>	\<meta\> 元素是关于呈现页的数据(但不是页内容本身)的容器
HtmlTable	容器	\<table\>	表格,可以包含行,行中包含单元格
HtmlTableCell	容器	\<td\>/\<th\>	表格单元格/表格标题单元格
HtmlTableRow	容器	\<tr\>	表格行,行中包含单元格
HtmlSelect	容器	\<select\>	用于选择的下拉菜单
HtmlGenericControl	容器	\<span\>、\<div\>、\<body\>、\<font\>	此类可以表示不直接用 .NET Framework 类表示的 HTML 服务器控件元素

6.2.3 HTML 服务器控件的属性、方法和事件

所有的 HTML 服务器控件都使用一个派生于 HtmlControl 基类的类。这个类从控件的派生类中继承了许多属性。其中一些容器控件如\<form\>、\<select\>使用派生于 HtmlContainerControl 类的类,因此还拥有一些在 HtmlContainerControl 类中声明的新属性。表 6.2 列出了从基类继承的一些属性。

表 6.2　HTML 服务器控件的属性

方法或属性	说　明
ID	获取或设置控件的唯一标识符
Page	获取包含特定服务器控件的 Page 对象的引用
Attributes	服务器控件标记上表示的所有属性名称和值的集合。使用该属性可以用编程方式访问 HTML 服务器控件的所有特性
Disabled	允许使用 Boolean 值设置控件是否禁用
EnableViewState	允许使用 Boolean 值设置控件是否参与页面的视图状态功能
EnableTheming	允许使用 Boolean 值设置控件是否参与页面主题功能
Parent	在页面控件层次结构中获取对父控件的引用
Site	提供服务器控件所属的 Web 站点的信息
SkinID	EnableTheming 属性设置为 True 时，SkinID 属性指定在设置主题时使用的 skin 文件
Style	引用应用于特定控件的 CSS 样式集合
TagName	提供从指定控件中生成的元素名
Visible	指定控件在生成的页面上是否可见
InnerHtml	获取或设置控件的开始标记和结束标记之间的内容，但不自动将特殊字符转换为等效的 HTML 实体
InnerText	获取或设置控件的开始标记和结束标记之间的内容，并自动将特殊字符转换为等效的 HTML 实体
Value	获取各种输入字段的值，包括 HtmlSelect、HtmlInputText 等

　　HTML 服务器控件的主要事件有 ServerClick 和 ServerChange。控件 HtmlAnchor、HtmlButton、HtmlForm、HtmlInputButton、HtmlInputImage 拥有 ServerClick 事件，该事件是一个简单的单击行为在服务器端的处理，允许代码立即产生动作；HtmlInputCheckBox、HtmlInputHidden、HtmlInputRadioButton、HtmlSelect、HtmlTextArea 和 HtmlInputText 控件拥有 ServerChange 事件，该事件在发生改变时，直到页面被传回服务器才会出现。

　　ASP.NET 的事件标准是每个事件都应该传回两个参数，第一个参数是引发事件的对象（控件），第二个参数是包含事件附加信息的特殊对象。

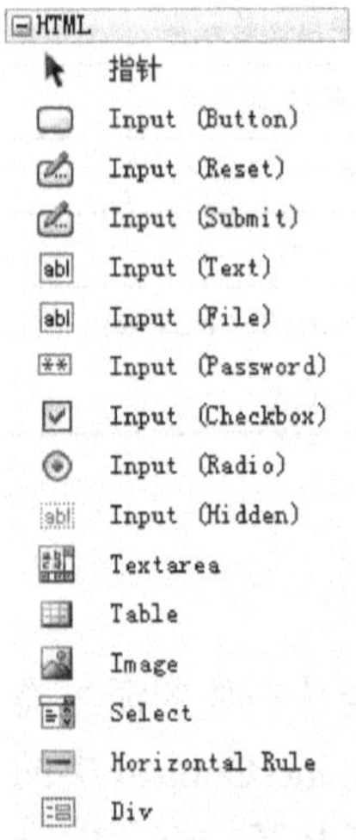

6.2.4　HTML 服务器控件的应用

　　服务器不会处理普通的 HTML 控件，它们将直接被发送到客户端，由浏览器进行显示。HTML 控件集成在 Visual Studio 2010 的"工具箱"的"HTML"选项卡中，如图 6.2 所示。

　　要让 HTML 控件能在服务器端被处理，就要将它们转换为 HTML 服务器控件。将普通 HTML 控件转换为 HTML 服务器控件，需添加 runat="server" 属性。另外，可根据需要添加 id 属性，这样可以通过编程方式访问和控制它。

　　例如，下面的文本框输入控件：

`<input type="text" size="30"/>`

　　为其添加 id 和 runat 属性，将它转换为 HTML 服务器控件，如下所示：

`<input type="text" id="TxtName" size="30" runat="server"/>`

图 6.2　HTML 控件

注意：

HTML 控件变为服务器控件后，控件的事件在服务器处理，对应的事件名称也会发生变化。例如，按钮 Button 包含 onServerClick 属性，而不是常规 HTML 或 ASP 页面中使用的 onClick 属性。这就在告知服务器当按钮的单击事件发生时，应调用的函数是"按钮 ID_ServerClick"。

若希望控件在客户端处理事件，则应使用传统的 onClick 属性。在这种情况下，必须提供客户端脚本来处理事件，系统会首先执行客户端代码，然后再运行服务器代码。

6.3 标准控件

在 Visual Studio 2010 的"工具箱"中，只有 HTML 选项卡中的控件是浏览器端控件，其他各种控件都是服务器控件。其中"标准"选项卡中的控件是较常用的控件。在类库中，所有的网页控件都是从 System.Web.UI.Control.WebControls 直接或间接派生而来的，都包含在 System.Web.UI.WebControls 命名空间下。其中包含表单控件（输入与显示控件、按钮控件、超链接、日历控件、图像等）、列表控件、数据源控件、数据绑定与数据显示控件、验证控件，等等。它们之间的关系如图 6.3 所示。

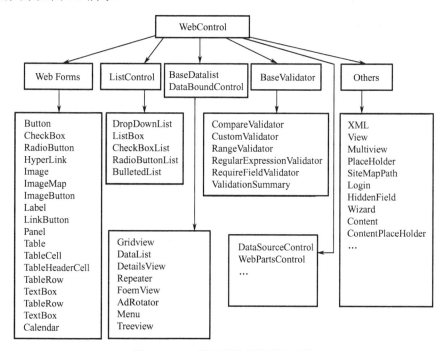

图 6.3 Web 服务器控件的层次结构

服务器控件包含方法以及与之关联的事件处理程序，并且这些代码都在服务器执行。部分服务器控件也提供客户端脚本，尽管如此，这些控件事件仍然会在服务器处理。

如果控件包括可视化组成部分（如标签、按钮和表格），则 ASP.NET 将在检测目标浏览器接收能力的情况下，为浏览器呈现传统的 HTML。ASP.NET 应用程序可以运行在任何厂商的任何浏览器上，所有处理过程都在服务器完成，发送给客户端的是最普通的 HTML 代码，即 ASP.NET 服务器控件最终呈现在浏览器中的是标准的 HTML 代码。

ASP.NET 服务器控件提供统一的编程模型。不同的功能类型对应特定的控件。例如，使用 TextBox 控件输入文本，并通过属性指定行数。通常情况下，对于 ASP.NET 服务器控件而言，所有声明标记的属性都与控件类的属性相对应。

1. 服务器控件的基本语法

ASP.NET 服务器控件的基本语法格式如下：

`<asp:控件类型名 ID="控件 id" 属性名 1="属性值 1" 属性名 2="属性值 2" … runat="server" />`

控件标签以 asp: 开头，这是 Web 服务器控件的标记前缀。控件类型名为控件的类型或类，如 TextBox、Button、DropDownList 等。可以利用 ID 属性，以编程方式引用控件实例。runat 属性告知服务器，该控件在服务器运行。

尽管 runat="server" 是默认属性，但必须在每个控件的每次声明中都显式地包括该属性。如果省略了它，并不会产生错误，但控件将被忽略而不被呈现。如果省略 ID 属性，控件能完全呈现出来，但是，该控件无法在代码中引用和操作。

一般情况下，标签是成对出现的，例如，文本框控件由起始标签<asp:TextBox>和结束标签</asp:TextBox>构成。但若此标签仅占一行，也可在标签最后加一个"/"作为结束。

另外，许多 Web 服务器控件可以在起始和结束标签之间使用内部 HTML。例如，在 TextBox 控件中，可将 Text 属性指定为内部 HTML，而不是将其设置在起始标签的属性中。所以，下面关于某个 TextBox 控件的两种不同的写法是等价的：

`<asp:TextBox ID="txtBookName" runat="server" Width="250px" Text="请输入姓名: "/>`
`<asp:TextBox ID="txtBookName" runat="server" Width="250px">请输入姓名: </asp:TextBox>`

2. 服务器控件的属性

Web 服务器控件继承了 WebControl 和 System.Web.UI.Control 类的所有属性、事件和方法。表 6.3 列出了从 Control 或 WebControl 类继承的 Web 服务器控件的常用属性。

表 6.3 Web 服务器控件的常用属性

名 称	类 型	值	说 明
AccessKey	String	单字符的字符串	定义控件的加速键。比如，定义某控件的"AccessKey"属性值为"W"，就可以通过按"Alt+W"组合键来访问该控件
BackColor	Color	Azure、Green、Blue 等	背景颜色
BorderColor	Color	Fuchsia、Aqua、Coral 等	边框颜色
BorderStyle	BorderStyle	Dashed、Dotted、Double、NotSet 等	边框样式。默认为 NotSet
BorderWidth	Unit	nn、nnpt	边框的宽度。如果用 nn，nn 是整数，单位是像素；如果用 nnpt，nn 是整数，单位是点
CausesValidation	Boolean	true、false	表示是否输入控件引发控件所需的验证。默认值为 true
Controls	ControlCollection		该控件所包含的所有控件对象的集合
CssClass	String		CSS 类

续表

名称	类型	值	说明
Enabled	Boolean	true、false	若设为 false，则控件可见，但显示为灰色，不能操作。内容仍可复制和粘贴。默认值为 true
EnableViewState	Boolean	true、false	表示该控件是否维持视图状态。默认值为 true
Font	FontInfo		定义控件上显示的文本的格式
ForeColor	Color	Lavender、LightBlue、Blue 等	前景色
ID	String		控件的可编程标识符
Parent	Control	页面上的控件	返回在页面控件层次结构中对该控件的父控件的引用
EnableTheming	Boolean	true、false	表示是否将主题应用到该控件
SkinID	String	皮肤文件名	应用到该控件主题目录下的皮肤文件的详细信息
ToolTip	String		当鼠标移动到控件上方时显示出的文本字符串，在低版本的浏览器中呈现
Visible	Boolean	true、false	若设为 false，则不呈现该控件。默认值为 true

一般可以使用服务器控件类的属性，来设置 ASP.NET 服务器控件的属性标记，并通过编程方式访问它们。而一旦控件被声明，或在代码中被实例化，就可以通过编程方式获取或设置它的属性。

3. 服务器控件的事件

Web 页面和控件都包含事件，它们继承自 Control 类（在 Error 事件的情况下，则继承自 TemplateControl 类）。所有这些事件都传递没有属性的 EventArgs 类型的事件参数。表 6.4 列举了常见的控件事件。

表 6.4 常见的控件事件

事件名称	说明
DataBinding	当控件绑定到数据源时发生
Disposed	当控件从内存中释放时发生
Error	只在页面中；当抛出未处理的异常时发生
Init	当控件初始化时发生
Load	当控件加载到页面对象时发生
PreRender	当控件准备做输出时发生
Unload	当控件从内存中卸载时发生

在 ASP.NET 网页中，与服务器控件关联的事件在客户端（浏览器上）引发，但由 ASP.NET 页在 Web 服务器上处理。服务器控件仅提供有限的一组事件，通常仅限于 Click 类型事件，不支持经常发生的事件，如 onmouseover 事件。

基于服务器的 ASP.NET 页和控件事件遵循事件处理程序方法的标准 .NET Framework 模式。所有事件都传递两个参数：第一个参数表示引发事件的对象，以及包含任何事件特定信息的事件对象；第二个参数通常是 EventArgs 类型，但对于某些控件而言是特定于该控件的类型。例如，对于 ImageButton Web 服务器控件，第二个参数是 ImageClickEventArgs 类型，它包括有关用户单击位置的坐标信息。

在服务器控件中，某些事件（通常是 Click 事件）会导致页被立即回发到服务器，而另一些事件（通常是 Change 事件）不会导致页被立即发送，它们在下一次发生发送操作时引发。如果希望改变的操作立即回发到服务器，让 Change 事件导致页发送，则需要设置 Web 服务器控件的 AutoPostBack 属性。当该属性为 true 时，控件的更改事件会导致页面立即发送，而不必等待 Click 事件。例如，默认情况下，CheckBox 控件的 CheckedChanged 事件不会导致该页被提交。但是，如果将此控件的 AutoPostBack 属性设置为 true，则一旦用户单击该复选框，该页便会立即被发送到服务器进行处理。

图 6.4 是一个注册表单的界面，下面将以此为例展开 Web 服务器标准控件的介绍。

图 6.4　注册表单

6.3.1　文本控件

输入控件用来接收用户在浏览器端输入的信息，包括文本框、密码框、多行文本框，用 TextBox 控件可以实现它们。显示控件用来显示信息，包括标签（Label 控件）、文本（Literal 控件）。

1. TextBox 控件

TextBox 控件是用得最多的控件之一，该控件显示为文本框，可以用来显示数据或者输入数据。

TextBox 控件定义的语法示例如下：

```
<asp:TextBox ID="TxtPwd" runat="server" TextMode="Password"/>
```

此行代码提供给用户一个输入密码的文本框，效果如图 6.4 所示。

表 6.5 列出了 TextBox 控件的常用属性、事件和方法。

表 6.5 TextBox 控件的常用属性、事件和方法

属性/事件/方法	说 明
AutoPostBack	指示在输入信息时，数据是否实时自动回发到服务器
AutoCompleteType	记忆客户端输入的内容类型
MaxLength	文本框中最多允许的字符数
ReadOnly	指示能否更改 TextBox 控件的内容
Rows	多行文本框中显示的行数
Text	TextBox 控件的文本内容
TextMode	TextBox 控件的行为模式（单行、多行或密码）
Wrap	指示多行文本框内的文本内容是否换行
TextChanged	文本框的内容改变时发生的事件
Focus ()	使光标置于文本框中的方法

其中有一个重要的属性：TextMode。该属性包括三个选项。

（1）SingleLine：单行编辑框。

（2）MultiLine：带滚动条的多行文本框。

（3）PassWord：密码输入框，所有输入字符都用特殊字符（如"*"）来显示。

许多浏览器都支持自动完成功能，该功能可帮助用户根据以前输入的值向文本框中填充信息。自动完成的精确行为取决于浏览器。通常，浏览器根据文本框的 name 属性存储值。任何同名的文本框（即使在不同页上）都将为用户提供相同的值。TextBox 控件支持 AutoCompleteType 属性，该属性用于控制 TextBox 控件的自动完成功能。

TextBox 控件的常用事件是 TextChanged 事件，当文字改变时引发此事件，可以编写事件处理代码做出响应。

默认情况下，TextChanged 事件并不立刻导致页面回发，而是当下次发送窗体时在服务器代码中引发此事件。若希望 TextChanged 事件即时回传，需将 TextBox 控件的 AutoPostBack（自动回传）属性设置为 true。

TextBox 控件最常用的方法是 Focus ()方法，该方法派生于 WebControl 基类。Focus ()方法可以将光标置于文本框中，准备接收用户的输入。用户不必移动鼠标就可以在窗体中输入信息。

2. Label 控件

Label 控件用于在 Web 页面上显示文本。控件定义的语法示例如下：

```
<asp:Label id="Label1" Text = "密码提示回答："runat="server" />
```

除了表 6.5 所示的 Web 控件标准属性外，Label 控件还有几个常用属性，如表 6.6 所示。

表 6.6 Label 控件的常用属性

属 性	说 明
runat	规定该控件是一个服务器控件。必须设置为"server"
Text	在 Label 中显示的文本
AccessKey	指定热键的按键
AssociatedControlID	将 Label 控件与窗体中另一个服务器控件关联起来

Label 控件最常用的属性为 Text，该属性表示在 Label 中显示的文本。

3. Literal 控件

Literal 控件的工作方式类似于 Label 控件，用于在浏览器上显示在整个过程中不发生变化的文本。控件定义的语法示例如下：

`<asp:Literal id="Literal1" Text = "新用户注册" runat="server" />`

表 6.7 列出了 Literal 控件的常用属性。

表 6.7 Literal 控件的常用属性

属 性	说 明
runat	规定该控件是一个服务器控件。必须设置为"server"
Text	规定要显示的文本
Mode	指定控件对所添加的标记的处理方式

Label 控件最常用的属性为 Text，该属性表示在 Label 中显示的文本。

4. HyperLink 控件

HyperLink 服务器控件在 Web 页上创建超级链接，使用户可以在应用程序中的页之间移动跳转，相当于 HTML 中的<a href>元素。

HyperLink 控件定义的语法格式如下：

`<asp:HyperLink ID="HyperLink1" runat="server">网站服务条款</asp:HyperLink>`

此行代码定义了一个超级链接 网站服务条款 。

表 6.8 列出了 HyperLink 控件的常用属性。

表 6.8 HyperLink 控件的常用属性

属 性	说 明
ImageUrl	显示此链接的图像的 URL
NavigateUrl	该链接的目标 URL，当用户单击链接时会转向此 URL
Target URL	URL 的目标框架，默认为本框架，_blank 表示新窗口
Text	显示该链接的文本

与大多数服务器控件不同的是，在用户单击 HyperLink 控件时并不会在服务器代码中引发事件。HyperLink 控件可以用于图像和文本。在用于图像时，不应使用 Text 属性，而需要使用 ImageUrl 属性。使用 HyperLink 控件的主要优点是可以通过代码动态设置链接目标。

6.3.2 按钮控件

按钮是提交窗体的常用元素。标准控件中包括三种类型的按钮：标准命令按钮（Button 控件）、超级链接样式按钮（LinkButton 控件）和图形化按钮（ImageButton 控件）。这三种按钮提供类似的功能，但具有不同的外观。

当用户单击这三种类型按钮中的任何一种时，都会向服务器提交一个窗体，当前页被提交给服务器并在那里进行处理，可为下列事件之一创建事件处理程序。

（1）Page_load 事件：因为按钮总是将页提交给服务器，所以该方法总是在运行。倘若只是要提交相应窗体，并不关心单击的是哪个按钮，则使用页的 Page_load 事件。

（2）Click 事件：如果需要知道具体单击的是哪个按钮，则编写对应按钮的 Click 事件处理程序。

1. Button 控件

Button 控件是 Web 窗体中的常见控件，该控件呈现的是一个标准的命令按钮，一般用来提交 Web 表单。

Button 控件定义的语法示例如下：

`<asp:Button id="Button1" Text ="注册" runat="server" />`

此行代码定义了一个用于注册提交的按钮 注册 。

表 6.9 列出了 Button 控件的常用属性、事件和方法。

表 6.9 Button 控件的常用属性、事件和方法

属性/事件/方法	说 明
Attributes	获取控件的属性集合
BackColor	获取或设置背景色
BordorColor	获取或设置边框颜色
CommandArgument	获取或设置可选参数，该参数与 CommandName 一起传递到 Command 事件
CommandName	获取或设置命令名，该命令名与传递给 Command 事件的 Button 控件相关联
EnableViewState	获取或设置一个值，指示服务器控件是否保持自己及所包含子控件的状态
PostBackUrl	获取或设置单击 Button 时从当前页发送到的网页的 URL。默认为空，即本页
Text	获取或设置在 Button 控件中显示的文本标题
Click	在单击 Button 控件时发生的服务器事件
OnClientClick	在单击 Button 控件时发生的客户端事件
Command	在单击 Button 控件时发生的服务器事件

虽然 Click 和 Command 事件都能够响应单击事件，但它们并不相同。

（1）Click 事件：在单击 Button 控件时发生。在开发过程中，双击 Button 按钮，便可为其自动产生事件触发函数，然后直接在此函数内编写所要执行的代码即可。以下是代码示例：

```
protected void Button1_Click(object sender, EventArgs e)
{     Response.Write ("注册成功，欢迎您！");     }
```

（2）Command 事件：相对于 Click 事件，Command 事件具有更为强大的功能。它通过关联按钮的 CommandName 属性，使按钮可以自动寻找并调用特定的方法，还可以通过 CommandArgument 属性向该方法传递参数。这样做的好处在于，当页面上需要放置多个 Button 按钮，分别完成多个任务，而这些任务非常相似，容易用统一的方法实现时，就不必为每一个 Button 按钮单独实现 Click 事件，而可通过一个公共的处理方法结合各个按钮的 Command 事件来完成。

另外，PostBackUrl 属性用于设置网页的 URL，指示此 Button 按钮从当前页提交给哪个网页，默认为空（即本页）。可以利用该属性进行跨页面的数据传送。

2. LinkButton 控件

LinkButton 控件是 Button 控件的变化体，实现具有超级链接样式的按钮。而它不是一般的超链接，终端用户单击该链接时，它的行为和按钮相似。

LinkButton 控件定义的语法示例如下：

`<asp:LinkButton id="LinkButton1" Onclick="LinkButton1_Click" runat="server">退出</asp:LinkButton>`

上面的代码定义了一个用于退出的超链接按钮。LinkButton 对象的成员与 Button 对象非常相似，具有 CommandName、CommandArgument 属性，以及 Click 和 Command 事件。

ASP.NET 4.0 实用教程

可以为上面定义的 LinkButton1 添加如下事件代码：

```
protected void LinkButton1_Click(object sender, EventArgs e)
{
    Response.Write ("谢谢访问，下次再来哦，88! ");
    Response.End( );
}
```

3. ImageButton 控件

ImageButton 控件也是 Button 控件的变化体，实现具有图片样式的按钮。它在功能上和 Button 控件相同，但它可以使用定制图像作为窗体的按钮，终端用户通过单击该图像来提交窗体数据。

LinkButton 控件定义的语法示例如下：

```
<asp:ImageButton ID="ImageButton1" runat="server" ImageUrl="~/image/reset.gif"
Onclick="ImageButton1_Click" runat="server"/>
```

上面的代码定义了一个用于重置的 ImageButton 按钮 [全部重写]。

表 6.10 列出了 ImageButton 控件的常用属性、事件和方法。

表 6.10　ImageButton 控件的常用属性、事件和方法

属性/事件/方法	说　　明
Attributes	获取控件的属性集合
AlternateText	获取或设置当图像不可用时，控件中显示的替换文本
BackColor	获取或设置背景色
BordorColor	获取或设置边框颜色
CommandArgument	获取或设置可选参数，该参数与 CommandName 一起传递到 Command 事件
CommandName	获取或设置命令名，该命令名与传递给 Command 事件的 ImageButton 控件相关联
ImageAlign	获取或设置 ImageButton 控件相对于网页上其他元素的对齐方式
ImageUrl	获取或设置在 ImageButton 控件中显示的图像的位置
EnableViewState	获取或设置一个值，指示服务器控件是否保持自己及所包含子控件的状态
Text	获取或设置在 ImageButton 控件中显示的文本标题
Click	在单击 ImageButton 控件时发生的服务器事件
OnClientClick	在单击 ImageButton 控件时发生的客户端事件
Command	在单击 ImageButton 控件时发生的服务器事件
PostBackUrl	获取或设置单击 ImageButton 时从当前页发送到的网页的 URL。默认为空，即本页

6.3.3　选择和列表控件

标准控件中可以给用户提供简单选择的控件有单选按钮（RadioButton 控件）、复选框（CheckBox 控件）；以列表方式呈现选项，从而给用户提供选择的控件有单选按钮列表（RadioButtonList 控件）、复选框列表（CheckBoxList 控件）、列表框（ListBox 控件）、项列表（BulletedList 控件）、下拉框（DropDownList 控件）。下面对这些控件分别予以介绍。

1. RadioButton 控件

RadioButton 控件表现为 Web 页面上的单选按钮。它允许用户选择 true 状态或 false 状态，但是

只能选择其一。窗体上的一个单选按钮没有什么意义，在使用时通常有两个以上的 RadioButton 控件组成一组，以提供互相排斥的选项。在一组中，每次只能选择一个单选按钮。

页面上的一组 RadioButton 控件可以定义如下：

```
<asp:RadioButton ID="RadioButtonMale" runat="server" GroupName="Group1"
Text="男" AutoPostBack="True"/>
<asp:RadioButton ID="RadioButtonFemale" runat="server" GroupName="Group1"
Text="女" AutoPostBack="True"/>
```

表 6.11 列出了 RadioButton 控件的常用属性和事件。

表 6.11 RadioButton 控件的常用属性和事件

属性/事件	说　明
Checked	布尔值，规定是否选定单选按钮
AutoPostBack	布尔值，规定在 Checked 属性被改变后，是否立即回传表单。默认是 false
GroupName	该单选按钮所属控件组的名称
OnCheckedChanged	当 Checked 被改变时，被执行的函数的名称
Text	单选按钮旁边的文本
TextAlign	文本应出现在单选按钮的哪一侧（左侧还是右侧）

当用户选择一个 RadioButton 控件时，该控件将引发一个事件，有下面两种处理方式。

（1）如果无须直接对控件的选择事件进行响应，而只关心单选按钮的状态，则可以在窗体发送到服务器后测试单选按钮，判断 RadioButton 控件的 Checked 属性，若为 Ture，则表示单选按钮已选定（如图 6.5 所示）。

（2）如果需要立即响应用户更改控件状态的事件，则要为控件的 CheckedChanged 事件创建一个事件处理程序。默认情况下，CheckedChanged 事件并不马上导致向服务器发送页，而是当下次发送窗体时在服务器代码中引发此事件。若要使 CheckedChanged 事件即时发送，必须将 RadioButton 控件的 AutoPostBack 属性设置为 True。

【例 6.1】 RadioButton 控件的 Checked 属性和 CheckedChanged 事件。

页面设计：页面中放置两个 RadioButton 控件。

本例网页 example6-1.aspx 的程序代码如下：

```
<html>
<head runat="server">
 <title>RadioButton 控件举例</title>
</head>
<body>
<form id="form1" runat="server">
    <asp:RadioButton id="RadioButtonMaleBoy" runat="server" AutoPostBack="True"
        GroupName="sexchoice" Text="男" OnCheckedChanged="RadioButton_CheckedChanged" />
         
    <asp:RadioButton id="RadioButtonMaleGril" runat="server" AutoPostBack="True"
        GroupName="sexchoice" Text="女" OnCheckedChanged="RadioButton_CheckedChanged" />
        <br />
    <asp:Label ID="Label1" runat="server" Height="67px" Width="90px"></asp:Label>
</form>
</body>
</html>
```

RadioButton_CheckedChanged 函数代码如下：

```
protected void RadioButton_CheckedChanged(object sender, EventArgs e)
{
    if (RadioButtonMaleBoy.Checked)
        Label1.Text = "你是男生！";
    else
        Label1.Text = "你是女生！";
}
```

图 6.5　RadioButton 控件示例

在本例中有两个单选按钮，它们的 GroupName 属性相同，表明它们是一组的，同一时刻确保只能有一个被选中。被选中按钮的 Checked 属性为 True，因为设置了 AutoPostBack 为 Ture，单选按钮的状态改变会即时回传，触发按钮组的 CheckedChanged 事件。程序运行结果如图 6.5 所示。

2. RadioButtonList 控件

RadioButtonList 控件在 Web 页面上显示为一个单选按钮列表，用户在这一组列表项中只能选择一项。

RadioButton 控件优于 RadioButtonList 控件的一个方面是，可以在 RadioButton 控件之间放置其他项（文本、控件或图像）。虽然多个 RadioButton 控件也可以组成单选按钮组以实现互斥选择，但有多个选项供用户进行选择时，使用 RadioButtonList 控件更加方便。

RadioButtonList 控件定义示例如下：

```
<asp:RadioButtonList id="RadioButtonList1" runat="server" AutoPostBack="True">
    <asp:ListItem Value="0">男</asp:ListItem>
<asp:ListItem Value="1">女</asp:ListItem>
    <asp:ListItem Value="2">保密</asp:ListItem>
</asp:RadioButtonList>
```

表 6.12 列出了 RadioButtonList 控件的常用属性和事件。

表 6.12　RadioButtonList 控件的常用属性和事件

属性/事件	说　明
AppendDataBoundItems	指示添加数据绑定的项目时应当保留静态定义的项目，还是应当清除它们
AutoPostBack	指示当用户改变选项时该控件是否自动地回发到服务器
CellPadding	指示单元的边框和内容之间的像素数
CellSpacing	指示单元间的像素数
DataMember	DataSource 中要绑定的表名
DataSource	填充该列表的列表项的数据源
DataSourceID	提供数据的数据源组件的 ID
DataTextField	提供列表项文本的数据源字段的名称
DataTextFormatString	用来控制列表项显示方式的格式化字符串
DataValueField	提供一个列表项的值的数据源字段的名称

续表

属性/事件	说 明
Items	获得列表控件中的项目集合
RepeatColumns	获得或设置控件中要显示的列数
RepeatDirection	获得或设置一个指示该控件垂直显示还是水平显示的值
RepeatLayout	获得或设置单选按钮（表或流）的布局
SelectedIndex	获得或设置列表中第一个被选项的索引即索引最小的项
SelectedItem	获得第一个被选项
SelectedValue	获得第一个被选项的值
TextAlign	获得或设置单选按钮的文本对齐方式
SelectedIndexChanged	当在 RadioButtonList 中改变选择时触发的事件

RadioButtonList 控件的 Items 集合的成员和列表中的每一项对应，要确定选中了哪些项，应测试每项的 Selected 属性。ListItem 的基本属性如表 6.13 所示。

表 6.13 ListItem 的基本属性

属 性	说 明
Text	每个选项的文本
Value	每个选项的值
Selected	选项的状态，Ture 表示默认选中
Count	选项的个数

3. CheckBox 控件

CheckBox 控件在 Web 窗体页上创建复选框。与 RadioButton 控件相似，CheckBox 控件也为用户提供了一种在二选一（如真/假、是/否或开/关）选项之间切换的方法。当用户选中这个控件时，表示输入的是 True，当没有选中这个控件时，表示输入的是 False。CheckBox 控件在使用时通常也与其他的 CheckBox 控件组成一组，但与 RadioButton 控件不同的是，RadioButton 控件组中用户只能选择其一，而 CheckBox 控件组中用户却能选择多个。

CheckBox 控件定义示例如下：

<asp:CheckBox ID="CheckBox1" runat="server" Text="我已阅读并同意遵守网站服务条款" />

表 6.14 列出了 CheckBox 控件的常用属性和事件。

表 6.14 CheckBox 控件的常用属性和事件

属性/事件	说 明
Checked	布尔值，规定是否选定单选按钮
AutoPostBack	布尔值，规定在 Checked 属性被改变后是否立即回传表单。默认是 false
OnCheckedChanged	当 Checked 被改变时，被执行的函数的名称
Text	CheckBox 控件旁边的文本
TextAlign	文本应出现在 CheckBox 的哪一侧（左侧还是右侧）

CheckBox 控件的常用属性和事件与 RadioButton 控件类似，唯一不同的是它没有属性 GroupName。RadioButton 控件用 GroupName 属性来标识一组 RadioButton 控件，以确保提供互

斥选项，保证用户只选择其中之一。而 CheckBox 控件组是提供复选的，用户可以选择多项。

4. CheckBoxList 控件

CheckBoxList 控件提供给用户一个复选框列表，它相当于一个 CheckBox 控件组，当需要显示多个 CheckBox 控件，并且对于所有控件的处理方式相似时，使用 CheckBoxList 控件更为方便。

CheckBox 控件允许操作一个条目，而 CheckBoxList 控件允许操作一组条目。CheckBox 控件可提供对布局的更多控制，而 CheckBoxList 控件提供方便的数据绑定功能。

CheckBoxList 控件定义如下：

```
<asp:CheckBoxList id="CheckBoxList1" runat="server">
<asp:ListItem Value="琴">琴</asp:ListItem>
<asp:ListItem Value="棋">棋</asp:ListItem>
    <asp:ListItem Value="书">书</asp:ListItem>
    <asp:ListItem Value="画">画</asp:ListItem>
</asp:CheckBoxList>
```

CheckBoxList 控件的属性和事件与 RadioButtonList 控件的基本相同。

5. DropDownList 控件

DropDownList 控件在 Web 页面上呈现为下拉列表框，它允许用户从预定义的多个选项中选择一项。在选择前，用户只能看到第一个选项，其余的选项都"隐藏"起来。通过设置该控件的高度和宽度（以像素为单位），可以设定控件的大小，但是不能控制该列表拉下时显示的项目数。

DropDownList 控件定义示例如下：

```
您的学历：
<asp:DropDownList id="DropDownList1" runat="server">
    <asp:ListItem Value="0">博士</asp:ListItem>
    <asp:ListItem Value="1">硕士</asp:ListItem>
    <asp:ListItem Value="2">本科</asp:ListItem>
</asp:DropDownList>
```

表 6.15 列出了 DropDownList 控件的常用属性和事件。

表 6.15 DropDownList 控件的常用属性和事件

属性/事件	说明
AppendDataBoundItems	指示添加数据绑定的项目时应当保留静态定义的项目，还是应当清除它们
AutoPostBack	指示当用户改变选项时该控件是否应当自动地回发到服务器
DataMember	DataSource 中要绑定的表的名称
DataSource	填充该列表的项目的数据源
DataSourceID	提供数据的数据源组件的 ID
DataTextField	提供列表的文本的数据源字段名称
DataTextFormatString	用来控制列表项显示方式的格式化字符串
DataValueField	提供一个列表项的值的数据源字段的名称
Items	获得列表控件中的项目集合
SelectedIndex	获得或设置列表中被选项的索引
SelectedItem	获得列表中的被选项
SelectedValue	获得列表中被选项的值
SelectedIndexChanged	当列表控件的选择项发生变化时触发

DropDownList 控件还有三个编程接口，用来配置下拉列表边框的属性：BorderColor、BorderStyle 和 BorderWidth。虽然这些属性被样式属性正确转换了，但是大多数浏览器不会用它们来改变下拉列表的外观。

DropDownList 控件的 Items 集合的成员和列表中的每一项对应，要确定选中了哪项，应测试每一项的 Selected 属性。或者访问 SelectedItem 属性获取被选项，访问 SelectedValue 属性获得列表中被选项的值。当列表控件的选项改变时会触发 SelectedIndexChanged 事件，如果 DropDownList 控件的 AutoPostBack 属性为 Ture，将导致页面即时回传，从而立刻执行此事件代码。

【例 6.2】 DropDownList 控件的 SelectedIndexChanged 事件。

页面设计：拖放一个 DropDownList 控件到页面上，在它的"智能标记"上选择"编辑项"，打开"ListItem 集合编辑器"，单击"添加"，为下拉列表框添加几个选项，分别输入 Text、Value 和 Selected 属性的值（如下面代码中所示）。将该 DropDownList 控件的 AutoPostBack 属性设置为 True，同时定义一个 SelectedIndexChanged 事件。再添加两个 Label 控件和一个 TextBox 控件，ID 为 Label1 控件的 Text 属性设置为"密码提示问题："，ID 为 Label2 的控件用于显示所选择的密码提示问题，TextBox 控件用于输入答案。

本例网页 example6-2.aspx 的程序页面代码如下所示：

```
<html xmlns="http://www.w3.org/1999/xhtml">
<head runat="server">
    <title>密码提示</title>
</head>
<body>
  <form id="form1" runat="server">
    <div>
        <asp:Label ID="Label1" runat="server" Text="密码提示问题："></asp:Label>
        <asp:DropDownList ID="DropDownList1" runat="server" AutoPostBack="True"
            onselectedindexchanged="DropDownList1_SelectedIndexChanged">
            <asp:ListItem Value="0">请任选一项</asp:ListItem>
            <asp:ListItem Value="1">母亲的生日</asp:ListItem>
            <asp:ListItem Value="2">最喜欢看的书</asp:ListItem>
            <asp:ListItem Value="3">最难忘的日子</asp:ListItem>
        </asp:DropDownList>
        <br />
        <asp:Label ID="Label2" runat="server" Text="Label"></asp:Label>
        <asp:TextBox ID="TextBox1" runat="server" Width="119px"></asp:TextBox>
    </div>
  </form>
</body>
</html>
```

example6-2.aspx.cs 代码如下：

```
protected void DropDownList1_SelectedIndexChanged(object sender, EventArgs e)
{
    switch (DropDownList1.SelectedValue)
    {
        case "1":
```

```
            Label2.Text = "您母亲的生日是：";
            break;
        case "2":
            Label2.Text = "你最喜欢看的书是：";
            break;
        case "3":
            Label2.Text = "你最难忘的日子是：";
            break;
    }
}
```

本例中 DropDownList 控件设置了 AutoPostBack 为 Ture，下拉列表框的选项改变会即时回传，触发此控件的 SelectedIndexChanged 事件。程序运行结果如图 6.6 所示。

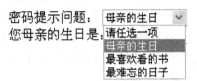

图 6.6　DropDownList 控件示例

6. ListBox 控件

ListBox 控件表示在一个滚动窗口中垂直显示一系列项目列表。ListBox 允许选择单项或多项，并通过常见的 Items 集合提供它的内容。与 DropDownList 类似，列表框 ListBox 可以实现从预定义的多个选项中进行选择的功能。区别在于：ListBox 在用户选择操作前，可以看到所有的选项，并可以实现多项选择。

ListBox 控件定义示例如下：

```
<asp:ListBox ID="ListBox1" runat="server">
    <asp:ListItem Value="0">已工作</asp:ListItem>
    <asp:ListItem Value="1">大学生</asp:ListItem>
    <asp:ListItem Value="2">中学生/中专技校</asp:ListItem>
    <asp:ListItem Value="3">以上都不是</asp:ListItem>
</asp:ListBox>
```

ListBox 控件的属性和事件与上面讲述的 DropDwonList 控件的属性和事件基本类似。

有两个属性使 ListBox 控件略微不同于其他列表控件：Rows 属性和 SelectionMode 属性。Rows 属性用来获取或设置 ListBox 控件中所显示的行数。SelectionMode 属性用来控制是否支持多行选择，当此属性设置为 Single 时，表示是单选；当属性设置为 Multiple 时，表示是多选。如果将 ListBox 控件设置为多选，则用户可以在按住 Ctrl 或 Shift 键的同时，单击以选择多个项。

7. BulletedList 控件

BulletedList 控件创建一个无序或有序（编号的）项列表，它们呈现为 HTML 的<ul>或<ol>元素。可以指定项、项目符号或编号的外观；静态定义列表项或通过将控件绑定到数据来定义列表项；也可以在用户单击项时做出响应。

表 6.16 列出了 BulletedList 控件的主要属性。

表 6.16　BulletedList 控件的属性

属　性	说　　明
AppendDataBoundItems	指示在添加数据绑定的项目时应当保留还是清除静态定义的项目
BulletImageUrl	获得或设置到用做项目符号的图像的路径
BulletStyle	确定项目符号的样式
DataMember	DataSource 中要绑定的表的名称
DataSource	用来填充该列表控件的列表项的数据源
DataSourceID	提供数据的数据源组件的 ID
DataTextField	提供列表项文本的数据源字段的名称
DataTextFormatString	用来控制列表项显示样式的格式化字符串
DataValueField	提供列表项的值的数据源字段的名称
DisplayMode	确定如何显示列表项：纯文本、链接按钮或超链接
FirstBulletNumber	获得或设置编号的起始值
Items	获得列表控件中的列表项的集合
Target	指示超链接模式下的目标框架

其中的 BulletStyle 枚举值如表 6.17 所示。

表 6.17　BulletStyle 枚举值列表

枚　举　值	说　　明
Circle	表示项目符号编号样式设置为"○"空圈
CustomImage	编号样式设置为自定义图片，图片由 BulletImageUrl 属性指定
Disc	编号样式设置为"●"实圈
LowerAlpha	编号样式设置为小写字母格式，如 a、b、c、d 等
LowerRoman	编号样式设置为小写罗马数字格式，如 i、ii、iii、iv 等
NotSet	表示不设置项目符号编号样式
Numbered	编号样式为数字格式，如 1、2、3、4 等
Square	编号样式为"■"实体黑方块
UpperAlpha	编号样式为大写字母格式，如 A、B、C、D 等
UpperRoman	编号样式为大写罗马数字格式，如 I、II、III、IV 等

项目符号类型允许选择项目前面的元素的样式，可以使用数字、方块、圆形和大小写字母。子项目可以作为纯文本、超链接或按钮生成。

BulletedList 控件的项目支持各种图形样式：圆盘形、圆形和定制图形，还有包括罗马编号（roman numbering）在内的几种编号。初始编号可以通过 FirstBulletNumber 属性以编程的方式进行设计。DisplayMode 属性确定如何显示每个项目符号的内容：纯文本（默认）、链接按钮或超链接。如果显示链接按钮，则在该页回发时，在服务器上激发 Click 事件以允许处理该事件；如果显示超链接，则浏览器将在指定方框内显示目标页——Target 属性，目标 URL 与 DataValueField 指定的字段内容一致。

以下是一个 BulletedList 控件的定义示例：

```
<div>
<asp:BulletedList ID="BulletedList1" BulletStyle="Circle" runat="server">
    <asp:ListItem>第一项</asp:ListItem>
    <asp:ListItem>第二项</asp:ListItem>
    <asp:ListItem Text="第三项"></asp:ListItem>
    <asp:ListItem Text="第四项" Value="6"></asp:ListItem>
</asp:BulletedList>
</div>
```

上述 BulletedList 控件的运行效果如图 6.7 所示。

○ 第一项
○ 第二项
○ 第三项
○ 第四项

图 6.7 BulletedList 控件示例

注意：

可以在 Page 对象的某些事件（如 Page_Load、Page_Init）中添加代码动态生成上述列表控件（RadioButtonList 控件、CheckBoxList 控件、DropDownList 控件、ListBox 控件、BulletedList 控件）的 Item 选项，或者通过把它们绑定到数据源控件提供的条目上，从而动态创建它们。

6.3.4 表格控件

Table 控件是用来在 Web 窗体页上创建通用表的。Table 控件的主要功能是控制页面上元素的布局。Table 的构成可以理解为：一个 Table 对象包含多个行（TableRow 对象），每一行又包含多个单元格（TableCell 对象）。而每个 TableCell 对象中包含其他的 HTML 或服务器控件作为 Web 服务器控件，Table 可以根据不同的用户响应，动态生成表格的结构。

Table 控件定义的语法格式如下：

```
<asp:Table id="Table1" runat="server">
<asp:TableRow>
<asp:TableCell></asp:TableCell>
    <asp:TableCell></asp:TableCell>
</asp:TableRow>
</asp:Table>
```

上面的定义创建的是一个一行两列的表格。创建 Table 控件包含两个步骤，首先添加表本身，然后再分别添加行和单元格。

表 6.18 列出了 Table 及内部对象部分属性描述。

动态创建一个 Table 包含三个步骤：

（1）创建 TableRow 对象以表示表中的行；

（2）创建 TableCell 对象，表示行中的单元格，并将单元格添加到行中；

（3）将 TableRow 添加到 Table 控件的 Rows 集合中。

第 6 章 ASP.NET 4.0 服务器控件和客户端脚本

表 6.18 Table 及内部对象部分属性

对象	成员	功能
Table	BackImageUrl	表格的背景图像的 URL
	Caption	表格的标题
	CaptionAlign	标题文本的对齐方式
	CellPadding	Table 中单元格内容和单元格边框之间的空间量（以像素为单位）
	CellSpacing	Table 控件中相邻单元格之间的空间量（以像素为单位）
	Rows	Table 控件中行的集合
TableRow	HorizontalAligh	获取或设置行内容的水平对齐方式
	VerticalAligh	获取或设置行内容的垂直对齐方式
	Cells	获取 TableCell 对象的集合，这些对象表示 Table 控件中的行的单元格
TableCell	ColumnSpan	获取或设置该单元格在 Table 跨越的列数
	RowSpan	获取或设置 Table 控件中单元格跨越的行数
	Text	获取或设置单元格的文本内容

【例 6.3】 Table 控件中动态生成行和列。

页面设计：拖放两个 DropDownList 控件到页面上，用来接收用户选择要生成表格的行数和列数。在下拉列表框的"智能标记"上选择"编辑项"，打开"ListItem 集合编辑器"，单击"添加"，为下拉列表框添加几个选项，分别输入 Text、Value 和 Selected 属性对应的数字。拖放一个 Table，设置一些简单属性，不添加行。拖放一个"确认"按钮，编写该按钮的服务器 Click 事件的代码，动态生成一个 Table。

本例网页 example6-3.aspx 的程序代码如下：

```
<html>
<head runat="server">
<title>Table 控件举例</title>
</head>
<body>
 <p>动态生成表格</p>
     <form id="form1" runat="server">
     行数：<asp:DropDownList ID="DropDownList1" runat="server">
         <asp:ListItem>1</asp:ListItem>
         <asp:ListItem>2</asp:ListItem>
         <asp:ListItem>3</asp:ListItem>
         <asp:ListItem>6</asp:ListItem>
         <asp:ListItem>5</asp:ListItem>
         <asp:ListItem>6</asp:ListItem>
     </asp:DropDownList>   
     列数：<asp:DropDownList ID="DropDownList2" runat="server">
         <asp:ListItem>1</asp:ListItem>
         <asp:ListItem>2</asp:ListItem>
         <asp:ListItem>3</asp:ListItem>
         <asp:ListItem>6</asp:ListItem>
         <asp:ListItem>5</asp:ListItem>
         <asp:ListItem>6</asp:ListItem>
```

```
                </asp:DropDownList> 
                <asp:Button ID="Button1" runat="server" onclick="Button1_Click" Text="确定" /> <br />
                <asp:Table ID="Table1" runat="server" CellPadding="1" CellSpacing="1"   GridLines="Both">
                </asp:Table>
        </form>
</body>
</html>
```

example6-3.aspx.cs 添加的程序代码如下：

```
protected void Button1_Click(object sender, EventArgs e)
{
        int numRows = int.Parse(DropDownList1.SelectedValue);          //行数
        int numCells = int.Parse(DropDownList2.SelectedValue);         //列数
        Table1.BorderWidth=2;
        Table1.BorderColor=System.Drawing.Color.Blue;
        for (int i=0; i<numRows; i++)                                  //循环 Table1 生成多行
        {
                TableRow r = new TableRow();                           //得到一个 TableRow 对象 r
                for (int j=0; j<numCells; j++)                         //循环生成 r 中的多个单元格
                {
                        TableCell c = new TableCell();                 //得到一个 TableCell 对象 c
                        c.Text=Table1.Rows.Count.ToString() + "," + j.ToString();
                        r.Cells.Add(c);                                //将 c 添加到 r 中
                }
                Table1.Rows.Add(r);                                    //将 r 添加到 Table1 中
        }
}
```

本例中 Table 控件是动态生成的。根据两个下拉列表框中用户选择的值确定行数和列数，利用两重循环生成 Table，外重循环生成行，得到 TableRow 对象；内重循环生成行中的单元格，得到 TableCell 对象。程序运行结果如图 6.8 所示。

图 6.8　Table 控件示例

6.3.5　图像控件

ASP.NET Framework 包含两个用于显示图像的控件：Image 控件和 ImageMap 控件。Image 控件用于简单地显示图像；ImageMap 控件用于创建客户端的、可点击的图像映射。

1. Image 控件

图像服务器控件 Image 可以在 Web 窗体页上显示图像，并用服务器的代码管理这些图像。

Image 控件定义格式如下：

`<asp:Image ID="Image1" runat="server" />`

Image 控件有下列常见属性。

（1）AlternateText：为图像提供替代文本（辅助功能要求）。

（2）DescriptionUrl：用于提供指向包含该图像详细描述的页面的链接（复杂的图像要求可访问）。

（3）GenerateEmptyAlternateText：为 AlternateText 属性设空字符串值。

（4）ImageAlign：用于将图像和页面中的其他 HTML 元素对齐。可能的值有 AbsBottom、AbsMiddle、Baseline、Bottom、Left、Middle、NotSet、Right、TextTop 和 Top。

（5）ImageUrl：用于指定图片的 URL。

Image 控件有 3 种方式来提供代替文本：如果图片代表页面内容，就应该为 AlternateText 属性提供一个值；如果 Image 控件表示的信息很复杂，如柱状图、饼图或公司组织结构图，就应该为 DescriptionUrl 属性提供一个值，DescriptionUrl 属性链接到一个包含对该图片的大篇文字描述的页面；如果图片纯粹是为了装饰（不表示内容），则应该把 GenerateEmptyAlternateText 属性设为 True，当这个属性设为 True 时，生成的<img>标签就会包含 alt=""属性。

2. ImageMap 控件

ImageMap 控件实现在图片上定义热点（HotSpot）区域的功能。通过单击这些热点区域，用户可以向服务器提交信息，或者链接到某个 URL 地址。当需要对一幅图片的某个局部范围进行操作时，需要使用 ImageMap 控件。在外观上，ImageMap 控件与 Image 控件相同，但在功能上与 Button 控件相同。

ImageMap 控件用于生成客户端的图像映射。一个图像映射显示一幅图片。单击图片的不同区域，激发事件。比如，可以把图像映射当做一个奇特的导航条使用。这样，单击图像映射的不同区域，就会导航到网站的不同页面。也可以把图像映射用做一种输入机制。比如，可以单击不同的产品图片来向购物车添加不同的产品。

ImageMap 控件定义格式如下：

`<asp: ImageMap id="ImageMap1" runat="server" ImageUrl="~/image1.jpg"></asp: ImageMap>`

ImageMap 控件的主要属性如下。

（1）HotSpotMode：热点模式，取值为枚举 System.Web.UI.WebControls.HotSpotMode，如表 6.19 所示。

表 6.19 HotSpotMode 枚举值

枚 举 值	说 明
NotSet	未设置。虽然名为未设置，但默认情况下会执行定向操作，定向到指定的 URL 地址。如果未指定 URL 地址，将定向到 Web 应用程序根目录
Navigate	定向操作。定向到指定的 URL 地址。如果未指定 URL 地址，默认将定向到 Web 应用程序根目录
PostBack	回发操作。单击热点区域后，将执行 Click 事件
Inactive	无任何操作，即此时 ImageMap 如同一张没有热点区域的普通图片

（2）HotSpots：该属性对应 System.Web.UI.WebControls.HotSpot 对象集合。HotSpot 类是一个抽象类，有 CircleHotSpot（圆形热区）、RectangleHotSpot（方形热区）、PolygonHotSpot（多边形热区）3 个子类。实际应用中，可以使用上面 3 种类型来定制图片热点区域的形状。

（3）AccessKey：用于指定导向 ImageMap 控件的键。

（4）AlternateText：为图像提供替代文本（辅助功能要求）。

（5）DescriptionUrl：用于提供指向一个页面的链接，该页面包含对该图像的详细描述（复杂的图像要求能被理解）。

（6）GenerateEmptyAlternateText：为 AlternateText 属性设空字符串值。

（7）ImageAlign：用于和页面中的其他 HTML 元素对齐。可能的值有 AbsBottom、AbsMiddle、Baseline、Bottom、Left、Middle、NotSet、Right、TextTop 和 Top。

（8）ImageUrl：用于指定图像的 URL。

（9）TabIndex：设置 ImageMap 控件的 Tab 顺序。

（10）Target：用于在新窗口中打开页面。

ImageMap 控件支持 Click 事件,在用户对热点区域单击时触发,通常在 HotSpotMode 为 PostBack 时用到。

ImageMap 控件支持 Focus()方法，该方法用于把表单初始焦点设为该 ImageMap 控件。

6.3.6 动态广告控件

AdRotator 控件常用于在页面上显示广告。广告或者公司标志是网站顶部最常见的元素，有了 AdRotator 控件，就可以配置应用程序，向终端用户显示一系列的广告。它从列表中随机显示一个图片，这个列表可以是存储在单独的 XML 文件或数据绑定的数据源中的。无论哪一种，列表都会包含图片的属性、路径及单击图片时链接到的 URL。图片将在每次页面加载时更改。

AdRotator 控件定义示例如下：

```
<asp:AdRotator id="AdRotator1" runat="server" Width="100px" Height="60px"
 AdvertisementFile=".\\ad\\adXml.xml">
</asp:AdRotator>
```

除了从 WebControl 继承的属性外，表 6.20 列出了 AdRotator 控件包含的其他属性和事件。

表 6.20　AdRotator 控件的属性和事件

名　称	类　型	说　明
AdvertisementFile	String	包含广告及广告属性列表的 XML 路径
AlternateTextField	String	广告文件或数据字段的元素名称，在其中存储了替换文本。默认值为 AlternateText
DataMember	String	控件将绑定到的数据列表的名称
DataSource	Object	控件将要从中获取数据的对象
DataSourceID	String	控件将要从中获取数据的控件的 ID
ImageUrlField	String	广告文件或数据字段的元素名称，其中存储了图片的 URL。默认值为 ImageUrl
KeywordFilter	String	从广告文件中筛选广告的类别关键字
NavigateUrlField	String	广告文件或数据字段的元素名称，在其中存储了要导航到的 URL。默认值为 NavigateUrl
Target	String	单击 AdRotator 时用于显示目录页面内容的浏览器窗口或框架
AdCreated	Event	在控件创建后、呈现页面前，在每个到服务器的往返行程过程中发生

Target 属性用于指定由哪个浏览器窗口或框架显示单击 AdRotator 控件后的结果页面。它指定是否用结果页面替换当前浏览器窗口或框架中显示的内容，或是打开一个新浏览器窗口，或是其他的操作。Target 属性的值必须以小写的 a～z 中的字符开头，区分大小写，但表 6.21 中指定的值除外，它们以下画线开头，并与 HyperLink 控件的 Target 属性值相同。表 6.21 列出了 Target 属性的特殊值。

表 6.21　Target 属性的特殊值

值	说　明
_blank	在除框架之外未命名的新窗口呈现内容
_new	未文档化。单击时的行为与 _blank 相同，只不过后续的单击将在同一个窗口呈现，而不用打开一个新窗口
_parent	在链接所在窗口或框架的父窗口或框架呈现内容。如果子容器是一个窗口或顶级的框架，则与 _self 相同
_self	在当前焦点所在的窗口或框架呈现内容。这是默认的行为
_top	在当前无框架的整个窗口中呈现内容

广告文件是一个 XML 文件，它包含了 AdRotator 控件显示的与广告有关的信息。该文件的位置和文件名由控件的 AdvertisementFile 属性指定。

广告文件的位置可以是相对于网站的根目录，也可以是绝对路径。如果它的位置不在同一网站中，则要确保应用程序有权访问该文件，尤其在部署之后。正因为如此及其他的一些安全原因，最好把该文件放在 Web 根目录下。

AdvertisementFile 属性不能和 DataSource、DataMember 或 DataSourceID 属性同时设置。换言之，如果数据来源于一个广告文件，它就不能同时来源于数据源，反之亦然。

广告文件和 AdvertisementFile 属性是可选的。如果不使用广告文件，而是要以编程方式创建一个广告，则需要在 AdCreated 的事件中输入代码以显示希望的元素。

由于是一个 XML 文件，所以广告文件是一个已定义好的、使用标签描述数据的结构化文本文件。表 6.22 列出了标准标签，它们都包含在尖括号（< >）中，并需要一个匹配的关闭标签。除了表中列出的标签，也可以包含自定义的标签以便拥有自定义属性。

表 6.22　在广告文件中使用的 XML 标签

标　签	说　明
Advertisements	包含整个广告文件
Ad	描述每一个单独的广告
ImageUrl	要显示的图像的 URL。必需项
NavigateUrl	单击该控件时定位到的 URL
AlternateText	图像不可用时要显示的文本。在某些浏览器中，该文本显示为工具提示
Keyword	广告类别。该关键字可用于通过设置 KeywordFilter 属性过滤要显示的广告
Impressions	一个值，指示相对于 XML 文件中的其他广告，该广告显示的频率

如果使用 XML 源获取广告信息，首先要创建一个 XML 广告文件，该文件可以添加一些元素，以便更多地控制广告的外观和操作方式。

下面是一个 XML 广告文件 ad.xml 的例子：

```xml
<?xml version="1.0" encoding="utf-8" ?>
<Advertisements>
  <Ad>
    <ImageUrl>~/image/phei.jpg</ImageUrl>
    <NavigateUrl>http://www.phei.com.cn/</NavigateUrl>
    <AlternateText>电子工业出版社</AlternateText>
    <Keyword>门户</Keyword>
    <Impressions>20</Impressions>
  </Ad>
  <Ad>
    <ImageUrl>~/image/sohu.jpg</ImageUrl>
    <NavigateUrl>http://www.sohu.com</NavigateUrl>
    <AlternateText>搜狐</AlternateText>
    <Keyword>门户</Keyword>
    <Impressions>80</Impressions>
  </Ad>
  <Ad>
    <ImageUrl>~/image/sina.jpg</ImageUrl>
    <NavigateUrl>http://www.sina.com.cn/</NavigateUrl>
    <AlternateText>新浪</AlternateText>
    <Keyword>门户</Keyword>
    <Impressions>50</Impressions>
  </Ad>
</Advertisements>
```

这个文件包含三个广告，在下例中将用到它。

【例 6.4】 使用 AdRotator 控件制作轮换式广告。

页面设计：拖放一个 AdRotator 控件到页面上，设置 AdvertisementFile 属性。

本例网页 example6-4.aspx 的程序代码如下：

```html
<html xmlns="http://www.w3.org/1999/xhtml">
<head runat="server">
<title>AdRotator 控件举例</title>
</head>
<body>
    <form id="form1" runat="server">
    <div> 轮换式广告<br />
        <asp:AdRotator ID="AdRotator1" runat="server"
            AdvertisementFile="~/AppData/ad.xml" />
    </div>
    </form>
</body>
</html>
```

上面的代码运行效果如图 6.9 所示。页面将按照上面的示例广告文件 ad.xml 中的 Impressions 属性定义的概率来显示广告图片。因为被选广告是按照一定的概率随机选取、轮流展示的，所以就有了轮换式广告的效果。

图 6.9 AdRotator 控件示例

6.3.7 日历控件

Calendar 控件实现一个传统的单月份日历，用户可使用该日历查看和选择日期。当需要在网页中显示日期或者需要用户输入或确认日期时，就需要这样一个控件。和前面讲述的 AdRotator 控件相比，它是一个功能更多的 Web 控件，提供了多个属性、方法和事件。Calendar 控件提供的功能如下：

（1）显示一个日历，该日历会显示一个月份；
（2）允许用户选择日期、周、月；
（3）允许用户选择一定范围内的日期；
（4）允许用户移到下一月或上一月；
（5）以编程方式控制选定日期的显示。

Calendar 控件最简单的形式如下：

```
<asp:Calendar id="Calendar1" runat="server"></asp:Calendar>
```

上述定义将在 Web 页上生成一个显示当前月份日历，如图 6.10 所示。无须手工代码，这个日历具有一些常见的功能，如用户可以选择一天（这时什么也不发生，只是高亮显示选中的日期）及通过单击月份名称两边的导航符号选择月份。

除了所有的 ASP.NET 服务器控件都从 WebControl 继承属性外，Calendar 控件还包含许多自己的属性。表 6.23 列出了 Calendar 控件的主要属性。

图 6.10 Calendar 控件

表 6.23 Calendar 控件的主要属性

名 称	类 型	值	说 明
Caption	String		显示在日历上方的文本
CaptionAlign	TableCaption-Align	Bottom、Left、NotSet、Right、Top	指定标题的垂直和水平对齐方式
CellPadding	Integer	0、1、2 等	边框和单元格之间的以像素为单位的间距。应用到日历的所有单元格和单元格的每个边。默认为 2
CellSpacing	Integer	0、1、2 等	单元格间以像素为单位的间距，应用到日历中的所有单元格。默认值为 0

续表

名 称	类 型	值	说 明
DayNameFormat	DayName-Format	Full、Short、FirstLetter、FirstTwoLetters	一周中每一天的格式。它的值不言自明,除了 Short,它用前 3 个字母表示。默认为 Short
FirstDayOfWeek	FirstDayOf-Week	Default、Sunday、Monday ... Saturday	在第一列显示的一周的某一天,默认值由系统设置指定
NextMonthText	String		下一月份的导航按钮的文本。默认为>,它表现为一个大于号(>)。只有 ShowNextPrevMonth 属性设置为 true 时显示
NextPrevFormat	NextPrev-Format	CustomText、FullMonth、ShortMonth	使用 CustomText,设置该属性并在 NextMont-Text 和 PrevMonth-Text 中指定使用的文本
PrevMonthText	String		上一月份的导航按钮的文本。默认为<,它表现为一个小于号(<)。只有 ShowNextPrevMonth 属性设置为 true 时显示
SelectedDate	DateTime		一个选定的日期。只保留日期,时间为空
SelectedDate	DateTime		选择多个日期后的 DateTime 对象的集合。只保存日期,时间为空
SelectionMode	Calendar-SelectionMode		在本节的后面描述
SelectMonthText	String		选择器列中月份选择元素显示的文本。默认为>>,它表现为两个大于号(>>)。只在 SelectionMode 属性设置为 DayWeekMonth 时可见
ShowDayHeader	Boolean	true、false	是否在日历标题中显示一周中每一天的名称。默认为 true
ShowGridLines	Boolean	true、false	如果为 true,显示单元格之间的网格线。默认为 false
ShowNextPrev-Month	Boolean	true、false	指定是否显示上个月和下个月导航元素。默认为 true
ShowTitle	Boolean	true、false	指定是否显示标题。如果为 false,则上个月和下个月导航元素将隐藏。默认为 true
TitleFormat	TitleFormat	Month、MonthYear	指定标题是显示为月份,还是同时显示月份和年份。默认为 MonthYear
TodaysDate	DateTime		今天的日期
UseAccessible-Header	Boolean	true、false	指示是否使用可通过辅助技术访问的标题
VisibleDate	DateTime		显示月份的任意日期

导航符号由 NextMonthText 和 PrevMonthText 属性分别指定为 > 和 <,这两个 HTML 字符实体一般会显示为大于号(>)和小于号(<)。因为 Calendar 中所有可选择的符号在浏览器中都会呈现为链接,所以在 Calendar 控件中这些符号会显示下画线。

1. 在 Calendar 控件中选择日期

Calendar 控件有 6 种日期获取模式,用户可以选择一天、一周或一个月,通过设置控件的 SelectionMode 属性来实现。表 6.24 列出了 SelectionMode 属性。

表 6.24　Calendar 控件的 SelectionMode 属性

模　式	说　明
Day	允许用户选择单个日期。这是默认值
DayWeek	允许用户选择单个日期或整周
DayWeekMonth	允许用户选择单个日期、周或整个月
None	不能选择日期

【例 6.5】　Calendar 控件获取日期模式的选择。

页面设计：拖放一个 RadioButton 控件到页面上，为单选按钮列表添加几个选项 None、Day、DayWeek、DayWeekMonth。拖放一个 Calendar 控件到页面上，简单设置背景、前景色。

本例网页 example6-5.aspx 的程序代码如下：

```
<html xmlns="http://www.w3.org/1999/xhtml" >
<body>
    <head runat="server">
        <title>Calendar 控件举例</title>
    </head>
    <p>请选择获取日期的模式：</p>
    <form id="form1" runat="server"> <div>
        <asp:RadioButtonList ID="RadioButtonList1" runat="server" AutoPostBack="True"
            RepeatDirection="Horizontal">
            <asp:ListItem>None</asp:ListItem>
            <asp:ListItem Selected="True">Day</asp:ListItem>
            <asp:ListItem>DayWeek</asp:ListItem>
            <asp:ListItem>DayWeekMonth</asp:ListItem>
        </asp:RadioButtonList>
        <br />
        <asp:Calendar ID="Calendar1" runat="server" SelectionMode="Day"
            BackColor="Yellow" BorderColor="Blue" ForeColor="Blue"
            OnSelectionChanged="click">
        </asp:Calendar>
        <br />
        <asp:Label ID="Label1" runat="server"></asp:Label> </div>
    </form>
</body>
</html>
```

example6-5.aspx.cs 代码如下：

```
void Page_Load(Object Sender, EventArgs e)
{
    Calendar1.SelectionMode = (CalendarSelectionMode)RadioButtonList1.SelectedIndex;
    if(Calendar1.SelectionMode ==CalendarSelectionMode .None)
    Calendar1 .SelectedDates.Clear ();
}
protected void click(object sender, EventArgs e)
{    Label1.Text = "当前选择的日期是" + Calendar1.SelectedDate.ToLongDateString ();   }
```

本例中的 RadioButtonList 单选按钮列表提供给用户 6 种在 Calendar 控件中选取日期的模式，其中"Day"是默认的。RadioButtonList 的 AutoPostBack 为真，使得单选按钮列表的选择改变自动回传，引发页面加载事件 Page_load。在 Page_load 中，将 Calendar 控件的 SelectionMode 设置为 RadioButtonList 中被用户选中项的值。用户在 Calendar 控件中单击将触发 Calendar 控件的 OnSelectionChanged 事件，我们使用一个 Click 函数处理此事件，从 Calendar 控件的 SelectedDate 属性中获取选定的日期，显示在 Label 中。运行效果如图 6.11 所示。

图 6.11　Calendar 控件的日期获取模式

注意：
如果 Calendar 控件的 SelectionMode 为 DayWeek 或 DayWeekMonth，而用户恰好选择了整周或整月的话，就应该访问 Calendar 控件的 SelectedDates（选定日期的集合）来获得所有选定的日期。SelectedDates 集合中的日期是按日期升序排列的。

2. 控制 Calendar 控件的外观

Calendar 控件是一个由很多属性构成的复杂控件，为自定义其外观提供了多个选项。最简单直接的改变 Calendar 控件外观的方法是在其智能标签中的"自动套用格式"中选取想要的样式。如果要使 Calendar 控件的外观独具个性，则可以通过设置日历的属性更改日历的颜色、尺寸、文本及其他可视特征。

许多 TableItemStyle 类型的属性用于控制日历每个部分的样式。表 6.25 中列出了这些 TableItemStyle 类型的属性。

表 6.25　Calendar 中 TableItemStyle 类型的属性

属　性	所设置样式的对象
DayHeaderStyle	一周中某天
DayStyle	日期
NextPrevStyle	月份导航控件
OtherMonthDayStyle	不在当前显示月份中的日期

续表

属 性	所设置样式的对象
SelectedDayStyle	选中日期
SelectorStyle	周和月选择器列
TitleStyle	标题栏
TodayDayStyle	今天的日期
WeekendDayStyle	周末日期

除 TableItemStyle 类型的属性，还有几个可读/写的 Boolean 类型属性，它们也用于控制日历的外观，如表 6.26 所示。

表 6.26 Boolean 类型的属性

属 性	默 认 值	控制其可见性的对象
ShowDayHeader	true	一周中每一天的名称
ShowGridLines	false	月份中日期的网格线
ShowNextPrevMonth	true	月份导航控件
ShowTitle	true	标题栏

下列代码设置了 Calendar 控件的样式：
```
<asp:Calendar ID="Calendar1" runat="server" SelectionMode="DayWeekMonth">
        <SelectedDayStyle BackColor="#339966" />
        <DayStyle BackColor="Aqua"
    BorderColor="Lime" BorderWidth="1px" />
        <NextPrevStyle BackColor="#009999" />
        <TitleStyle BackColor="#66CCFF" />
</asp:Calendar>
```
自定义 Calendar 控件的外观时，BackColor 和 ForeColor 属性用于设置背景和文本颜色。DayStyle 设置日样式，包括背景色、边框颜色和边框宽度等。NextPrevStyle 用于设置标题栏左端和右端的上一月和下一月的样式。SelectedDayStyle 设置用户选定日期的样式。

3. Calendar 控件编程

Calendar 控件提供了 3 个事件，通过为事件提供事件处理程序，可以看到日历是如何运行的。这 3 个事件是 SelectionChanged、DayRender、VisibleMonthChanged。

（1）SelectionChanged 事件：当用户在 Calender 控件中选择一天、一周或整个月份时，将触发 SelectionChanged 事件。以编程方式选择时，并不触发该事件。该事件处理程序传递一个 EventArgs 类型参数。

（2）DayRender 事件：Calendar 控件不直接支持日期绑定，但可以修改单个日期单元格的内容和格式。这样可从数据库中获取数据，以便进行一些处理后把它们置于指定的单元格中。

在 Calendar 控件呈现到客户端浏览器之前，将组成创建该控件的所有组件。随着创建每个单元格，将引发 DayRender 事件。可以捕获该事件。

DayRender 事件处理程序接收两个 DayRenderEventArgs 类型的参数。该对象有两个属性，它们可以用编程方式读取。

- Cell：表示要呈现的单元格的表格单元格对象。
- Day：表示呈现在单元格中日期的 CalendarDay 对象。

（3）VisibleMonthChanged 事件：Calendar 控件还提供了一个事件 VisibleMonthChanged，以确定用户是否更改了月份。

6.3.8 视图控件

View 控件是视图控件，MultiView 控件是多视图控件，两者都属于容器控件，View 控件是一个 Web 控件的容器，而 MultiView 控件又是 View 控件的容器，因此两者通常一起搭配运作。在 MultiView 控件中可以拖曳多个 View 控件，而 View 控件内包含了任何需要显示在页面中的内容，存放一般的 ASP.NET 服务器控件，如 Image、TextBox 等。虽然 MultiView 中可包含多个 View 控件，但页面一次只能显示一个视图，因此也只有一个 View 控件区域会被显示。MultiView 通过 ActiveViewIndex 属性值来决定哪个 View 被显示，程序也是利用 ActiveViewIndex 属性设置来切换不同的 View（如图 6.12 所示）。

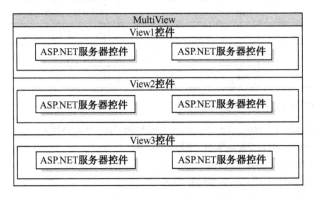

图 6.12 MultiView 与 View 控件关系图

View 和 MultiView 控件的格式如下：

```
<asp:MultiView ID="MultiView1" runat="server">
<asp:View ID="View1" runat="server">
</asp:View>
  <asp:View ID="View2" runat="server">
  </asp:View>
</asp:MultiView>
```

上述代码中 MultiView 控件包含了两个 View 控件，需要显示的视图内容设置在<asp:View>控件中。

若要在 Visual Studio 2010 中创建 MultiView 控件，可以在"设计"视图中将 MultiView 控件拖放到设计界面上，再在 MultiView 控件上拖放几个 View 控件。把需要的元素放在 View 控件上。

View 和 MultiView 控件继承自 System.Web.UI.Control 类。MultiView 控件有一个类型为 ViewCollection 的只读属性 View。使用该属性可获得包含在 MultiView 中的 View 对象集合。与所有的 .NET 集合一样，该集合中的元素被编入索引。MultiView 控件包含 ActiveViewIndex 属性，该属性可获取或设置以 0 开始的，表示当前活动视图的索引。如果没有视图是活动的，则 ActiveViewIndex 为默认值-1。

表 6.27 列出了 MultiView 控件的 CommandName 字段。为按钮的 CommandName 属性赋值，能够实现视图导航。例如，将 Button、ImageButton 或 LinkButton 控件的 CommandName 属性设

置为 NextView，单击这些按钮后将自动导航到下一个视图，而不需要额外的代码。开发者不需要为按钮编写单击事件处理程序。

表6.27 MultiView 控件的 CommandName 字段

字 段	默认命令名	说 明
NextViewCommandName	NextView	导航到下一个具有更高 ActiveViewIndex 值的视图。如果当前位于最后的视图，则设置 ActiveViewIndex 为-1，不显示任何视图
PreviousViewCommandName	PrevView	导航到低于 ActiveViewIndex 值的视图。如果当前位于第一个视图，则设置 ActiveViewIndex 为-1，不显示任何视图
SwitchViewByIDCommandName	SwitchViewByID	导航到指定 ID 的视图，可以使用 CommandArgument 指定 ID 值
SwitchViewByIndexCommandName	SwitchViewByIndex	导航到指定索引的视图，使用 CommandArgument 属性指定索引

【例6.6】 MultiView 控件和 View 控件示例。

页面设计：放置一个 MultiView 控件到页面上，在其中添加3个 View 控件，在前两个 View 中各放置一个按钮。这两个按钮指向同一个服务器事件。

本例网页 example6-6.aspx 的程序代码如下：

```
<html xmlns="http://www.w3.org/1999/xhtml" >
<head id="Head1" runat="server">
    <title>MultiView 控件示例 </title>
</head>
<body>
    <form id="form1" runat="server">
        <asp:MultiView ID="MultiView1" runat="server">
            <asp:View ID="View1" runat="server">
            <p />创建 MultiView 对象的步骤： <p />
            1.在 Visual Stuidio 2010 的设计视图中，拖放 MultiView 控件到页面上。<p />
            <asp:Button ID="Button1" runat="server" Text="下一步"  OnClick="NextView" />
            </asp:View>
        <asp:View ID="View2" runat="server">
            <p />2.将 MultiView 中添加 View 控件，并在每个 View 控件中添加需要布置的其他控件。<p />
            <asp:Button ID="Button2" runat="server" Text="下一步"  OnClick="NextView" />
            </asp:View>
        <asp:View ID="View3" runat="server">
            <p />3.根据需要设置 MultiView 控件的 ActiveViewIndex 属性就 可以了。<p />
            </asp:View>
        </asp:MultiView>
    </form>
</body>
</html>
```

example6-6.aspx.cs 代码如下：

```
protected void Page_Load(object sender, EventArgs e)
{
    if (!Page.IsPostBack)
    {           MultiView1.ActiveViewIndex = 0;         }
}
protected void NextView(object sender, EventArgs e)
{       MultiView1.ActiveViewIndex += 1;        }
```

本例运行效果如图 6.13 所示。在本例中的 View1 控件和 View2 控件中各放置了一个按钮，两个按钮指向同一个服务器事件 NextView。在页面加载事件 Page_load 中 MultiView 控件的 AciveViewIndex 属性初始值为 0，表示首次加载页面呈现的是 View1 控件。单击按钮后触发 NextView 事件，在 NextView 中会给 AciveViewIndex 的值加 1，这样会显示视图系列中的下一个视图，直到显示最后一个视图为止。

图 6.13　MultiView 与 View 控件示例

6.3.9　向导控件

Wizards 控件为用户提供了呈现一连串步骤的基础架构，这样可以访问所有步骤中包含的数据，并方便地进行前后导航。Wizard 向导控件的主要功能是提供导航和用户接口（UI）以收集多个步骤中的相关信息。Wizard 控件可以应用在下列工作中：

（1）收集多个步骤中的相关信息；

（2）有些大型的 Web 网页需要收集用户的信息；

（3）允许线性或非线性地导航各个步骤。

Wizard 控件可以提供良好的流程导航与步骤指引，让用户明确地知道有哪些步骤，并可建立程序化逻辑来处理或控制比较复杂的步骤。

Wizard 控件可分为 4 大区域。

（1）向导步骤（WizardStep）区域：Wizard 控件使用多个步骤来描绘用户输入的不同部分。每个步骤的内容添加在标记 <asp:WizardStep> 中，所有的 <asp:WizardStep> 又都包含在 <WizardSteps> 标记中。实际应用时，每次只能显示一个 <asp:WizardStep> 定义的内容。

（2）标题（Header）区域：用于在步骤顶部提供一致的信息，此项是可选元素。

（3）侧栏（SideBar）区域：此项也是可选元素，通常显示在向导左边，包含所有步骤的列表，并提供在各个步骤间的跳转。

（4）导航按钮（Navigation）区域：是 Wizard 内置导航功能，它会根据步骤类型（StepType）

设置值的不同，而呈现不同的导航按钮。

每个 WizardStep 步骤都会有一个 StepType 属性，它最主要的作用是决定每个步骤中的导航 Button 按钮如何显示。StepType 的类型说明如表 6.28 所示。

表 6.28 StepType 类型说明

StepType 类型	说 明
Start（开始步骤）	这是第一个步骤，只会呈现"下一步"按钮
Step（阶段步骤）	在 Start 及 Finish 之间的步骤全部归类为 Step，Step 会同时呈现"上一步"及"下一步"按钮
Finish（完成步骤）	这是最后的数据收集步骤，会呈现"完成"及"上一步"按钮，但若前一个步骤的 AllowReturn 设置为 False，则不显示"上一步"按钮
Complete（结束步骤）	这是 Wizard 的最后一个步骤画面，完全不会呈现任何按钮，甚至连 SideBar 区域也会消失；若就英文字面很难区分 Complete 和 Finish 两者的差别，但就实质而言，Complete 较贴近最后的结束
Auto（自动）	系统会依该步骤的顺序决定其为何种 StepType 类型

Wizard 控件的所有外观特征几乎都可以通过样式和模板来自定义，包括各种各样的按钮和链接、标题和页脚、工具条和 WizardStep。Wizard 向导控件所支持的样式如表 6.29 所示。

表 6.29 Wizard 控件样式设置表

样式（Style）	说 明
CancelButtonStyle	设置"取消"按钮的样式
FinishCompleteButtonStyle	设置"完成"按钮的样式
FinishPreviousButtonStyle	设置 Finish 步骤中的"上一步"按钮的样式
HeaderStyle	设置表头样式
NavigationButtonStyle	设置导航区域中所有按钮的样式
NavigateStyle	设置导航区域样式
SideBarStyle	设置 SideBar 区域样式
StartNextButtonStyle	设置 Start 步骤中的"下一步"按钮的样式
StepNextButtonStyle	设置 Step 步骤中的"下一步"按钮的样式
StepPreviousButtonStyle	设置 Step 步骤中的"上一步"按钮的样式
StepStyle	设置 WizardStep 区域的样式

Wizard 控件除了可调整样式外，还可调整其外观属性，如果想更进一步定制 Wizard 控件默认的样式或外观等，可以通过其模板编辑功能来达成深入的定制，Wizard 控件提供了 5 种模板类型，如表 6.30 所示。

表 6.30 Wizard 控件模板类型

模板类型（Template）	说 明
HeaderTemplate	编辑表头模板
SideBarTemplate	编辑 SideBar 模板
StartNavigationTemplate	编辑开始步骤导航区域模板
StepNavigationTemplate	编辑阶段 Step 步骤导航区域模板
FinishNavigationTemplate	编辑完成步骤导航区域模板

Wizard 控件的属性非常多，表 6.31 列出了常用属性。

表 6.31 Wizard 控件的常用属性

属 性	说 明
ActiveStepIndex	通过索引值设置 WizardSteps 集合中哪个步骤项为 Active
CancelDestinationPageUrl	设置当用户按下"取消"按钮时会导向到的网页 URL
DisplayCancelButton	是否显示"取消"按钮，默认不显示（False）
DisplaySideBar	是否显示 SideBar 区域，默认为 True
EnableTheme	是否套用 Theme
FinishDestinationPageUrl	设置当用户按下"完成"按钮时会重新导向到的网页 URL
SkinID	取得或设置要套用至控件的面板
ToolTip	设置当鼠标指针停留在 Web 服务器控件时显示的文字

Wizard 支持的事件如表 6.32 所示。

表 6.32 Wizard 支持的事件

事 件	说 明
ActiveStepChanged	当用户切换至控件中的新步骤时发生
CancelButtonClick	当用户单击"取消"按钮时发生
FinishButtonClick	当用户单击"完成"按钮时发生
NextButtonClick	当用户单击"下一步"按钮时发生
PreviousButtonClick	当用户单击"上一步"按钮时发生
SideBarButtonClick	当用户单击 SideBar 区域中的项目时发生

Wizard 控件包含 3 个特别有意思的方法，如表 6.33 所示。

表 6.33 Wizard 控件的方法

方法名称	返回类型	说 明
GetHistory	ICollection	返回一个按被访问的顺序排列的 WizardStepBase 对象的集合，索引 0 为最近访问的步骤
GetStepType	WizardStepType	步骤的类型，如表 6-28 所示
MoveTo	void	移动到参数中指定的 WizardStep 对象

下面通过具体的示例来介绍创建 Wizard 控件的方法。

页面设计：

（1）放置一个 Wizard 控件到页面上，在智能标志中选择"自动套用格式"，选择一种喜爱的格式。

（2）编辑 Wizard 控件的步骤，单击 Step1，将其 Text 属性改为"第一步"，在其中添加 6 个 TextBox 控件，以收集用户信息，包括学校、院系、姓名、性别。其效果如图 6.14 所示。单击 Step2，将其 Text 属性改为"第二步"，在其中添加两个 RadioButton 控件，以确定用户是否愿意接收电子邮件。其效果如图 6.15 所示。

（3）添加新步骤，添加 Step3，将其 Text 属性改为"第三步"，在其中添加一个 TextBox 控件，以收集用户的电子邮件地址信息。其效果如图 6.16 所示。添加 Step6，将其 Text 属性改为"第四步",设置其 StepType 属性为 Complete。在其中添加 5 个 Label 控件,以对应显示收集的用户信息。其效果如图 6.17 所示。

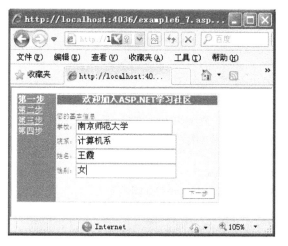

图 6.14 Wizard 控件举例——第一步

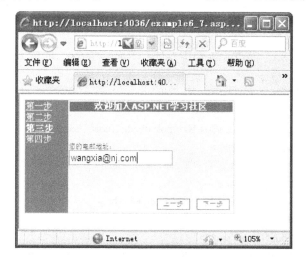

图 6.15 Wizard 控件举例——第二步

图 6.16 Wizard 控件举例——第三步

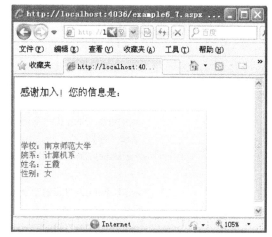

图 6.17 Wizard 控件举例——第四步

(4) 添加事件处理代码。

本例网页程序代码如下：

```html
<html xmlns="http://www.w3.org/1999/xhtml" >
<head id="Head1" runat="server">    </head>
<body>
    <form id="form1" runat="server">
    <div>
    <asp:Wizard ID="Wizard1" runat="server" Height="156px" Width="300px"
            ActiveStepIndex="2" OnNextButtonClick="Wizard1_NextButtonClick"
            BackColor="#EFF3FB" BorderColor="#B5C7DE" BorderWidth="1px"
            Font-Names="Verdana" Font-Size="0.8em"
            OnActiveStepChanged="Wizard1_ActiveStepChanged">
        <StepStyle Font-Size="0.8em" ForeColor="#333333" VerticalAlign="Middle" />
        <WizardSteps>
            <asp:WizardStep ID="WizardStep1" runat="server" Title="第一步"
            StepType="Start">
            您的基本信息<br />
            学校：<asp:TextBox ID="name" runat="server" Width="138px" />
            <br />
            院系：<asp:TextBox ID="address" runat="server" />
            <br />
            姓名：<asp:TextBox ID="city" runat="server" />
            <br />
            性别：<asp:TextBox ID="postalcode" runat="server" />
            </asp:WizardStep>
            <asp:WizardStep ID="WizardStep2" runat="server" Title="第二步"
             StepType="Step">
            您是否愿意接收本站的电子邮件？<br />
            <asp:RadioButton ID="RadioButton1" runat="server" Text="是"
            GroupName="em" />
            <asp:RadioButton ID="RadioButton2" runat="server" Text="否"
                GroupName="em" />
            </asp:WizardStep>
            <asp:WizardStep ID="WizardStep3" runat="server" Title="第三步"
                StepType="Step">
            您的电邮地址：<br />
            <asp:TextBox ID="email" runat="server" />
            </asp:WizardStep>
            <asp:WizardStep ID="WizardStep6" runat="server" StepType="Complete"
                Title="第四步">
            <asp:Label ID="Label1" runat="server" Text="学校：" />
            <br />
            <asp:Label ID="Label2" runat="server" Text="院系：" />
            <br />
            <asp:Label ID="Label3" runat="server" Text="姓名：" />
            <br />
            <asp:Label ID="Label6" runat="server" Text="性别：" />
```

```
                    <br />
                    <asp:Label ID="Label5" runat="server" Text="电邮: " />
                </asp:WizardStep>
            </WizardSteps>
        <SideBarButtonStyle
            BackColor="#507CD1"
            Font-Names="Verdana"
                ForeColor="White" />
            <NavigationButtonStyle
            BackColor="White"
        BorderColor="#507CD1"
            BorderStyle="Solid"
            BorderWidth="1px"
                Font-Names="Verdana"
            Font-Size="0.8em"
            ForeColor="#286E98" />
        <SideBarStyle
        BackColor="#507CD1"
        Font-Size="0.9em" VerticalAlign="Top" />
            <HeaderStyle BackColor="#286E98" BorderColor="#EFF3FB" BorderStyle="Solid"
                BorderWidth="2px" Font-Bold="True" Font-Size="0.9em" ForeColor="White"
                HorizontalAlign="Center" />
            <HeaderTemplate>
                欢迎加入 ASP.NET 学习社区
            </HeaderTemplate>
    </asp:Wizard>
    </div>
    </form>
</body>
</html>
```

cs 文件中处理代码如下:

```
protected   void Page_Load(object sender, EventArgs e)
{
    //首次加载网页时呈现第一步
    if (!IsPostBack)
        Wizard1.ActiveStepIndex = 0;
}
protected   void Wizard1_NextButtonClick(object sender, WizardNavigationEventArgs e)
{
    //根据单选按钮的状态判断是否出现第三步让用户输入电邮
    if (Wizard1.ActiveStepIndex ==1)
    {
        if (RadioButton1.Checked==true)
            Wizard1.ActiveStepIndex = 2;
        else
            Wizard1.ActiveStepIndex = 3;
    }
```

```
    }
    protected void Wizard1_ActiveStepChanged(object sender, EventArgs e)
    {
        //处理最后一步，整理用户输入的所有信息
        if (Wizard1.ActiveStepIndex == 3)
        {
            Response.Write("感谢加入！您的信息是：");
            Label1.Text += name.Text;
            Label2.Text += address.Text;
            Label3.Text += city.Text;
            Label6.Text += postalcode.Text;
            if (RadioButton1.Checked == true)
                Label5.Text += email.Text;
            else
                Label5.Text = "";
        }
    }
```

本例实现的功能是一个用户提交信息的向导。在前 3 个步骤中用户输入信息，在最后一步把用户输入的信息显示出来。其中第二步为询问用户是否愿意接收电子邮件，如果用户不愿意接收电邮，则跳过第三步，否则进入第三步让用户输入电子邮箱地址。

在页面加载事件 Page_load 中，通过 IsPostBack 属性判断是否为首次加载网页，如果是首次加载网页，则将步骤定在"第一步"呈现给用户。在 Wizard 控件的 OnNextButtonClick 事件中，判断如果当前的活动步骤"ActiveStepInedx"是 1（因为 StepIndex 是从 0 开始计的，此时呈现第二步），就根据单选按钮的 Checked 属性，判断用户是否选择接收电子邮件，如果是，则将新的 ActiveStepInedx 赋值为 2，也就是接下来呈现的第三步；否则就将新的 ActiveStepInedx 赋值为 3，即呈现第四步。在 Wizard 控件的 OnNextButtonClick 事件中，整理用户输入的信息，显示在对应的 Label 控件的 Text 上。其中 Label5 用于显示邮箱信息的要加以判断是否要显示，如果 RadioButton1 没有被选中，则将 Lable5 的 Text 属性置为空。程序的运行结果如图 6.14 至图 6.17 所示。

6.4 验证控件

在 Internet 上收集数据时，为确保所收集的数据有价值、有意义，应避免收集的信息违反制定的规则。验证服务器控件是一系列控件，可以处理终端用户在应用程序的窗体元素中输入的信息。这些控件可确保放在窗体上的数据的有效性。验证控件位于 Visual Studio 2010 的"工具箱"的"验证"选项卡中。

验证控件检查输入到其他控件中的数据，然后发出通过或失败信息。这种检查类型的范围为从简单的检查到非常复杂的模式匹配。验证控件类似于其他 ASP.NET 4.0 控件，其属性设置方式与其他标准 Web 控件相同。ASP.NET 4.0 中的整个验证模式只需要页面设计者很少的自定义工作。如果添加验证控件并设置它们的相关属性，则验证可在没有编码的情况下工作。

ASP.NET 4.0 包含 6 个验证控件。

- RequiredFieldValidator：用于要求用户在表单字段中输入必需的值。

- RangeValidator：用于检测一个值是否在确定的最小值和最大值之间。
- CompareValidator：用于比较一个值和另一个值或执行数据类型检查。
- RegularExpressionValidator：用于比较一个值和正则表达式。
- CustomValidator：用于执行自定义验证。
- ValidationSummary：用于在页面中显示所有验证错误的摘要。

不同的验证控件主要在执行的检查类型方面存在区别。这些验证控件的大多数成员提供了相同的属性集，因此在单独研究每个验证控件之前，先介绍这些一般性的属性，具体如下。

（1）ControlToValidate：标识页面上的哪些控件应该由此验证控件检查。

（2）Text：若用户输入的数据违反验证规则，则将该字符串显示给用户。如果有 ErrorMessage 的值，但在 Text 属性中没有值，则 ErrorMessage 自动替换 Text 属性。

（3）ErrorMessage 和 ValidationGroup：包含在 Validation Summary 中显示的文本，当讨论 Validation Summary 时将介绍这些属性。

（4）Display：确定页面在验证控件显示其 Text 消息时应如何处理它的布局。有 3 个选项，包括 None、Static 和 Dynamic。

（5）SetFocusOnError：将页面的焦点放置在产生错误的控件上，让用户更容易修订输入。如果页面上有多个验证控件，并且多个验证控件报告验证失败，则页面上第一个失败的验证控件接收焦点。

（6）EnableClientScript：该属性默认为 True，表示允许客户端验证。

此外，每个控件中还有特定于测试类型的属性。在后续内容中，将讨论比较字段、值范围和正则表达式的测试属性。

> **注意：**

有两个在名称方面类似的验证属性：Text 和 ErrorMessage。当控件验证失败时，调用这两个属性，在验证控件的位置显示 Text，ErrorMessage 则提供给 ValidationSummary 控件，并显示在 ValidationSummary 控件的位置。若未使用 ValidationSummary，则应该在 Text 属性中放置提供给用户的警告信息。

处理含有验证控件的表单数据提交，应当总是检查 Page.IsValid 属性。每一个验证控件都包含一个 IsValid 属性，如果没有验证错误，这个属性返回 True。如果页面中所有验证控件的 IsValid 属性都返回 True，则 Page.IsValid 属性返回 True。

6.4.1 客户端验证和服务器验证

在窗体回送给服务器之前，对输入该窗体的数据进行的验证称为客户端验证。当请求发送到应用程序所在的服务器后，在请求/响应循环的这一刻，就可以为所提交的信息进行有效性验证，这称为服务器验证。验证控件会在客户端（浏览器）和服务器都默认执行验证。验证控件使用客户端 JavaScript。从用户体验的角度来看，无论何时把一个无效的值输入表单字段都能立即得到反馈。

对于验证中的事件序列，有两种情况：

（1）若客户端支持 JScript 且验证控件的 EnableClientScript=true，则在客户端和服务器上执行验证。

（2）如果上面两个条件中的任何一个不满足，则只在服务器上执行验证。

如果在客户端执行验证,则在被验证的控件丢失焦点时进行验证。注意,一般是在单击 Submit

按钮之前进行该操作。如果验证失败，则不会发送任何内容给服务器，但验证控件将仍然通过使用 JavaScript 显示关于失败的文本消息。

当由服务器接收时，执行另一个验证。如果页面通过验证，则页面继续执行它的其他任务。如果存在失败，则将 Page.IsValid 设置为 False，然后页面执行脚本，但如果程序员检查 Page.IsValid 状态，则可以停止这些操作。页面上的数据控件将不会执行任何写入任务。然后，使用验证错误消息重新构建页面，并且以回送来响应。

比较安全的验证形式是服务器验证。验证总是在服务器上执行，无论是否执行客户端验证。这就防止了电子欺骗（黑客可借此伪造一个有效的服务器回送，从而绕开客户端验证）。添加客户端选项可节省一些时间，因为如果在客户端验证中存在验证失败，就不需要建立来回的过程。

比较好的方法是先进行客户端验证，在窗体传送给服务器后，再使用服务器验证进行检查。这种方法综合了两种验证的优点，总是执行服务器验证（对于 ASP.NET 4.0 验证控件，无论如何都不可关闭这种验证）。如果知道客户端使用 JavaScript，则客户端验证是额外的便利措施。如果一些客户端没有启用 JavaScript，仍然可以打开 EnableClientScript，它将被浏览器忽略。

6.4.2 RequiredFieldValidator 控件

RequiredFieldValidator 控件用于要求用户在提交表单前为表单字段输入值。使用 RequiredFieldValidator 控件时，必须设置下列两个重要的属性。

（1）ControlToValidate：被验证的表单字段的 ID。

（2）Text：验证失败时显示的错误信息。

RequiredFieldValidator 在用户至少尝试了一次提交表单或在表单字段中输入、移除数据后才执行客户端验证。

下面的代码要求验证用户名文本框不为空：

```
<asp:TextBox id="UserName" Runat="server" />
<asp:RequiredFieldValidator id="ReqName" ControlToValidate="UserName" Text="(必填)"
    Runat="server" />
```

上面的代码中，RequiredFieldValidator 验证控件的 ID 为 ReqName，它要验证的控件由 ControlToValidate 属性指定，是 ID 为 UserName 的文本框。如果用户没有在文本框 UserName 中输入信息，将呈现错误信息"（必填）"，该信息由 ReqName 的 Text 属性规定。代码运行效果如图 6.18 所示。

图 6.18 RequiredFieldValidator 控件示例一 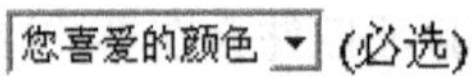   图 6.19 RequiredFieldValidator 控件示例二

RequiredFieldValidator 控件默认检查非空字符串。在 RequiredFieldValidator 关联的表单字段中输入任何字符，该 RequiredFieldValidator 控件就不会显示它的验证错误信息。

可以使用 RequiredFieldValidator 控件的 InitialValue 属性来指定空字符串之外的默认值。下面代码清单中的页面使用 RequiredFieldValidator 控件来验证 DropDownList 控件。

```
<asp:DropDownList id="dropFavoriteColor" Runat="server">
 <asp:ListItem Text="您喜爱的颜色" Value="none" />
 <asp:ListItem Text="红色" Value="Red" />
 <asp:ListItem Text="蓝色" Value="Blue" />
 <asp:ListItem Text="绿色" Value="Green" />
</asp:DropDownList>
<asp:RequiredFieldValidator id="reqFavoriteColor" Text="(必选)" InitialValue="none"
ControlToValidate="dropFavoriteColor" Runat="server" />
```

上述代码中，DropDownList 控件显示的第一个列表项显示文本"您喜爱的颜色"。RequiredFieldValidator 控件拥有一个 InitialValue 属性，DropDownList 控件的第一个列表项的值赋给了该属性。如果没有在这个 DropDownList 控件中选择颜色就提交表单，则会显示一个验证错误，效果如图 6.19 所示。

6.4.3 RangeValidator 控件

RangeValidator 控件用于检测表单字段的值是否在指定的最小值和最大值之间。使用这个控件时，必须设置以下 5 个属性。

（1）ControlToValidate：被验证的表单字段的 ID。
（2）Text：验证失败时显示的错误信息。
（3）MinimumValue：验证范围的最小值。
（4）MaximumValue：验证范围的最大值。
（5）Type：所执行的比较类型。可能的值有 String、Integer、Double、Date 和 Currency。

下面的代码中用一个 RangeValidator 控件验证表单的年龄字段。如果没有输入 5～100 之间的年龄，就会显示一个验证错误。

```
<asp:TextBox id="txtAge" Runat="server" />
<asp:RangeValidator id="reqAge" ControlToValidate="txtAge" Text="(年龄错误！)"  MinimumValue="5"
 MaximumValue="100" Type="Integer" Runat="server" />
```

上述代码所在的表单中，所填的年龄小于 5 或者大于 100，就会显示验证错误信息。假如输入的不是一个数字，也会显示验证错误。如果输入到表单字段的值不能转换成 RangeValidator 控件的 Type 属性所表示的数据类型，就会显示错误信息。效果如图 6.20 所示。

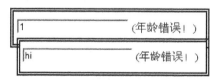

图 6.20　RangeValidator 控件示例

假如不为年龄字段输入任何值就提交表单，则不会显示错误信息。如果要求用户必须输入一个值，就需要用一个 RequiredFieldValidator 关联该表单字段。

使用 RangeValidator 控件时不要忘记设置 Type 属性。Type 属性的值默认为 String，RangeValidator 控件执行字符串比较来确定该值是否介于最小值和最大值之间。

6.4.4 CompareValidator 控件

CompareValidator 控件可用于执行 3 种不同类型的验证任务。首先，可使用 CompareValidator 执行数据类型检测。换句话说，可以用它确定用户是否在表单字段中输入了类型正确的值，比如在生日数据字段输入一个日期。其次，可以用 CompareValidator 控件在输入表单字段的值和一个固定值之间进行比较。例如，用 CompareValidator 控件检查输入的年龄是否大于 18 岁，从而判断是否为成年人。最后，可以用 CompareValidator 控件比较一个表单字段的值与另一个表单字段的值。例如，使用 CompareValidator 控件来检查密码框和重复密码框中两次输入的密码是否一致。

CompareValidator 控件有以下 6 个重要的属性。

（1）ControlToValidate：被验证的表单字段的 ID。
（2）Text：验证失败时显示的错误信息。
（3）Type：比较的数据类型。可能的值有 String、Integer、Double、Date 和 Currency。
（4）Operator：所执行的比较的类型。可能的值有 DataTypeCheck、Equal、GreaterThan、GreaterThanEqual、LessThan、LessThanEqual 和 NotEqual。
（5）ValueToCompare：所比较的固定值。
（6）ControlToCompare：所比较的控件的 ID。

下面的代码展示如何使用 CompareValidator 控件执行一个数据类型检查。该页面包含一个生日数据字段，如果输入的值不是一个日期，就会显示验证错误信息。

```
<asp:TextBox id="txtBirthDate" Runat="server" />
<asp:CompareValidator     id="cmpBirthDate" Text= "（不正确的日期！）"
ControlToValidate="txtBirthDate" Type="Date" Operator="DataTypeCheck" Runat="server" />
```

上述代码中，CompareValidator 控件的 Type 属性的值为 Date，Operator 属性的值为 DataTypeCheck。如果在生日数据字段中输入的不是日期的值，就会显示一个验证错误信息，如图 6.21 所示。

图 6.21　CompareValidator 控件示例一

下面的代码使用 CompareValidator 来限制一个文本控件的值，如果输入的值不在 5 和 100 之间，就会显示一个验证错误。

```
<asp:TextBox id="txtAge" Runat="server" />
<asp:CompareValidator id="ComAge1" ControlToValidate="txtAge" Text="(年龄必须大于 5！)"
Operator="GreaterThan" ValueToCompare =5 Type="Integer" Runat="server" />
<asp:CompareValidator id="ComAge2" ControlToValidate="txtAge" Text="(年龄必须小于 100！)"
    Operator="LessThan" ValueToCompare =100 Type="Integer" Runat="server" />
```

上述代码中包含的两个 CompareValidator 控件都用于和固定值进行比较，设置 ValueToCompare 属性为要比较的值。代码运行效果如图 6.22 所示。

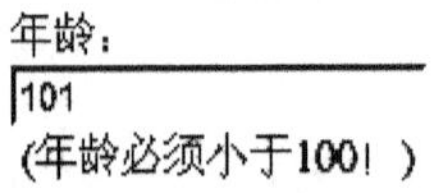

图 6.22　Compare-Validator 控件示例二

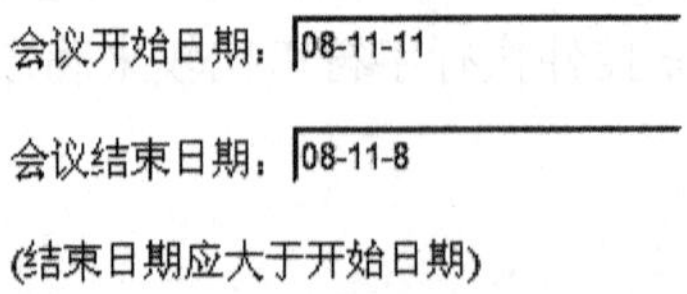

图 6.23　CompareValidator 控件示例三

⊙⊙ 注意：

将多于一个的验证控件关联到同一个表单字段不会产生任何错误。很多时候为了达到一定的验证效果需要将多个验证控件关联到某个特定的控件上。例如，如果要使一个表单字段必须输入值并检查输入表单字段的数据类型，就需要给表单字段同时关联 RequiredFieldValidator 控件和 CompareValidator 控件。

下面的代码片段使用 CompareValidator 来比较一个表单字段的值和另一个表单字段的值。

```
<asp:TextBox id="txtStartDate" Runat="server" />
<asp:TextBox id="txtEndDate" Runat="server" />
<asp:CompareValidator id="cmpDate" Text="(结束日期应大于开始日期)"
    ControlToValidate="txtEndDate" ControlToCompare="txtStartDate" Type="Date"
    Operator="GreaterThan" Runat="server" />
```

上述代码中的页面包含会议开始日期字段 txtStartDate 和会议结束日期字段 txtEndDate。CompareValidator 控件验证 txtEndDate，并设置 ControlToCompare 属性为要比较的控件名称 txtStartDate。如果输入 txtStartDate 的值大于 txtEndDate 的值，就会显示一个验证错误，运行效果如图 6.23 所示。

像 RangeValidator 一样，如果不为要验证的表单字段输入值，CompareValidator 也不会显示错误。如果想要求用户输入值，就需要为该字段关联一个 RequiredFieldValidator 控件。

6.4.5 RegularExpressionValidator 控件

RegularExpressionValidator 控件用于把表单字段的值和正则表达式进行比较。正则表达式可用于表示字符串模式，如电子邮件地址、社会保障号、电话号码、日期、货币数和产品编码。此验证控件非常灵活，使用时只要定义好用于验证的正则表达式，就可以实现各种各样的验证。

正则表达式是字符模式的描述。例如，中国内地的邮政编码的模式总是 6 个数字，因为情况总是如此（系统是规则的），所以可以编写描述该模式的表达式。正则表达式由以下两种字符组成。

（1）文字字符：描述必须在特定位置中的特定字符。例如，必须总是有一个作为第 6 个字符的连字符。

（2）元字符：描述允许的字符集（例如，在第 2 个位置必须有一个数字）。元字符也包括允许多少字符和如何应用允许标准的选项。

表 6.34 列出了常用的正常表达式及其说明。

表 6.34 常用正则表达式字符说明

字 符	说 明
[...]	定义可接受的字符，如[ABC123]
[^...]	定义不可接受的字符，如[^ ABC123]
\w	匹配包括下画线的任何单词字符，等价于 '[A-Za-z0-9_]'
\W	匹配任何非单词字符，等价于 '[^A-Za-z0-9_]'
\s	匹配任何空白字符，包括空格、制表符、换页符等，等价于 [\f\n\r\t\v]
\S	匹配任何非空白字符，等价于 [^ \f\n\r\t\v]
\d	匹配一个数字字符，等价于 [0-9]

字 符	说 明
\D	匹配一个非数字字符，等价于 [^0-9]
\	将下一个字符标记为一个特殊字符、一个原义字符、一个向后引用或一个八进制转义符。例如，'n' 匹配字符 "n"，'\n' 匹配一个换行符，序列 '\\' 匹配 "\" 而 "\(" 则匹配 "("
\b	匹配一个单词边界，也就是指单词和空格间的位置。例如， 'er\b' 可以匹配 "never" 中的 'er'，但不能匹配 "verb" 中的 'er'
\B	匹配非单词边界。'er\B' 能匹配 "verb" 中 200 的 'er'，但不能匹配 "never" 中的 'er'
(...)	用于分块，与数学运算中的小括号相似
.	代表任意字符
{ }	定义必须输入的字符个数。例如，{6}为必须输入 6 个字符；{6,15}为输入 6~15 个字符，包含 6 个和 15 个；{6,}为至少输入 6 个字符
?	匹配前面的表达式 0 次或 1 次，相当于{0,1}
+	匹配前面的子表达式一次或多次。例如，'zo+' 能匹配 "zo" 及 "zoo"，但不能匹配 "z"。+ 等价于 {1,}
*	匹配前面的子表达式零次或多次。例如，zo* 能匹配 "z" 及 "zoo"。* 等价于{0,}
|	匹配前面的表达式或后面的表达式。例如，'z|food' 能匹配 "z" 或 "food"，'(z|f)ood' 则匹配 "zood" 或 "food"

正则表达式有一些基本的规则。第一个规则是，如果希望输入在一行中（没有换行符），则在表达式的开始添加一个脱字符号（^），并且在表达式的最后添加一个美元符号$。这意味着"包括的内容必须在字符串的开始和结束处匹配"。对于初学者，只指定一行是很好的方法。

正则表达式的第二个基本规则是反斜线（\）作为转义字符使用。反斜线后面的字符可以是以下两种情况之一：真正的元字符或转义的文字字符。例如，如果希望圆括号或句点作为字面值，则必须在其前面添加反斜线。

若值中的字符重复，则表达式中该字符的元字符应该在后面跟上一对花括号，其中包括允许重复的确切数量。例如，表示 6 位数字的中国邮政编码为 ^\d{6}。

.NET 正则表达式支持接受元字符的可变重复数量的能力。例如，确切的 5 个数字表示为 ^\d{5}$，5 个或更多数字表示为 ^\d{5, }$，任何数量的数字表示为 ^\d{0, }$，数字的数量至少为 3 但不多于 5 可表示为 ^\d{3,5}$。

也存在使用通配符的多个字符的语法。星号（*）的元字符可重复零次或多次，这与{0,}相同。加号（+）的元字符必须重复一次或多次（至少一次），这与{1,}相同。元字符后面跟上问号表示字符重复零次或一次，这与{0,1}相同。例如，可以只有数字、必须至少有一个数字并且对数字的长度没有上限，这种输入可描述为 ^\d+$。

可以在一个位置中限定允许字符的列表。该列表只需要包括在方括号[]中，每项之间用逗号分隔。例如，只接受 3 个字母，中间的为元音字母，用于验证的正则表达式是 ^\w[a, e, i, o, u, A, E, I, O, U]\w$。

正则表达式支持许多特殊的字符，如制表符、换行符等。一种较大的作用域是 \s，它包括任何类型的空白（空格或制表符）。

和代数中一样，正则表达式也允许使用圆括号。例如，在产品代码可能输入为 12-365 或 12

365 的模式下为 ^\d{2}(\-|\s)\d{3}$。

正则表达式可以变得非常复杂，需要编写整本书来介绍该主题，本书在这里只做了简要的介绍，感兴趣的读者可以参阅相关书籍。

使用 RegularExpressionValidator 控件进行验证，必须设置以下 3 个重要属性。

（1）ControlToValidate：被验证的表单字段的 ID。

（2）Text：验证失败时显示的错误信息。

（3）ValidationExpression：验证的正则表达式。

其中 ValidationExpression 属性可以根据需要手动编写，上文已经简单介绍了正则表达式的相关语法和规则。在 Visual Studio 2010 中集成了使用频率比较高的几个正则表达式，单击 ValidationExpression 属性框中的省略号按钮，弹出一个正则表达式编辑器，如图 6.24 所示。

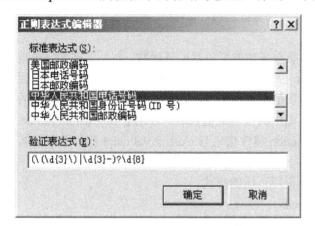

图 6.24　正则表达式编辑器　　　图 6.25　RegularExpress-ionValidator 示例

下面的代码片段使用 RegularExpressionValidator 控件来验证文本框中是否输入了符合规则的电子邮箱地址。

```
<asp:TextBox id="txtEmail" Runat="server" /> <br />
<asp:RegularExpressionValidator id="regEmail" ControlToValidate="txtEmail" Text="(邮箱格式不正确！)"
ValidationExpression="\w+([-+.']\w+)*@\w+([-.]\w+)*\.\w+([-.]\w+)*" Runat="server" />
```

上述代码中 RegularExpressionValidator 控件的 regEmail 用来验证文本框 txtEmail，通过设置 ValidationExpression 属性规定电子邮箱的规则。如果输入不符合规则，就会显示一个验证错误，运行效果如图 6.25 所示。

6.4.6　CustomValidator 控件

CustomValidator 控件可以为输入控件提供自定义的验证函数，以检查用户输入是否满足要求。自定义验证函数可以在服务器或客户端脚本中执行。

CustomValidator 控件有以下 3 个重要属性。

（1）ControlToValidate：验证的表单字段的 ID。

（2）Text：验证失败显示的错误信息。

（3）ClientValidationFunction：用于执行客户端验证的客户端函数名。

CustomValidator 还支持一个事件，如下所示。

ServerValidate：CustomValidator 执行验证时引发。

可以通过处理 ServerValidate 事件来将自定义验证函数和 CustomValidator 控件相关联。这个控件引发称为 ServerValidate 的事件，可以使用该事件执行实际的测试。输入值将作为 ServerValidateEventArgs.Value 传递给过程。可以设置一个 Boolean 值，表示 ServerValidateEventArgs.IsValid 中过程的结果。如果设置该属性为 false，CustomValidator 将像任何其他验证控件一样对输入测试失败的情况执行相应操作。

在事件处理程序的实现中，应该引用 ServerValidateEventArgs.Value 属性而不是直接引用控件。这样就可以对多个具有潜在不同的 ControlToValidate 设置的 CustomValidator 共享相同的事件处理程序。

对于服务器自定义验证，要将自定义验证放置在验证程序的 OnServerValidate 委托中，并为执行验证的 ServerValidate 事件提供一个处理程序。作为参数传递到该事件处理程序的 ServerValidateEventArgs 对象的 Value 属性是要验证的值。IsValid 属性是一个布尔值，用于设置验证的返回结果。

对于客户端自定义验证，首先要添加前面描述的服务器验证函数。然后，将客户端验证脚本添加到页面中。如果不为 CustomValidator 控件关联一个客户端验证函数，则要到页面回传到服务器后，CustomValidator 控件才会呈现错误信息。此外，如果有任何的验证错误，其他的验证控件都将阻止页面表单回传，所以需通过页面中其他验证检查后，才能看到 CustomValidator 控件呈现的错误信息。使用 ClientValidationFunction 属性指定与 CustomValidator 控件关联的客户端验证脚本函数的名称。

如果使用的是 VBScript，该函数必须采用下面的形式：

Sub ValidationFunctionName (source, arguments)

如果使用的是 JScript，则该函数必须采用下面的形式：

Function ValidationFunctionName (source, arguments)

6.4.7 ValidationSummary 控件

ValidationSummary 控件又叫验证总结控件，它本身并无验证功能，但可以集中显示所有未通过验证的控件的错误信息。它用于在页面中的一处地方显示所有验证错误的列表。这个控件在使用大的表单时非常有用。

在这里再比较一下验证控件的 ErrorMessage 属性和 Text 属性。

（1）如果有验证失败的情况，通常是在输入控件丢失焦点时，Text 值会出现在页面上验证控件所在的位置。

（2）如果有验证失败的情况，一般是在单击具有 CausesValidation=true 的 Submit 按钮时，ErrorMessage 值会出现在 ValidationSummary 控件中。

ValidationSummary 控件出现在页面的回送操作中，并且显示一组错误消息，这些消息来自于 IsValid=false 的所有验证控件。根据在 DisplayMode 中的设置，可以将这些错误消息安排为列表、段落或项目符号列表。此外，还可以在消息框中显示，通过 ShowMessageBox =true/false 设置。再次声明，ValidationSummary 控件自身实际上不执行任何验证；它没有 ControlToValidate 属性。

ValidationSummary 控件支持下列属性。

（1）DisplayMode：用于指定如何格式化错误信息。可能的值有 BulletList、List 和 SingleParagraph。

（2）HeaderText：用于在验证摘要上方显示标题文本。
（3）ShowMessageBox：用于显示一个弹出警告对话框。
（4）ShowSummary：用于隐藏页面中的验证摘要。

可以将验证错误信息只显示在 ValidationSummary 验证总结控件中，而在其他的验证控件位置不显示出错的文本消息。通过设置验证控件的 Display 属性为 None 值来实现这种隐藏。

【例 6.7】 ValidationSummary 控件示例。

页面设计：放置 5 个 TextBox 控件到页面上，分别表示用户名、密码、确认密码、年龄、电子邮件地址，并设置 RequiredFieldValidator、CompareFieldValidator、RangeValidator、RegularExpressionValidator 验证控件来验证它们。放置一个 ValidationSummary 控件，设置 ShowMessageBox 属性为 True，ShowSummary 属性为 False。

本例网页 example6-7.aspx 的程序代码如下：

```
<html xmlns="http://www.w3.org/1999/xhtml" >
<head runat="server">
    <title>ValidationSummary 控件示例</title>
</head>
<body>
    <form id="form1" runat="server">
    <div>
    用户名：<asp:TextBox ID="TextBox1" runat="server"></asp:TextBox>
    <asp:RequiredFieldValidator ID="RequiredFieldValidator1" runat="server"
    ControlToValidate="TextBox1" ErrorMessage="请输入用户名">必须输入
    </asp:RequiredFieldValidator><br />
    密码：<asp:TextBox ID="TextBox2" runat="server" TextMode="Password"></asp:TextBox>
    <asp:RequiredFieldValidator ID="RequiredFieldValidator2" runat="server"
        ControlToValidate="TextBox2" ErrorMessage="请输入密码">必须输入
    </asp:RequiredFieldValidator><br />
        确认密码：<asp:TextBox ID="TextBox3" runat="server"
        TextMode="Password"></asp:TextBox>
    <asp:RequiredFieldValidator ID="RequiredFieldValidator6" runat="server"
        ControlToValidate="TextBox3" ErrorMessage="请再次输入密码">必须输入
    </asp:RequiredFieldValidator>
    <asp:CompareValidator ID="CompareValidator1" runat="server"
        ControlToCompare="TextBox2"
        ControlToValidate="TextBox3" ErrorMessage="密码和确认密码必须一致">
    </asp:CompareValidator><br />
        年龄：<asp:TextBox ID="TextBox6" runat="server"></asp:TextBox>
    <asp:RequiredFieldValidator ID="RequiredFieldValidator3" runat="server"
        ControlToValidate="TextBox6" ErrorMessage="请输入您的年龄">
    </asp:RequiredFieldValidator>
    <asp:RangeValidator ID="RangeValidator1" runat="server" ControlToValidate="TextBox6"
        ErrorMessage="输入一个介于 1 到 120 之间的数" MaximumValue="120"
        MinimumValue="1" Type="Integer">无效格式</asp:RangeValidator><br />
        电子邮件地址：<br />
    <asp:TextBox ID="TextBox5" runat="server" Width="327px"></asp:TextBox>
    <asp:RegularExpressionValidator ID="RegularExpressionValidator1" runat="server"
```

```
                ControlToValidate="TextBox5" ErrorMessage="电子邮件地址必须采用
                name@domain.xyz 格式" ValidationExpression=
                "\w+([-+.']\w+)*@\w+([-.]\w+)*\.\w+([-.]\w+)*">无效格式
            </asp:RegularExpressionValidator><br />
            <asp:Button ID="Button1" runat="server" OnClick="Button1_Click" Text="确认" /><br />
            <asp:Label ID="Label1" runat="server"></asp:Label><br />
            <asp:ValidationSummary id="ValidationSummary1" ShowMessageBox="true"
                ShowSummary="false" Runat="server" />
        </div>
    </form>
</body>
</html>
```

example6-7.aspx.cs 代码如下：

```
protected void Button1_Click (object sender, EventArgs e)
{
    if (Page.IsValid)
        Label1.Text = "已正确输入";
}
```

本例中，ValidationSummary 控件的 ShowMessageBox 属性为 True，而 ShowSummary 属性为 False，所以会弹出警示框显示所有验证控件的出错信息，效果如图 6.26 所示。

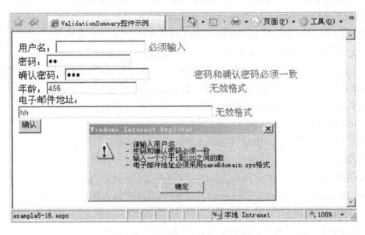

图 6.26　ValidationSummary 控件示例

6.4.8　关闭客户端验证功能

验证服务器控件会自动为客户端提供客户端验证功能，前提是请求容器可以正确处理所生成的 JavaScript。但有时需要控制客户端验证，要关闭验证控件的客户端验证功能，让它们不再把客户端验证功能发送给请求者。

关闭客户端验证功能有以下两种方式。

（1）用编程方式删除验证控件的客户端验证功能。例如，在 Page_load 事件中关闭页面上所有验证控件的客户端脚本功能，如果要动态地确定不允许进行客户端验证，使用此方法比较好。如下列代码所示：

```
protected void Page_Load(object sender, EventArgs e)
{
    foreach(BaseValidator Bv in page.Validators)
    {    Bv.EnableClientScript=false;    }
}
```

（2）设置验证服务器控件的 EnableClientScript 属性为 False，从而阻止控件发送在客户端执行验证的 JavaScript 函数，使验证检查在服务器上进行。该属性默认为 True，具体用法如下：

```
<asp:RequiredFieldValidator ID="RequiredFieldValidator1" runat="server"
ControlToValidate="TextBox1" Text="必填" EnableClientScript="false">
```

6.4.9 使用验证组

经常发生的情况是，多组输入显示在一个页面上。例如，可能有从页面初始化的一些类型的搜索，每个搜索都支持自己的输入框。希望用户只在一个输入框中输入数据，并且按下相应的按钮。验证没有使用的控件没有任何意义。为了克服这种问题，ASP.NET 提供了如下能力：分组验证控件，然后在每次提交时只在一个组上执行验证。

一个组中的所有输入控件应该获得相同的 ValidationGroup 属性。该组的按钮获得相同的组名称。按钮可以是引发验证的任意类型，当单击该按钮时，它在相应组的所有验证控件中激活一个验证。按钮的属性名称与组中验证控件的属性名称相同。没有 Button.GroupToValidate 属性。

如果没有在验证控件或按钮上设置 ValidationGroup，则它属于"默认组"（Validation Group=""）。

当在自定义代码中使用验证组特性时，需要注意，Page.IsValid 属性只针对单击相应按钮的组中的验证控件时才为 true 或 false。

【例 6.8】验证组示例。

页面设计：放置 3 个 TextBox 控件到页面上，分别表示用户名、年龄、城市，并设置 3 个 RequiredFieldValidator 验证控件来验证它们。前两个文本框的 RequiredFieldValidator 控件在同一个验证组中，第三个文本框的 RequiredFieldValidator 控件单独在一个验证组中。放置两个按钮，分别验证两个不同验证组中的控件。

本例网页 example6-8.aspx 的程序代码如下：

```
<html xmlns="http://www.w3.org/1999/xhtml" >
<head runat="server">
    <title>验证组示例</title>
</head>
<body>
<form id="form1" runat="server">
    <asp:Label ID="NameLabel" runat="Server" Text="输入您的姓名："></asp:Label>
    <asp:TextBox ID="NameTextBox" runat="Server">
    </asp:TextBox>
    <asp:RequiredFieldValidator ID="RequiredFieldValidator1" runat="Server"
      ControlToValidate="NameTextBox"
        ErrorMessage="不能为空" ValidationGroup="PersonalInfoGroup">
    </asp:RequiredFieldValidator>
    <br />
    <br />
```

```
        <asp:Label ID="AgeLabel" runat="Server" Text="输入您的年龄："></asp:Label>
        <asp:TextBox ID="AgeTextbox" runat="Server">
        </asp:TextBox>
             
        <asp:RequiredFieldValidator ID="RequiredFieldValidator2" runat="Server"
         ControlToValidate="AgeTextBox"
            ErrorMessage="不能为空" ValidationGroup="PersonalInfoGroup">
        </asp:RequiredFieldValidator> <br /><br />
        <asp:Button ID="Button1" runat="Server" CausesValidation="true" Text="验证"
            ValidationGroup="PersonalInfoGroup" /> <br /> <br />
        <asp:Label ID="CityLabel" runat="Server" Text="输入您居住的城市："></asp:Label>
        <asp:TextBox ID="CityTextbox" runat="Server">
        </asp:TextBox>
        <asp:RequiredFieldValidator ID="RequiredFieldValidator3" runat="Server"
         ControlToValidate="CityTextBox"
            ErrorMessage="不能为空" ValidationGroup="LocationInfoGroup">
        </asp:RequiredFieldValidator><br /> <br />
        <asp:Button ID="Button2" runat="Server" CausesValidation="true" Text="验证"
            ValidationGroup="LocationInfoGroup" />
    </form>
</body>
</html>
```

本例中的验证控件分为两组，在回发过程中，根据当前验证组中的验证控件来设置 Page 类的 IsValid 属性，运行结果如图 6.27 所示。

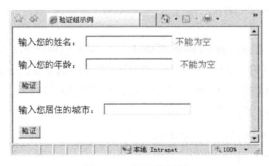

图 6.27 验证组示例

6.5 用户控件与自定义服务器控件

ASP.NET 4.0 本身提供了很多 Web 服务器控件，再加上 HTML 控件，减轻了开发人员的工作负担。在实际开发过程中，除了 HTML 控件和 Web 服务器控件之外，有时需要控件中具有那些内置的 ASP.NET 控件未提供的功能。这时就需要创建自己的控件。

ASP.NET 提供了以下两种选择。

（1）用户控件：是一种能够在其中放置标记和 Web 服务器控件的容器，并且可以将用户控件作为一个单元对待，为其定义属性和方法。

（2）自定义控件：是程序员自己编写的一个类，该类从 Control 或 WebControl 派生。

6.5.1 用户控件

用户控件是 ASP.NET 中很重要的一部分，使用它可以提高程序代码的重用性，即一个用户控件在网页、用户控件或控件的内部都可以再次使用。ASP.NET 用户控件与 ASP.NET Web 窗体文件类似，同时具有用户界面页和代码。用户控件可以像 Web 窗体一样包含对其内容进行操作的代码。

不过，用户控件与 ASP.NET 窗体还是存在以下一些区别。

（1）用户控件的文件扩展名为 .ascx，而不是 .aspx。

（2）用户控件中没有 @Page 指令，而是包含 @Control 指令，该指令对配置及其他属性进行定义。

（3）用户控件不能作为独立文件运行，而必须像处理任何控件一样，将它们添加到 ASP.NET 窗体中。

（4）用户控件中没有 html、body 或 form 元素，这些元素必须位于宿主页中。

1. 创建用户控件

要创建用户控件，可以在 Visual Studio 2010 的"解决方案资源管理器"中右键单击 Web 应用程序目录，选择"添加新项"的"Web 用户控件"，新建一个 .ascx 文件。

ascx 页面的顶部有一个 @Control 指令，在这里指定要为控件编程使用的语言。可以添加希望用户控件显示的控件，通常是 ASP.NET 内置的 Web 服务器控件或者 HTML 控件。从"工具箱"中拖曳放在想要的位置即可。

在控件中创建相应的属性，可以在用户控件和宿主页之间共享信息。可根据需要创建任何类的属性，可以创建为公共成员或使用 get 和 set 访问器创建属性。

2. 使用用户控件

若要使用用户控件，应该将用户控件包含在 ASP.NET 网页中。

在 Web 窗体页中包含用户控件通常包括如下步骤。

（1）在包含 ASP.NET 的网页中创建一个 @Register 指令，其中包括一个 TagPrefix 属性，该属性将前缀与用户控件相关联；一个 TagName 属性，用于指示用户控件名称；以及一个 Src 属性，用于表示用户控件文件的虚拟路径。

（2）在网页窗体中，在 form 元素内部声明用户控件元素。

（3）通过属性表或者代码设置用户控件公开的公共属性。

最直接可视化的引用用户控件的方法是，在"设计"视图下，单击"解决方案资源管理器"中该 Web 应用程序目录下的用户控件文件，按住左键拖放至设计页面即可。

3. 将 Web 窗体转换成用户控件

因为创建的用户控件不能直接运行看到结果，必须引用在宿主页中才能看到效果，这给编程调试造成了不便。很多情况下，创建用户控件的方法是先将用户控件设计成独立的 Web 窗体页，然后对其运行测试，测试成功之后再将其转换成用户控件。不过，在转换过程中还需要注意以下几点。

（1）将 .aspx 扩展名改为 .ascx。

（2）从该页面中移除 html、body 和 form 元素。

（3）将 @Page 指令更改为 @Control 指令。

（4）在 @Control 指令中只保留 Language、AutoEventWireup、CodeFile 和 Inherits 属性。

（5）在 @Control 指令中包含 className 属性。这允许将用户控件添加到页面时对其进行强类型化。

【例 6.9】 用户控件示例。

控件设计：

（1）在 WebApp6 网站中创建一个用户控件，名称为 SpinControl.ascx，该控件实现文本框的宽度微调功能。在用户控件 SpinControl.ascx 上添加一个 TextBox 控件、两个 Button 控件，名称分别为 textNumber、buttonUp、buttonDown。设置 textNumber 控件的 ReadOnly 为 True。

用户控件 SpinControl.ascx 代码如下：

```
<%@ Control Language="C#" AutoEventWireup="true" CodeFile="SpinControl.ascx.cs"
    Inherits="SpinControl" %>
点按钮调节文本框的宽度：<br />
<asp:TextBox ID="textNumber" runat="server" ReadOnly="True"></asp:TextBox>
<asp:Button ID="buttonUp" runat="server" onclick="buttonUp_Click" Text="↑" />
<asp:Button ID="buttonDown" runat="server" onclick="buttonDown_Click"
    Text="↓" />
```

（2）在 SpinControl 控件的后台文件 SpinControl.ascx.cs 中编写代码。

添加 3 个私有成员，分别代表微调时的最大值、最小值和当前值。给 3 个私有成员赋初始值。

```
private int m_minValue = 100;
private int m_maxValue = 500;
private int m_currentNumber = 200;
```

添加 3 个公共属性 MinValue、MaxValue、CurrentNumber，使用 get、set 访问器创建。其代码如下：

```
public int MinValue
{
    get
    {   return m_minValue;   }
    set
    {
        if (value >= this.MaxValue)
        {   throw new Exception ("MinValue 必须小于 MaxValue。");   }
        else
        {   m_minValue = value;   }
    }
}
public int MaxValue
{
    get
    {   return m_maxValue;   }
    set
    {
        if (value <= this.MinValue)
        {   throw new Exception ("MaxValue 必须大于 MinValue。");   }
        else
        {   m_maxValue = value;   }
```

```
    }
}
public int CurrentNumber
{
    get
    {   return m_currentNumber;    }
}
```

添加 DisplayNumber( )函数用于显示设置当前文本框宽度,并在文本框中显示当前数值。添加 Page_load 事件代码。因为页面每次回发会导致用户控件重新初始化,所以属性值必须存储在一个持久的位置。这里将 CurrentNumber 保存在 ViewState 中。代码如下:

```
protected void DisplayNumber ()
{
    textNumber.Text = "我的宽度是"+this.CurrentNumber.ToString ();
    textNumber.Width = this.CurrentNumber;
    ViewState["currentNumber"] = this.CurrentNumber.ToString ();
}
protected void Page_Load (object sender, EventArgs e)
{
    if (IsPostBack)
    {
        m_currentNumber = Int16.Parse (ViewState["currentNumber"].ToString ());
    }
    else
    {   m_currentNumber = this.MinValue;    }
    DisplayNumber ();
}
```

分别双击 buttonUp 和 buttonDown 按钮,添加单击事件代码,如下所示:

```
protected void buttonUp_Click (object sender, EventArgs e)
{
    if (m_currentNumber == this.MaxValue)
    {   m_currentNumber = this.MinValue;    }
    else
    {   m_currentNumber += 5;    }
    DisplayNumber ();
}
protected void buttonDown_Click (object sender, EventArgs e)
{
    if (m_currentNumber == this.MinValue)
    {   m_currentNumber = this.MaxValue;    }
    else
    {   m_currentNumber -= 5;    }
    DisplayNumber ();
}
```

页面设计:

在网站 WebApp6 中新建网页 example6-9.aspx,切换到"设计"视图。从网站目录中选择 SpinControl.ascx,将其拖放到网页窗体中。example6-9.aspx 的页面代码如下:

```
<%@ Page Language="C#" %>
<%@ Register Src="SpinControl.ascx" TagName="SpinControl" TagPrefix="uc1" %>
<html>
<title>用户控件示例</title>
<body>
<form id="Form1" runat="server" >
<uc1:SpinControl ID="SpinControl1" runat="server" MaxValue="390" MinValue="120" />
</form>
</body>
</html>
```

可以看到页面开头添加了引用用户控件的代码：

`<%@ Register Src="SpinControl.ascx" TagName="SpinControl" TagPrefix="uc1" %>`

表明该用户控件将被注册为使用前缀 uc1 和 SpinControl 标记名称。

在页面中可以看到有一个新的控件：

`<uc1:SpinControl ID="SpinControl1" runat="server" MaxValue="390" MinValue="120" />`

表明包含的用户控件实例的 ID 为 SpinControl1，如图 6.28 所示，可以看到该用户控件就像其他 Web 服务器控件那样拥有智能标签。

图 6.28　SpinControl1 界面

设置 SpinControl1 的 MaxValue 和 MinValue 属性值。图 6.29 为 SpinControl1 的属性窗口。

本例的功能是定制了一个用户控件，其中包含两个调节按钮和一个宽度可以调节的文本框，单击按钮可以调节文本框的宽度，并在文本框中显示其宽度值，每调节一次宽度值变化为 5。将这个用户控件加入网页，简单设置属性并运行，效果如图 6.30 所示。

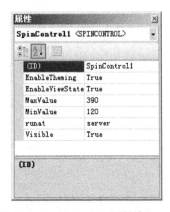

图 6.29　SpinControl1 属性窗口

图 6.30　用户控件示例

6.5.2　自定义控件

自定义控件与用户控件一样，都是为了实现代码的重用，使程序开发者开发时方便快捷，提高开发效率。

ASP.NET 自定义控件是编写的一个类，由 Control 或 WebControl 派生。使用自定义控件时需要将自定义控件事先编译好，封装在 DLL 文件的代码中，这使得自定义控件易于使用但难以创建，自定义控件必须使用代码来创建。一旦创建该控件，就可以将其添加到工具箱中，用户可以像使用 ASP.NET 服务器控件一样使用该控件。

这里以创建一个类似于 TextBox 控件的自定义控件 "GetTimeTextBox" 为例，介绍创建自定义控件的方法。

（1）新建空白解决方案。打开 VS2010，单击菜单 "文件" → "新建项目"，在 "新建项目" 对话框中选择 "ASP.NET 空 Web 应用程序" 模板，保持默认命名，确定。

（2）添加 Web 控件库。单击菜单 "文件" → "添加" → "新建项目"，在 "添加新项目" 对话框中选择 "ASP.NET 服务器控件" 模板，命名为 "GetTime"。

（3）单击 "确定" 按钮后，系统自动添加 "ServerControl1.cs" 文件，打开 "解决方案资源管理器"，将 "ServerControl1.cs" 重命名为 "GetTimeTextBox.cs"，系统同时自动将类 "ServerControl1" 重命名为 "GetTimeTextBox"。

（4）打开 "GetTimeTextBox.cs" 文件，修改代码。修改后的代码如下所示：

```csharp
…                                                    //所应用的命名空间
namespace GetTime
{
    //DefaultProperty 指定组件的默认属性，ToolboxData 指定当从 IDE 工具的工具箱中拖动自定义控
    //件时为它生成的默认标记
    [DefaultProperty("Text")]
    [ToolboxData("<{0}:GetTimeTextBox runat=server></{0}:GetTimeTextBox>")]
    public class GetTimeTextBox : TextBox
    {
        [Bindable(true)]              //Bindable 指定属性是否通常用于绑定
        [Category("Appearance")]      //Category 指定属性或事件将显示在可视化设计器中的类别
        [DefaultValue("")]            //DefalutValue 用于指定属性的默认值
        [Localizable(true)]           //可视化设计器是否会在对本地化资源进行序列化时包含该属性
        public override string Text   //重写 Text 属性
        {
            get
            {   return DateTime.Now.ToString();   }
            set
            {   ViewState["Text"] = value;        }
        }
        protected override void RenderContents(HtmlTextWriter output)
        {   output.Write(Text);       }//发送属性 Text 的值到浏览器
    }
}
```

一般用于两个属性的 get 和 set 方法都利用 ViewState 对象。ViewState 对象是一个内置到 WebControl 类中的帮助器对象。从开发角度讲，ViewState 可被视为一个集合类，用于存储在回发过程中想要保留的任意属性。实际上，ViewState 封装了确定如何执行持久性（使用 Cookie、会话等）所需的所有代码和逻辑。

（5）为自定义控件添加图标。打开 "解决方案资源管理器" → 右击 "GetTime" → 选择 "添

加"→"新建项",在"添加新项"对话框中选择"位图文件"模板,命名为"GetTimeTextBox.bmp",这里的名称必须和自定义控件名相同,设置位图文件的"生成操作"属性为"嵌入的资源",位图的设计要体现控件作用,此处的设计如图 6.31 所示。

(6) 编译自定义控件。打开"解决方案资源管理器"→右击"GetTime"→选择"生成",单击显示所有文件图标,生成的"GetTime.dll"文件在 Bin 目录下的 Debug 中,如图 6.32 所示。

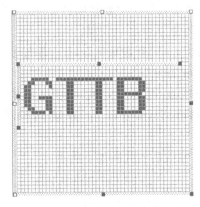

图 6.31 设计的位图文件　　　　　图 6.32 生成的 GetTime.dll 文件

(7) 添加到工具箱中。单击菜单"文件"→"添加"→"新建项目",在"添加新项目"对话框中选择"ASP.NET Web 应用程序"模板,命名为"UserControl"网站,用于测试自定义控件。切换到"Default.aspx"设计视图,右击打开的"工具箱",选择"添加选项卡",命名为"自定义控件",右击此选项卡,选择"选择项",在弹出的"选择工具箱项"对话框中加载"GetTime.dll"文件,如图 6.33 所示。

(8) 测试自定义控件。将此自定义控件拖放到 Default.aspx 页面中,打开源视图,系统自动添加了如下两行代码:

<%@ Register Assembly="GetTime" Namespace="GetTime" TagPrefix="cc1" %>

Register 指令用于注册自定义控件,Namespace 属性值必须是自定义控件的命名空间,TagPrefix 属性提供了标记前缀的名称,Assembly 把程序集关联到页面,使该程序集中的所有类和接口都可用于页面。

<cc1:GetTimeTextBox ID="GetTimeTextBox1" runat="server" />//标记前缀为 cc1 的 GetTimeTextBox 控件

按"Ctrl+F5"组合键运行此网页,结果如图 6.34 所示。

图 6.33 添加自定义工具到工具箱　　　　图 6.34 GetTimeTextBox 控件运行的结果

6.6 使用 JavaScript 处理页面和服务器控件

开发人员一般喜欢在 ASP.NET 页面上包含一些自己定制的 JavaScript 函数。这有两种方式：第一种是把 JavaScript 直接应用于 ASP.NET 页面上的控件，第二种是使用 Page.ClientScript 属性在 ASP.NET 页面上注册和使用 JavaScript 函数。

6.6.1 在控件上直接应用 JavaScript

把 JavaScript 直接应用于 ASP.NET 页面上的控件，例如，下列代码中的 Label 服务器控件上显示了当前的日期和时间。

```
protected void Page_Load(object sender, EventArgs e)
{    TextBox1.Text = DateTime.Now.ToString();    }
```

这几行代码在终端用户的页面上显示了当前的日期和时间。问题是所显示的日期和时间对于生成页面的 Web 服务器来说是正确的。如果用户位于中国，而 Web 服务器位于英国，页面对于访问者来说就是不正确的。如果希望该时间对于浏览站点的任何人来说都是正确的，无论他们在世界的哪个角落，则需要使用 JavaScript 处理 TextBox 控件，代码如下：

```
<%@ Page Language="C#" %>
<html xmlns="http://www.w3.org/1999/xhtml" >
<head runat="server">
    <title>直接使用 JavaScript</title>
</head>
<body onload="javascript:document.forms[0]['TextBox1'].value=Date();">
    <form id="form1" runat="server">
    <div>
    <asp:TextBox ID="TextBox1" Runat="server" Width="300"></asp:TextBox>
    </div>
    </form>
</body>
</html>
```

在这个例子中，既可以使用 Web 服务器控件系列中的标准 TextBox 服务器控件，也可以使用 JavaScript 在<body>元素的 onload 属性中访问这个控件。通过使用服务器控件的 ID 属性值 TextBox1，使 onload 属性的值指向特定的服务器控件。采用这个方法还可以在页面上访问其他服务器控件。

6.6.2 使用 Page.ClientScript 属性

ASP.NET 使用新增的 Page.ClientScript 属性在 ASP.NET 页面上注册和使用 JavaScript 函数。这里介绍几种常用的方法。

1. 使用 Page.ClientScript.RegisterClientScriptBlock

RegisterClientScriptBlock 方法可以把 JavaScript 函数放在页面的顶部。也就是说，该脚本用于在浏览器中启动页面。其用法如下列代码所示：

```
<%@ Page Language="C#" %>
<script runat="server">
protected void Page_Load(object sender, EventArgs e)
{
    string myScript = @"function AlertHello() { alert('Hello ASP.NET); }";
    Page.ClientScript.RegisterClientScriptBlock(this.GetType(),
    "MyScript", myScript, true);
}
</script>
<html xmlns="http://www.w3.org/1999/xhtml" >
<head runat="server">
    <title>注册 JavaScript</title>
</head>
<body>
    <form id="form1" runat="server">
    <div>
    <asp:Button ID="Button1" Runat="server" Text="Button" OnClientClick="AlertHello()" />
    </div>
    </form>
</body>
</html>
```

在这个例子中,将 JavaScript 函数 AlertHello()创建为一个字符串 myScript。然后使用 Page.ClientScript.RegisterClientScriptBlock 方法编写放在页面上的脚本。RegisterClientScriptBlock 方法的两个构建方式如下:

- RegisterClientScriptBlock (type, key, script)
- RegisterClientScriptBlock (type, key, script, script tag specification)

将类型指定为 Me.GetType(),并指定了键、要包含的脚本,然后是一个设置为 True 的 Boolean 值,这样 .NET 就自动将脚本放在 ASP.NET 页面上的<script>标记中。在运行页面时,可以查看页面的源代码,如下所示:

```
<html xmlns="http://www.w3.org/1999/xhtml" >
<head><title>注册 JavaScript</title></head>
<body>
 <form method="post" action="JavaScriptPage.aspx" id="form1">
<div>
    <input type="hidden" name="__VIEWSTATE"
    value="/wEPDwUKMTY3NzE5MjIyMGRkiyYSRMg+bcXi9DiawYlbxndiTDo=" />
</div>
<script type="text/javascript">
    <!--function AlertHello() { alert('Hello ASP.NET'); }// -->
</script>
<div>
    <input type="submit" name="Button1" value="Button" onclick="AlertHello();"
    id="Button1" />
</div>
</form>
```

```
</body>
</html>
```

在上面的输出中,指定的脚本的确包含在 ASP.NET 的页面代码之前。不仅包含<script>标记,还在脚本外部添加了适当的注释标记(这样旧式浏览器就不会崩溃)。

2. 使用 Page.ClientScript.RegisterStartupScript

RegisterStartupScript 方法与 RegisterClientScriptBlock 方法类似。最大的区别是 RegisterStartupScript 把脚本放在 ASP.NET 页面的底部,而不是顶部。实际上,RegisterStartupScript 方法甚至使用与 RegisterClientScriptBlock 方法相同的构造函数:

- RegisterStartupScript (type,key,script)
- RegisterStartupScript (type,key,script,script tag specification)

这两种方法在页面上注册脚本的过程有很大的区别:如果在页面上有一些处理控件的 JavaScript,在大多数情况下应使用 RegisterStartupScript 方法,而不是 RegisterClientScriptBlock 方法。例如,应使用下面的代码创建一个包含<asp: TextBox>控件的页面,该控件包含默认值 Hello ASP.NET:

```
<asp:TextBox ID="TextBox1" Runat="server">Hello ASP.NET</asp:TextBox>
```

然后使用 RegisterClientScriptBlock 方法把脚本放在页面上,利用 TextBox1 控件中的值,如下列代码所示:

```
protected void Page_Load(object sender, EventArgs e)
{
    string myScript = @"alert(document.forms[0]['TextBox1'].value);";
    Page.ClientScript.RegisterClientScriptBlock(this.GetType(),
    "MyScript", myScript, true);
}
```

运行这个页面,会产生一个 JavaScript 错误,出错的原因是 JavaScript 函数在文本框放置在屏幕之前触发。所以,JavaScript 函数没有找到 TextBox1,导致页面抛出一个错误。现在试用 RegisterStartupScript 方法,代码如下:

```
protected void Page_Load(object sender, EventArgs e)
{
    string myScript = @"alert(document.forms[0]['TextBox1'].value);";
    Page.ClientScript.RegisterStartupScript(this.GetType(),
    "MyScript", myScript, true);
}
```

这个方法把 JavaScript 函数放在 ASP.NET 页面的底部,所以在启动 JavaScript 时,它就会找到 TextBox1 元素,并按照希望的那样操作。

3. 使用 Page.ClientScript.RegisterClientScriptInclude

许多开发人员都把 JavaScript 放在 .js 文件中,这是最好的方式,因为很容易把对 JavaScript 的修改应用于整个应用程序。使用 RegisterClientScriptInclude 方法可以在 ASP.NET 页面上注册脚本文件,如下列代码所示:

```
string myScript = "myJavaScriptCode.js"
Page.ClientScript.RegisterClientScriptInclude("myKey", myScript);
```

这会在 ASP.NET 页面上创建如下代码:

```
<script src="myJavaScriptCode.js" type="text/javascript"></script>
```

6.7 客户端回调

ASP.NET 4.0 包含客户端回调功能，可以提取页面值，并把它们填充到已生成的页面上，而无须重新生成页面。这样不需要进行整个回送循环，就可以修改页面上的值。也就是说，在更新页面时，可以不重新绘制全部页面。终端用户不会看到页面闪烁和重定位，页面流更类似于胖客户应用程序的流。

为了使用这个新的回调功能，必须了解使用 JavaScript 的一些知识。本书不详细介绍 JavaScript，感兴趣的读者可以参阅相关的其他书籍。

6.7.1 回送和回调

在 ASP.NET 页面上触发一个页面事件，处理典型的回送内容时，要进行许多操作。当页面事件触发回送作为 POST 请求时，要经过一系列步骤：初始化、加载状态、处理回送数据、加载、回送事件、保存状态、预显示、显示、卸载。

在正常的回送情况下，某个事件会触发一个要发送给 Web 服务器的 HTTP Post 请求。该事件可以是终端用户单击了窗体上的一个按钮。它会把 HTTP Post 请求发送给 Web 服务器。Web 服务器再使用 IPostbackEventHandler 处理该请求，并通过一系列页面事件运行该请求。这些事件包括加载状态（在页面的视图状态中）、处理数据、处理回送事件，最后是显示所有浏览器解释的页面。该过程会在浏览器中重新加载页面，使页面的上部出现闪烁和重新排列。

如果使用回调功能，则经过事件（如单击按钮）的发生会把该事件传送给脚本事件处理程序（一个 JavaScript 函数），该处理程序给 Web 服务器传送一个要处理的异步请求。ICallbackEventHandler 通过一个类似于回送中使用的管道来运行请求，经过的步骤是：初始化、加载状态、处理回送数据、加载、回调事件、卸载。其中一些较大的步骤（如显示页面）未包含在这个过程链中。加载了信息后，结果就返回给脚本回调对象。然后，脚本代码使用 JavaScript 的功能把这些数据放在 Web 页面上，而无须刷新页面。

6.7.2 使用回调

为了理解回调功能，下面看看简单的 ASP.NET 页面如何使用它。

【例 6.10】 用户控件示例。

页面设计：放置一个 HTML 按钮控件和一个 TextBox 服务器控件到页面上。

本例网页 example6-10.aspx 的程序代码如下：

```
<%@ Page Language="C#" AutoEventWireup="true" CodeFile="example6-10.aspx.cs" Inherits ="_Default"%>
<html xmlns="http://www.w3.org/1999/xhtml">
<head id="Head1" runat="server">
<title>回调页</title>
<script type="text/javascript">
    function GetNumber()
    {   UseCallback();   }
    function GetRandomNumberFromServer(TextBox1, context)
```

```
        { document.forms[0].TextBox1.value = TextBox1;    }
    </script>
</head>
<body>
    <form id="form1" runat="server">
    <div>
        <input id="Button1" type="button" value="生成随机数"
            onclick="GetNumber()" />
        <br />
        <br />
        <asp:TextBox ID="TextBox1" Runat="server"></asp:TextBox>
    </div>
    </form>
</body>
</html>
```

在本例中，当终端用户单击窗体上的按钮时，就启动回调服务，把一个随机数填充到文本框中。因为单击页面上的按钮会调用页面的客户端回调功能，接着页面对该页面的后台编码发出异步请求，所以在得到页面这部分的响应后，客户端脚本就会提取检索出来的值，并把它放在文本框中而无须刷新页面。运行结果如图6.35所示。

图 6.35 回调页示例

在 .aspx 页面中只包含一个 HTML 按钮控件和一个 TextBox 服务器控件。注意要使用标准的 HTML 按钮控件，因为<asp:button>控件不能在这里使用。在使用 HTML 按钮控件时，只需包含一个 onclick 事件，它指向启动这个过程的 JavaScript 函数即可。

```
<input id="Button1" type="button" value="Get Random Number" onclick="GetNumber()" />
```

页面上要包含的是客户端 JavaScript 函数，它用于回调服务器函数。GetNumber()是第一个实例化的 JavaScript 函数，它通过调用客户端脚本处理程序（在页面的后台编码中定义）的名称，以启动整个过程。从 GetNumber()中获得的 string 类型使用 GetRandomNumberFromServer()函数来提取。

GetRandomNumberFromServer()只是填充提取出来的 string 值，并把它作为 Textbox 控件的值，由服务器控件（TextBox1）的 ID 属性值指定。

下面看看后台编码，页面后台文件 example6-10.aspx.cs 中的代码如下：

```
using System;
using System.Collections;
using System.Configuration;
using System.Data;
```

```csharp
using System.Linq;
using System.Web;
using System.Web.Security;
using System.Web.UI;
using System.Web.UI.HtmlControls;
using System.Web.UI.WebControls;
using System.Web.UI.WebControls.WebParts;
using System.Xml.Linq;
public partial class _Default: System.Web.UI.Page, System.Web.UI.ICallbackEventHandler
{
    private string _callbackResult = null;
    protected void Page_Load(object sender, EventArgs e)
    {
        string cbReference = Page.ClientScript.GetCallbackEventReference(this,
            "arg", "GetRandomNumberFromServer", "context");
        string cbScript = "function UseCallback(arg, context)" +
            "{" + cbReference + ";" + "}";
            Page.ClientScript.RegisterClientScriptBlock(this.GetType(),
        "UseCallback", cbScript, true);
    }
    public void RaiseCallbackEvent(string eventArg)
    {
    Random rnd = new Random();
    _callbackResult = rnd.Next().ToString();
    }
    public string GetCallbackResult()
    {    return _callbackResult;      }
}
```

在后台代码中，Web 页面的 Page 类实现了 System.Web.UI.ICallbackEventHandler 接口，这个接口要求实现两个方法 RaiseCallbackEvent 和 GetCallbackResult。这两个方法都处理客户端脚本请求。RaiseCallbackEvent 方法可以从页面中提取值，但该值只能是 string 类型；GetCallbackResult 方法获取要使用的返回值。另外，Page_Load 事件负责客户端回调脚本管理器（该函数管理请求和响应）在客户端的创建和放置。

客户端上用于实现回调功能的函数是 UseCallback()，然后使用 Page.ClientScript.RegisterClientScriptBlock 把这个字符串填充到 Web 页面上，该方法还在页面上把<script>标记放在该函数的外部。这里使用的名称一定要与前面客户端 JavaScript 函数使用的名称相同。

最后，页面在刷新内容时并不刷新整个页面，这有许多方法。注意，这里描述的回调功能使用了 XmlHTTP，所以客户端浏览器必须支持 XmlHTTP（Microsoft 的 Internet Explorer 和 FireFox 支持这个功能）。为此，.NET Framework 4.0 引入了 SupportsCallBack 和 SupportsXmlHTTP 属性。为了确保有这个支持，可以在生成初始页面时检查页面的后台编码，该后台编码如下所示：

```csharp
if (Page.Request.Browser.SupportsXmlHTTP == true) {    }
```

6.8 文件的上传和邮件发送

6.8.1 文件上传

网络应用程序中常常需要交换各种信息,而文件上传是重要的信息交换方式之一。ASP.NET 2.0 以上版本提供了一个 FileUpload 控件用于将文件上传到 Web 服务器。服务器接收到上传文件后,可以通过程序对它进行处理,或者忽略它,或者保存到后端数据库或服务器文件夹中。

FileUpload 控件使用户能够上传图片、文本文件或其他文件。它包含一个文本框控件和一个按钮控件,用户可以在文本框中输入希望上传到服务器的文件的完整路径,也可以通过"浏览"按钮浏览并选择需要上传的文件。出于安全方面的考虑,不能将文件名预先加载到 FileUpload 控件中。

用户选择好要上传的文件后,FileUpload 控件并不会自动上传文件,必须提交页面并进行相应的处理。当用户已选定要上传的文件并提交页面时,该文件将作为请求的一部分上传。上传后的文件将被完整地缓存在服务器内存中。在访问该文件前首先需要测试 FileUpload 控件的 HasFile 属性,检查该控件是否有上传的文件。如果 HasFile 返回 True,就可以调用 HttpPostedFile 对象的 SaveAs 方法将上传的文件保存到服务器指定的位置。另外,还可以使用 HttpPostedFile 对象的 InputStream 属性,以字节数组或字节流的形式管理已上传的文件

另外,使用 FileUpload 控件每次只能上传一个文件。上传的文件可以是普通的图片、文本,也可以是脚本、可执行文件等。为了防止有害的文件被上传,在上传文件之前,最好能够设置一定的规则对文件予以筛选,如可以检测文件的扩展名,也可以使用验证控件对要上传的文件名进行正则表达式检查。

【例 6.11】 使用 FileUpload 控件上传文件。

页面设计:页面文件 example6-11.aspx 的部分代码如下:

```
请选择要上传的文件: <br />
<asp:FileUpload ID="FileUpload1" runat="server" />
<asp:Button ID="BtnUpload" runat="server" onclick="BtnUpload_Click" Text="上传" />
<asp:Label ID="Label1" runat="server" ></asp:Label>
```

在 example6-11.aspx.cs 中添加以下代码:

```
protected void BtnUpload_Click(object sender, EventArgs e)
{
    Boolean fileOK = false;
    String path = Server.MapPath("~/Upload/");
    //判断是否有文件被上传
    if (FileUpload1.HasFile)
    {
        //检查上传文件的扩展名是否在许可范围内
        String fileExtension = System.IO.Path.GetExtension(FileUpload1.FileName).ToLower();
        String[] allowedExtensions = { ".bmp", ".jpeg", ".jpg" };
        for (int i = 0; i < allowedExtensions.Length; i++)
        {
            if (fileExtension == allowedExtensions[i])
```

```
                        {   fileOK = true;   }
                }
        }
        if (fileOK)
        {
                try
                {
                        //保存上传后的文件到指定的文件夹中
                        FileUpload1.PostedFile.SaveAs(path + FileUpload1.FileName);
                        Label1.Text = "文件" + FileUpload1.FileName + "被成功上传到" +path + "路径中!";
                }
                catch (Exception ex)
                {   Label1.Text = "文件上传失败！ ";          }
        }
        else
        {   Label1.Text = "错误的文件类型.";          }
}
```

浏览本页面，单击"浏览"按钮，选中要上传的文件 test.bmp，然后单击"上传"按钮，执行事件处理程序 BtnUpload_Click。在 BtnUpload_Click 中首先判断 FIleUpload 的 HasFile 属性是否为 True，如果为 True，则表明 FileUpload 控件已经确认上传文件的存在，然后判断文件类型是否是允许上传的类型（.bmp、.jpeg、.jpg），如果是允许上传的类型，则调用 SaveAs 方法实现上传。程序的运行结果如图 6.36 所示。

图 6.36 上传文件

可以通过以下 3 种方式获取上传文件的详细内容和属性。

（1）通过 FileUpload 控件的 FileBytes 属性，获取上传文件的字节数组。

（2）通过 FileContent 属性，获取指向上传文件的 Stream 对象。使用该属性可以以字节方式访问文件内容。

（3）通过 PostedFile 属性，获取一个与上传文件相关的 HttpPostedFile 对象。可以使用该属性访问文件的其他属性，ContentLength 属性获取文件的长度，ContentType 属性获取文件的 MIME 内容属性。

◎◎ 注意：

（1）可上传的最大文件大小取决于 MaxRequestLength 配置设置的值，默认大小为 6 096KB。如果用户试图上传超过最大文件大小的文件，上传就会失败，这样可以防止通过发送大量的请求攻击服务器的行为。

（2）上传的文件将被保存到服务器的某个文件夹中，该文件夹是否允许用户访问和写入是影响上传是否成功的决定性因素，因此必须为存储上传文件的文件夹授予写入权限。

6.8.2 邮件发送

在 Web 应用程序中，从页面上发送邮件是常见的功能之一，如发送邮件给网站管理人员、发送会员注册申请等。发送邮件的功能位于 System.Net.Mail 命名空间中。

在发送 E-Mail 时，需要指定收件人地址、发件人地址、邮件正文等信息。System.Net.Mail 命名空间的 MailMessage 类可以分别指定这些信息。表 6.35 列出了 MailMessage 类的主要属性。

表 6.35　MailMessage 类的主要属性

属　性	说　明
To	获取包含此电子邮件收件人的地址集合
From	获取或设置此电子邮件的发信人地址
Subject	获取或设置此电子邮件的主题行
Body	获取或设置邮件正文
Attachments	获取用于存储附加到此电子邮件的数据的附件集合
Priority	获取或设置此电子邮件的优先级
IsBodyHtml	获取或设置指示邮件正文是否为 Html 格式的值
CC	获取包含此电子邮件的抄送（CC）收件人的地址集合
Bcc	获取包含此电子邮件的密件抄送（BCC）收件人的地址集合
ReplyTo	获取或设置邮件的回复地址

【例 6.12】　从 Web 页面上发送邮件。

页面设计：在 example6-12.aspx 中添加以下代码，页面设计效果如图 6.37 所示。

```
<table border="1">
<tr><td>收信人：</td>
    <td><input type="text" id="TxtMailTo" size="60" runat="server"/></td>
</tr>
<tr><td>寄信人</td>
    <td><input type="text" id="TxtMailFrom" size="60" runat="server"/></td>
</tr>
<tr><td>主题</td>
    <td><input type="text" id="TxtMailSubject" size="60" runat="server"/></td>
</tr>
<tr><td style="height: 158px">内容</td>
    <td style="height: 158px">
    <textarea id="TxtMailBody" rows="8" cols="60" runat="server"></textarea><br/>
    添加附件：<input type="file" id=" TxtAattach" runat="server"/></td>
</tr>
</table>
<asp:Button ID="BtnSend" runat="server" onclick="BtnSend_Click" Text="发送" />
<hr/>
<asp:label id="LabMessage" runat="server"/>
```

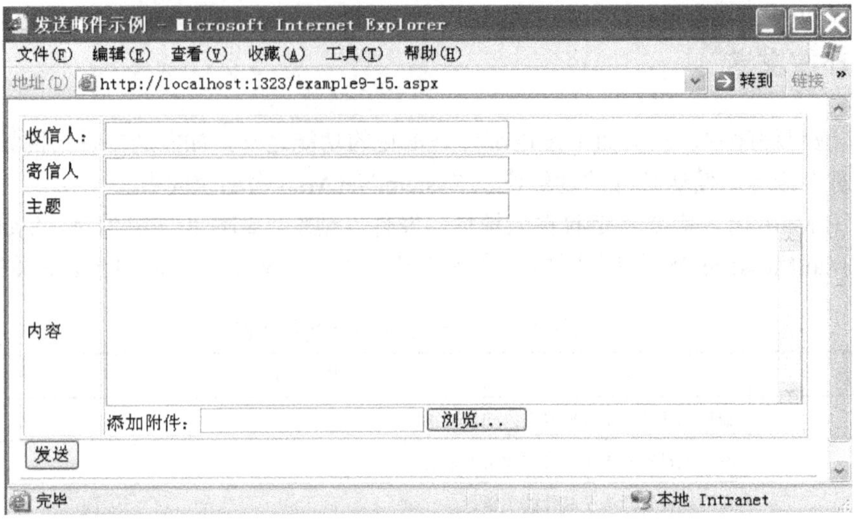

图 6.37 发送邮件页面效果图

在 example6-12.aspx.cs 中引用如下命名空间：

using System.Net.Mail;

在类中添加以下代码：

protected void BtnSend_Click(object sender, EventArgs e)
{
 　　MailMessage mail = new MailMessage();
 　　mail.To.Add(new MailAddress(TxtMailTo.Value));
 　　mail.From = new MailAddress(TxtMailFrom.Value);
 　　mail.Subject = TxtMailSubject.Value;
 　　mail.Body = TxtMailBody.Value;
 　　mail.Attachments.Add(new Attachment(TxtAattach.PostedFile.FileName));
 　　mail.Priority = MailPriority.High;
 　　mail.IsBodyHtml = false;
 　　SmtpClient smtpmail = new SmtpClient("localhost");
 　　smtpmail.Send(mail);
 　　LabMessage.Text = "信件已经送出!";
}

程序分析：

首先，程序中创建了一个 MailMessage 对象，将收信人地址、发信人地址及邮件内容等属性设置好。

其次，创建了 SmtpClient 对象，在这里 Web 服务器和 Smtp 服务器在同一台物理服务器上，并且已经事先在 IIS 上安装好了 SMTP 服务。因此，邮件服务器地址为 localhost。需要注意的是，有的邮件服务器在发送邮件时需要进行 SMTP 身份认证，此时应设置好 SmtpClient 对象的认证信息。可采用下面的代码进行 SMTP 认证：

SmtpClient smtpmail = new SmtpClient("smtp.sina.com");
smtpmail.Credentials = new System.Net.NetworkCredential("用户名","密码");

最后，使用 SmtpClient 对象的 Send 方法将邮件发送出去。

6.9 综合应用

【例 6.13】 模拟学生选课表单设计。

1. 功能设计

设计选课表单，提供学生输入姓名、院系等相关信息，最后将这些信息显示出来；提供单选按钮列表，以供选择专业是理科还是文科；提供多行文本框，以供输入选课意见；提供下拉列表框，以供选择所在的学院；提供列表框，以供选择所在系科；提供复选框列表，以供选择课程。

系科列表框开始没有选项，它根据学院列表框选择项动态生成，也就是双框联动。系科列表框动态生成后，设置默认的选项。课程选项的排列方式默认是竖排，但它也可以是横排，学生可以通过选择复选框改变它。提交按钮可以提交所有信息，并将这些信息显示在下方的标签中。清空按钮可以清空所有表单的内容。加入一些验证控件，以保证信息的有效性和正确性。

2. 界面设计

选课表单中的控件较多，界面如图 6.38 所示，主要的控件及其说明列于表 6.36 中。

表 6.36 选课表单控件说明

控件名	控件标识	说 明
TextBox	txtName	输入姓名
TextBox	txtPassword	输入密码，TextMode="Password"
TextBox	txtComment	输入选课意见，TextMode="Multiline"
Label	lblMessage	显示选课的相关信息
DropDownList	selCollege	选择所在学院，AutoPostBack="True"
ListBox	lstDepart	选择所在系科
RadioButtonList	radDepart	选择专业是理科还是文科
CheckBoxList	chkFond	选择课程，RepeatDirection 为 Vertical
CheckBox	chkDirection	控制课程的排列方式，AutoPostBack="True"
Button	btnSubmit	提交按钮，提交所有信息
Button	btnReset	清空按钮，清空所有表单内容

3. 关键技术

（1）学院和系科双框联动：设置用于选择学院的下拉列表框 selCollege 的 AutoPostBack 属性为真，自动回传。为其添加 SelectedIndexChanged 事件，使用分支结构，根据 selCollege 的选定值 SelectedValue 的不同，利用 ListBox 控件的 Add 方法，为系科列表框 lstDepart 添加选项 ListItem。设置 lstDepart 的默认选择项 SelectedValue 值。

（2）提交选课信息：在提交按钮 btnSubmit 的 Click 事件代码中处理选课信息的提交问题。定义一个字符串 s，将表单上的控件的信息拼接到这个字符串 s 上。对于选课信息 chkFond，定义一个字符串 temp，用循环语句判断 chkFond.Items[i].Selected 属性，如果为真，则添加到 temp 字符串。如果 temp 不为空，则将它拼加到字符串 s 上。最后让 lblMessage 的 Text 属性等于 s，显示选课的所有信息。

4. 实现过程

(1) 在网站 WebApp6 中,添加新项,新建网页,命名为 example6-13.aspx。拖放控件,设计界面效果如图 6.38 所示。添加必要的验证控件,对表单中的控件进行验证。

图 6.38 选课表界面

(2) 为实现预期功能,在网页的后台文件 example6-13.aspx.cs 中添加代码。定义事件并编写代码,主要有 btnSubmit_Click、btnReset_Click、selCollege_SelectedIndexChanged 和 chkDirection_CheckedChanged 事件。

(3) 根据需要美化界面,保存,调试,按 F5 键,运行结果如图 6.39 所示。

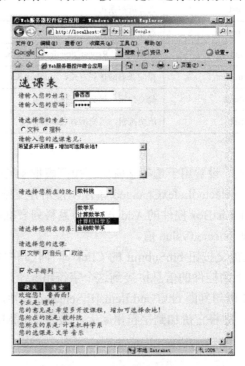

图 6.39 选课表运行结果

5. 主要程序代码

（1）学院和系科双框联动。页面部分代码如下：

请选择您所在的院：
```
<asp:DropDownList id="selCollege" runat="server" AutoPostBack="True"
    onselectedindexchanged="selCollege_SelectedIndexChanged">
<asp:ListItem Value="1">文学院</asp:ListItem>
<asp:ListItem selected="True" Value="2">数科院</asp:ListItem>
<asp:ListItem Value="3">外国语学院</asp:ListItem>
</asp:DropDownList><br />
```
请选择您所在的系：
```
<asp:ListBox id="lstDepart" runat="server">
<asp:ListItem selected="True">选院框后联动</asp:ListItem>
</asp:ListBox>
```

对应的后台编码文件 example6-13.aspx.cs 中的部分代码如下：

```csharp
protected void selCollege_SelectedIndexChanged(object sender, EventArgs e)
{
    lstDepart.Items.Clear();
    switch (selCollege.SelectedValue)
    {
        case "1":
            lstDepart.Items.Add(new ListItem("中文系","1"));
            lstDepart.Items.Add(new ListItem("语言学系","2"));
            lstDepart.Items.Add(new ListItem("电影电视系","3"));
            lstDepart.Items.Add(new ListItem("高级文秘系","6"));
            break;
        case "2":
            lstDepart.Items.Add(new ListItem("数学系", "1"));
            lstDepart.Items.Add(new ListItem("计算数学系","2"));
            lstDepart.Items.Add(new ListItem("计算机科学系","3"));
            lstDepart.Items.Add(new ListItem("金融数学系","6"));
            break;
        case "3":
            lstDepart.Items.Add(new ListItem("英语系", "1"));
            lstDepart.Items.Add(new ListItem("欧洲语系","2"));
            lstDepart.Items.Add(new ListItem("东方语言系","3"));
            lstDepart.Items.Add(new ListItem("翻译系","6"));
            break;
    }
    lstDepart.SelectedValue = "3";
}
```

（2）提交选课信息。页面部分代码如下：
```
<asp:Button id="btnSubmit" Text="提交" runat="server" onclick="btnSubmit_Click"/>
```
其对应的后台编码文件 example6-13.aspx.cs 中的部分代码如下：
```csharp
protected void btnSubmit_Click(object sender, EventArgs e)
{
    string s=" ", temp=" ";
    int i;
```

```
            s="欢迎您！   " + txtName.Text;
            s +="！<br>专业是: " + radDepart.SelectedItem.Text;
            s += "<br>您的意见是: " + txtComment.Text;
            s += "<br>您所在的院是: " + selCollege.SelectedItem.Text;
            s += "<br>  您所在的系是: " + lstDepart.SelectedItem.Text;
            for(i=0;i<chkFond.Items.Count;i++)
            {
                if(chkFond.Items[i].Selected)
                    temp += chkFond.Items[i].Text + " ";
            }
            if (temp != " ")
                s += "<br>您的选课是:   " + temp;
                lblMessage.Text = s; //将变量 s 存储的用户信息显示在标签上
}
```

（3）清空选课信息。页面部分代码如下：

```
<asp:Button id="btnReset" Text="清空" runat="server" onclick="btnReset_Click"/>
```

其对应的后台编码文件 example6-13.aspx.cs 中的部分代码如下：

```
protected void btnReset_Click(object sender, EventArgs e)
{
    lblMessage.Text="";
    txtName.Text="";
    txtPassword.Text="";
    txtComment.Text="";
    //清除选择类控件的选择
    radDepart.ClearSelection();
    chkFond.ClearSelection();
    chkDirection.Checked=false;
}
```

（4）改变课程选项的排列方向。页面部分代码如下：

```
请选择您的选课:<br/>
<asp:CheckBoxList id="chkFond" runat="server">
<asp:ListItem>文学</asp:ListItem>
<asp:ListItem>音乐</asp:ListItem>
<asp:ListItem>政治</asp:ListItem>
</asp:CheckBoxList> <br/>
<asp:CheckBox id="chkDirection" runat="server" AutoPostBack="true" checked="false"
    Text="水平排列" oncheckedchanged="chkDirection_CheckedChanged"/>
```

其对应的后台编码文件 example6-13.aspx.cs 中的部分代码如下：

```
protected void chkDirection_CheckedChanged(object sender, EventArgs e)
{
    if (chkDirection.Checked)
        chkFond.RepeatDirection = RepeatDirection.Horizontal;
    else
        chkFond.RepeatDirection = RepeatDirection.Vertical;
}
```

程序运行后的效果如图 6.43 所示。

习 题

1. 什么是 Web 服务器控件？它能完成什么功能？
2. 如何使用 Button 控件的 Command 事件响应用户的按钮单击动作？
3. 如何使用 CheckBox 和 RadioButton 控件自动响应用户的选择动作？
4. 如何使用 HyperLink 和 LinkButton 控件用超链接的形式接收用户的单击动作？
5. Image 和 ImageButton 控件的什么属性可以设置其显示的图像？
6. TextBox 如何接收密码形式、多行形式的用户输入？
7. 如何自动响应 DrowDownList 和 ListBox 中用户的选择动作？
8. 面板 Panel 有何作用？
9. 如何自动生成 Table？如何利用 Table 自动生成控件？
10. 如何在网页上利用 AdRotator 自动生成一个广告栏？
11. 能用日历控件 Calendar 实现一个备忘录吗？
12. ASP.NET 的验证控件包括哪些？
13. 如何使用必填验证控件保证用户必须输入某项？
14. 如何使用比较验证控件保证用户的输入是特定的数据类型或是某个常数或与另外一个控件中的值具有相同（大于、小于等）关系？
15. 如何使用范围验证控件保证用户的输入在某个范围之内？
16. 如何使用正则表达式验证控件保证用户的输入满足某个构成模式？
17. 如何使用自定义验证控件完成更为灵活的用户输入验证？
18. 如何使用验证摘要控件在页面上统一位置？或者利用弹出对话框输出错误信息？
19. 用户控件与自定义服务器控件的差别是什么？

实 验

1. 根据本章实例，设计网页，创建用户注册表单并验证注册信息。网页文件名为 exec6-1.aspx，显示如图 6.40 所示。

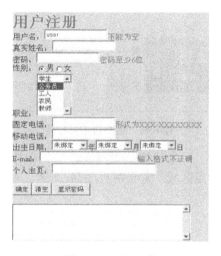

图 6.40 注册表单

(1) 编写代码，利用验证控件对注册信息进行验证，要求如下：
① 用户名非空；
② 密码长度大于 6；
③ 固定电话格式为区号-电话号；
④ E-mail 格式为 someone@domain.com。
(2) 单击"清空"按钮后，立刻清空用户输入的内容（无论各项数据输入正确与否）。
(3) 单击"确定"按钮后，要求在浏览器中弹出确认对话框（利用客户端 javascript），若选择取消将不提交；若选择确认后，在按钮下面的多行文本框中分行显示出用户填写的各项信息，并再次在浏览器中弹出提示成功的对话框。
(4) 单击"显示密码"按钮后，会弹出对话框显示用户输入的密码。
(5) 当用户选择的职业为"学生"时，要求立刻将文字"固定电话"改为"宿舍电话"；当用户选择的职业不是"学生"时，要求立刻将文字"宿舍电话"改为"固定电话"。

2. 根据本章内容，设计一个使用用户控件的网页，文件名为 exec6-2.aspx，显示如图 6.41 所示。

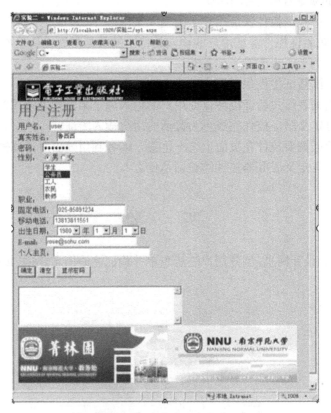

图 6.41 用户自定义控件

新建两个用户自定义控件，一个包含 AdRotator 广告控件，置于网页顶部；另一个包含 ImageMap 控件并设置不同的热点区域，置于网页底部。

第 7 章

ASP.NET 4.0 网站设计

从开发的业务阶段转到实施阶段后,要开始考虑如何创建应用程序及如何设计符合客户需求的站点。创建 Web 应用程序除了要会正确熟练使用 ASP.NET 4.0 服务器控件之外,还要精心设计网站,页面的实际设计和布局同样重要。

7.1 母 版 页

Internet 上的站点通常具有通用的布局和一致的外观。通用的站点布局一般包括以下几个方面:

(1) 页首提供整个站点的公共标题和菜单系统;

(2) 在页面左侧提供一些页面导航选项;

(3) 页脚提供版权信息和与站点管理员联系的二级菜单。

这些元素会出现在每个页面上,它们不仅提供必要的功能,而且这些元素的一致布局也向用户表明它们仍在同一个站点中。虽然这些站点的外观可以通过在 HTML 中使用样式文件构建,但 ASP.NET 4.0 提供更加健壮的工具母版(Master)页面和内容(Content)页面系统功能来帮助开发人员创建页面模板,实现网站一致性要求。这个过程可总结为"两个包含,一个结合"。

"两个包含"是指将页面内容分为公共部分和非公共部分,且两者分别包含在两个文件中,公共部分包含在母版页中,非公共部分包含在内容页中。

"一个结合"是指通过控件应用和属性设置等行为,将母版页和内容页结合起来最后将结果发给客户端浏览器。

7.1.1 母版页和内容页概述

ASP.NET 定义了两种新的页面类型:母版页和内容页。母版页是一个页面模板,与普通的 ASP.NET Web 页面一样,它可以包含任何 HTML、Web 控件甚至代码的组合。此外,母版页面还可以包含内容占位符——被定义的可修改的区域。每个内容页引用一个母版页并获得它的布局和内容。此外,内容页可以在任意的占位符里加入页面特定的内容。换句话说,在母版页中没有定义的内容,由内容页补充填入母版页。

母版页通常用于布局,即定义网站中不同网页的相同部分。例如,整个网站有同样的格局、同样的页眉和页脚、同样的导航栏，或在同样的位置设置同样的 LOGO 等。可以将这些一致的公用元素定义在一个母版页中，其他网页只需继承这个母版页即可。内容页通过继承自动获得母版页中的共有部分。

母版页为具有扩展名 .master 的 ASP.NET 文件，它可以包括静态文本、HTML 元素和服务器控件。母版页通常用于布局，即定义网站中不同网页的相同部分。

母版页代码和普通的 .aspx 文件代码格式很相近，最关键的不同是母版页由特殊的 @Master 指令识别，该指令替换了用于普通 .aspx 页的 @ Page 指令，格式如下：

```
<%@ Master Language="C#" CodeFile="MasterPage.master.cs" Inherits= "MasterPage" %>
```

可以看出，其实母版页和普通的 .aspx 页面非常类似，第一行指定了母版页的以下几个属性。

（1）Master Language：使用的编程语言。
（2）CodeFile：母版页的后台代码。
（3）Inherits：母版页对应的一个类。

母版页与普通的 .aspx 文件代码格式并无太大区别。只是母版页中包含了一个或多个 ContentPlaceHolder 控件，这个控件起到一个占位符的作用，能够在母版页中标识出某个区域，该区域可以被其他页面继承，用来放置其他页面自己的控件。

通过创建内容页来定义母版页占位符控件的内容，这些内容页为绑定到特定母版页的 ASP.NET 网页。内容页以母版页为基础，可以在内容页中添加网站中每个网页的不同部分。对于页面的非公共部分，在母版页中使用一个或多个 ContentPlaceHolder 控件来占位，而具体内容则放在内容页中。

每个网页的共同部分都可以在母版页设计中体现出来。常见的母版页代码结构如下：

```
<%@ Master Language="C#" %>
<html xmlns="http://www.w3.org/1999/xhtml" >
<head id="Head1" runat="server" >
 <title>Master page title</title>
</head>
<body>
 <form id="form1" runat="server">
     <asp:contentplaceholder id="Main" runat = "server" />
     <asp:contentplaceholder id="Footer" runat = "server" />
 </form>
</body>
</html>
```

上述代码中的母版页包含两个 ContentPlaceHolder 控件，ID 分别为 Main 和 Footer，它们用于占位。在内容页中，需要创建两个 Content 控件，一个映射到 Main，另一个映射到 Footer。当客户端请求内容页时，它的内容 Content 与母版页的一个副本合并，把定义在 Content 中的特定内容放到 Master 页面的指定占位符处，然后把整个包传递给浏览器，如图 7.1 所示。从用户角度来看，合并后的母版页和内容页是一个完整的页面，且其 URL 访问路径与内容页路径相同。从编程角度来看，这两个页是其各自控件的独立容器。

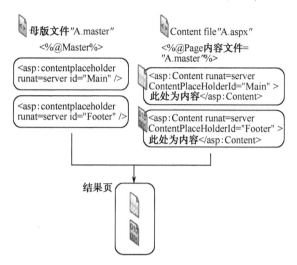

图 7.1 母版页和内容页的结构

7.1.2 创建母版页

母版页具有如下优点:
(1) 使用母版页可以集中处理页的通用功能,以便可以只在一个位置上进行更新。
(2) 使用母版页可以方便地创建一组控件和代码,并将结果应用于一组页面。例如,可以在母版页上使用控件来创建一个应用于所有页的菜单。
(3) 通过允许控制占位符控件的呈现方式,母版页可以在细节上控制最终页的布局。
(4) 母版页提供一个对象模型,使用该对象模型可以从各个内容页自定义母版页。

创建母版页的方法是,在 Visual Studio 2010 的"解决方案资源管理器"中右键单击网站,选择"添加新项",在打开的对话框中选择"母版页",如图 7.2 所示。

图 7.2 创建母版页

以 .Master 为后缀的文件都是母版页,以下是一个典型的母版页示例:

<%@ Master Language="C#" AutoEventWireup="true" CodeBehind="Site1.master.cs" Inherits="WebApp7.Site1" %>

```
<!DOCTYPE html PUBLIC "-//W3C//DTD XHTML 1.0 Transitional//EN" "http://www.w3.org/TR/xhtml1/DTD/
xhtml1-transitional.dtd">
<html xmlns="http://www.w3.org/1999/xhtml">
<head runat="server">
    <title></title>
    <asp:ContentPlaceHolder ID="head" runat="server">
    </asp:ContentPlaceHolder>
</head>
<body>
    <form id="form1" runat="server">
    <div>
        <asp:ContentPlaceHolder ID="ContentPlaceHolder1" runat="server">

        </asp:ContentPlaceHolder>
    </div>
    </form>
</body>
</html>
```

母版页代码的文件代码头声明是<%@ Master…%>，而不是普通 .aspx 文件头声明的<%@ Page…%>。

Master 页面包含一些用于布局的 HTML 及多个 ContentPlaceHolder 控件，用于在母版中占位，控件本身不包含具体内容，具体的内容放置在内容页中。两者通过 ContentPlaceHolder 控件的 ID 属性绑定。

总而言之，Master 页面可以作为容纳其他页面的容器，每个 Master 页面必须包含下面的元素：

（1）基本的 HTML 和 XML 等 Web 标记；
（2）位于第一行的<%@ master ... %>；
（3）带有 ID 的<asp:ContentPlaceHolder>标记。

【例 7.1】 创建母版页。

（1）打开 Visual Studio 2010，新建网站 WebApp7。
（2）新建母版页，命名为"MyMaster1.master"。
（3）打开 MyMaster1.master，可以看到里面默认的已经有一个 ContentPlaceHolder 控件，默认 ID 为 ContentPlaceHolder1。像编辑普通网页那样，在"设计"视图下，拖放控件设计网页，如图 7.3 所示。放置 HTML 的一个 Table 控件，调整单元格，用于布局。在母版页顶部放置 Literal 控件，填入网站的名字，再放入一个 Image 控件，设置图片。在左侧上部放置一个 Calendar 控件，设置它的格式。在左侧下部放置一个 ContentPlaceHolder 控件。在右侧区域放置一个 ContentPlaceHolder 控件。母版页底部设置网站的名字、版权、设备号等常规信息。

（4）根据需要，适当修饰，设置前景、背景色等样式，使之更为美观。

本例创建了一个常见布局的母版，其中放置了两个用于内容的占位符 ContentPlaceHolder 控件：ContentPlaceHolder1 和 ContentPlaceHolder2。

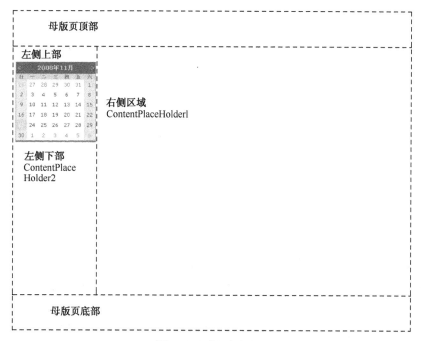

图 7.3 母版页面设计

注意：

（1）在 ASP.NET 4.0 中，Master 页面可以指定内容页能使用的区域。Master 页面可以只包含一个内容区域，也可以包含多个内容区域。

（2）在创建编辑母版页时，可以指定内容区域的默认内容，如果创建内容页时选择不重写此默认内容，它就可以由内容页使用。要在 Master 页面的一个内容区域中放置默认内容，只需把它放在母版页中相应的 ContentPlaceHolder 控件上即可。

7.1.3 创建内容页

创建母版页后，接下来创建内容页。内容页实际上是普通的 .aspx 文件，包含除母版页以外的其他非公共部分。

对于内容页有两个概念需要强调：一是内容页中的所有内容必须包含在 Content 控件中；二是内容页必须绑定母版页。

简单地说，内容页应具有下列 3 个特点：

- 没有<!DOCTYPE HTML…>和<html xmlns…>标记，也没有<html>、<body>等这些 Web 元素，这些元素都被放置在母版页。
- 在代码的第一行应用<%@ page MasterPageFile= ... %>声明所绑定的母版页。
- 包含<asp:content>控件。

创建内容页有以下两种方法：

（1）在所要继承的母版页任意位置单击右键，选择"添加内容页"，如图 7.4 所示，会出现默认的以"WebForm+序号"命名的内容页的 .aspx 文件。

图 7.4 添加内容页

（2）在"解决方案资源管理器"上右击网站"WebApp7"，选择"添加"菜单下的"新建项"子菜单，选择"使用母版页的 Web 窗体"，如图 7.5 所示。然后在"选择母版页"对话框中选择相应的母版页，如图 7.6 所示。

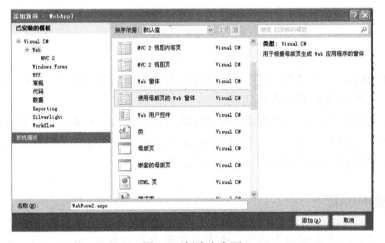

图 7.5 创建内容页

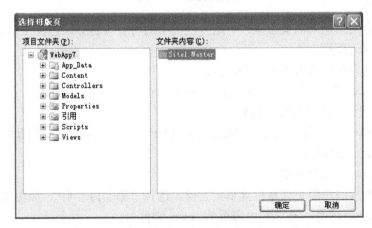

图 7.6 选择母版页

创建内容页后，放置在母版页中的控件等内容为灰色不可编辑。能编辑的部分是在母版页放置的占位符 ContentPlaceHolder 内容区域。在内容页中它表现为 Content 控件，内容页中的控件放置在<asp:content>控件中。内容页中的 Content 控件与母版页中的内容区域 ContentPlaceHolder 一一对应,它们通过 ContentPlaceHolder 控件的 ID 属性绑定。

【例 7.2】 创建内容页。

(1) 打开 Visual Studio 2010,在【例 7.1】中创建的网站 WebApp7 上新建 Web 窗体,并选择母版页,具体方法在前面已经讲述。选择母版页 MyMaster1.master,将新的 Web 窗体命名为 example7-2.aspx。

(2) 打开 example7-2.aspx,如图 7.7 所示,在【例 7.1】中设置过母版页中的内容,此时为灰色不可编辑。这时的 example7-2.aspx 代码如下:

```
<%@ Page Language="C#" MasterPageFile="~/MyMaster1.master" Title="内容页" %>
<script runat="server">
</script>
<asp:Content ID="Content1" ContentPlaceHolderID="ContentPlaceHolder1" Runat="Server">
</asp:Content>
<asp:Content ID="Content2" ContentPlaceHolderID="ContentPlaceHolder2" Runat="Server">
</asp:Content>
```

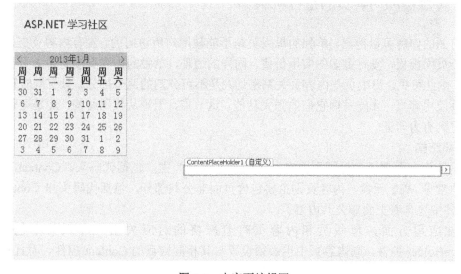

图 7.7 内容页编辑区

(3) 在控件 Content2 中放置三个 LinkButton 控件,Text 属性分别为母版页、主题和皮肤、网站导航。

(4) 在控件 Content1 中放置 Label 控件,设置 Text 属性为母版页和内容页;添加一个<Div>,在上面放置一段文字。

(5) 设置颜色、字体等格式,根据需要进行适当的美化。

(6) 调试运行,结果如图 7.8 所示。

本例在前例创建的母版页基础上创建了内容页,在 Content 控件中添加了内容页个性化的内容。由运行结果可见,母版页呈现的是共性化的内容,而内容页侧重的是个性化的内容,将 Content 控件的内容合并到母版页中相应的 ContentPlaceHolder 控件中,就得到浏览器中呈现的合并页。合并后的母版页和内容页是一个完整的页面。

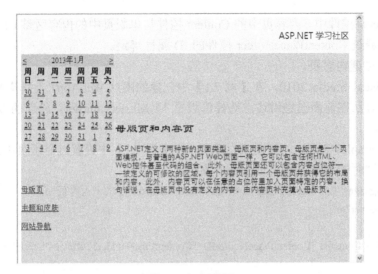

图 7.8 运行结果

7.1.4 母版页和内容页的运行机制

通过前面的内容可以得出，单独的母版页是不能被用户所访问的。没有内容页支持，母版页仅仅是一个页面模板，没有更多的实用价值。同样的道理，单独的内容页没有母版页支持，也不能够应用。由此可见，母版页与内容页关系密切，是不可分割的两个部分。只有同时正确创建和使用母版页及内容页，才能发挥它们的强大功能。这一点，无论从代码结构，还是运行机制等方面都可以得到有力印证。

1. 代码结构

从代码结构方面来说，母版页内容以页面公共部分为主，包括代码头、ContentPlaceHolder 控件及其他常见 Web 元素。内容页则主要包含页面非公共部分，包括代码头和 Content 控件。Content 控件中包含着页面非公共内容。

在控件应用方面，母版页和内容页有着严格的对应关系。母版页中包含多少个 ContentPlaceHolder 控件，则内容页中也必须设置与其相同数目的 Content 控件，而且 Content 控件的属性 ContentPlaceHolderID 的设置必须与母版页中设置的相互对应。可以把母版页的 ContentPlaceHolder 控件看做是页面中的占位符，则占位符所对应的具体内容就包含在内容页的 Content 控件中。二者的对应关系是通过设置 Content 控件中的 ContentPlaceHolderID 属性来完成的。

在实际应用中，为了给整个网站创建一致的风格和样式，一个母版页可能被多个内容页绑定。只有正确处理母版页与内容页之间的控件对应关系，才能够准确、高效地创建 Web 应用程序。

2. 运行过程

当客户端浏览器向服务器发出请求，要求浏览页面时，ASP.NET 执行引擎将执行内容页和母版页的代码，并将最终结果发送给客户端浏览器。

母版页和内容页的运行过程可以概括为以下 5 个步骤：

（1）用户通过输入内容页的 URL 来请求某页。

（2）获取内容页后，读取 @Page 指令。如果该指令引用一个母版页，则也读取该母版页。如果是第一次请求这两个页，则两个页都要进行编译。

（3）母版页合并到内容页的控件树中。

（4）各个 Content 控件的内容合并到母版页相应的 ContentPlaceHolder 控件中。

（5）呈现得到的结果页。

整个过程具有很强的逻辑性，并且母版页和内容页配合得非常巧妙。从用户角度来看，合并后的母版页和内容页是一个完整的页面，并且其 URL 访问路径与内容页的路径相同。从开发人员角度来看，控件的巧妙应用和配合是实现的关键。注意，在运行时，母版页成为了内容页的一部分。实际上，母版页与用户控件的作用方式大致相同，既作为内容页的一个子级，又作为该页中的一个容器。然而，当前母版页是所有呈现到浏览器中的服务器控件的容器。

3. 事件顺序

通常情况下，母版页和内容页中的事件顺序对于页面开发人员并不重要。但是，如果所创建的事件处理程序取决于某些事件的可用性，则了解母版页和内容页中的事件顺序很有帮助。在这里将对母版页和内容页的事件顺序进行简要说明，以便加深读者对于母版页和内容页的理解。

当访问结果页时，实际访问的是内容页和母版页。作为有着密切关系的两个页面，二者都要执行各自的初始化和加载等事件，具体过程如图 7.9 所示。

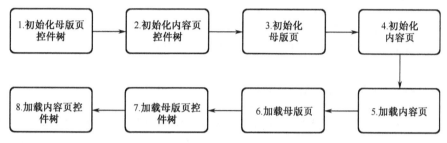

图 7.9　母版页和内容页的加载过程

加载母版页和内容页共需要经过 8 个过程。这 8 个过程显示初始化和加载母版页及内容页是一个相互交叠的过程。基本过程是：初始化母版页和内容页控件树，然后，初始化母版页和内容页页面，接着，加载母版页和内容页，最后，加载母版页和内容页控件树。

以上 8 个过程对应着 11 个具体事件：

（1）母版页控件 Init 事件；

（2）内容页 Content 控件 Init 事件；

（3）母版页 Init 事件；

（4）内容页 Init 事件；

（5）内容页 Load 事件；

（6）母版页 Load 事件；

（7）内容页中 Content 控件 Load 事件；

（8）内容页 PreRender 事件；

（9）母版页 PreRender 事件；

（10）母版页控件 PreRender 事件；

（11）内容页中 Content 控件 PreRender 事件。

实际上，8 个过程或者是 11 个事件都用于说明母版页和内容页中的具体事件顺序。内容页和母版页中会引发相同的事件。例如，两者都引发 Init、Load 和 PreRender 事件。引发事件的一般规律是，初始化 Init 事件从最里面的控件（母版页）向最外面的控件（Conetent 控件及内容页）引发，所有其他事件则从最外面的控件向最里面的控件引发。需要牢记，母版页会合并到内容页中，并被视为内容页中的一个控件，这一点十分有用。

在创建应用程序时，必须注意以上事件的顺序。例如，当在内容页中访问母版页的属性或者服务器控件时，如果按照过去的处理思路，可能会在内容页的 Page_Load 事件处理程序中加以实现。由前文可知，在母版页 Load 事件引发之前，内容页 Load 事件已经引发，那么过去的思路显然是不正确的。如何才能在内容页中访问母版页包含的对象呢？在 7.1.5 节将讨论这个问题。

7.1.5 访问母版页控件和属性

在内容页面中使用 Master 页面时，可以访问 Master 页面上的控件和属性。Master 页面由内容页面继承时，会提供一个 Master 属性。使用这个属性可以获取 Master 页面中包含的控件值或定制属性。

1. 使用 FindControl 方法

根据对象的唯一名称，通过使用 Master 页面提供的 MasterPage.FindControl()方法查找要访问的对象，从内容页面上访问母版页面上的控件。

例如，在母版页面上有一个 ID 为 Label1 的标签控件，在内容页中有一个 ID 为 LabelTitle 的标签控件，在页面加载事件中，让内容页的控件 LabelTitle 获取母版页控件 Label1 的 Text，代码如下：

```
protected void Page_Load(object sender, EventArgs e)
{     LabelTitle.Text = (Master.FindControl("Label1") as Label).Text;     }
```

当然，这种交互打破了基于类设计和封装的原则。如果确实需要访问母版页的控件，最好在母版页里通过属性封装控件（或者，更理想的是只暴露感兴趣的属性）。这样，母版页和内容页的交互更加清晰、更加文档化，耦合也更松散。如果内容页修改其他页面的内部逻辑，编辑母版页时很可能破坏这种依赖关系，从而产生脆弱的代码模型。

2. 使用 MasterType 指令

另一个能够访问母版页面的方法是在内容页中加入 MasterType 指令，在这个指令里指定 .master 文件的虚拟路径。

下面是添加了 MasterType 指令的某个内容页的前两行代码：

```
<%@ Page Language="C#" MasterPageFile="~/MyMaster1.master" %>
<%@ MasterType VirtualPath="~/ MyMaster1.master" %>
```

MasterType 页面指令允许对 Master 页面进行强类型化引用，通过 Master 对象访问 Master 页面的属性。

【例 7.3】 访问母版页。

（1）打开 Visual Studio 2010，在【例 7.1】中创建的网站 WebApp7 上新建 Web 窗体，并选择母版页，具体方法在前面已经讲述。选择母版页 MyMaster1.master，将新的 Web 窗体命名为 example7-3.aspx。

（2）选择母版页 MyMaster1.master，在页面首部添加一个 ID 为 LabelM 的 Label 控件，其 Text 属性为"我是母版页的！"。创建属性 TitleText 并通过母版页类的 TitleText 属性对该控件进行访问，代码如下：

```
public string TitleText
{
    get { return LabelM.Text;}
    set { LabelM.Text = value;}
}
```

（3）打开内容页 example7-3.aspx，在内容页访问 TitleText 属性并修改之，代码如下：
```
protected void Page_Load (object sender, EventArgs e)
{    Master.TitleText = "我是内容页的！"   }
```
（4）运行网页，将会看到母版页上的 LabelM 控件显示为"我是内容页的！"。

7.1.6 动态加载母版页

有时候网站中存在多个母版页，内容页需要根据不同的情况选择不同的母版页。例如，希望调整版面设计的复杂性或者根据不同用户设置功能的可见性，或者给予用户设置他们喜好的权利。

在任何内容页面上，都可以轻松地编程指定 Master 页面。无论是否已在 @Page 指令中指定了另一个 Master 页面，都可以使用 Page.MasterPageFile 属性把 Master 页面赋予内容页面。

想要实现这一功能，可使用内容页的 PreInit 事件，改变页面的 MasterPageFile 属性。为什么需要使用页面的 PreInit 事件，而不能用 Load 事件或 Init 事件？这是因为页面在 Load 或 Init 页面之前，就已经和母版页融合在一起。而在 Page_PreInit 事件或之前，当前页面包含的对象还没有被生成，不能访问，所以，如果想根据当前页面上某个控件的值动态切换母版页是做不到的，能够做到的就是根据 Session 或者 QueryString 等在页面打开之前已经赋值的变量来实现切换母版页。

例如，在 Session 中存储用户是否登录的值 login，根据用户是否登录自动选择母版页，代码片段如下：

```
protected void Page_PreInit(object sender, EventArgs e)
{
    if (Convert.ToBoolean(Session["login"]))
        Page.MasterPageFile = "~/MasterPage_LoginUser.master";
    else
        Page.MasterPageFile = "~/MasterPage_GuestUser.master";
}
```

◎◎ 注意：

动态加载母版页技术有一个潜在的危险，即内容页可能不能和任意的母版页兼容。如果内容页包含一个母版页里没有对应 ContentPlaceHolder 的 Content 标签，就会产生错误。要避免这一问题，必须保证所有动态设置的母版页包含相同的占位符。

7.1.7 母版页应用范围

母版页共包括 3 种应用范围：页面级、应用程序级和文件夹级。虽然它们的创建方法一致，但是应用范围不同。

1. 页面级

页面级母版页是最为常见的。只要通过属性设置，在内容页中正确绑定母版页即可，而内容页可以是应用程序中任意的 .aspx 页面。示例代码如下：

```
<%@ Page Language="C#"  MasterPageFile="~/MasterPage.master" %>
```

2. 应用程序级

如果应用程序中有很多页面需要绑定同一个母版页，分别绑定就会显得特别麻烦。可以在

Web.config 中添加一个配置节<pages>，并设置其中的 MasterPageFile 属性值为母版页的 URL 地址。示例代码如下：

```
<configuration>
 <system.web>
    <pasges MasterPageFile="~/MasterPage.master" />
 </system.web>
</configuration>
```

如果经过配置的 Web.config 文件存储于根目录下，则以上的配置内容将对整个应用程序产生作用。默认情况下，位于根目录下（包括子文件夹中）的所有 .aspx 文件将会成为自动绑定 MasterPage.master 的内容页。在使用这些内容页时，不必如同在页面级的情况那样，为每个页面都设置 MasterPageFile 属性。代码头部设置如下即可：

```
<%@ Page Language="C#" %>
```

以上代码头部中，没有包括对属性 MasterPageFile 的设置，这是由于系统将自动绑定 Web.config 文件中所设置的 MasterPage.master 为母版页。

这种做法虽然在一定程度上带来了便利，但是还存在其他可能。例如，站点内有些 .aspx 文件可能不需要自动绑定默认设置的母版页，而需要绑定其他的母版页。这时，可以使用如下设置方法，覆盖 Web.config 中的设置：

```
<%@ Page Language="C#" MasterPageFile="~/OtherPage.master" %>
```

还可能出现不需要绑定任何母版页的 .aspx 文件。这种情况可以使用如下设置：

```
<%@ Page Language="C#" MasterPageFile="" %>
```

3. 文件夹级

应用程序级的绑定母版页虽然方便，但这种方式缺乏灵活性。任何违背了规则（例如，含有根<html>标签或者定义了一个不对应 ContentPlaceHolder 的内容区域）的 Web 页面都会自动中断。如果一定要使用这一功能，建议不要对整个网站应用该功能；可以为内容页面创建一个子文件夹，并只在这个文件夹里创建一个应用母版页的 web.config 文件。

7.1.8 缓存母版页

许多开发人员使用高速缓存来提高 ASP.NET 页面的性能，它也可以用于包含更新频率不高的数据页面。在处理一般的 .aspx 页面时，可以使用如下代码给页面应用输出高速缓存：

```
<%@ OutputCache Duration="10" Varybyparam="None" %>
```

这行代码表示在服务器的内存中把页面缓存 10s。VaryByParam 表示根据什么参数来结束缓存，Duration 表示缓存时长。

想要在使用 Master 页面时应用高速缓存，应当把 OutputCache 指令放置在内容页面上。放在 Master 页面上的 OutputCache 指令不会令母版页面出错，但页面检索时会出错，因为找不到缓存的页面，所以也不会被缓存。放置在内容页上的 OutputCache 指令会高速缓存内容页面的内容和母版页面的内容。

7.2 主题和皮肤

应用 ASP.NET 4.0 的"主题和皮肤"功能可以轻松地实现对网站美观性的控制。可以将样式和布局信息分解为单独的文件组，统称为"主题"。主题可应用于任何站点，影响站点中每一个网页和控件的外观。主题提供了一种简易方式，可以独立于应用程序的页为站点中的控件和页定义样式设置。通过更改主题即可轻松地维护对站点的样式更改，而无须对站点各页进行编辑。用户还可以与其他开发人员共享主题，利用主题可以很方便地控制页面外观，把所有与页面外观有关的控制文件和资源文件放在主题目录中，页面只需切换主题，则主题目录下所有的控制文件和资源文件就会自动切换。在一个站点内创建多套主题，就可以在网站运行时动态地切换网站主题，方便地实现网站外观主题的更换。

7.2.1 主题概述

主题是 ASP.NET 4.0 基于文本的样式定义。多个主题的优点在于，设计站点时可以不考虑样式，以后应用样式时也无须更新页或应用程序代码。此外，还可以从外部源获得自定义主题，以便将样式设置应用于应用程序。可以在应用程序、页面或服务器控件级别上应用 ASP.NET 中的主题。主题存储在一个位置，可以独立于应用该主题的应用程序来维护这些设置，实现了界面和代码的有效分离。

1. 主题与 CSS

CSS 规则只限于一组固定的样式特性。它们允许重用特定的格式化细节（字体、边框、前景和背景色等），但它们显然不能控制 ASP.NET 控件的其他方面。例如，CheckBoxList 控件有一些用于控制如何把项目组织为行或列的属性。此外，如果希望在定义控件格式的同时定义控件的部分行为，例如，希望标准化日历控件的选择模式或者文本框的折行。虽然这些属性影响的是控件的外观，但它们在样式的范围之外，所以必须手工设置它们。它们都不可能通过 CSS 实现。

主题弥补了中间的鸿沟。和 CSS 相似，主题允许定义一组作用于多个页面中的控件的样式特性。不过，和 CSS 不同的是，主题不是由浏览器实现的。相反，它们是在服务器实现的 ASP.NET 自有的解决方案。虽然主题不会代替样式，但它们可以提供一些 CSS 不能提供的特性。以下是它们的主要区别。

（1）主题基于控件而不是 HTML。所以，主题允许定义和重用几乎所有的控件属性。例如，可以在主题中定义一组通用的节点图片并把它们应用于多个 TreeView 控件，还可以为多个 GridView 控件定义一组模板。CSS 只是直接作用于 HTML 的样式特性。

（2）主题应用在服务器上。主题作用到页面时，格式化后的最终页面被传送给用户。而使用样式表时，浏览器同时接收到页面和样式信息并在客户端合并它们。

（3）可以通过配置文件来应用主题，这样不必修改任何一个页面就可以对整个文件或整个网站应用主题。

（4）主题不会像 CSS 那样级联。如果在一个主题和一个控件里同时指定了一个属性，则主题里定义的值会覆盖控件的属性。若要改变这个行为，可以提高页面属性的优先级，这样主题的行为将更像样式表。

主题代表了一个更高层次的模型。为了实现对属性的格式化，ASP.NET 会频繁呈现内联的样式规则。有些开发人员非常熟悉样式表，仍然习惯于使用它。究竟是使用其中之一还是两者并用，完全在于开发者的选择。其实可以把样式表用作主题的一部分。

2. 文件存储和组织方式

主题是指页面和控件外观属性设置的集合，由 ASP.NET 支持的具有特殊含义的文件夹构成。在主题中，可以包含各种页面外观控制文件和资源文件，主要有外观文件（扩展名为.skin）、级联样式表文件（扩展名为.css）、脚本文件（扩展名为.js）、资源文件（扩展名为.resx）、图像文件、声音文件等。主题是在网站或 Web 服务器上的特殊目录中定义的。

在默认情况下，主题存储在网站中的 App_Themes 目录下，皮肤则存储于相应的 Theme 文件夹（主题）中，是以 .skin 为后缀的外观文件。

如图 7.10 所示，在 App_Themes 文件夹下包括两个主题，每个主题文件夹下都可以包含一个或多个外观文件。在应用程序主题较多、页面内容较复杂的情况下，必须将外观文件组织好。

常见的外观文件组织方式如下。

（1）根据 SkinID 组织。每个外观文件都包含具有相同 SkinID 的多个控件外观定义，如图 7.10 所示。这种方式适用于站点页面较多、设置内容复杂的情况。

（2）根据控件类型组织。每个外观文件都包含特定控件的一组外观定义，如图 7.11 所示。这种方式适用于站点页面中包含控件较少的情况。

（3）根据网页文件名组织。每个外观文件定义某一个网页文件页面中控件的外观，站点中有多少个网页文件，就有对应数目的外观文件，如图 7.12 所示。站点中包含较少页面时可以采用这种方式。

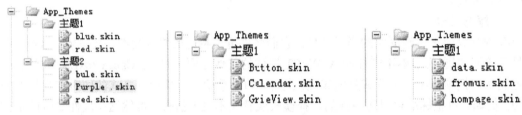

图 7.10　外观文件组织方式一　　图 7.11　外观文件组织方式二　　图 7.12　外观文件组织方式三

3. 皮肤文件

ASP.NET 提供了一些可在应用程序中对页和控件的外观或样式进行自定义的功能。其中，控件支持 Style 对象模型，用于设置字体、边框、背景色和前景色、宽度、高度等样式属性。控件还完全支持可将样式设置与控件属性分离的级联样式表（CSS）。因此可以将样式信息定义为控件属性或 CSS，也可以在名为 Theme 的单独文件组中定义此信息，以便应用于应用程序的全部或部分页面。因为 CSS 不能对服务器控件的样式进行设置，所以 ASP.NET 中提出了皮肤文件的概念。

每个主题文件夹下都可以包含一个或多个皮肤文件。各种控件的样式在主题中被指定为皮肤（Skin）。皮肤文件又称为外观文件。外观文件是一个用来描述 Web 服务器控件外观属性的设置集合。在 Theme 文件夹中创建 .skin 文件。一个 .skin 文件可以包含一个或多个控件类型的外观。可以为每个控件在单独的文件中定义外观（例如，单独为日历控件定义日历控件的皮肤），也可以在一个文件中定义所有主题的外观（将所有控件外观的定义都集中在一个皮肤文件中）。已命名外观是设置了 SkinID 属性的控件外观，通过设置控件的 SkinID 属性将已命名外观显式应用于控件。通过创建已命名外观，可以为应用程序中同一控件的不同实例设置不同的外观。

下面是一个外观文件中一个文本框服务器控件的外观设置代码：

```
<asp:Textbox Runat="server" ForeColor="#000000" Font-Names="Verdana"
    Font-Size="X-Small" BorderStyle="Dotted" BorderWidth="5px"
    BorderColor="#000000" Font-Bold="False" SkinID="TextboxDotted" />
```

创建皮肤文件时，需要注意：

（1）要使用 .skin 扩展文件名；

（2）添加常规控件定义（使用声明性语法）时，仅可以包含要为主题设置的属性而不包括 ID 属性；

（3）控件定义必须包含 runat="server" 属性。

4. 主题的类型

可以定义单个 Web 应用程序的主题，也可以定义供 Web 服务器上所有应用程序使用的全局主题。也就是说，有两种类型的主题，一种是页面主题，另一种是全局主题。

页面主题仅应用于单个 Web 应用程序中，也称为应用程序主题。应用程序主题是指在 Web 应用程序的 App_Themes 文件夹下的一个或多个特殊文件夹，主题的名称是文件夹的名称。每个主题都是一个主题文件夹，其中包含控件外观、样式表、图形文件和其他资源，该文件夹是作为网站中的 \App_Themes 文件夹的子文件夹创建的。每个主题都是 \App_Themes 文件夹的一个不同的子文件夹。图 7.13 展示的是一个典型的页面主题，它定义了 3 个主题 MyTheme、Theme1、Theme2，不同的主题下有着不同的组成。

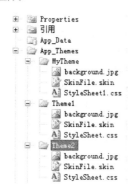

图 7.13　页面主题目录结构

全局主题是可以应用于服务器上的所有网站的主题。当维护同一个服务器上的多个网站时，可以使用全局主题定义的整体外观。全局主题与页面主题类似，它们都包括属性设置、样式表设置和图形。但是，全局主题存储在 Web 服务器的名为 \Themes 的全局文件夹中。服务器上的任何网站，以及任何网站中的任何页面都可以引用全局主题。可以通过设置应用程序配置文件中的 <pages>元素，将其应用于应用程序中的所有页。如果在 Machine.config 文件中定义了<pages>元素，则主题将应用于服务器上 Web 应用程序中的所有页。

7.2.2　创建主题

在 ASP.NET 4.0 中创建主题的过程是比较简单的，但要创建出美观实用的主题还是需要一些艺术细胞的。下面通过一个例子讲述创建主题的方法和步骤。

1. 创建主题文件夹

为了给应用程序创建自己的主题，首先需要在应用程序中创建正确的文件夹结构。

在"解决方案资源管理器"中，用鼠标右键单击项目名，选择"添加"→"添加 ASP.NET 文件夹"→"主题"，系统会自动判断是否已经存在 App_Themes 文件夹，如果不存在该文件夹，就自动创建它，并在该文件夹下添加一个主题；如果已经存在该文件夹，就直接在该文件夹下添加新的主题。接着给定义的主题文件夹命名。

2. 创建外观文件

成功创建主题文件夹后，就可以在创建的主题目录下添加外观控制文件和资源文件了。

在编写外观文件（.skin）时，系统并没有提供控件属性设置的智能化提示功能。所以一般不在外观文件中直接编写代码定义控件的外观，而是先在 Web 窗体文件中拖放控件并设置控件的属性，然后将自动生成的代码复制到外观文件中，再进行修改，步骤如下：

（1）右键单击主题文件夹，选择添加新项，添加一个外观文件"SkinFile.skin"。

（2）在网站内添加一个临时的 Web 窗体文件 Temp.aspx，在"设计"视图下，将需要设置外观的控件拖放到页面中，最好一行放置一个控件，方便查看代码。

（3）利用属性窗口及可视化功能对控件进行配置，设置控件的背景色、前景色、字体等外观属性。

（4）将相应控件的源代码复制到外观文件"SkinFile.skin"中，并去掉控件的 ID 属性。

（5）如果源代码中同一种控件出现多个，需给控件添加不同的 SkinId 属性。当 Web 窗体页面内控件的 SkinID 属性值和某 SkinID 属性值相同时，就会采用此外观效果。

一个定义好的包含多个 Skin 选项的外观文件代码片段如下：

```
<asp:Label Runat="server" ForeColor="#004000" Font-Names="Verdana" Font-Size="X-Small" />
<asp:Textbox Runat="server" ForeColor="#004000" Font-Names="Verdana"
     Font-Size="X-Small" BorderStyle="Solid" BorderWidth="1px"
   BorderColor="#004000" Font-Bold="True" />
<asp:Textbox Runat="server" ForeColor="#000000" Font-Names="Verdana"
   Font-Size="X-Small" BorderStyle="Dotted" BorderWidth="5px"
     BorderColor="#000000" Font-Bold="False" SkinID="TextboxDotted" />
<asp:Textbox Runat="server" ForeColor="#000000" Font-Names="Arial"
     Font-Size="X-Large" BorderStyle="Dashed" BorderWidth="3px"
         BorderColor="#000000" Font-Bold="False" SkinID="TextboxDashed" />
```

3. 添加 CSS 文件

除了在 .skin 文件中创建的服务器控件定义之外，还可以使用层叠样式表 CSS 进行进一步的定义，使 HTML 服务器控件、HTML 和原始的文本都根据主题来改变。Visual Studio 2010 提供了样式构建器，使用此工具可以轻松地为主题创建 CSS 文件。

（1）右键单击 WebApp7，添加新建项，添加一个样式表文件"StyleSheet.css"。添加后的文件默认有一个空的 body 样式规则，其代码如下：

```
body
{   }
```

（2）在 HTML 标签对应的花括号之外的空白处单击右键，快捷菜单如图 7.14 所示，选择"添加样式规则"，弹出"添加样式规则"对话框，如图 7.15 所示。在其中选择要设置样式的元素、类名等，可以添加新的样式规则。新生成的样式规则为元素名{}。

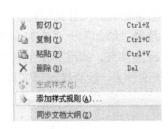

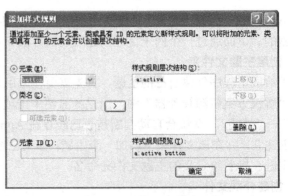

图 7.14　添加样式　　　　　　　　图 7.15　添加样式规则

（3）在生成的样式规则的 HTML 标签对应的花括号内的空白处单击右键，快捷菜单如图 7.16 所示，选择"生成样式"，弹出"修改样式"对话框，如图 7.17 所示。"修改样式"对话框可以用来定义或修改元素的样式。若是首次使用为定义样式，再次使用则为修改样式。在其中选择"字体"、"背景"等进行设置，会自动生成对应的属性和值。可见，Visual Studio 2010 中的对话框可以完全定义 CSS 页面，无须编码。

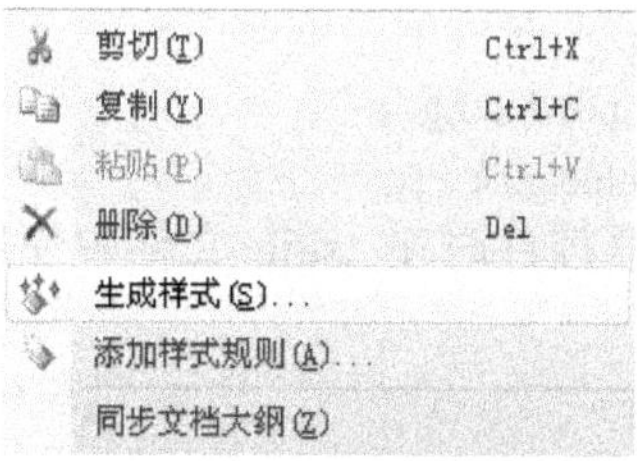

图 7.16　生成样式 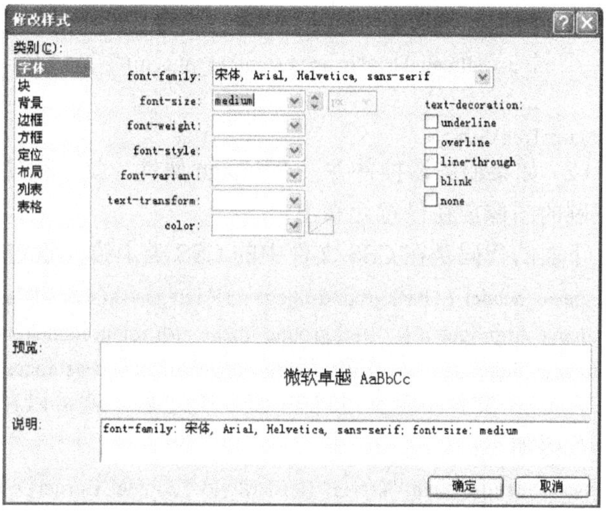　　　　　　图 7.17　定义/修改样式

下面是一个定义好的 CSS 文件代码片段：

```
body
{       font-size: x-small;
        font-family: Verdana;
        color: #004000;
}
A:link
{       color: Blue;
        text-decoration: none;
}
A:visited
{       color: Blue;
        text-decoration: none;
}
A:hover
{       COLOR: Red;
        text-decoration: underline overline;
}
```

CSS 文件是一个解释性的文件，样式在 .css 文件中的定义顺序非常重要。一些样式会改变前面的样式，所以应确保样式定义的顺序正确。在和皮肤文件定义的外观属性冲突时，.skin 文件将优先于 .css 文件的样式。

4．给主题添加图像

主题可以将图像合并到样式定义中，许多控件都可以使用图像创建更美好的外观。

把图像合并到统一使用主题的服务器控件中，需要在 Themes 文件夹中创建 Images 文件夹。

使用 Images 文件夹中的文件有两个简单的方法。

（1）把图像直接合并到 .skin 文件中，示例代码片段如下：

```
<asp:TreeView runat="server" …
    LeafNodeStyle-ImageUrl="images\summer_iconlevel.gif"
    RootNodeStyle-ImageUrl="images\summer_iconmain.gif"
    ParentNodeStyle-ImageUrl="images\summer_iconmain.gif" NodeIndent="30"
    CollapseImageUrl="images\summer_minus.gif"
    ExpandImageUrl="images\summer_plus.gif">
    …
</asp:TreeView>
```

（2）如果服务器控件并没有 image 属性，就必须使用 .skin 文件和 CSS 文件。此时可以将基于主题的图像放在任意元素上。

下面的代码是在 CSS 文件中的 CSS 类上给元素定义使用背景图像：

```
.theme_header  {  background-image :url( images/smokeandglass_brownfadetop.gif);   }
.theme_highlighted {    background-image :url( images/smokeandglass_blueandwhitef.gif);   }
.theme_fadeblue {       background-image :url( images/smokeandglass_fadeblue.gif);   }
```

在 CSS 文件中定义过这些 CSS 类之后，就可以在定义服务器控件时在 .skin 文件中使用它们，代码如下：

```
<asp:Calendar runat="server" BorderStyle="double" BorderColor="#E7E5DB"
    BorderWidth="2" BackColor="#F8F7F4" Font-Size=".9em" Font-Names="Verdana">
    <TodayDayStyle BackColor="#F8F7F4" BorderWidth="1" BorderColor="#585880"
        ForeColor="#585880" />
    <OtherMonthDayStyle BackColor="transparent" ForeColor="#CCCCCC" />
    <SelectedDayStyle ForeColor="#6464FE" BackColor="transparent"
        CssClass="theme_highlighted" />
    <TitleStyle Font-Bold="True" BackColor="#CCCCCC" ForeColor="#585880"
        BorderColor="#CCCCCC" BorderWidth="1pt" CssClass="theme_header" />
    …
</asp:Calendar>
```

7.2.3 应用主题

1．给单个页面应用主题

通常，可以在网站上创建名为 App_Themes 的新文件夹，然后在其中创建各种主题的文件夹，再向各种主题文件夹中添加组成主题的皮肤、样式表和图像的文件，这样就完成了创建页面主题。

定义页面主题后，可以使用 @Page 指令的 Theme 属性将该主题放置在单个页上。例如：

```
<%@ Page Language="C#" Theme="ThemeName" %>
```

还可以使用@Page 指令的 StyleSheetTheme 属性将该主题放置在单个页上。可以手工做这个修改，在设计时打开 .aspx 文件，切换到"设计"视图，单击右键选择"属性"，在"属性"窗口顶部的下拉列表中选中"Document"，在列表中定位到"StyleSheetTheme"，设置其值为某个主题名称，页面就会自动套用主题内的外观控制文件和资源文件。例如：

```
<%@ Page Language="C#" StyleSheetTheme="ThemeName" %>
```

2．给全局应用主题

要创建全局主题，一般存放于以下位置：

iisdefaultroot\aspnet_client\system_web\version\Themes

例如，默认 Web 根文件夹位于 Web 服务器上的 C:\Inetpub\wwwroot 中，则新的全局主题 Themes 文件夹可能为：

C:\Inetpub\wwwroot\aspnet_client\system_web\version\Themes

在全局主题文件夹中，可以创建各种主题的文件夹，进而在各种主题文件夹中添加组成主题的皮肤、样式表和图像的文件，这样就完成了创建全局主题。

对于全局主题，也可以配置 Web.config 文件，应用全局主题。

```
<configuration>
 <system.web>
     <pages theme="ThemeName" />
 </system.web>
</configuration>
```

对于全局主题，还可以配置 Web.config 文件，应用全局主题的 StyleSheetTheme 属性，例如：

```
<configuration>
 <system.web>
     <pages StyleSheetTheme="Themename" />
 </system.web>
</configuration>
```

3. 应用主题的优先级

把某个主题应用到页面后，ASP.NET 会考虑 Web 页面上的每个控件并检查外观文件中是否为控件定义了属性，如果 ASP.NET 在外观文件里发现了匹配的标签，从外观文件获得的信息就会覆盖控件的当前属性。

如果设置了页或者全局的 Theme 属性，则主题和页中的控件设置将进行合并，以构成控件的最终设置。如果同时在控件和主题中定义了控件设置，则主题中的控件设置将重写控件上的任何页设置。简单地讲，局部的设置将服从全局的设置，即使页面上的控件已经具有各自的属性设置。此策略也可以使主题在不同的页面上产生一致的外观。例如，它可以将主题应用于在 ASP.NET 的早期版本中创建的页面。

在设置页面或者全局主题的 StyleSheetTheme 属性，将主题作为样式表主题应用时，本地页设置将优先于主题中定义的设置（如果两个位置都定义了设置）。简单地讲，局部的设置将优先于全局的设置。

对于皮肤而言，它在应用时服从于上述主题的规则。如果页面主题不包括与 SkinID 属性匹配的控件外观，则控件使用该控件类型的默认外观。

4. 禁用主题

默认情况下，主题将重写页和控件外观的本地设置。当控件或页已经有预定义的外观，而又不希望主题重写它时，可以禁用此行为。

对于页面，禁用主题的方法为：

`<%@ Page EnableTheming="false" %>`

对于控件，禁用主题的方法为：

`<asp:Calendar id="Calendar1" runat="server" EnableTheming="false" />`

【例 7.4】 创建和应用主题示例。

（1）运行 Visual Studio 2010，在【例 7.1】中创建的网站 WebApp7 上创建主题，命名为"主题 1"。
（2）在"主题 1"中添加一个"外观文件"，以同样的方法在主题内添加一个样式表文件，并把一个图片复制到"主题1"目录下。目录结构如图7.18所示。

（3）在"解决方案资源管理器"中添加一个临时Web窗体文件"Temp.aspx"，切换到设计视图，在页面上拖放两个Label控件。按照图7.19和图7.20所示分别设置两个标签控件的外观属性。

图7.18 主题目录　　　　图7.19 Label1的外观属性　　　　图7.20 Label2的外观属性

（4）切换到"Temp.aspx"的"源代码"视图，把控件的代码复制到"SkinFile.skin"文件中，并去掉相关控件的ID属性，修改成如下的代码：

```
<asp:Label   runat="server" BackColor="#FF33CC" BorderColor="#666699"
    BorderStyle="Solid" BorderWidth="10px" Text="Label"></asp:Label>
<asp:Label   SkinID="other" runat="server" BackColor="White" BorderColor="#0066FF"
    BorderStyle="Solid" BorderWidth="10px" Text="Label"></asp:Label>
```

（5）在"StyleSheet.css"的文件中加入如下的样式规则：

```
body
{   background-image: url(background.gif);
    text-align: center;
    background-repeat: no-repeat;
}
```

（6）在"解决方案资源管理器"中添加一个ThemeExample.aspx文件，切换到"设计"视图，右击选择"属性"，在"属性"窗口顶部的下拉列表中选中"Document"，在列表中定位到"StyleSheetTheme"，设置其值为"主题1"。

（7）向"ThemeExample.aspx"文件中拖放两个Label控件，会发现两个控件的显示效果如图7.21所示。

（8）修改Label2的SkinID属性为"other"，则Label2会自动换成如图7.22所示的外观。

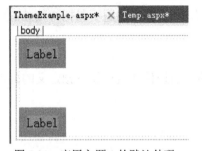　　　　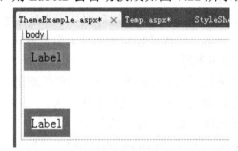

图7.21 应用主题1的默认外观　　　　图7.22 根据SkinID应用外观

本例只是以最简单的Label控件演示了主题和皮肤的使用。对于其他复杂的控件，使用方式相同。

7.2.4 动态加载主题

除了在页面声明和配置文件中指定主题和外观首选项之外，还可以通过编程方式应用主题。可以通过编程方式同时对页面主题和样式表进行设置。但是，应用每种类型主题的过程有所不同。

与动态切换母版页类似，可以在页面的 PreInit 方法的处理程序中设置页面的 Theme 属性。例如：

```
Protected void Page_PreInit(object sender, EventArgs e)
{
    switch (Request.QueryString["theme"])
    {
        case "Blue":
            Page.Theme = "BlueTheme";
            break;
        case "Pink":
            Page.Theme = "PinkTheme";
            break;
    }
}
```

也可以在页面的代码中重写 StyleSheetTheme 属性，然后在 get 访问器中返回样式表主题的名称。例如：

```
public override String StyleSheetTheme
{
    get { return "BlueTheme "; }
}
```

对于控件，也是在页面的 PreInit 方法的处理程序中设置控件的 SkinID 属性。例如：

```
void Page_PreInit(object sender, EventArgs e)
{    Calendar1.SkinID = "MySkin"    }
```

7.3 网站导航

对于一个网站，特别是结构复杂、内容丰富的网站，应为用户提供一个好的网站导航。在页面之间建立导航系统，终端用户就能很容易地以直观的方式操作应用程序。好的网站导航应能使访问者在任何地方都可以清楚地了解自己的位置，并有好的、方便的途径返回首页或上一级菜单。

ASP.NET 4.0 中可以使用一个导航系统来解决这个问题，从而使终端用户使用应用程序的管理变得非常简单。

这个新式的导航系统可以在一个 XML 文件中定义整个站点，该 XML 文件称为站点地图。在定义了新的站点地图后，就可以使用 SiteMap 类来编程处理它。ASP.NET 中站点地图的另一个特性是一个数据提供程序，该数据提供程序专用于处理站点地图文件，可以把站点地图绑定到一系列基于导航的服务器控件上。下面将介绍 ASP.NET 4.0 中导航系统的这些组件，主要涉及两方面内容：网站地图（SiteMap）和网站导航控件（SiteMapPath、Menu、TreeView 控件）。

7.3.1 站点地图

在使用 ASP.NET 4.0 导航系统之前，必须用一个标准的方法来描述网站中的每个网页，即网站结构。此标准方法不仅要描述网站中每个页面的名称，还应描述出网站的逻辑结构。

站点地图是一种扩展名为 .sitemap 的 XML 文件，其中包括了站点结构信息。默认情况下站点地图文件被命名为 Web.sitemap，并且存储在应用程序的根目录下。

使用站点地图可以定义应用程序中所有页面的导航结构，以及它们的相互关系。如果根据 ASP.NET 的站点地图标准来定义，就要使用 SiteMap 类或新的 SiteMapDataSource 控件与这个导航信息交互。使用 SiteMapDataSource 控件可以把站点地图文件中的信息绑定到各种数据绑定控件上，包括 ASP.NET 提供的导航服务器控件。

创建站点地图的方法是，在"解决方案资源管理器"中单击右键，添加新建项，再选择"站点地图"，就会创建默认名为 Web.sitemap 的站点地图文件。

下面是一个 Web.sitemap 文件的示例：

```
<?xml version="1.0" encoding="utf-8" ?>
<siteMap xmlns="http://schemas.microsoft.com/AspNet/SiteMap-File-1.0" >
    <siteMapNode url="default.aspx" title="ASP.NET 教程" description="主页">
    <siteMapNode url="WebControls.aspx" title="Web 服务器控件" description=" Web 服务器控件" >
    <siteMapNode url="textbox.aspx" title="文本框" />
    <siteMapNode url="label.aspx" title="标签" />
 <siteMapNode url="example7-5.aspx" title="siteMapPath 控件" />
    </siteMapNode>
        <siteMapNode url=" HtmlControls.aspx" title="HTML 控件" description=" HTML 控件" />
        </siteMapNode>
</siteMap>
```

此 XML 文件中字体加粗部分为自动生成的代码，其余为手工输入。第一行代码是 XML 声明，表示这是一个 XML 文档，并告知这个文档的版本号。第二行是根节点<siteMap>元素，该元素表示此 XML 文件是一个网站地图，用来描述网站导航信息。该文件中只能有一个<siteMap>元素。在这个<siteMap>元素中，有一个<siteMapNode>元素。这一般是应用程序的起始页面。在上述文件代码中，根<siteMapNode>指向起始页面 Default.aspx：

```
<siteMapNode url="default.aspx" title=" Web 服务器控件" description="主页">
```

表 7.1 描述了<siteMapNode>元素中最常见的一些属性。

表 7.1 SiteMapNode 元素的常见属性

属　　性	说　　明
title	title 属性提供链接的文本描述。这里使用的 String 值是用于链接的文本
description	description 属性不仅说明该链接的作用，还用于链接上的 ToolTip 属性。ToolTip 属性是终端用户把光标停留在链接上几秒后显示出来的黄框
url	url 属性描述了文件在解决方案中的位置。如果文件在根目录下，就使用文件名，如"Default.aspx"；如果文件位于子文件夹下，就在这个属性的 String 值中包含该文件夹，如"MySubFolder/Markets.aspx"

添加了第一个<siteMapNode>后，就可以添加任意多个<siteMapNode>元素。还可以在结构中通过为父<siteMapNode>创建子元素<siteMapNode>，生成更多的链接级别。每个 siteMapNode 节

点表示网页的一个层次结构,并对应一个网页。siteMapNode 是可以多层嵌套的,站点地图通过这种嵌套来表示网站中网页之间的层次关系。

7.3.2 用 SiteMapPath 控件导航

SiteMapPath 控件会显示一个导航路径,此路径为用户显示当前页的位置,并显示返回主页的路径。这是一种线性路径,定义了终端用户在导航结构中的位置。这类导航系统的作用是向终端用户显示它们与站点其他内容的相互关系。

SiteMapPath 控件依赖于站点地图显示内容,站点地图的内容决定导航的结构。默认情况下,SiteMapPath 控件从名为"Web.sitemap"的站点地图中访问数据。SiteMapPath 控件很容易使用,甚至不需要用数据源控件将它绑定到 Web.sitemap 文件上以获得其中的所有信息,只需把一个 SiteMapPath 控件拖放到 .aspx 页面上即可。

【例 7.5】 用 SiteMapPath 控件导航。

(1) 在 Visusl studio 2010 中打开前例创建的 ASP.NET 网站 WebApp7,添加一个网页,命名为"example7-5.aspx"。

(2) 新建一个站点地图,命名为"Web.sitemap"。编辑站点地图的内容,代码如 7.3.1 节中的示例代码。

(3) 打开"example7-5.aspx"页面,进入"设计"视图,从"工具箱"下的"导航"节点中拖放一个 SiteMapPath 控件至页面,SiteMapPath 控件默认已经显示站点地图中的内容。

(4) 按 F5 键运行程序,运行结果如图 7.23 所示。

图 7.23 SiteMapPath 控件示例

由本例可见,SiteMapPath 控件会自动工作,不需要用户的参与。只需将基本控件添加到页面上,该控件就会自动创建线性的导航系统。

在此例中,添加了 SiteMapPath 控件而没有修改它就显示出节点的列表。如果想要修改它使之更具个性,可以利用它的相关属性,常见的属性列于表 7.2 中。

表 7.2 SiteMapPath 控件常见属性

属性	描述	选项(粗体为默认值)
RenderCurrentNodeAsLink	指定活动节点是否是可单击的,或者指定当前节点是否显示为纯文本	True/**False**
PathDirection	设置路径导航是否以从根链接到当前链接的顺序显示(从左到右)或者反之	**RootToCurrent**/CurrentToRoot
PathSeparator	设置用做节点间分隔标记的字符	">" 等任意 ASCII 字符

SiteMapPath 控件的一个重要的样式属性是 PathSeparator。SiteMapPath 控件默认使用大于号(>)分隔链接元素。给 PathSeparator 属性重新指定一个新值,就可以改变这一点。示例代码如下:

```
<asp:SiteMapPath ID="Sitemappath1" runat="server" PathSeparator=" | " />
```
上述代码将 SiteMapPath 控件导航路径中的分隔符设置为 "|"。

SiteMapPath 控件的属性 PathDirection 用于改变输出中生成的链接的方向。这个属性只有两个值：RootToCurrent 和 CurrentToRoot。

Root 链接是显示中的第一个链接，它通常是主页；Current 链接是当前显示的页面的链接。这个属性默认设置为 RootToCurrent。把【例 7.5】改为 CurrentToRoot，就会生成如图 7.24 所示的结果。

图 7.24 SiteMapPath 控件链接方向

7.3.3 用 Menu 控件导航

SiteMapPath 控件的实际意义在于可以准确定位当前位置及浏览器路线，但作为导航控件而言，其导航功能还是有限的，因为它无法实现用户在不同页面之间的快速跳转。

Menu 控件适合让终端用户在较大的选项层次结构中导航，在这个过程中很少利用浏览器的资源。当有许多选项时，无论这些选项是终端用户可以选择的选项，还是应用程序提供的导航点，使用 Menu 控件都是非常理想的。Menu 控件可以提供许多选项，且在该过程中几乎不占用空间。

Menu 控件可以由配置文件显示整个网站的结构，让用户单击不同的链接，从而转到不同的页面，它除了配置文件以外，还有一个 SiteMapDataSource 数据源，这个数据源会自动找到网站地图的配置文件。

【例 7.6】 使用 Menu 控件绑定到 SiteMapDataSource 进行导航。

（1）在网站 WebApp7 中添加一个网页，命名为 "example7-6.aspx"。

（2）打开 "example7-6.aspx" 页面的 "设计" 视图，从 "工具箱" 下的 "数据" 选项卡中拖放一个 SiteMapDataSource 控件至设计页面，其 ID 为 SiteMapDataSource1，它会自动配置【例 7.5】中已创建完成的网站地图 Web.sitemap 文件。

（3）从 "工具箱" 下的 "导航" 选项卡中拖放一个 Menu 控件至设计页面，设置 Menu 控件的 DataSourceId 属性为 SiteMapDataSource1。

（4）运行程序，结果如图 7.25 所示。

本例网页 example7-6.aspx 的代码如下：

```
<html>
<head runat="server">
 <title>Menu 控件示例</title>
</head>
<body>
    <form id="form1" runat="server">
        <asp:SiteMapDataSource ID="SiteMapDataSource1" runat="server" />
```

```
            <asp:Menu ID="Menu1" runat="server" DataSourceID="SiteMapDataSource1">
            </asp:Menu>
        </form>
    </body>
</html>
```

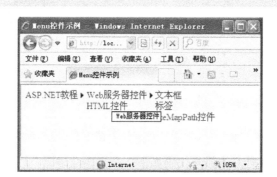

图 7.25 Menu 控件示例

在此例中，使用 SiteMapDataSource 控件自动处理应用程序的 Web.sitemap 文件。该示例包含的另一项是 Menu 控件，它使用经典的 ID 和 Runat 属性，并使用 DataSourceID 属性把它连接到从 SiteMapDataSource 控件提取出来的数据上。

默认的 Menu 控件非常简单，通过重新定义该控件的属性，可以高度定制它的外观和操作方式。

Menu 控件显示了一个可展开的菜单，让用户可以遍历站点中的不同页面。该控件有静态模式和动态模式两种显示模式。静态模式的菜单项始终是完全展开的，在这种模式下，设置 StaticDisplayLevels 属性指定显示菜单的级别，如果菜单的级别超过了 StaticDisplayLevels 属性指定的值，则把超过的级别自动设置为动态模式显示。动态模式需要响应用户的鼠标事件才能在父节点上显示子菜单项，MaximumDynamicDisplayLevels 属性指定动态菜单的显示级别，如果菜单的级别超过了该属性指定的值，则不显示超过的级别。

Menu 控件最简单的用法是在设计视图中使用 Items 属性添加 MenuItem 对象的集合。MenuItem 对象有一个 NavigateUrl 属性，如果设置了该属性，单击菜单项后将导航到指定的页面，可以使用 Menu 控件的 Target 属性指定打开页的位置，MenuItem 对象也有一个 Target 属性，可以单独指定打开页面的位置。如果没有设置 NavigateUrl 属性，则把页面提交到服务器进行处理。本例将演示如何使用 Menu 控件实现导航。

使用 Menu 控件实现导航时，MenuItem 对象表示菜单的一项，通过该对象的属性可以设置菜单的内容和导航方式。Menu 控件的项可以通过使用设计器和编程两种方法添加。用 StaticDisplayLevels 属性指定静态菜单的显示级别。

【例 7.7】 使用设计器和编程方式添加 Menu 控件的项。

（1）在网站 WebApp7 中添加一个网页，命名为"example7-7.aspx"。

（2）打开"example7-7.aspx"的"设计"视图，拖放一个 Menu 控件至设计页面。如图 7.26 所示，单击 Menu 控件，在智能标签中选择"编辑菜单项"，在弹出的"菜单项编辑器"窗口中添加"母版页"和"导航控件"两个根菜单项，添加方法为：单击窗口中的 按钮，在"属性"栏的"Text"属性中输入菜单项的名称，如图 7.27 所示。

图 7.26　Menu 控件智能标签　　　　　　　图 7.27　菜单项编辑器

（3）example7-7.aspx 页面窗体部分代码如下：

```
<html xmlns="http://www.w3.org/1999/xhtml">
<head runat="server">
    <title>Menu 控件示例</title>
</head>
<body>
    <form id="form1" runat="server">
    <div>
        <asp:Menu ID="Menu1" runat="server">
            <Items>
                <asp:MenuItem Text="母版页" Value="母版页"></asp:MenuItem>
                <asp:MenuItem Text="导航控件" Value="导航控件"></asp:MenuItem>
            </Items>
        </asp:Menu>
    </div>
    </form>
</body>
</html>
```

（4）在首次加载页面时，用编程的方式指定 Menu 控件的一些属性，并为两个根菜单项添加子菜单。代码如下：

```
protected void Page_Load(object sender, EventArgs e)
{
    if (!IsPostBack)
    {
        this.Menu1.Orientation = Orientation.Horizontal;    //设置菜单水平显示
        this.Menu1.StaticDisplayLevels = 1;                  //只显示第一级菜单
        this.Menu1.Target = "_blank";                        //指定在新的窗口打开页面
        MenuItem master1 = new MenuItem();                   //定义子菜单
        master1.Text = "创建母版";
        master1.NavigateUrl = "~/example7-2.aspx";
        this.Menu1.Items[0].ChildItems.Add(master1);         //添加子菜单
        MenuItem master2 = new MenuItem();
        master2.Text = "访问母版";
```

```
                master2.NavigateUrl = "~/example7-3.aspx";
                this.Menu1.Items[0].ChildItems.Add(master2);
                MenuItem menu1 = new MenuItem();              //定义第二项菜单的子菜单
                menu1.Text = "SiteMapPath 控件";
                menu1.NavigateUrl = "~/example7-5.aspx";
                this.Menu1.Items[1].ChildItems.Add(menu1);
                MenuItem menu2 = new MenuItem();
                menu2.Text = "Menu 控件";
                menu2.NavigateUrl = "~/example7-6.aspx";
                this.Menu1.Items[1].ChildItems.Add(menu2);
            }
        }
```

（5）按"Ctrl+F5"组合键运行程序，结果如图 7.28 所示。

本例中 Menu 控件的 StaticDisplayLevels 属性设置为 1，表示只静态显示根菜单项，其子菜单动态显示。Target 属性指定单击菜单项打开新页面的位置，该属性的级别低于 MenuItem 类的 Target 属性，当两个对象同时指定 Target 属性时，MenuItem 类的 Target 属性优先。MenuItem 类的 NavigateUrl 属性用于指定 URL 地址。

图 7.28 Menu 控件示例

7.3.4 用 TreeView 控件导航

TreeView 控件和 Menu 控件在使用上非常相似，但在表现形式上有很大的不同。TreeView 控件是一个树形结构的控件。该控件用于显示分层数据，如文件目录。

TreeView 控件的每个节点是一个 TreeNode 对象，具有 Text 属性和 Value 属性，Text 属性指定在节点显示的文字，Value 属性获取节点的值。每个节点有选定和导航两种状态，NavigateUrl 属性决定节点的状态，当该属性不为空字符串（""）值时为导航状态，否则为选择状态。默认情况下，会有一个节点处于选择状态。

TreeView 控件的 Nodes 包含所有节点的集合，可以用设计器为 TreeView 控件添加节点，也可以使用编程的方式动态添加节点。如果 TreeView 控件需要显示的节点非常多，一次性加载可能会影响效率，在这种情况下，可以设置 TreeView 控件的 PopulateOnDemand 属性为 true，则展开节点时引发 TreeNodePopulate 事件，在这个事件中使用编程的方式加载子节点。

实现静态的 TreeView 控件导航时，TreeView 控件的 Nodes 属性包含所有节点，通过编程向该属性增加节点。TreeNode 对象作为 TreeView 控件的一个节点，通过该对象设置导航信息。

【例 7.8】 使用 TreeView 控件导航。

（1）在网站 WebApp7 中添加一个网页，命名为"example7-8.aspx"。

（2）打开"example7-8.aspx"页面的"设计"视图，从"工具箱"下的"导航"选项卡中拖放一个 TreeView 控件至设计页面。

（3）在首次加载页面时，首先创建一个根节点，不带任何导航信息，然后为该节点添加子节点信息。代码如下：

```
protected void Page_Load(object sender, EventArgs e)
{
```

```
if (!IsPostBack)
{
    this.TreeView1.ShowLines = true;         //在控件中显示网格线
    TreeNode rootNode = new TreeNode();      //定义根节点
    rootNode.Text = "分类产品";
    TreeNode tr1 = new TreeNode();           //定义子节点
    tr1.Text = "电器类";
    tr1.NavigateUrl = "~/electric.aspx";
    rootNode.ChildNodes.Add(tr1);            //把子节点添加到根节点
    TreeNode tr2 = new TreeNode();
    tr2.Text = "食品类";
    tr2.NavigateUrl = "~/food.aspx";
    TreeNode tr21 = new TreeNode();
    tr21.Text = "面包";
    tr21.NavigateUrl = "~/bread.aspx";
    tr2.ChildNodes.Add(tr21);                //添加二级子节点
    rootNode.ChildNodes.Add(tr2);
    TreeNode tr3 = new TreeNode();
    tr3.Text = "洗化用品";
    tr3.NavigateUrl = "~/wash.aspx";
    rootNode.ChildNodes.Add(tr3);
    this.TreeView1.Nodes.Add(rootNode);      //把根节点添加到 TreeView 控件中
}
```

（4）按"Ctrl+F5"组合键运行程序，结果如图 7.29 所示。

图 7.29 TreeView 控件示例

本例中一些 Page_load 事件中添加的 TreeNode 的 NavigateUrl 属性指定的网页并不都存在，只是为了示例方便取名而已。TreeView 控件的属性比较丰富，ShowLines 属性确定各节点之间是否显示连线。TreeNode 对象代表 TreeView 控件的一个节点，该对象的 ChildNodes 属性包含节点的子节点。

TreeView 支持数据绑定，允许通过数据绑定方式使得控件节点与 XML、表格、关系型数据等结构化数据建立紧密联系。TreeView 控件使用 XML 文档作为数据源时，根据 XML 文档的层次结构显示节点。而 XML 文档的访问由 XmlDataSource 控件来完成，从 XmlDataSource 控件的 DataFile 属性中指定 XML 文档路径，然后在 TreeView 控件中设置与 XML 文档中节点的对应关系。关于 TreeView 的数据绑定问题，限于篇幅，本书不再详细介绍。

7.4 综合应用

【例 7.9】 网站整体布局风格和导航设计。

1. 功能设计

网站有统一的母版，用户可以在两种母版间选择一种，单击鼠标即可切换母版；网站有不同风格的主题和皮肤，用户可以通过单击鼠标实现网站换肤；网站拥有网站地图和导航，方便用户在不同网页间跳转，从而浏览整个网站。

2. 站点地图设计

新建站点地图文件 Web.sitemap，把前面示例中的网页串联进网站地图。代码如下：

```xml
<?xml version="1.0" encoding="utf-8" ?>
<siteMap xmlns="http://schemas.microsoft.com/AspNet/SiteMap-File-1.0" >
    <siteMapNode url="~/example7-9.aspx" title="主页"  description="主页">
        <siteMapNode url="~/example7-1.aspx" title="母版页"  description="母版">
        <siteMapNode url="~/example7-2.aspx" title="创建母版"  description="创建母版" />
        <siteMapNode url="~/example7-3.aspx" title="访问母版"  description="访问母版" />
    </siteMapNode>
    <siteMapNode url="~/example7-4.aspx" title="站点地图与导航" description=
        "站点地图与导航">
    <siteMapNode url="~/example7-5.aspx" title="站点地图"  description="站点地图" />
    <siteMapNode url="~/example7-6.aspx" title="SiteMapPath 控件"  description="SiteMapPath 控件" />
    <siteMapNode url="~/example7-7.aspx" title="Menu 控件"  description="Menu 控件" />
    <siteMapNode url="~/example7-8.aspx" title="TreeView 控件" description="TreeView 控件"/>
        </siteMapNode>
    </siteMapNode>
</siteMap>
```

3. 母版设计

（1）新建母版页 Master1.master，切换到"设计"视图，按照图 7.30 所示进行母版页设计。放置一个表格用以布局，网页左侧上部分别放置 SiteMapPath 控件和 Calendar 控件，左侧下部放置一个 TreeView 控件。网页头部设计网站名称并在右侧添加一个 Image 控件，底部放置版权信息等，在适当位置放置两个 ContenPalceHolder 控件。根据喜好放置其他控件，设置控件属性。

（2）新建母版页 Master2.master，切换到"设计"视图，按照图 7.31 所示进行母版页设计。在网页头部设计网站名称并在左侧添加一个 Image 控件，底部放置版权信息等。网页左侧上部放置一个 TreeView 控件，右侧上部放置一个 Calendar 控件。在适当位置放置两个 ContenPalceHolder 控件。根据喜好放置其他控件，设置控件属性。

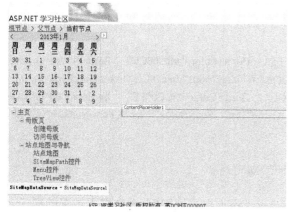

图 7.30　Master1 界面

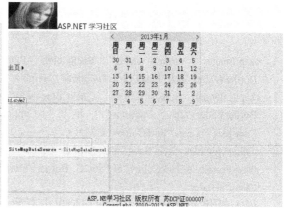

图 7.31　Master2 界面

4. 导航设计

在母版页 Master1 中放置了 SiteMapPath 控件，该控件可自动利用网站地图文件，显示线性导航。

在母版页 Master1 和 Master2 中分别放置一个 SiteMapDataSource 控件，设置该控件绑定站点地图 Web.sitemap。设置 Master1 中 TreeView 控件的数据源为该母版页中的 SiteMapDataSource 控件，设置 Master2 中 Menu 控件的数据源为该母版页中的 SiteMapDataSource 控件，则 TreeView、Menu 会绑定数据源，分别显示树形的、菜单式的导航，效果如图 7.32 和图 7.33 所示。

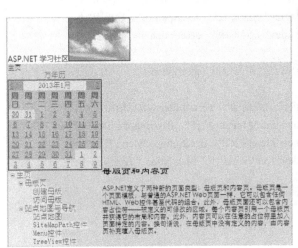

图 7.32　运行界面 1　　　　　　　　　图 7.33　运行界面 2

5. 主题和皮肤设计

（1）新建文件夹 App_Themes，右键单击 App_Themes，添加两个主题文件夹 Theme1 和 Theme2。右键单击 Theme1，添加新项，创建外观文件 SkinFile1.skin；右键单击 Theme1，添加新项，创建样式表文件 cssfile1.css。用同样的方法创建 Theme2 文件夹中的外观文件 SkinFile2.skin 和样式表文件 cssfile2.css。

（2）借助一个临时性网页 Temp.aspx，在窗体上分别拖放 TextBox、Label、Button、Calendar、AdRotator、Image、HyperLink 等控件各一个，为了便于将来在皮肤文件中改造它，一行放置一个。在属性窗口中设置这些控件的外观属性，运行调试直至色调风格满意为止。

复制控件代码至 SkinFile1.skin 文件。去掉控件的 ID 属性，改造成皮肤文件，其中部分代码如下：

```
<asp:Image    runat="server"    BackColor="#FFCCFF"    BorderColor="#CC00CC"    BorderStyle="Groove"
BorderWidth="2px" ForeColor="#0066FF" Height="100px" Width="150px" ImageUrl="~/backimg1.jpg" />
<asp:Calendar    runat="server"    BackColor="#FF99CC"    BorderColor="#CC00FF"    BorderStyle="Groove"
BorderWidth="2px"   Caption="万 年 历"   CaptionAlign="Top"   Font-Bold="False"   Font-Names="幼 圆"
Font-Size="Large" ForeColor="#3333CC">
<OtherMonthDayStyle BackColor="#FFCCCC" />
<NextPrevStyle BackColor="#FF66CC" BorderColor="#CC00FF" />
</asp:Calendar>
```

（3）打开 cssfile1.css，在空白处单击右键，选择"添加样式规则"，添加需要设置的样式。在生成的样式内单击右键，选择"生成样式"，在弹出的对话框中分别设置"字体"、"块"等样式风格。重复这两步，直到符合需要的样式添加完毕。cssfile1.css 文件中部分代码如下：

```
body
{
    PADDING-RIGHT: 10px;
    PADDING-LEFT: 10px;
    FONT-SIZE: 14px;
    PADDING-BOTTOM: 0px;
    MARGIN: 10px 0px 10px 0px;
    PADDING-TOP: 0px;
    FONT-FAMILY: Arial;
    BACKGROUND-COLOR: #ec98c9;
    WORD-WRAP: break-word
}
table
{
    font-family: 幼圆;
    font-size: larger;
    background-color: #FFCCFF;
}
```

（4）重复上述步骤（2）和（3），设计另一个主题的 Theme2 中的 SkinFile2.skin 和 cssfile2.css。SkinFile2.skin 文件中部分代码如下：

```
<asp:Image runat="server" BackColor="#000099" BorderColor="#0066FF" BorderStyle="Dashed"
    BorderWidth="2px" ForeColor="White" Height="100px" Width="150px"
        ImageUrl="~/backimg2.jpg"/>
<asp:Calendar runat="server" BackColor="#0033CC"
        BorderColor="#00CCFF" BorderStyle="Dotted" BorderWidth="2px" Caption="日历"
        CaptionAlign="Top" Font-Bold="False" Font-Names="隶书" Font-Size="Large"
        ForeColor="White">
<OtherMonthDayStyle BackColor="#33CCFF" />
<NextPrevStyle BackColor="#00CCFF" BorderColor="#0033CC" />
</asp:Calendar>
```

Cssfile2.css 文件中部分代码如下：

```
BODY
{
    PADDING-RIGHT: 10px;
    PADDING-LEFT: 10px;
    FONT-SIZE: 14px;
    PADDING-BOTTOM: 0px;
    MARGIN: 10px 0px 10px 0px;
    PADDING-TOP: 0px;
    FONT-FAMILY: Arial;
    BACKGROUND-COLOR: #4d8ded;
    WORD-WRAP: break-word
}
BLOCKQUOTE {    WIDTH: 80    }
DIV.RecentComment {    WIDTH: 180px  }
```

6. 主要程序代码

（1）利用母版页 Master1，新建一个网页 example7-9.aspx，在头部添加使用主题 Theme1 的声明，网页首行代码如下：

```
<%@ Page Language="C#" MasterPageFile="~/Master1.master" AutoEventWireup="true" CodeFile="example7-9.aspx.cs" Inherits="WebApp7.example7_9" Title="无标题页" Theme="Theme1"%>
```

（2）设计网页 example7-9.aspx，在两个 Content 中添加适当内容，如图 7.32 所示。在一个 Content 中添加 4 个 HyperLink 控件，并设置 NavigateUrl 属性，用于向 QueryString 传递选择信息。其中部分页面代码如下：

```
<p>动态切换母版：</p>
<p><asp:HyperLink ID="HyperLink1" runat="server" NavigateUrl="example7-9.aspx?master=master1">母版一</asp:HyperLink></p>
<p><asp:HyperLink ID="HyperLink2" runat="server"
 NavigateUrl="example7-9.aspx?master=master2">母版二</asp:HyperLink></p>
<p>动态切换主题：</p>
<p><asp:HyperLink ID="HyperLink3" runat="server"
 NavigateUrl="example7-9.aspx?theme=t1">热情洋溢</asp:HyperLink></p>
<p><asp:HyperLink ID="HyperLink4" runat="server"
 NavigateUrl="example7-9.aspx?theme=t2">冷酷到底</asp:HyperLink></p>
```

（3）在网页后台文件 example7-9.aspx.cs 中添加 Page_PreInit 事件，编写动态切换母版和动态切换主题的代码。

```
protected void Page_PreInit(object sender, EventArgs e)
{
 string mm = Request["master"];
    if (mm == "master1")
        Page.MasterPageFile = "Master1.master";
    else
        Page.MasterPageFile = "Master2.master";
    switch (Request.QueryString["theme"])
    {
        case "t1":
            Page.Theme = "Theme1";
            break;
        case "t2":
            Page.Theme = "Theme2";
            break;
    }
}
```

说明：通过改变 Page 对象的 MasterPageFile 属性可以切换母版，通过改变 Theme 属性则可以切换主题。然而这两个属性只能在 Page_PreInit 事件之中或之前设置。在 Page_PreInit 事件之中或之前，当前页面包含的对象还没有生成，不能访问。所以，如果想根据当前页面上某个控件的值动态切换母版或主题是做不到的，能够做到的就是根据 Session 或者 QueryString 等在页面打开之前已经赋值的变量来进行动态切换。

习 题

1．母版页有何作用？
2．如何创建一个母版页，并利用其使多个页面具有统一的布局？
3．母版页和内容页是如何融合在一起的？
4．母版页和内容页融合在一起时，各自的生命周期事件顺序是怎样的？从这个角度上，将母版页视为普通 .aspx 页面，还是一个用户控件更合适？
5．如何在母版页内部使用控件触发事件？
6．如何在母版页中访问内容页中的控件？反之如何实现？
7．如何利用编程的方式，动态地为内容页选择不同的母版页？
8．比较 ASP.NET 4.0 中多种导航方式的优、缺点及其使用场合。
9．TreeView 控件可以绑定到哪些数据源？
10．如何生成动态 Menu 菜单项？
11．不同级别主题的优先级顺序是怎样的？
12．如何实现网站的动态换肤？

实 验

1．根据本章内容设计一个网页，界面显示如图 7.34 所示。其中单击"母版一"显示如图 7.34 所示，单击"母版二"可以切换到如图 7.35 所示界面。

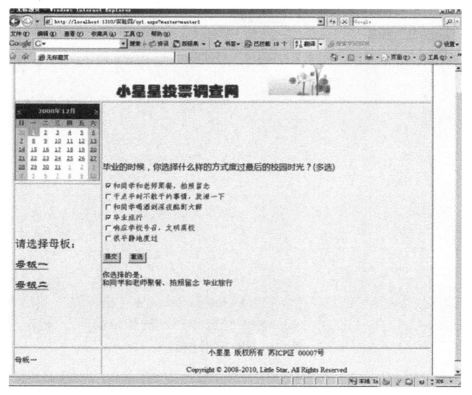

图 7.34　投票网站（母版一）

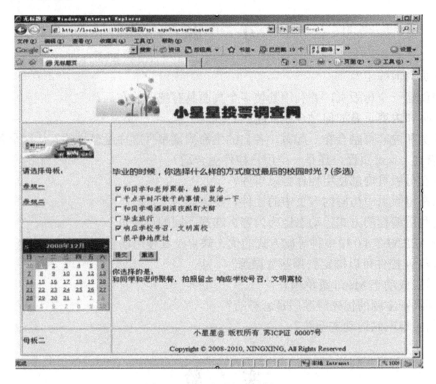

图 7.35 投票网站（母版二）

母版一和母版二的设计界面分别如图 7.36 和图 7.37 所示。

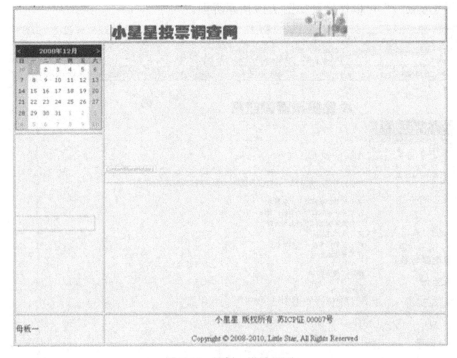

图 7.36 母版一设计界面

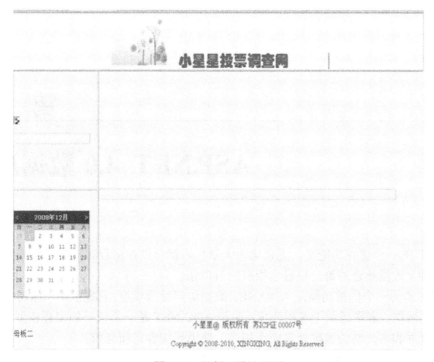

图 7.37　母版二设计界面

2．为上面的网页创建样式，如图 7.38 所示。

图 7.38　选择 Theme2 的运行结果

第 8 章

ASP.NET 4.0 数据库编程

ASP.NET 的一个优秀功能是，无须编写大量代码就可以在运行时把整个数据集合绑定到控件上，控件会为数据集合的每一项显示相应的 HTML。

ASP.NET 的另一个优秀功能是 ADO.NET 数据访问编程模型，它提供了一组特性来处理实时数据或离线的数据，非常适用于多层环境。由于 ADO.NET 是一个统一的编程模型，它使得服务器上的数据处理和客户端的数据处理完全相同，使用更加容易和高效。

本章将介绍 ASP.NET 4.0 中的数据源控件和数据绑定控件，以及 ADO.NET 数据访问编程模型。

8.1 数据库（SQL Server 2008）基础

本节以 SQL Server 2008 为例，介绍数据库的基础知识，以及使用 SQL 语句创建数据库和表，进行数据操作、数据查询的基本方法。

8.1.1 数据库概述

1. 数据库

数据库（DB）是存放数据的仓库，只不过这些数据存在一定的关联，并按一定的格式存放在计算机上。从广义上讲，数据不仅包含数字，还包括了文本、图像、音频、视频等。

例如，把学校的学生、课程、学生成绩等数据有序地组织并存放在计算机内，就可以构成一个数据库。因此，数据库由一些持久的、相互关联的数据集合组成，并以一定的组织形式存放在计算机的存储介质中。

2. 数据库管理系统

数据库管理系统（DBMS）是管理数据库的系统，它按一定的数据模型组织数据。DBMS 应提供如下功能：

- 数据定义功能，可定义数据库中的数据对象。
- 数据操作功能，可对数据库表进行基本操作，如插入、删除、修改、查询。
- 数据的完整性检查功能，保证用户输入的数据满足相应的约束条件。
- 数据库的安全保护功能，保证只有赋予权限的用户才能访问数据库中的数据。

- 数据库的并发控制功能，使多个应用程序可在同一时刻并发地访问数据库的数据。
- 数据库的故障恢复功能，使数据库运行出现故障时进行数据库恢复，以保证数据库可靠运行。
- 在网络环境下访问数据库的功能。
- 方便、有效地存取数据库信息的接口和工具。编程人员通过程序开发工具与数据库的接口编写数据库应用程序。数据库管理员（DataBase Administrator，DBA）通过提供的工具对数据库进行管理。

数据、数据库、数据库管理系统与操作数据库的应用程序，加上支撑它们的硬件平台、软件平台及与数据库有关的人员，构成了一个完整的数据库系统。

8.1.2 创建数据库和表

1. 创建数据库

创建数据库可以使用 CREATE DATABASE 语句，该语句的基本格式如下：

CREATE DATABASE <数据库名>

例如，创建一个 XSCJ 数据库，使用如下命令：

CREATE DATABASE XSCJ

2. 创建表

创建表使用 CREATE TABLE 语句，基本格式如下：

```
CREATE TABLE <表名>
(
    <列名 1> <数据类型> [<列选项>],         /*定义列*/
    <列名 2> <数据类型> [<列选项>],
    [,…n]
    …
    <表选项>
)
```

说明：
- 列选项。列选项用于定义列的相关属性，主要有以下几种：

```
    [ NULL | NOT NULL ]                    /*指定是否为空*/
    [
        DEFAULT <默认值> ]                 /*指定默认值*/
        | [ IDENTITY [(<起始值>,<增量值>) ] ]   /*指定列为标识列*/
    ]
    [ <列的约束> [ …n ] ]                  /*指定列的完整性约束*/
```

① NULL | NOT NULL：NULL 表示列可取空值，NOT NULL 表示列不可取空值。如果不指定，则默认为 NULL。

② DEFAULT：为所在列指定默认值，<默认值>必须是一个常量值、标量函数或 NULL 值。

③ IDENTITY：指出该列为标识列，为该列提供一个唯一的、递增的值。

④ <列的约束>：指定主键、替代键、外键等。例如，指定该列为主键可以使用 PRIMARY KEY 关键字。一个表只能定义一个主键，主键必须为 NOT NULL。

- 表选项：在定义列选项时，可以将某列定义为 PRIMARY KEY，但是当主键是由多个列组成的多列索引时，定义列时无法定义此主键，这时就必须在语句最后加上一个

PRIMARY KEY(<列名>，...)子句定义的表选项。另外，表选项中还可以定义索引和完整性约束。

例如，有一个学生成绩管理数据库 XSCJ，涉及 3 个表：学生信息表（命名为 XSB）、课程表（命名为 KCB）和成绩表（命名为 CJB）。表结构如表 8.1～表 8.3 所示，要求使用命令方式创建这些表。

表 8.1 XSB 的表结构

项 目 名	列 名	类型与长度	是 否 主 键	是否允许空值	说 明
学号	XH	cahr(6)	√	×	前两位表示年级，中间两位表示班级号，后两位表示序号
姓名	XM	char(8)	×	×	
性别	XB	bit	×	√	1：男，0：女，默认为 1
出生时间	CSSJ	date	×	√	
专业	ZY	char(12)	×	√	
总学分	ZXF	int	×	√	0≤总学分<160
备注	BZ	varchar(500)	×	√	

表 8.2 KCB 的表结构

项 目 名	列 名	类型与长度	是 否 主 键	是否允许空值	说 明
课程号	KCH	char(3)	√	×	主键
课程名	KCM	char(16)	×	×	
开课学期	KKXQ	tinyint	×	√	只能为 1～8
学时	XS	tinyint	×	√	
学分	XF	tinyint	×	√	

表 8.3 CJB 的表结构

项 目 名	列 名	类型与长度	是 否 主 键	是否允许空值	说 明
学号	XH	char(6)	√	×	主键
课程号	KCH	char(3)	√	×	主键
成绩	CJ	int	×	√	

创建 XSB 表的语句如下：

```
CREATE TABLE XSB
(
    XH      char(6)       NOT NULL PRIMARY KEY,
    XM      char(8)       NOT NULL,
    XB      bit           NULL DEFAULT 1,
    CSSJ    date          NULL,
    ZY      char(12)      NULL,
    ZXF     int           NULL,
    BZ      varchar(500)  NULL
)
```

创建 KCB 表的语句如下：

```
CREATE TABLE KCB
(
    KCH     char(3)       NOT NULL PRIMARY KEY,
    KCM     char(16)      NOT NULL,
    KKXQ    tinyint       NULL,
```

```
    XS      tinyint     NULL,
    XF      tinyint     NULL
)
```

创建 CJB 表的语句如下：

```
CREATE TABLE CJB
(
    XH      char(6)     NOT NULL,
    KCH     char(3)     NOT NULL,
    CJ      int         NULL,
    PRIMARY KEY(XH, KCH)
)
```

8.1.3 数据操作

1. 插入数据

插入数据记录通过 INSERT 语句进行，语法格式如下：

```
INSERT INTO <表名> [(<列名 1>,<列名 2>,<列名 3>...)]
    VALUES(<列值 1>,<列值 2>,<列值 3>...)
```

说明：

- VALUES 子句：包含各列需要插入的数据清单，数据的顺序要与列的顺序相对应。若省略表名后的列列表，则 VALUES 子句给出每一列的值。VALUES 子句中的值可有以下三种。

（1）DEFAULT：指定为该列的默认值。这要求定义表时必须指定该列的默认值。

（2）NULL：指定该列为空值。

（3）expression：可以是一个常量、变量或一个表达式，其值的数据类型要与列的数据类型一致。例如，列的数据类型为 int，插入的数据是 'aaa' 就会出错。当数据为字符型时要用单引号括起来。

例如，向 PXSCJ 数据库的表 XSB 中插入一行数据 "'081101', '王林', 1, '1990-02-10', 50"：

```
INSERT INTO XSB (XH, XM, XB, CSSJ, ZY, ZXF)
    VALUES('081101', '王林', 1, '1990-02-10', '计算机',50)
```

下列命令效果相同：

```
INSERT INTO XSB
    VALUES('081101', '王林', 1, '1990-02-10', '计算机',50, NULL);
```

2. 修改数据

修改数据记录可以使用 UPDATE 语句，语法格式如下：

```
UPDATE <表名>
    SET
    <列名 1>=<新值 1> [ ,<列名 2>=<新值 2>[,...n] ]
        [WHERE    <条件>]
```

说明：

- SET 子句：用于指定要修改的列名及其新值。格式为<列名>={expression | DEFAULT |NULL}，表示将指定的列值改变为所指定的值。expression 为常量、变量或表达式，DEFAULT 为默认值，NULL 为空值，要注意指定的新列值的合法性。

- WHERE 子句：指明只对满足条件的行进行修改，若省略该子句，则对表中的所有行进行修改。

例如，将 XSCJ 数据库的 XSB 表中学号为 081101 的学生的备注值改为"三好生"：

```
UPDATE XSB
    SET BZ='三好生'
    WHERE XH='081101'
```

将 XSB 表中所有学生的总学分都增加 10：

```
UPDATE XSB
    SET 总学分 = 总学分+10
```

3. 删除数据

DELETE 语句用于删除表中的数据，语法格式如下：

```
DELETE
    [ FROM ]<表名>
    [ WHERE <条件> ]
```

说明：

- FROM 子句：用于指定从何处删除数据。
- WHERE 子句：用于指定删除的条件，符合条件的数据行将被删除。如果省略了 WHERE 子句将删除所有的数据。

例如，将 XSCJ 数据库的 XSB 表中总学分大于 52 的行删除，使用如下语句：

```
DELETE
    FROM XSB
    WHERE ZXF>52
```

8.1.4 数据查询

通过 SELECT 语句可以从表中迅速方便地检索数据，基本语法格式如下：

```
SELECT   [ ALL | DISTINCT ]
    <列名>                              /*指定要选择的列*/
    [ FROM <表名> ]
    [ WHERE <条件> ]                    /*WHERE 子句，指定查询条件*/
```

说明：

- ALL | DISTINCT：关键字 DISTINCT 的含义是对结果集中的重复行只选择一个，保证行的唯一性。与 DISTINCT 相反，当使用关键字 ALL 时，将保留结果集的所有行。默认值为 ALL。
- FROM 子句：用于指定从哪个表中查询数据，可以是多个表，中间用逗号隔开。
- WHERE 子句：WHERE 子句为可选项，如果省略则查询表中的所有数据行。

例如，查询 XSCJ 数据库 XSB 表中学号为 081101 同学的情况：

```
SELECT XM, XH, ZXF
    FROM XSB
    WHERE XH='081101'
```

查询 XSB 表中通信工程专业总学分大于等于 42 的同学的情况：

```
SELECT *
    FROM  XSB
    WHERE ZY= '通信工程'    AND ZXF >= 42
```

8.2 数据访问技术

越来越多的 Web 应用程序需要与数据源中的数据进行交互，由于数据源的多样性和复杂性，导致数据访问技术面临很大的难度。ASP.NET 4.0 在数据访问的简单化、智能化、多样化、高效、高性能等方面都做了较大的改进。

8.2.1 数据访问概述

在 ASP.NET 技术问世之前，开发人员使用传统的 ASP 技术访问数据库，通常需要编写大量的代码，以便在遍历 ADO 记录集的同时生成 HTML 表格。ASP.NET 1.x 可以在运行时把整个数据集合乃至任意的数据源（如简单的数组、复杂的 Oracle 数据库）绑定到控件上，从而减少数据访问及显示所必需的代码。但是，仍然有大量的重复性代码需要编写，尤其是一些常用的功能，比如对数据进行分页、排序、编辑、选择等都需要手动编写代码，给开发人员带来了极大的不便。ASP.NET 2.0 在扩展数据绑定的基础上，引入新的数据抽象层，称为数据源控件。同时添加了一系列新数据绑定控件，如 GridView、DetailsView 和 FormView 等。这些控件主要用来在无状态的 Web 模型中，完成显示和更新网页中的数据所需要的基本任务。

ASP.NET 通过两种途径来实现数据访问：一是使用 ADO.NET（即 System.Data 命名空间）和 System.Xml 命名空间中的类来访问普通数据源和 XML 数据源；二是通过数据源控件和数据绑定控件来访问数据源，完成显示和更新数据所需的基础任务，这种方案无须编写任何代码。

另外，ASP.NET 4.0 还可以使用 LinqDataSource 和 ListView 控件，使得数据的访问和显示更加简单。语言集成查询（LINQ）提供了一种用于在不同类型的数据源中查询和更新数据的统一编程模型，并将数据功能直接扩展到 C# 和 Visual Basic 语言中。LINQ 将面向对象的编程原则应用于关系数据。若要使用 LINQ，可以使用 LinqDataSource 控件，此外，还可以直接创建 LINQ 查询来访问网页中的数据。

8.2.2 数据源控件简介

ASP.NET 引入了数据源控件，向页面上的数据绑定控件提供来自不同数据源的数据，并且提供排序、分页、缓存、更新、插入和删除数据等功能，这样开发人员无须考虑编写代码就能够利用这些功能设计页面。另外，由于数据源控件都派生于 Control 类，所以可以像其他 Web 服务器控件那样在 HTML 中明确定义和控制，也可以通过编程定义和控制数据源控件。与普通控件不同的是，数据源控件只用来表示特定的后端数据存储，并没有外在的呈现形式，即在运行中是不可见的，因此需要与数据绑定控件配合使用。

ASP.NET 4.0 包含 6 种类型的数据源控件，这些数据源控件允许用户使用不同类型的数据源，图 8.1 描述了 ASP.NET 4.0 的数据访问框架。

所有的数据源控件都是 DataSourceControl 类的派生类，因此，无论与什么样的数据源进行交互，控件都提供了统一的基本编程模型和 API，共享一组基本的核心功能。这就说明，只要掌握一种数据源控件的使用方法，就可以做到一通百通。

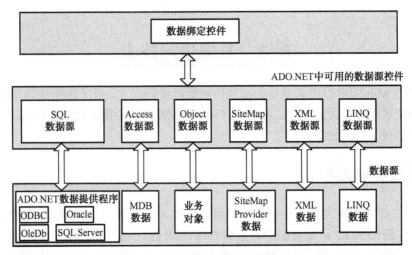

图 8.1　ASP.NET 4.0 的数据访问框架

8.2.3　数据绑定控件简介

要使用数据源控件，至少要有一个数据绑定控件与它相绑定。数据绑定控件把数据源提供的数据作为标记，发送给请求的客户端浏览器，然后将数据呈现在浏览器页面上。数据绑定控件不仅能够自动绑定到数据源公开的数据，在页面请求生命周期的适当时间获取数据，而且有的控件还可以选择利用数据源提供的排序、分页、筛选、更新、删除和插入等功能。除了使用数据源控件作为数据绑定控件的数据源，传统的基于 IEnumerable 的数据容器，如 DataView 和集合等，都可以作为数据源与数据绑定控件一起使用。

从广义上讲，第 6 章介绍的 ASP.NET 服务器控件大多可以作为数据绑定控件来使用，如 Label 和 TextBox 控件可以绑定到数据库表中的一个字符串字段，广义上的数据绑定主要通过数据绑定表达式来完成。通常意义上的数据绑定控件是指提供 DataBind 方法和 DataSource 属性的非空实现的控件，这些控件都派生自 BaseDataBoundControl，可以使用 ASP.NET 数据源控件绑定到数据。如 ListBox 和 CheckBoxList 可以绑定到数据库表中的某一列，GridView 可以绑定数据库中的某张表。图 8.2 列出了数据绑定控件的层次结构。

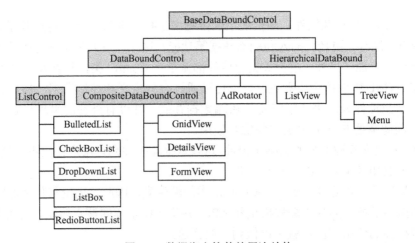

图 8.2　数据绑定控件的层次结构

8.3 数据源控件

数据源控件主要用来与数据源进行交互，数据源通常是数据库，也可以是数组、集合、XML文件。数据源控件可以实现对不同类型数据源的数据访问，主要包括连接数据源，使用 SQL 语句获取和管理数据等。根据处理的数据源类型，数据源控件可分为 SqlDataSource、AccessDataSource、XmlDataSource、SiteMapDataSource、ObjectDataSource、LinqDataSource。表 8.4 列出了 ASP.NET 4.0 中常用的 6 个数据源控件。

表 8.4　ASP.NET 4.0 中的数据源控件

数据源控件	说明
SqlDataSource	允许访问支持 ADO.NET 数据提供程序的任意数据源，如 MS SQLServer、ODBC 或 Oracle。与 SqlServer 一起使用时支持高级缓存功能。当数据作为 DataSet 对象返回时，支持排序、筛选和分页
AccessDataSource	允许访问 MicroSoft Access 数据库。当数据作为 DataSet 对象返回时，支持排序、筛选和分页
XmlDataSource	允许使用 XML 文件，特别适用于分层的 ASP.NET 服务器控件，如 TreeView 或 Menu 控件。支持使用 XPath 表达式的筛选功能，并允许对数据应用 XSLT 转换。可以通过保存更改后的整个 XML 文档来更新数据
SiteMapDataSource	可以对站点地图提供程序所存储的 Web 站点进行特定的站点地图数据访问
ObjectDataSource	支持绑定到中间层对象（如数据访问层或业务组件）来管理数据的 Web 应用程序，支持对其他数据源控件不可用的高级排序和分页方案
LinqDataSource	可以通过标记在 ASP.NET 网页中使用语言集成查询（LINQ），从数据对象中检索和修改数据。支持自动生成选择、更新、插入和删除命令，还支持排序、筛选和分页

本节将分别介绍这些数据源控件的基本概念、常用属性、方法和事件等内容。

8.3.1　SqlDataSource 控件

如果数据存储在 SQL Server、SQL Server Express、ODBC 数据源、OLE DB 数据源、Oracle 数据库中，就应该使用 SqlDataSource 控件。SqlDataSource 控件是应用最广泛的数据源控件，它能够与多种常用数据库交互，并能在数据绑定控件的支持下，几乎不编写任何代码，就可实现从数据库连接、显示到编辑数据等多种数据访问任务。

SqlDataSource 控件和数据绑定控件集成后，能够很容易地将从数据源获取的数据显示在 Web 页面上，只需为 SqlDataSource 控件设置数据库连接字符串、SQL 语句或存储过程名即可。应用程序运行时，SqlDataSource 控件会根据设置的参数自动连接数据源，并且执行 SQL 语句或存储过程，然后返回结果记录集，最后关闭数据库。这些过程并不需要编写代码，只需设置控件属性，极大地提高了工作效率。

SqlDataSource 控件提供了一个易于使用的向导，可以引导用户完成数据库的连接等配置工作。本章的大部分例子都使用 SQL Server 2008 Express 服务器上的 NorthWind 示例数据库，SQL Server Express 数据库是在安装 Visual Studio 2010 时一起安装的，而 NorthWind 数据库的安装脚本可以从下面这个地址下载：

http://www.microsoft.com/en-us/download/details.aspx?id=23654

下载完成后，运行安装脚本即可将该数据库附加到 SQL Server 2008 Express 服务器上，打开安装脚本的目录可以找到 NorthWind 和 Pubs 示例数据库的数据库文件。

在下面的示例中还用到了 Access 数据库，将 SQL Server 数据库的 NorthWind.mdf 转换为 Access 数据库的 NorthWind.mdb 即可（使用 Microsoft SQL Server Management Studio 数据库管理工具中的"导出数据"方法）。

1. 配置数据源

在页面上放置一个 SqlDataSource 控件后，需要告诉它连接什么数据源。最简单的方法是使用配置数据源向导，可以从 SqlDataSource 控件的智能标记中选择"配置数据源…"选项来启动向导，如图 8.3 所示。

向导打开后，可以从下拉列表中选择已创建的连接，也可以单击"新建连接"按钮打开"添加数据源"对话框，选择"MicroSoft SQL Server 数据库文件"，单击"继续"按钮进入"添加连接"对话框，如图 8.4 所示，在这个对话框中可以创建新的数据库连接的所有属性。

图 8.3 配置数据源向导　　　　　　　　　　图 8.4 添加连接

在图 8.4 中，"更改"按钮可以选择该连接使用的特定数据提供程序，默认使用 ADO.NET SQL 数据提供程序，还可以选择 Oracle、ODBC 等数据提供程序。"测试连接"按钮可以验证连接信息是否正确。

在图 8.3 中，单击"下一步"按钮继续进行配置。向导要求选择是否在 web.config 文件中保存连接信息，以便于维护和部署应用程序，界面如图 8.5 所示。

向导的下一步要求配置数据源控件用于从数据库中检索数据的 Select 语句，如图 8.6 所示。

在图 8.6 中，选择要查询的表和列，以及 WHERE 和 ORDER BY 参数。在单击"高级"按钮弹出的对话框中包含两个高级选项，可以让向导根据所创建的 SELECT 语句为数据生成 INSERT、UPDATE、DELETE 语句，还可以把数据源控件配置为使用开放式并发（Optimistic Concurrency），以防止出现数据并发问题。

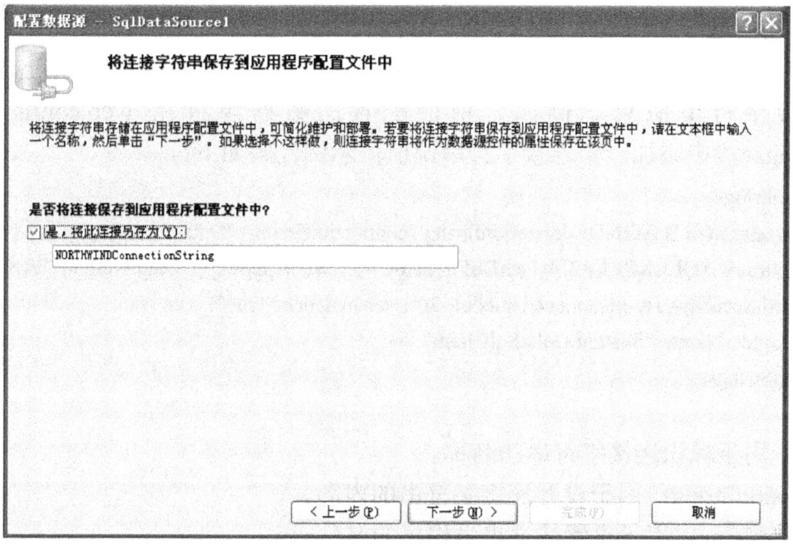

图 8.5　保存配置信息

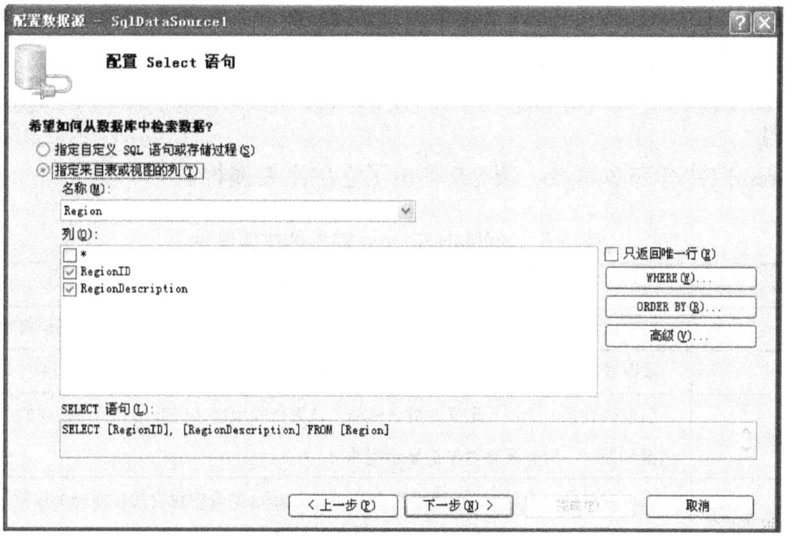

图 8.6　配置 Select 语句

开放式并发（Optimistic Concurrency）是一个数据库技术，有助于防止对数据的无意覆盖。启用开放式并发时，SqlDataSource 控件使用的 UPDATE 和 DELETE 语句就会修改为包含初始值和更新值。执行查询时，目标记录中的数据会与 SqlDataSource 控件的初始值比较，如果它们有区别，就拒绝执行 UPDATE 和 DELETE 语句。

配置完成后，可以看到向导为 SqlDataSource 控件生成的属性，示例如下：

```
<asp:SqlDataSource ID="SqlDataSource1" runat="server"
    SelectCommand="SELECT * FROM [Customers]"
    ConnectionString="<%$ ConnectionStrings:NORTHWINDConnectionString %>">
</asp:SqlDataSource>
```

从上面的代码中可以看出，该控件使用声明语法，通过创建 ConnectionString 属性来配置它使用的连接，并通过创建 SelectCommand 属性来指定要执行的查询。

2. 存储连接信息

从 ASP.NET 2.0 开始，在 web.config 配置文件中使用一个独立的<connectionStrings>段来存储数据库连接字符串信息。例如，前面配置的数据源将在 web.config 配置文件的<connectionStrings>段中添加一个连接字符串键值，示例代码如下：

```
<connectionStrings>
    <add name="NORTHWINDConnectionString" connectionString="Data
        Source=.\SQLEXPRESS;AttachDbFilename="E:\WebApp8\App_Data\NORTHWIND.MDF";
        Integrated Security=True;Connect Timeout=30;User Instance=True"
        providerName="System.Data.SqlClient" />
</connectionStrings>
```

其中，
（1）name：用于标识连接字符串的名称。
（2）connectionString：用于设置连接字符串的内容。
（3）providerName：用于设置数据提供程序的名称。

使用独立的配置段来存储数据库连接字符串信息，有利于保护数据库连接信息，也便于在程序中访问，可以利用 ConfigurationManager 类方便地访问连接字符串。例如，要获取上面的数据库连接字符串，程序中可以使用如下代码：

```
ConfigurationManager.ConnectionStrings["NORTHWINDConnectionString"].ConnectionString;
```

3. 主要属性

SqlDataSource 控件有许多属性，表 8.5 列出了它的主要属性。

表 8.5 SqlDataSource 控件的主要属性

属 性 名 称	说　　明
CacheDuration	获取或设置以秒为单位的一段时间，它是数据源控件缓存 Select 方法所检索到的数据的时间
CacheExpirationPolicy	获取或设置缓存的到期行为，该行为与持续时间组合在一起可以描述数据源控件所用缓存的行为
CacheKeyDependency	获取或设置一个用户定义的键依赖项，该键依赖项链接到数据源控件创建的所有数据缓存对象。当键到期时，所有缓存对象都显示到期
CancelSelectOnNullParameter	获取或设置一个值，该值指示当 SelectParameters 集合中包含的任何一个参数为空引用（在 Visual Basic 中为 Nothing）时，是否取消数据检索操作
ConflictDetection	获取或设置一个值，该值指示当基础数据库中某行的数据在更新和删除操作期间发生更改时，SqlDataSource 控件如何执行该更新和删除操作
ConnectionString	获取或设置特定于 ADO.NET 提供程序的连接字符串，SqlDataSource 控件使用该字符串连接基础数据库
DataSourceMode	获取或设置 SqlDataSource 控件获取数据所用的数据返回模式。其值为 SqlDataSourceMode 枚举值，有两个可选值：DataReader 和 DataSet（默认）
DeleteCommand	获取或设置 SqlDataSource 控件从基础数据库删除数据所用的 SQL 字符串
DeleteCommandType	获取或设置一个值，该值指示 DeleteCommand 属性中的文本是 SQL 语句还是存储过程的名称
DeleteParameters	从与 SqlDataSource 控件相关联的 SqlDataSourceView 对象获取包含 DeleteCommand 属性所使用的参数的参数集合
EnableCaching	获取或设置一个值，该值指示 SqlDataSource 控件是否启用数据缓存
EnableTheming	获取一个值，该值指示此控件是否支持主题（从 DataSourceControl 继承）

续表

属性名称	说明
EnableViewState	获取或设置一个值，该值指示服务器控件是否向发出请求的客户端保持自己的视图状态及它所包含的任何子控件的视图状态（从 Control 继承）
FilterExpression	获取或设置调用 Select 方法时应用的筛选表达式
FilterParameters	获取与 FilterExpression 字符串中的任何参数占位符关联的参数的集合
InsertCommand	获取或设置 SqlDataSource 控件将数据插入基础数据库所用的 SQL 字符串
InsertCommandType	获取或设置一个值，该值指示 InsertCommand 属性中的文本是 SQL 语句还是存储过程的名称
InsertParameters	从与 SqlDataSource 控件相关联的 SqlDataSourceView 对象获取包含 InsertCommand 属性所使用的参数的参数集合
ProviderName	获取或设置 .NET Framework 数据提供程序的名称，SqlDataSource 控件使用该提供程序来连接基础数据源。应针对不同的数据源设置相应的数据提供程序。.NET 框架包括 5 个提供程序：System.Data.Odbc、System.Data.OleDb、System.Data.OracleClient、System.Data.SqlClient（默认）、Microsoft.SqlServer.ce.Client
SelectCommand	获取或设置 SqlDataSource 控件从基础数据库检索数据所用的 SQL 字符串
SelectCommandType	获取或设置一个值，该值指示 SelectCommand 属性中的文本是 SQL 查询还是存储过程的名称
SelectParameters	从与 SqlDataSource 控件相关联的 SqlDataSourceView 对象获取包含 SelectCommand 属性所使用的参数的参数集合
SortParameterName	获取或设置在使用存储过程执行数据检索时用于排序检索数据的存储过程参数的名称
SqlCacheDependency	获取或设置一个用分号分隔的字符串，指示用于 Microsoft SQL Server 缓存依赖项的数据库和表
UpdateCommand	获取或设置 SqlDataSource 控件更新基础数据库中的数据所用的 SQL 字符串
UpdateCommandType	获取或设置一个值，该值指示 UpdateCommand 属性中的文本是 SQL 语句还是存储过程的名称
UpdateParameters	从与 SqlDataSource 控件相关联的 SqlDataSourceView 控件获取包含 UpdateCommand 属性所使用的参数的参数集合

表 8.5 中的几个重要属性说明如下。

（1）DataSourceMode。DataSourceMode 是一个重要的属性，该属性指示在检索数据时是使用 DataSet 还是使用 DataReader。在设计数据驱动的 ASP.NET 应用程序时，选择数据对象是很重要的。如果选择 DataReader，就使用只前向的只读光标来检索数据，这是最快的读取数据的方式，因为 DataReader 没有 DataSet 所需的内存和处理开销。但是如果选择 DataSet，可以获得过滤、排序、分页等强大的功能，它还支持内置的高速缓存功能。两种选择各有所长，在设计 Web 站点时要仔细考虑使用。DataSourceMode 的默认值是 DataSet。

（2）SelectParameters。在设置 SELECT 语句从数据源中选择数据时，若不希望获取全部数据，而希望在查询中指定参数来筛选返回的数据，可以使用 SqlDataSource 控件的 SelectParameters 集合来创建参数，用于在运行时限定从查询中返回的数据。

SelectParameters 集合由派生于 Parameters 类的类型组成。可以在该集合中合并任意多个参数。数据源控件将使用这些参数创建动态的 SQL 查询。表 8.6 列出了一些可用的参数类型。

表 8.6　SelectParameters 集合的可用参数

参　　数	说　　明
ControlParameter	使用指定控件的属性值
CookieParameter	使用 Cookie 的关键字值
FormParameter	使用 Form 集合中的关键字值
QuerystringParameter	使用 Querystring 集合中的关键字值
ProfileParameter	使用用户配置的关键字值
SessionParameter	使用当前用户的会话的关键字值

表 8.6 中的参数有一些共有的属性，如表 8.7 所示。

表 8.7　参数的共有属性

属　　性	说　　明
Type	可以强类型化参数的值
ConvertEmptyToNull	如果赋予控件的值是 System.String.Empty，就应将其转换为 Null
DefaultValue	如果参数值是 Null，就指定其默认值

下面的代码演示了参数的使用方法：

```
<asp:SqlDataSource ID="SqlDataSource1" runat="server"
    SelectCommand="SELECT * FROM [Customers] WHERE ([CustomerID]=@CustomerID)"
    ConnectionString="<%$ ConnectionStrings:NORTHWINDConnectionString %>">
    <SelectParameters>
        <asp:QueryStringParameter Name=" CustomerID " QueryStringField="ID" Type="String">
        </asp:QueryStringParameter>
    </SelectParameters>
</asp:SqlDataSource>
```

上面的代码将 QueryStringParameter 控件添加到 SqlDataSource 控件的 SelectParameters 集合中。其中 SelectCommand 查询包含一个 WHERE 子句。运行这段代码时，查询字符串字段 ID 的值绑定到 SelectCommand 的 @CustomerID 占位符上，可以筛选出 CustomerID 字段匹配查询字符串字段值的记录。

除了编写代码设置 SelectParameters 集合外，还可以通过修改 SqlDataSource 控件的 SelectCommand 属性，在弹出的"命令和参数编辑器"对话框中创建参数集合。

（3）ConflictDetection。ConflictDetection 属性用来设置 SqlDataSource 控件在更新数据时使用什么方式的冲突检测。如果多个用户尝试修改相同的数据，它将确定执行什么操作。

该属性值为 OverwriteChanges 时，控件会在检索数据之后、进行更新之前重写对数据的修改。

若该属性值为 CompareAllValues，数据源控件会将原始数据值（即检索出来的值）与数据库中的当前值进行比较。如果数据自检索出来后未修改，控件就可以改变数据值，否则就不允许更新。当多个用户访问数据库并修改数据时，就有可能发生这种情况。此时，在一个用户把修改的内容发送给数据库之前，另一个用户可能检索并修改了数据。如果不希望重写前一个用户的修改，需要使用 CompareAllValues 方式来处理并发更新。

4. 主要方法

SqlDataSource 控件封装了几个方法，表 8.8 列出了它的主要属性。

表 8.8　SqlDataSource 控件常用方法

方法名称	说明
Public int Delete()	使用 DeleteCommand SQL 字符串和 DeleteParameters 集合中的所有参数执行删除操作。返回值为被删除的记录个数
Public int Insert()	使用 InsertCommand SQL 字符串和 InsertParameters 集合中的所有参数执行添加操作。返回值为添加的记录个数
Public int Update()	使用 UpdateCommand SQL 字符串和 UpdateParameters 集合中的所有参数执行更新操作。返回值为被更新的记录个数
Public IEnumerable Select(DataSourceSelectArguments arguments)	使用 SelectCommand SQL 字符串和 SelectParameters 集合中的所有参数执行查询操作。如果 DataSourceMode 属性设置为 DataSet 值，则 Select 方法返回 DataView 对象；如果 DataSourceMode 属性设置为 DataReader 值，则 Select 方法返回 IDataReader 对象

可以在程序中调用这些方法，完成标准的数据操作。例如，在按钮单击事件处理程序中执行 Delete 方法，实现删除记录的操作。

5. 主要事件

SqlDataSource 控件常用事件如表 8.9 所示。

表 8.9　SqlDataSource 控件常用事件

事件名称	说明
Deleted	该事件在删除操作完成后发生。可以在完成删除操作后检查输出参数的值。输出参数可从与该事件相关联的 SqlDataSourceStatusEventArgs 对象中获得
Deleting	该事件在删除操作进行前发生。可以通过将 SqlDataSourceCommandEventArgs 对象的 Cancel 属性设置为 true 来取消数据库操作
Inserted	该事件在添加操作完成后发生。可以在完成添加操作后检查输出参数的值。输出参数可从与该事件相关联的 SqlDataSourceStatusEventArgs 对象中获得
Inserting	该事件在添加操作进行前发生。可以通过将 SqlDataSourceCommandEventArgs 对象的 Cancel 属性设置为 true 来取消数据库操作
Updated	该事件在更新操作完成后发生。可以在完成更新操作后检查输出参数的值。输出参数可从与该事件相关联的 SqlDataSourceStatusEventArgs 对象中获得
Updating	该事件在更新操作进行前发生。可以通过将 SqlDataSourceCommandEventArgs 对象的 Cancel 属性设置为 true 来取消数据库操作
Selected	该事件在选择操作完成后发生。可以在完成选择操作后检查输出参数的值
Selecting	该事件在选择操作进行前发生

SqlDataSource 控件提供的事件在执行 Select、Insert、Update 和 Delete 命令的前后触发，使用这些事件可以改变控件发送给数据源的 SQL 命令。在执行 SQL 命令时，也可以取消操作或确定是否发生了错误。

有时会发生数据库连接失败的情况,原因有很多,如连接字符串设置错误、数据库未启动、网络问题等。一个完善、健壮的程序应考虑到连接失败后的处理方式,而不应该发送一些莫名其妙的错误信息。当 SqlDataSource 控件执行 Select 命令后,将引发 Selected 事件,如果连接失败,将抛出异常,因此可以在 Selected 事件处理程序中捕获异常并检测异常是否是属于数据库连接失败的异常。下面的例子说明了如何连接数据库并处理连接异常。

6. 典型应用

【例 8.1】 使用 SqlDataSource 数据源控件连接 SQL SERVER 数据库。

本例使用 SqlDataSource 数据源控件连接 SQL SERVER 数据库 Northwind,从表 Region 中获取数据,并在 RadioButtonList 控件中显示数据。当发生连接 SQL SERVER 数据库 Northwind 失败时,在网页中显示"连接数据库失败"的信息。

(1)在 Visual Studio 网站中新建网页 example8-1.aspx,分别放入一个 Label、RadioButtonList 和 SqlDataSource 控件。

(2)为 SqlDataSource 配置数据源(连接串键名定义为 NORTHWINDConnectionString)。配置后将在 Web.config 文件<connectionStrings>配置节中自动生成键名为 NORTHWINDConnectionString 的键值,该值即为配置的连接字符串。

(3)为 RadioButtonList 绑定数据源(选项文字绑定 RegionDescription 字段,选项值绑定 RegionID 字段)。

(4)在 SqlDataSource 控件的 Selected 事件处理程序中检测异常,并输出相应的信息。

本例 example8-1.aspx 部分程序代码如下:

```
<form id="form1" runat="server">
  <div>
      <asp:Label ID="Label1" runat="server" Text="使用 SqlDataSource 连接 SQL SERVER 数据库
          示例" ForeColor="Maroon" Height="24px"></asp:Label>
      <br />
      <asp:Label ID="Label2" runat="server" Text=""></asp:Label><br />
      <br />
      <asp:RadioButtonList ID="RadioButtonList1" runat="server" DataSourceID="SqlDataSource1"
          DataTextField="RegionDescription" DataValueField="RegionID" RepeatDirection="Horizontal"
          BorderWidth="2px" BorderColor="Gray">
      </asp:RadioButtonList>
  </div>
  <asp:SqlDataSource ID="SqlDataSource1" runat="server" ConnectionString="<%$
      ConnectionStrings:NORTHWINDConnectionString   %>"
      SelectCommand="SELECT [RegionID], [RegionDescription] FROM [Region]"
      OnSelected="SqlDataSource1_Selected">
  </asp:SqlDataSource>
</form>
```

SqlDataSource 控件的 Selected 事件处理程序如下:

```
protected void SqlDataSource1_Selected(object sender, SqlDataSourceStatusEventArgs e)
{
    if (e.Exception != null)
    {
        if (e.Exception.GetType() == typeof(System.Data.SqlClient.SqlException))
        {
```

```
                Label2.Text = "连接数据库失败";
                e.ExceptionHandled = true;        //设置异常已处理的状态
            }
        }
        else
        {   Label2.Text = "连接数据库成功";     }
    }
```

正常运行程序时将显示 Region 表中的记录，效果如图 8.7 所示。当停止 SQL SERVER 或修改了数据库文件名后再浏览网页，将显示"连接数据库失败"信息，效果如图 8.8 所示。

图 8.7　连接成功效果图

图 8.8　连接失败效果图

【例 8.2】　利用带参数的 Select 语句直接查询并筛选数据。

本例使用 SqlDataSource 数据源控件连接 SQL SERVER 数据库 Northwind，查询 Employees 表中的雇员记录，要求当用户在页面中选择不同身份的雇员时，在网页中显示符合该身份的所有雇员记录。

用 SqlDataSource 控件执行 Select 命令来实现查询，查询不同身份的雇员实际上就是要实现记录的筛选，实现筛选的方法是设置 Select 命令的 where 子句，这可以通过配置 SqlDataSource 控件中带参数的 SelectCommand 属性来完成。

（1）在 Visual Studio 网站中新建网页 example8-2.aspx，分别放入一个 RadioButtonList、ListBox 和 SqlDataSource 控件。

（2）为 SqlDataSource 配置数据源。

（3）手动设置 RadioButtonList 的 3 个选项：Sales Representative、Sales Manager、Vice President。Sales（对应表中的 Title 字段），将 AutoPostBack 置为 True，以实现自动查询绑定。

（4）为 ListBox 绑定数据源（选项文字 DataTextField 绑定 LastName 字段）。

本例涉及的 Employees 表的部分记录列于表 8.10 中。

表 8.10　Employees 表的部分记录

LastName	FirstName	Title
Davolio	Nancy	Sales Representative
Fuller	Andrew	Vice President, Sales
Leverling	Janet	Sales Representative
Peacock	Margaret	Sales Representative

续表

LastName	FirstName	Title
Buchanan	Steven	Sales Manager
Suyama	Michael	Sales Representative
King	Robert	Sales Representative
Callahan	Laura	Inside Sales Coordinator
Dodsworth	Anne	Sales Representative

本例 example8-2.aspx 部分程序代码如下：

```
<asp:Label ID="Label1" runat="server" Text="请选择身份："></asp:Label><br />
<asp:RadioButtonList ID="RadioButtonList1" runat="server" AutoPostBack="True" BorderStyle="Double"
    BorderWidth="6px" Style="background-color: #ccccff" Width="301px">
    <asp:ListItem Selected="True">Sales Representative</asp:ListItem>
    <asp:ListItem>Sales Manager</asp:ListItem>
    <asp:ListItem>Vice President, Sales</asp:ListItem>
</asp:RadioButtonList><br />
<asp:ListBox ID="ListBox1" runat="server" DataSourceID="SqlDataSource1" DataTextField="LastName"
Height="119px" Style="background-color: #ffff00" Width="298px"></asp:ListBox>
<asp:SqlDataSource ID="SqlDataSource1" runat="server" ConnectionString="<%$
    ConnectionStrings:NORTHWINDConnectionString %>"
    SelectCommand="SELECT [LastName], [FirstName] FROM [Employees] WHERE ([Title] =
    @Title)">
<SelectParameters>
<asp:ControlParameter ControlID="RadioButtonList1" DefaultValue="" Name="Title"
    PropertyName="SelectedValue" Type="String" />
</SelectParameters>
</asp:SqlDataSource>
```

代码中实现数据筛选的核心来自于带参数的 SQL 语句，筛选是通过数据源完成的。程序运行后的效果如图 8.9 所示，当选择不同身份时，将自动筛选出相应的雇员名。

图 8.9　直接查询并筛选结果

【例 8.3】　在数据源的查询结果中过滤数据。

本例通过使用 SqlDataSource 控件执行 Select 命令来实现查询，首先查询全部身份的雇员，而筛选则是通过设置 FilterExpression 属性和 FilterParameters 属性来完成的。

（1）在 Visual Studio 网站中新建网页 example8-3.aspx，分别放入一个 RadioButtonList、ListBox 和 SqlDataSource 控件。

（2）为 SqlDataSource 配置数据源，定义无参数的 SelectCommand 属性（字段列表中应包含过滤字段），并设置其 DataSourceMode 为 DataSet。

（3）手动设置 RadioButtonList 的 3 个选项：Sales Representative、Sales Manager、Vice President、Sales（对应表中的 Title 字段），将 AutoPostBack 置为 True，以实现自动查询绑定。

（4）设置 SqlDataSource 控件的 FilterExpression 属性，定义对返回数据的过滤表达式为 "Title='{0}'"，其功能为对 Title 字段进行过滤，{0}表示过滤条件取过滤参数的值。

（5）设置过滤参数，即设置 FilterParameters 属性。

（6）为 ListBox 绑定数据源（选项文字 DataTextField 绑定 LastName 字段）。

本例 example8-3.aspx 部分程序代码如下：

```
<asp:Label ID="Label1" runat="server" Text="请选择身份："></asp:Label><br />
<asp:RadioButtonList ID="RadioButtonList1" runat="server" AutoPostBack="True" BorderStyle="Double"
    BorderWidth="6px" Style="background-color: #ffff99" Width="301px">
<asp:ListItem Selected="True">Sales Representative</asp:ListItem>
<asp:ListItem>Sales Manager</asp:ListItem>
<asp:ListItem>Vice President, Sales</asp:ListItem>
</asp:RadioButtonList><br /><asp:ListBox ID="ListBox1" runat="server"
    DataSourceID="SqlDataSource1" DataTextField="LastName" Height="119px"
    Style="background-color: #ccccff" Width="298px"></asp:ListBox></asp:Panel>
<asp:SqlDataSource ID="SqlDataSource1" runat="server" ConnectionString="<%$
    ConnectionStrings:NORTHWINDConnectionString %>"
    SelectCommand="SELECT [Title], [LastName] FROM [Employees]" FilterExpression="Title='{0}'"
    ProviderName="<%$ ConnectionStrings:NORTHWINDConnectionString.ProviderName %>">
<FilterParameters>
<asp:ControlParameter ControlID="RadioButtonList1" Name="newparameter"
    PropertyName="SelectedValue" />
</FilterParameters>
</asp:SqlDataSource>
```

本例的过滤是通过数据源控件来完成的，而不是由数据源本身实现的。程序运行后的效果如图 8.10 所示，当选择不同身份时，将自动筛选出相应的雇员名。

图 8.10　在数据源查询结果中筛选数据

8.3.2 AccessDataSource 控件

AccessDataSource 控件是专门访问 Access 数据库的数据源控件,它与 SqlDataSource 控件类似,几乎不用编写任何代码,就可实现从 Access 数据库连接到显示、编辑数据等一系列功能。

由于 AccessDataSource 控件类继承自 SqlDataSource 控件类,因此,AccessDataSource 控件的常用属性、方法、事件与 SqlDataSource 控件类似,在此不再赘述。

需要特别说明的是 AccessDataSource 控件的 DataFile 属性,该属性指定 MDB 文件的虚拟路径或 UNC 路径,通过设置 DataFile 属性,AccessDataSource 控件可以获取需要连接和访问的 Access 数据库文件的位置信息。AccessDataSource 控件中只能定义 DataFile 属性,不能定义 connectionString 属性,connectionString 只能用于运行时。下面通过一个示例来介绍 AccessDataSource 控件的用法。

【例 8.4】 使用 AccessDataSource 数据源控件连接 Access 数据库。

本例使用 AccessDataSource 控件连接 Access 数据库 Northwind.mdb,从表 Region 中获取数据,在 RadioButtonList 控件中显示数据。

(1)在 Visual Studio 网站中新建网页 example8-4.aspx,分别放入一个 Label、Radio ButtonList 和 AccessDataSource 控件。

(2)配置数据库 Northwind.mdb 文件的访问权限。

(3)为 AccessDataSource 配置数据源,主要定义 DataFile 属性。

(4)为 RadioButtonList 绑定数据源(选项文字绑定 RegionDescription 字段,选项值绑定 RegionID 字段)。

默认情况下,ASP.NET 应用程序使用名为"ASPNET"的 Windows 系统的账户(Windows 2000 或 XP)或者"Network Service"账户(Windows Server 2003)访问数据库文件,因此,应为该账户授予 Access 数据库文件的读/写权限。

本例 example8-4.aspx 部分程序代码如下,程序运行后的效果如图 8.11 所示。

```
<asp:Label ID="Label1" runat="server" ForeColor="Maroon" Height="24px" Text="使用
    AccessDataSource 连接 Access 数据库示例"></asp:Label><br /><br />
<asp:RadioButtonList ID="RadioButtonList1" runat="server" BorderColor="Gray"    BorderWidth="2px"
    DataSourceID="AccessDataSource1" DataTextField="RegionDescription"
    DataValueField="RegionID" RepeatDirection="Horizontal"></asp:RadioButtonList>
<asp:AccessDataSource ID="AccessDataSource1" runat="server" DataFile="~/App_Data/Northwind.mdb"
    SelectCommand="SELECT * FROM [Region]">
</asp:AccessDataSource>
```

图 8.11 用 AccessDataSource 访问数据源

8.3.3 XmlDataSource 控件

SqlDataSource 和 AccessDataSource 控件主要是用来访问关系型数据库的，以这种方式组织的数据被称为"表格化数据"，它的特点是扁平组织和存储。然而，还有另一种组织方式被称为"层次化数据"，它是以树状模型来组织数据的，XML 文件就是这样的数据模型。

XmlDataSource 控件是专门用于访问 XML 文件的，它提供了绑定内存中或物理磁盘上的 XML 文档的一种简单方式。该控件有许多属性，便于指定包含数据的 XML 文件和用于把源 XML 转换为合适格式的 XSLT 转换文件。还可以提供一个 Xpath 查询，以选择某个数据子集。

1. 主要属性

XmlDataSource 控件有 3 个主要属性：DataFile、Data 和 XPath。

（1）DataFile 属性。要从某个特定的 XML 文件中获取数据，必须指定 DataFile 属性值，系统将根据该属性值寻找数据源文件。

（2）Data 属性。有时 XML 没有存储在文件中，而是作为一个字符串存储在应用程序内存或 SQL 数据库中。Data 属性可以包含控件能绑定的简单字符串。如果同时设置了 Data 和 DataFile，DataFile 属性优先于 Data 属性。

（3）XPath 属性。当数据源确定后，系统还需要知道应该从数据源中抽取哪些用户需要的数据。在 SqlDataSource 控件中是通过 SelectCommand 属性来定义的，而对于层次化结构的数据源，则需要使用 Xpath 属性来检索。Xpath 是 XML 世界中公认的检索表达式，该表达式使用路径表示法（与 URL 中使用的路径表示法类似）寻址 XML 文档的各个部分。

XPath 是一种查询语言，用于检索 XML 文档节点中包含的信息。XPath 表达式中常用的符号介绍如下。

① 小数点（.）：用于引用当前节点自身。例如，"."表示选择当前节点，而".//item"表示作为当前节点的所有 item 子元素。

② 双点（..）：表示当前节点的父节点。

③ 方括号（[]）：表示有序序列中的特定元素。例如，"list/item[2]"表示 list 节点的第二个 item 子节点。

④ @：表示节点属性。例如，"@price"表示名为 price 的属性。

⑤ /：表示当前文档的节点。例如，"/A/C/D"表示节点 A 的子节点 C 的子节点 D。

⑥ //：表示当前文档所有的节点。例如，"//E"表示所有 E 元素，"//C/E"表示所有父节点为 C 的 E 元素。

⑦ *：表示路径的通配符。例如，"/A/B/C/*"表示 A 元素→B 元素→C 元素下的所有子元素。

⑧ |：表示逻辑或，用于获取节点并集。例如，"//B|//C"表示所有 B 元素和 C 元素。

例如，要筛选根节点下的所有子节点，不包含根节点，可使用"/*/*"的 XPath 表达式。有关 XPath 表达式的详细使用方法，读者可查阅相关的资料。

2. 常用方法

表 8.11 列出了 XmlDataSource 控件的常用方法。

表 8.11 XmlDataSource 控件常用方法

方 法 名 称	说　明
Protected override HierarchicalDataSourceView GetHierarchicalView(string viewPath)	获取 XmlDataSource 控件的数据源视图对象。viewPath 参数可以是 XPath 表达式
Public XmlDataDocument GetXmlDocument()	直接从基础数据存储区中或从缓存中将 XML 数据加载到内存中，然后以 XmlDataDocument 对象的形式将其返回
Protected visual void OnTransforming(EventArgs e)	该方法用于定义事件 Transforming 的事件处理程序
Public void Save()	如果设置了 DataFile 属性，则使用 XmlDataSource 控件将当前保留在内存中的 XML 数据保存到磁盘中

灵活使用 XmlDataSource 控件的方法，可以实现对 XML 数据的复杂处理。例如，要求用 TreeView 控件绑定 XmlDataSource 控件提供的 XML 数据，并实现修改和保存节点数据。运用的方法是：首先利用 GetXmlDocument 方法获取 XML 数据在内存中的数据，然后调用 TreeView 控件的方法修改选中的数据，最后使用 Save 方法保存修改的 XML 数据，并调用 TreeView 控件的 DataBind 方法绑定数据。

3．常用事件

XmlDataSource 控件的常用事件有一个，即 Transforming。该事件发生在由属性 Transform 或者 TransformFile 设置的 XSL 实现 XML 数据转换之前。可以定义 Transforming 的事件处理程序 OnTransforming。典型的应用例子是在 OnTransforming 处理程序中设置 TransformArgumentList 属性，以实现对 XSLT 参数列表的定义，该参数列表用于由控件所加载的 XML 数据中。

4．典型应用

数据源控件的主要功能之一是连接和访问数据源，并将数据以各种形式表现出来。下面以 XmlDataSource 控件连接 XML 文件为中心，通过一个使用 XmlDataSource 控件与 DataList 控件结合的示例，说明该控件的基本用法。示例中采用的 XML 文件 links.xml 的内容如图 8.12 所示。

```
<?xml version="1.0"?>
<channels>
 <channel name="门户">
   <title>新浪</title>
   <link>http://www.sina.com/</link>
   <alt>链接到新浪网</alt>
   <imagesource>images/OUTPLUS.BMP</imagesource>
 </channel>
 <channel name="门户">
   <title>搜狐</title>
   <link>http://www.sohu.com/</link>
   <alt>链接到搜狐网</alt>
   <imagesource>images/OUTPLUS.BMP</imagesource>
 </channel>
 <channel name="搜索引擎">
   <title>百度</title>
   <link>http://www.baidu.com/</link>
   <alt>链接到百度网</alt>
   <imagesource>images/OUTPLUS.BMP</imagesource>
 </channel>
</channels>
```

图 8.12 XML 数据内容

【例 8.5】 使用 XmlDataSource 数据源控件访问和显示 XML 数据。

本例使用 XmlDataSource 控件访问 XML 文件数据，从中获取数据，然后用 DataList 控件自定义数据显示格式来显示内容。

（1）在 Visual Studio 网站中新建网页 example8-5.aspx，分别放入一个 XmlDataSource 和 DataList 控件。

（2）为 XmlDataSource 配置数据源，设置 DataFile 属性为"~/App_Data/links.xml"；XPath 属性值为"channels/channel[@name='门户']"，指定数据查询条件，该表达式表示获取所有 name 属性为"门户"的 channel 节点集合。

（3）为 DataList 绑定数据源。

本例 example8-5.aspx 部分程序代码如下：

```
<form id="form1" runat="server">
    <div>使用 XmlDataSource 控件连接 XML 数据文件<br /><br />
        <fieldset    style="border-color: #0000FF; width: 276px">
        <legend>友情链接</legend>
        <asp:XmlDataSource ID="XmlDataSource1" runat="server" DataFile="~/App_Data/links.xml"
            XPath="channels/channel[@name='门户']"></asp:XmlDataSource>
        <asp:DataList ID="DataList1" runat="server" DataSourceID="XmlDataSource1">
            <HeaderTemplate>
            <table width="100%">
            </HeaderTemplate>
            <ItemTemplate>
            <tr><td>
            <img height="10" width="10" alt="" src="<%# XPath("imagesource")%>" />  
            <a href="<%# XPath("link") %>" target="_blank"><b><%# XPath("title")%></b></a>
            <i>(<%# XPath("alt")%>)</i></td></tr>
            </ItemTemplate><FooterTemplate></table></FooterTemplate>
        </asp:DataList>
        </fieldset >
    </div>
</form>
```

上面的代码中，对 DataList 控件的 HeaderTemplate、ItemTemplate、FooterTemplate 模板进行了定义。在 ItemTemplate 模板中，数据绑定形式使用了 Xpath 表达式，例如，表达式"XPath("link")"绑定了 channel 节点中的 link 属性值。程序运行后的效果如图 8.13 所示。

图 8.13 访问 XML 数据

8.3.4 SiteMapDataSource 控件

SiteMapDataSource 控件是用于检索站点地图文件的，它将获取的数据与站点导航控件结合，提供站点导航功能。与前面介绍的数据源控件不同，SiteMapDataSource 控件不需要设置数据源文件，也不需要设置查询条件。这主要是因为该控件只获取站点地图文件中的数据，而站点地图文件的名称和位置都是固定的，所以无须进行设置。有关 SiteMapDataSource 控件的应用已在第 7 章的 7.3 网站导航一节中介绍。

8.3.5 ObjectDataSource 控件

从 ASP.NET 2.0 开始引入了数据源控件，使得对数据库的访问得到了极大的简化，甚至可以不编写任何代码就能完成数据库维护任务。然而这些数据源控件的最大不足是它们将表示层与业务逻辑层混合在了一起，当程序规模较小时还能满足要求，而程序规模变大时就不适应了。

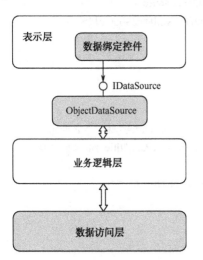

图 8.14 包含 ObjectDataSource 的 3 层应用程序结构示意图

为了便于实现 N 层结构的应用，ASP.NET 推出了 ObjectDataSource 控件，它也是一个数据源控件，用来帮助开发人员在表示层与数据访问层、表示层与业务逻辑层之间构建一座桥梁，从而将来自数据访问层或业务逻辑层的数据对象与表示层中的数据绑定控件绑定，实现数据的显示和维护。图 8.14 是一个包含 ObjectDataSource 控件的 3 层应用程序结构示意图。

从图 8.14 中可以看出 ObjectDataSource 对象在 3 层中的位置及作用。ObjectDataSource 控件通过接口对象或者业务实体对象，将数据传递给数据绑定控件，从而实现数据的显示、编辑等功能。ObjectDataSource 对象具有如下的能力。

（1）当应用程序中没有业务逻辑层时，ObjectDataSource 控件直接从数据访问层获取数据，从数据访问层获取的数据通常被封装成 DataSet、DataView 等对象。

（2）当应用程序中实现了业务逻辑层时，ObjectDataSource 控件从业务逻辑层获取数据，这些数据通常是在业务逻辑层中被封装成一个强类型的业务实体对象（而不是被封装成 DataSet、DataView 等对象），并且使用字段的形式存储，使用属性的形式将数据展示给表示层。

ObjectDataSource 控件没有类似于 SqlDataSource 等控件的 ConnectionString、ProvideName、SelectCommand 属性，而是由一些与业务类有关的属性所代替。例如，TypeName 用于设置相关业务类的名称，SelectMethod 用于设置业务类实现数据检索方法的名称等。下面通过两个典型应用实例，来分别介绍当有和没有业务逻辑层时，如何利用 ObjectDataSource 控件在 3 层 Web 应用程序中绑定数据的方法。

1. 用 ObjectDataSource 控件绑定数据访问层

并不是所有的应用程序都要构建业务逻辑层，例如，只要求实现简单地从数据库中获取数据并显示，在这种情况下就不必实现业务逻辑层，只需实现数据访问层即可。

实现数据访问层功能的类称为数据访问组件，组件中主要封装执行数据库访问的基本方法。

（1）在数据库中创建（Create）记录。
（2）读取（Read）数据库中的记录，并将记录集返回给调用者。
（3）通过调用者提供的修改过的数据更新（Update）数据库记录。
（4）删除（Delete）数据库中的记录。

执行以上任务的方法称为 CRUD 方法，这些方法必然要涉及 SQL 语句。通常数据访问组件被设计成访问单个数据库，并封装数据库中单个表或一组相关表中与数据相关的操作。若要访问其他的表，可以设计另一个数据访问组件来实现。

（1）数据访问层组件类实现原型。

一个典型的数据访问组件类通常包含下列源代码：

```
Public class MyDataAccessLayer
{
    Public DataView GetRecordsByCategory(string categoryName);      //读取数据的方法
    Public int UpdateRecord(int original_recordID,string recordData);  //更新数据的方法
    Public int DeleteRecord(int original_recordID);                  //删除数据的方法
    Public int InsertRecord(int recordID,string recordData);         //添加数据的方法
}
```

上面的代码中，类 MyDataAccessLayer 中实现 CRUD 功能的 4 个方法都是 Public 类型，这为应用程序中的其他对象（如 ObjectDataSource 对象）调用其中的方法提供了可能。4 个方法的具体实现可以利用 ADO.NET 技术连接和访问数据库，并且通过执行自定义的 SQL 语句实现对记录的操作。

在包含 ObjectDataSource 控件的 3 层应用程序结构中，数据访问组件类基本都是按照上面的原型来构建的。

（2）ObjectDataSource 控件与数据访问层的绑定。

通过设置 ObjectDataSource 控件的相关属性可以绑定数据访问层，属性值与数据访问组件类密切相关。属性设置示例如下：

```
<asp:ObjectDataSource ID="ObjectDataSource1" runat="server" TypeName=" MyDataAccessLayer "
    SelectMethod=" GetRecordsByCategory " UpdateMethod=" UpdateRecord " InsertMethod= "
    InsertRecord " DeleteMethod=" DeleteRecord ">
<SelectParameters>…</SelectParameters>
<InsertParameters>…</InsertParameters>
<UpdateParameters>…</UpdateParameters>
<DeleteParameters>…</DeleteParameters>
</asp:ObjectDataSource>
```

设置说明：

- TypeName 属性设置为数据访问组件类名。
- SelectMethod 属性设置为数据访问组件类中读取数据的方法名。
- UpdateMethod、InsertMethod、DeleteMethod 属性分别对应组件类中的相关方法。
- CRUD 方法的输入参数通过设置 SelectParameters、InsertParameters、UpdateParameters、DeleteParameters 属性来完成，参数属性值的设置必须与方法中的参数类型和名称相同，否则将出现异常。

ObjectDataSource 控件在应用程序的运行过程中，负责数据访问组件类的实例化、方法的调用等工作，同时，它还负责完成数据访问组件类的输入，即方法中参数值的获取和应用，以及数据访问组件类的输出，即方法的返回值的管理。在这种运行机制下，数据访问组件类的输出，尤其是获取数据的输出，输出类型必须是集合类型，如 IEnumerable、DataTable、DataSet、Collection、Array 等，这样由方法获取的数据才能通过数据绑定控件显示。

（3）数据显示。

通过 ObjectDataSource 控件从数据访问层中获取数据后，要在数据绑定控件（如 GridView）中显示。实现方法比较简单，与使用其他数据源控件显示数据一样，只要设置数据绑定控件的

DataSourceID 属性值为 ObjectDataSource 控件的 ID，即可将数据绑定到数据绑定控件，而具体的显示格式等则是由数据绑定控件实现的。

【例 8.6】 使用 ObjectDataSource 控件直接绑定数据访问层。

本例使用 ObjectDataSource 控件绑定 SQL Server 数据库 pubs 中的表 authors。示例页面包含一个 DropDownList 和一个 GridView 控件，使用 DropDownList 控件选择不同的地区，选择的地区名作为查询条件，并通过 GridView 控件显示该地区所有作者的记录，同时还提供数据的编辑、分页和排序功能。

（1）在 Visual Studio 网站中新建网页 example8-6.aspx，放入两个 ObjectDataSource 控件、一个 DropDownList 控件和一个 GridView 控件。另外再添加一个实现数据访问层组件类的 AuthorDB.cs 文件。由于高层调用低层，所以应先创建低层功能，后创建高层应用，即创建这两个文件的顺序是先 AuthorDB.cs、后 example8-6.aspx。

（2）由于功能较简单，本例以数据访问层组件实现原型为基础，进一步深化原型的实现细节。

（3）开发主要包括 3 个任务：一是数据访问组件类的实现；二是 ObjectDataSource 控件的属性设置；三是 DropDownList 和 GridView 控件的属性设置。

（4）数据访问组件类 AuthorDB.cs 主要实现 3 个核心方法：方法一是获取地区名数据集合的方法；方法二是根据地区名获取该地区的所有作者数据集合的方法；方法三是更新作者信息的方法。3 个方法定义在同一个类中。

（5）由于方法一和方法二都是获取数据集合的方法，因此，必须定义两个 ObjectDataSource 控件分别与之对应。两个 ObjectDataSource 控件的 TypeName 属性均设置为 AuthorDB 类名，但 SelectMethod 属性设置为相应的方法。

（6）DropDownList 和 GridView 控件的 DataSourceID 属性分别设置为相应的 ObjectDataSource 控件 ID 与之绑定。而 GridView 控件的排序、分页、编辑功能均通过属性设置实现，不需要编写代码。

本例中数据访问组件类 AuthorDB 部分程序代码如下。

需要添加的命名空间：

```
using System;
using System.Data;
using System.Configuration;
using System.Linq;
using System.Web;
using System.Web.Security;
using System.Web.UI;
using System.Web.UI.HtmlControls;
using System.Web.UI.WebControls;
using System.Web.UI.WebControls.WebParts;
using System.Xml.Linq;
using System.Data.SqlClient;
```

类代码：

```
namespace WebApp8
{
    public class AuthorDB
    {
        //构造函数
```

```csharp
public AuthorDB()
{ }
//获取 state 集合。返回 DataSet,并通过 DropDownList 显示
public static DataSet GetStates()
{
    //获取连接字符串
    string connectionString =
        ConfigurationManager.ConnectionStrings["PubsConnectionString"].ConnectionString;
    //创建并设置 SqlConnection
    SqlConnection dbConnection = new SqlConnection(connectionString);
    //定义 SQL 查询语句
    string queryString = "Select distinct state from authors";
    //创建并设置 SqlCommand
    SqlCommand dbCommand = new SqlCommand();
    dbCommand.Connection = dbConnection;
    dbCommand.CommandType = CommandType.Text;
    dbCommand.CommandText = queryString;
    //创建 SqlDataAdapter,并获取数据
    SqlDataAdapter dataAdapter = new SqlDataAdapter(dbCommand);
    DataSet ds = new DataSet();
    dataAdapter.Fill(ds);
    //返回数据
    return ds;
}

// 根据 state 参数,获取数据记录。返回 DataSet,并通过 GridView 显示
public static DataSet GetAuthorsByState(string state)
{
    //获取连接字符串
    string connectionString =
        ConfigurationManager.ConnectionStrings["PubsConnectionString"].ConnectionString;
    //创建并设置 SqlConnection
    SqlConnection dbConnection = new SqlConnection(connectionString);
    //定义 SQL 查询语句
    string queryString = "Select au_id,au_fname,au_lname,state from authors where state=@state";
    //创建并设置 SqlCommand
    SqlCommand dbCommand = new SqlCommand();
    dbCommand.Connection = dbConnection;
    dbCommand.CommandType = CommandType.Text;
    dbCommand.CommandText = queryString;
    //设置 SqlParameter
    SqlParameter dbParameter_state = new SqlParameter();
    dbParameter_state.ParameterName = "@state";
    dbParameter_state.Value = state;
    dbParameter_state.DbType = DbType.StringFixedLength;
    //向 SqlCommmand 中添加 SqlParameter
    dbCommand.Parameters.Add(dbParameter_state);
```

```csharp
        //创建 SqlDataAdapter, 并获取数据
        SqlDataAdapter dataAdapter = new SqlDataAdapter(dbCommand);
        DataSet ds = new DataSet();
        dataAdapter.Fill(ds);
        //返回数据
        return ds;
}

//更新数据记录
public static int UpdateAuthor(string au_id, string au_lname, string au_fname, string state)
{
        //获取连接字符串
        string connectionString =
            ConfigurationManager.ConnectionStrings["PubsConnectionString2"].ConnectionString;

        //创建并设置 SqlConnection
        SqlConnection dbConnection = new SqlConnection(connectionString);

        //定义 SQL 查询语句
        string queryString = "UPDATE authors SET au_fname=@au_fname, au_lname=@au_lname,
            state=@state WHERE au_id = @au_id";

        //创建并设置 SqlCommand
        SqlCommand dbCommand = new SqlCommand();
        dbCommand.Connection = dbConnection;
        dbCommand.CommandType = CommandType.Text;
        dbCommand.CommandText = queryString;

        //设置参数@au_id
        SqlParameter dbParameter_au_id = new SqlParameter();
        dbParameter_au_id.ParameterName = "@au_id";
        dbParameter_au_id.Value = au_id;
        dbParameter_au_id.DbType = DbType.String;
        //向 SqlCommmand 中添加@au_id
        dbCommand.Parameters.Add(dbParameter_au_id);

        //设置参数@au_lname
        SqlParameter dbParameter_au_lname = new SqlParameter();
        dbParameter_au_lname.ParameterName = "@au_lname";
        dbParameter_au_lname.Value = au_lname;
        dbParameter_au_lname.DbType = DbType.String;
        //向 SqlCommmand 中添加@au_lname
        dbCommand.Parameters.Add(dbParameter_au_lname);

        //设置参数@au_fname
        SqlParameter dbParameter_au_fname = new SqlParameter();
        dbParameter_au_fname.ParameterName = "@au_fname";
```

```
            dbParameter_au_fname.Value = au_fname;
            dbParameter_au_fname.DbType = DbType.String;
            //向 SqlCommmand 中添加@au_fname
            dbCommand.Parameters.Add(dbParameter_au_fname);

            //设置参数@state
            SqlParameter dbParameter_state = new SqlParameter();
            dbParameter_state.ParameterName = "@state";
            dbParameter_state.Value = state;
            dbParameter_state.DbType = DbType.StringFixedLength;
            //向 SqlCommmand 中添加@state
            dbCommand.Parameters.Add(dbParameter_state);

            //执行 SQL 语句，并且返回受影响的行数
            int rowsAffected = 0;
            dbConnection.Open();
            try
            {
                rowsAffected = dbCommand.ExecuteNonQuery();
            }
            finally
            {
                dbConnection.Close();
            }
            return rowsAffected;
        }
    }
}
```

上面的类代码中定义了 3 个 public 类型的方法：一是获取 state 集合的 GetStates 方法，返回 DataSet 对象；二是根据 state 参数获取作者数据记录的 GetAuthorsByState 方法，返回 DataSet 对象；三是更新数据记录的 UpdateAuthor 方法。

本例中的页面 example8-6.aspx 部分程序代码如下：

```
<form id="form1" runat="server">
  <div>
    <fieldset style="width: 500px">
      <legend>使用 ObjectDataSource 控件绑定数据访问层</legend>
      <br />
<label>选择地区：</label>
<asp:DropDownList ID="DropDownList1" runat="server" DataSourceID="ObjectDataSource1"
        AutoPostBack="True" DataTextField="state" DataValueField="state"></asp:DropDownList>
<asp:ObjectDataSource    ID="ObjectDataSource1"   runat="server"   TypeName="WebApp8.AuthorDB"
SelectMethod="GetStates"></asp:ObjectDataSource>
      <br />
<asp:GridView ID="GridView1" runat="server" DataSourceID="ObjectDataSource2" Width="100%"
        AllowSorting="True" AutoGenerateColumns="False" AllowPaging="True">
  <Columns>
```

```
                <asp:CommandField ShowEditButton="True" />
                <asp:BoundField DataField="au_id" HeaderText="au_id" SortExpression="au_id" />
                <asp:BoundField DataField="au_fname" HeaderText="au_fname" SortExpression="au_fname" />
                <asp:BoundField DataField="au_lname" HeaderText="au_lname" SortExpression="au_lname" />
                <asp:BoundField DataField="state" HeaderText="state" SortExpression="state" />
            </Columns>
        </asp:GridView>
        <asp:ObjectDataSource ID="ObjectDataSource2" runat="server" TypeName="WebApp8.AuthorDB"
                SelectMethod="GetAuthorsByState">
            <SelectParameters>
                <asp:ControlParameter ControlID="DropDownList1" Name="state"
                        PropertyName="SelectedValue" Type="String" />
            </SelectParameters>
        </asp:ObjectDataSource>
    </fieldset>
  </div>
</form>
```

上面的代码中，DropDownList1 绑定 ObjectDataSource1，GridView1 绑定 ObjectDataSource2。程序运行后的效果如图 8.15 所示。

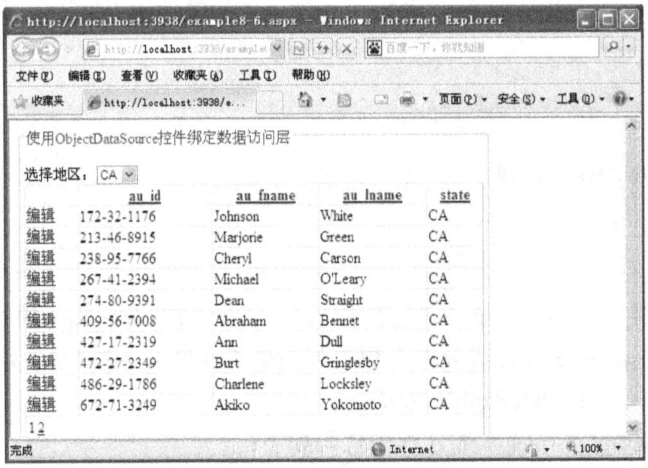

图 8.15 使用 ObjectDataSource 控件直接绑定数据访问层

2. 用 ObjectDataSource 控件绑定业务逻辑层

前面介绍的方法属于 2 层应用结构，仅包含表示层和数据访问层，其基本工作原理是：数据访问层从数据库中获取数据并返回 DataSet 类型结果，然后通过 ObjectDataSource 控件把数据传递到表示层的数据绑定控件，对于表示层中的数据更新，也是通过 ObjectDataSource 控件传递给数据访问层组件，并通过组件执行相关的 SQL 语句来实现数据更新。

使用 DataSet 的应用结构有明显的缺点：缺乏抽象、弱类型、非面向对象。这与 N 层应用程序的高内聚、低耦合的要求严重背离。下面介绍一种更具先进性和适应性的方法，即真正的 3 层应用结构。这种方法是在数据访问层和表示层之间再添加一个业务逻辑层，它的作用是从数据访问层获取数据，同时将获得的数据封装成业务实体对象，然后通过 ObjectDataSource 控件将业务逻辑层的业务实体对象（不再是 DataSet）传递给表示层的数据绑定控件，即 ObjectDataSource 控件绑定的是业务逻辑层而非数据访问层，这样能有效降低表示层与数据访问层的耦合性。

由于企业级应用功能的复杂性，必然导致业务逻辑层的复杂。3 层结构中，通常业务逻辑层由"业务实体组件"和"业务逻辑组件"构成，"业务实体组件"用于将关系数据库中的数据转化为对象（称为映射），以对象的形式表现出来；"业务逻辑组件"以面向对象的方式将业务实体对象组织起来，实现自定义的业务逻辑。另外，ObjectDataSource 控件在整个结构中主要起到连接表示层与业务逻辑层的作用。整个应用结构如图 8.16 所示。

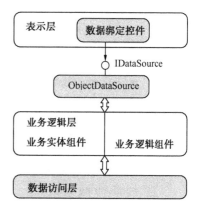

图 8.16 包含业务实体的 3 层应用结构示意图

（1）业务实体组件简介。

业务实体是业务逻辑层的基础，它是代表业务数据的对象，它既具有一定的组织关系，又具有对象的特征。在应用程序代码中，业务实体表现为一些类。如何将关系数据映射到业务实体，是需要认真考虑的问题。下面以【例 8.6】为蓝本设计业务实体 Author 类，设计的映射方案如图 8.17 所示。

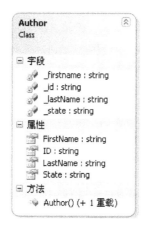

图 8.17 业务实体映射方案

Author 类的具体代码如下：

```
public class Author
{
    #region 定义私有字段
    private string _id;
    private string _firstname;
    private string _lastName;
    private string _state;
    #endregion
```

```csharp
#region 定义属性
//定义属性 ID
public string ID
{
    get { return _id; }
    set { _id = value; }
}
//定义属性 FirstName
public string FirstName
{
    get { return _firstname; }
    set { _firstname = value; }
}
//定义属性 LastName
public string LastName
{
    get { return _lastName; }
    set { _lastName = value; }
}
//定义属性 State
public string State
{
    get { return _state; }
    set { _state = value; }
}
#endregion
#region 定义构造函数
//定义构造函数 1
public Author()
{   }
//定义构造函数 2
public Author(string id, string lastname, string firstname, string state)
{
    this.ID = id;
    this.FirstName = firstname;
    this.LastName = lastname;
    this.State = state;
}
#endregion
}
```

以上所列举的 Author 类，定义了作者对象的基本信息，包括 ID、作者的姓和名、地区，该类在实现过程中定义了私有字段、公共属性、构造函数等。这些结构正是创建典型业务实体类的主要成员。

① 私有字段：用于高速缓存本地业务实体的数据。

② 公共属性：用于访问实体状态、访问实体内部数据的子集和层次（子集和层次可以使用 ArrayList 或 DataSet 来实现）。

③ 构造函数：为业务实体类的初始化奠定基础，通常有多种构造函数。

定义业务实体具有增强代码可读性、提高对象封装性等优点。例如，假设有一个 AuthorDAL 类，该类包含一个 GetAuthor 方法，该方法使用作者 ID 作为参数，返回一个包含该作者所有信息的 Author 对象，代码如下：

```
AuthorDAL dalAuthor = new AuthorDAL();
Author authors = dalAuthor.GetAuthor(2);
authors.State = "CA";                    //更改作者的地区名
```

在上述代码中，使用 authors 对象的属性就可以访问对象中的数据。

（2）业务逻辑组件简介。

业务逻辑组件与数据访问组件既类似又不同。二者都可以通过向 ObjectDataSource 控件公开方法名称、组件名称，将数据传递到表示层。然而，业务逻辑组件返回的数据是强类型的业务实体对象（通常是集合），而不是直接返回 DataSet 类型的数据。这样可有效降低表示层与数据访问层之间的耦合性，增强应用程序的可扩展性和面向对象的能力。

下面列出一个实现业务逻辑组件类的原型代码，同时定义了它所关联的业务实体类。

```
//业务实体组件
public class Record
{
    //定义属性
    public int ID{get;set;}
    public string Name{get;set;}
    public object Data{get;set;}
}
//业务逻辑组件
public class MyBusinessLayer
{
    //实现多个方法
    public RecordCollection GetRecord();
    public RecordCollection GetRecordsByCategory(string categoryName);
    public String GetRecordName(int recordID);
    public object GetRecordData(int recordID);
    public int UpdateRecord(Record r);
    public int DeleteRecord(Record r);
    public int InsertRecord(Record r);
}
```

在业务逻辑组件中，包含实现对于业务实体对象的 CRUD 功能的方法，而数据访问组件实现的是对于数据库中数据的 CRUD 功能，这是重要的区别。不过，在业务逻辑组件的具体实现代码中，将调用数据访问层中的方法。

业务逻辑组件中包含操作业务实体的多个方法，这些方法通过组织和处理业务实体对象，实现业务逻辑和规则。需要注意的是，数据访问组件处理的是数据，而业务逻辑组件处理的是对象。

下面给出针对【例 8.6】的业务逻辑组件类的设计图，如图 8.18 所示。

图 8.18 业务逻辑组件类结构图

由图 8.18 可以看出，业务逻辑组件类名是 AuthorsComponent，共包括 4 个方法：
① 自身的构造函数；
② 根据参数实现获取 Author 对象集合及实现排序的方法 GetAuthorsByState；
③ 实现数据更新的方法 UpdateAuthor；
④ 获取地区名集合的方法 GetStates。

业务逻辑组件类 AuthorsComponent 的具体代码如下：

```
public class AuthorsComponent
{
    #region 定义构造函数
    public AuthorsComponent()
    { }
    #endregion
    #region 实现方法
    //根据参数 state 和 sortExpression，实现获取 Author 对象集合并对其排序
    public List<Author> GetAuthorsByState(string state, string sortExpression)
    {   //初始化 Author 对象集合实例
        List<Author> authors = new List<Author>();
        //从数据访问层获取 DataSet 类型返回数据
        DataSet ds = AuthorDB.GetAuthorsByState(state);
        //使用返回数据填充 Author 对象集合
        foreach (DataRow row in ds.Tables[0].Rows)
        {
            authors.Add(new Author((string)row["au_id"], (string)row["au_lname"],
                (string)row["au_fname"], (string)row["state"]));
        }
        //实现自定义排序
        authors.Sort(new AuthorComparer(sortExpression));
        return authors;      //返回 Author 对象集合
    }
    //实现参数为 Author 对象时数据的更新方法
    public int UpdateAuthor(Author a)
    {   //调用数据访问层静态方法
        return AuthorDB.UpdateAuthor(a.ID, a.LastName, a.FirstName, a.State);
    }
    //实现参数为值类型时数据的更新方法
    public int UpdateAuthor(string ID, string LastName, string FirstName, string State)
```

```csharp
    {   //调用数据访问层静态方法
        return AuthorDB.UpdateAuthor(ID, LastName, FirstName, State);
    }
    //获取返回值为泛型的地区名集合
    public List<String> GetStates()
    {   //初始化泛型对象实例
        List<String> states = new List<string>();
        //从数据访问层获取 DataSet 类型的地区名集合
        DataSet ds = AuthorDB.GetStates();
        //填充泛型对象
        foreach (DataRow row in ds.Tables[0].Rows)
        {    states.Add((String)row["state"]);   }
        return states;        //返回泛型对象
    }
    #endregion
}
//实现自定义排序,该类实现泛型的 IComparer 接口
public class AuthorComparer : IComparer<Author>
{
    private string _sortColumn;
    private bool _reverse;
    //自定义构造函数
    public AuthorComparer(string sortExpression)
    {
        _reverse = sortExpression.ToLowerInvariant().EndsWith(" desc");
        if (_reverse)
        {    _sortColumn = sortExpression.Substring(0, sortExpression.Length - 5);    }
        else
        {    _sortColumn = sortExpression;       }
    }
    //实现接口定义的 Compare 方法,比较两个 Author 对象实例
    public int Compare(Author a, Author b)
    {
        int retVal = 0;
        switch (_sortColumn)
        {
            case "ID":
                retVal = String.Compare(a.ID, b.ID, StringComparison.InvariantCultureIgnoreCase);
                break;
            case "FirstName":
                retVal = String.Compare(a.FirstName, b.FirstName,
                    StringComparison.InvariantCultureIgnoreCase);
                break;
            case "LastName":
                retVal = String.Compare(a.LastName, b.LastName,
                    StringComparison.InvariantCultureIgnoreCase);
                break;
```

```
                case "State":
                    retVal = String.Compare(a.State, b.State,
                        StringComparison.InvariantCultureIgnoreCase);
                    break;
            }
            return (retVal * (_reverse ? -1 : 1));
        }
    }
}
```

◎◎ 注意：

由于 DataSet 本身提供了排序功能，所以不需要实现排序功能。本例中需要排序的是包含在泛型集合 List<T>中的 Author 对象集合，List<T>类型集合支持自定义的排序功能，可以调用 List<T>类的 Sort 方法来排序，但应实现该类的默认接口 IComparer<Author>。

（3）ObjectDataSource 属性设置方法。

在实现业务实体组件、业务逻辑组件和数据访问组件后，还必须实现 ObjectDataSource 控件的配置，配置不再与数据访问组件关联，而是与业务逻辑组件和业务实体组件紧密关联。针对上面的业务实体组件，ObjectDataSource 控件的配置代码如下：

```
<asp:ObjectDataSource ID="ObjectDataSource1" runat="server" TypeName=" MyBusinessLayer "
    DataObjectTypeName="Record" SelectMethod=" GetRecordsByCategory " UpdateMethod="
UpdateRecord " InsertMethod=" InsertRecord " DeleteMethod=" DeleteRecord ">
<SelectParameters> …</SelectParameters>
<InsertParameters> …</InsertParameters>
<UpdateParameters>…</UpdateParameters>
<DeleteParameters> …</DeleteParameters>
</asp:ObjectDataSource>
```

设置说明：

● TypeName 属性设置为业务逻辑组件类名；DataObjectTypeName 属性设置为业务实体组件类名。

【例 8.7】 使用 ObjectDataSource 控件绑定业务逻辑层。

本例与【例 8.6】功能相同，数据访问层类仍为 AuthorDB.cs，与【例 8.6】相同，增加业务实体类 Author 和业务逻辑组件类 AuthorsComponent。使用 ObjectDataSource 控件绑定业务逻辑层，而不是直接绑定数据访问层。

（1）在 Visual Studio 网站中新建网页 example8-7.aspx，放入两个 ObjectDataSource 控件、一个 DropDownList 控件和一个 GridView 控件。另外再添加一个实现业务实体类 Author.cs 文件和一个业务逻辑组件类 AuthorsComponent.cs 文件。

（2）业务逻辑组件类 AuthorsComponent 主要实现 3 个核心方法：方法一是获取地区名数据集合的方法；方法二是根据地区名获取该地区所有作者数据集合的方法；方法三是更新作者信息的方法。3 个方法定义在同一个类中。

（3）DropDownList 和 GridView 控件的 DataSourceID 属性分别设置为相应的 ObjectDataSource 控件 ID 与之绑定。而 GridView 控件的排序、分页、编辑功能均通过属性设置实现，不需要编写代码。

本例中数据访问组件类 AuthorDB 与【例 8.6】中相同，业务实体类和业务逻辑组件类代码在前面"业务实体组件简介"和"业务逻辑组件简介"部分已列出。

表示层 example8-7.aspx 代码中包含的 ObjectDataSource 绑定的是数据访问组件，而现在应绑定业务逻辑层的成员。针对上面的业务实体组件，下面列出其部分关键代码：

```
…
<asp:ObjectDataSource ID="ObjectDataSource1" runat="server" TypeName="AuthorsComponent"
    SelectMethod="GetStates">
</asp:ObjectDataSource>
…
<asp:GridView ID="GridView1" runat="server" DataSourceID="ObjectDataSource2" Width="100%"
    AllowSorting="True" AutoGenerateColumns="False" AllowPaging="True">
    <Columns>
        <asp:CommandField ShowEditButton="True" CancelText="取消" EditText="编辑"
            UpdateText="更新" />
        <asp:BoundField DataField="ID" HeaderText="ID" SortExpression="ID" />
        <asp:BoundField DataField="FirstName" HeaderText="au_fname" SortExpression="FirstName" />
        <asp:BoundField DataField="LastName" HeaderText="au_lname" SortExpression="LastName" />
        <asp:BoundField DataField="State" HeaderText="state" SortExpression="State" />
    </Columns>
</asp:GridView>
<asp:ObjectDataSource ID="ObjectDataSource2" runat="server" TypeName="AuthorsComponent"
    UpdateMethod="UpdateAuthor" SelectMethod="GetAuthorsByState" DataObjectTypeName="Author"
    SortParameterName="sortExpression">
    <SelectParameters>
        <asp:ControlParameter ControlID="DropDownList1" Name="state"
            PropertyName="SelectedValue" />
    </SelectParameters>
</asp:ObjectDataSource>
…
```

上面的代码中，GridView 绑定的列属性 DataField、SortExpression 均是业务实体对象的属性，而不是数据库的字段名。列属性 HeaderText 也可以绑定业务实体对象的属性。

程序运行后的效果如图 8.19 所示。

图 8.19　绑定业务逻辑层运行效果图

8.3.6 LinqDataSource 控件

LinqDataSource 控件也是一个数据源控件。它可以使用 ASP.NET 的 LINQ 功能查询应用程序中的数据对象,它支持对数据对象的查询、添加、删除和更新等操作。

LinqDataSource 控件的工作方式与其他数据源控件一样,也是把在控件上设置的属性转换为可以在目标数据对象上执行的查询。SqlDataSource 控件可以根据设置的属性生成 SQL 语句,LinqDataSource 控件也可以把设置的属性转换为有效的 LINQ 查询。

在实际应用中,可以利用 LinqDataSource 控件的配置数据源向导来选择要查询的数据对象。可选的数据对象称为上下文对象(DataContext),在默认情况下,向导仅显示派生自 System.Data.Linq.DataContext 基类的对象。该类一般是由 LINQ to SQL 创建的数据上下文对象。

Visual Studio 2010 提供了一个 Object Relation(O/R)映射器,它可以快速地将基于 SQL 的数据源映射为 CLR 对象,之后就可以使用 LINQ 查询了。下面以 SQL SERVER 数据库 NORTHWIND 中的表 Products 为目标数据,说明利用 O/R 映射器创建上下文对象的步骤。

(1)在网站的添加新项对话框中,选择"LINQ to SQL 类"模板,在名称栏输入"Products.dbml",单击"确定"按钮,系统将在解决方案目录中创建该类文件。

(2)双击 Products.dbml 文件即可打开对象关系设计器。

(3)在服务器资源管理器中选择 NORTHWIND 数据库中的 Products 表,将其拖放到对象关系设计器中。设计器将显示其结构,并自动创建一个对应的实体类 Products,效果如图 8.20 所示。生成的上下文对象自动命名为"ProductsDataContext"。

(4)保存设计结果。

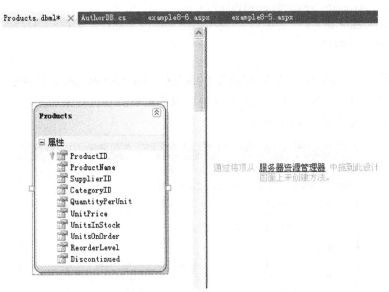

图 8.20 创建上下文对象

建立了上下文对象后,访问其数据就很简单了。下面通过一个示例来说明如何使用 LinqDataSource 控件实现对数据对象的查询。

【例 8.8】 使用 LinqDataSource 控件查询数据。

本例使用 LinqDataSource 数据源控件访问 Products 实体类,从中获取数据,并在 GridView 控件中显示数据,要求仅显示 ProductID、ProductName、SupplierID、CategoryID、QuantityPerUnit、

UnitPrice 字段内容。

（1）在 Visual Studio 网站中新建网页 example8-8.aspx，放入一个 LinqDataSource 控件和一个 GridView 控件。

（2）配置 LinqDataSource 的数据源。在图 8.21 所示对话框中选择"ProductsDataContext"上下文对象，然后单击"下一步"按钮。

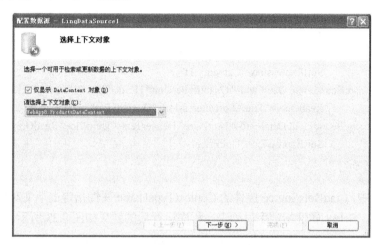

图 8.21　"选择上下文对象"对话框

（3）在"配置数据选择"对话框中，选择"Products"表，选择字段，如图 8.22 所示。

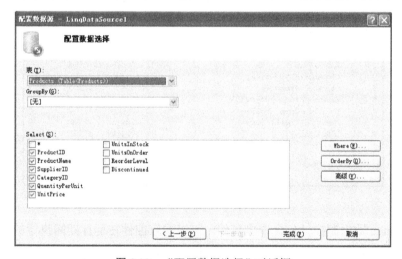

图 8.22　"配置数据选择"对话框

（4）在图 8.22 中单击"完成"按钮。
（5）为 GridView 控件的数据源属性指定 LinqDataSource 控件。

本例 example8-8.aspx 部分程序代码如下：

```
<asp:LinqDataSource ID="LinqDataSource1" runat="server"
        ContextTypeName="WebApp8.ProductsDataContext"
        Select="new (ProductID, ProductName, SupplierID, CategoryID, QuantityPerUnit, UnitPrice)"
        TableName="Products" EntityTypeName="">
</asp:LinqDataSource>
<asp:GridView ID="GridView1" runat="server" AutoGenerateColumns="False"
```

```
                DataSourceID="LinqDataSource1" AllowPaging="True">
            <Columns>
                <asp:BoundField DataField="ProductID" HeaderText="ProductID" ReadOnly="True"
                    SortExpression="ProductID" />
                <asp:BoundField DataField="ProductName" HeaderText="ProductName"
                    ReadOnly="True" SortExpression="ProductName" />
                <asp:BoundField DataField="SupplierID" HeaderText="SupplierID" ReadOnly="True"
                    SortExpression="SupplierID" />
                <asp:BoundField DataField="CategoryID" HeaderText="CategoryID" ReadOnly="True"
                    SortExpression="CategoryID" />
                <asp:BoundField DataField="QuantityPerUnit" HeaderText="QuantityPerUnit"
                    ReadOnly="True" SortExpression="QuantityPerUnit" />
                <asp:BoundField DataField="UnitPrice" HeaderText="UnitPrice" ReadOnly="True"
                    SortExpression="UnitPrice" />
            </Columns>
        </asp:GridView>
```

在上面的代码中，LinqDataSource 控件的 ContextTypeName 属性指定上下文对象，TableName 属性指定查询的表名，Select 属性指定字段列表。程序运行后的效果如图 8.23 所示。

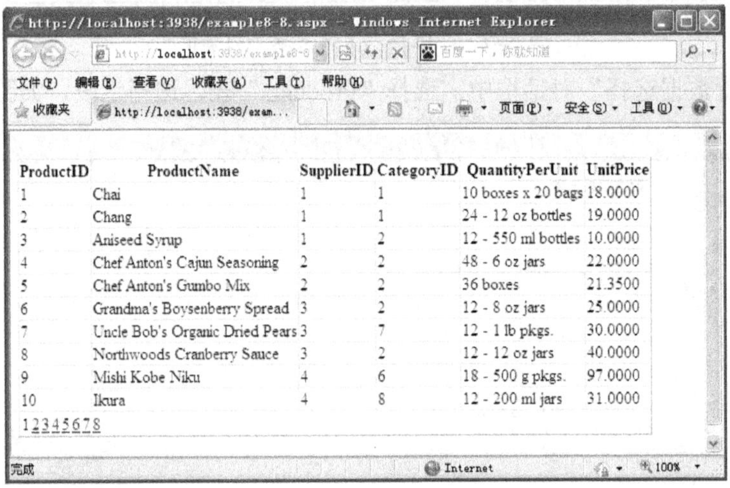

图 8.23　查询结果图

LinqDataSource 数据源控件包含许多事件，可以响应控件在运行期间执行的操作。在选择、插入、更新和删除之前和之后的标准事件中，用户可以添加、删除或修改控件各个参数集合中的参数，甚至取消整个事件。有关 LinqDataSource 数据源控件的属性、方法和事件的详细说明请读者查阅相关资料。

8.4 数据绑定控件

ASP.NET 提供了多种数据绑定控件用来显示数据。这些控件以丰富的表现形式将数据显示在页面中，常见的包括表格、报表、单选项、多选项、树形等。本节主要介绍以表格形式显示内容的数据绑定控件，它们是 GridView、ListView、DetailsView、FormView 等控件。这些控件具有强大的功能，不需要编程就可以实现分页、排序、编辑等数据操作。

8.4.1 GridView 控件

GridView 控件以表格的形式显示数据，通过属性的设置，无须编程就能实现数据的分页、排序和编辑等功能。它具有如下的功能特征。

（1）显示数据：可将数据源控件获得的数据以表格的形式显示。

（2）格式化数据：可在表格级、数据列级、数据行级甚至单元格级对数据进行格式化，还可以根据不同的数据，在表格中显示按钮、复选框、超链接和图片等。

（3）数据分页和导航：通过设置属性可自动对数据分页，同时自动为分页创建导航按钮。

（4）数据排序：支持排序，用户可单击表头的列名进行排序。

（5）数据编辑：在数据源控件的支持下，可自动实现数据的编辑功能。

（6）数据行选择：支持对数据行的选择，开发人员可自定义对所选行的操作。

（7）自定义外观和样式：具有很多外观和样式属性，便于创建美观的界面。

1. GridView 的常用属性、方法和事件

GridView 控件的常用属性如表 8.12 所示。

表 8.12　GridView 控件常用属性列表

属性名称	说　明
AllowPaging	获取或设置一个值，该值指示是否启用分页功能
AllowSorting	获取或设置一个值，该值指示是否启用排序功能
AlternatingRowStyle	获取对 TableItemStyle 对象的引用，使用该对象可以设置 GridView 控件中的交替数据行的外观
AutoGenerateColumns	获取或设置一个值，该值指示是否为数据源中的每个字段自动创建绑定字段
AutoGenerateDeleteButton	获取或设置一个值，该值指示每个数据行都带有"删除"按钮的 CommandField 字段列是否自动添加到 GridView 控件
AutoGenerateEditButton	获取或设置一个值，该值指示每个数据行都带有"编辑"按钮的 CommandField 字段列是否自动添加到 GridView 控件
AutoGenerateSelectButton	获取或设置一个值，该值指示每个数据行都带有"选择"按钮的 CommandField 字段列是否自动添加到 GridView 控件
BackImageUrl	获取或设置要在 GridView 控件的背景中显示的图像的 URL
Caption	获取或设置要在 GridView 控件的 HTML 标题元素中呈现的文本。提供此属性的目的是使辅助技术设备的用户更易于访问控件

续表

属性名称	说明
CaptionAlign	获取或设置 GridView 控件中的 HTML 标题元素的水平或垂直位置。提供此属性的目的是使辅助技术设备的用户更易于访问控件
Columns	获取表示 GridView 控件中列字段的 DataControlField 对象的集合
DataKeyNames	获取或设置一个数组，该数组包含了显示在 GridView 控件中项的主键字段的名称
DataKeys	获取一个 DataKey 对象集合，这些对象表示 GridView 控件中每一行的数据键值
DataSource	获取或设置对象，数据绑定控件从该对象中检索其数据项列表（从 BaseDataBoundControl 继承）
DataSourceID	获取或设置控件的 ID，数据绑定控件从该控件中检索其数据项列表（从 DataBoundControl 继承）
EditIndex	获取或设置要编辑的行的索引
EmptyDataTemplate	获取或设置在 GridView 控件绑定到不包含任何记录的数据源时所呈现的空数据行的用户定义内容
EmptyDataText	获取或设置在 GridView 控件绑定到不包含任何记录的数据源时所呈现的空数据行中显示的文本
EnableSortingAndPagingCallbacks	获取或设置一个值，该值指示客户端回调是否用于排序和分页操作
FooterRow	获取表示 GridView 控件中的脚注行的 GridViewRow 对象
HeaderRow	获取表示 GridView 控件中的标题行的 GridViewRow 对象
PageCount	获取在 GridView 控件中显示数据源记录所需的页数
PageIndex	获取或设置当前显示页的索引
PagerSettings	获取对 PagerSettings 对象的引用，使用该对象可以设置 GridView 控件中的页导航按钮的属性
PageSize	获取或设置 GridView 控件在每页所显示记录的数目
Rows	获取表示 GridView 控件中数据行的 GridViewRow 对象的集合
SelectedDataKey	获取 DataKey 对象，该对象包含 GridView 控件中选中行的数据键值
SelectedIndex	获取或设置 GridView 控件中选中行的索引
SelectedRow	获取对 GridViewRow 对象的引用，该对象表示控件中的选中行
SelectedValue	获取 GridView 控件中选中行的数据键值
ShowFooter	获取或设置一个值，该值指示是否在 GridView 控件中显示脚注行
ShowHeader	获取或设置一个值，该值指示是否在 GridView 控件中显示标题行
SortDirection	获取正在排序的列的排序方向
SortExpression	获取与正在排序的列关联的排序表达式
ToolTip	获取或设置当鼠标指针悬停在 Web 服务器控件上时显示的文本（从 WebControl 继承）
TopPagerRow	获取一个 GridViewRow 对象，该对象表示 GridView 控件中的顶部页导航行

表 8.12 中的 EnableSortingAndPagingCallbacks 属性可以指定 GridView 控件是否用客户端回调执行排序和分页操作。客户端回调可以避免为 GridView 的排序和分页执行完整的页面回送操作。客户端回调不是启动页面回送过程，而是使用 AJAX 执行排序和分页操作。

GridView 控件的常用方法如表 8.13 所示。

表 8.13 GridView 控件常用方法列表

方 法 名 称	说　　明
DataBind	将数据源绑定到 GridView 控件
DeleteRow	从数据源中删除位于指定索引位置的记录
Sort	根据指定的排序表达式和方向对 GridView 控件进行排序
UpdateRow	使用行的字段值更新位于指定行索引位置的记录

GridView 控件的常用事件如表 8.14 所示。

表 8.14 GridView 控件常用事件列表

事 件 名 称	说　　明
DataBinding	当服务器控件绑定到数据源时发生
PageIndexChanged	在单击某一页导航按钮时，但在 GridView 控件处理分页操作之后发生
PageIndexChanging	在单击某一页导航按钮时，但在 GridView 控件处理分页操作之前发生
RowCancelingEdit	单击编辑模式中某一行的"取消"按钮以后，在该行退出编辑模式之前发生
RowCommand	当单击 GridView 控件中的按钮时发生
RowCreated	在 GridView 控件中创建行时发生
RowDataBound	在 GridView 控件中将数据行绑定到数据时发生
RowDeleted	在单击某一行的"删除"按钮时，但在 GridView 控件删除该行之后发生
RowDeleting	在单击某一行的"删除"按钮时，但在 GridView 控件删除该行之前发生
RowEditing	发生在单击某一行的"编辑"按钮以后，GridView 控件进入编辑模式之前
RowUpdated	发生在单击某一行的"更新"按钮，并且 GridView 控件对该行进行更新之后
RowUpdating	发生在单击某一行的"更新"按钮以后，GridView 控件对该行进行更新之前
SelectedIndexChanged	发生在单击某一行的"选择"按钮，GridView 控件对相应的选择操作进行处理之后
SelectedIndexChanging	发生在单击某一行的"选择"按钮以后，GridView 控件对相应的选择操作进行处理之前
Sorted	在单击用于列排序的超链接时，但在 GridView 控件对相应的排序操作进行处理之后发生

2. GridView 控件的数据行类型

GridView 控件以表格形式显示数据，对表格而言，其基本元素是行。根据行所处的位置和实现的功能等，数据行可分为 8 种类型：表头行、交替行、空数据行、编辑行、选中行、数据行、表尾行、分页行，如图 8.24 所示。

图 8.24 GridView 控件的数据行

为了提高灵活性，GridView 控件将这些数据行作为对象来处理。例如，对于表头行，使用 HeaderRow 对象；对于表尾行，使用 FooterRow 对象；对于选中行，使用 SelectedRow 对象；对于分页行，使用 TopPagerRow 和 BottomPagerRow 对象。可以在程序中利用这些对象来访问各数据行。所有这些数据行对象都是 GridViewRow 基类型对象。

3. GridView 控件的数据绑定列类型

对于要显示的数据表的每一列数据，GridView 控件也提供了丰富的类型来显示，共包括 7 种类型：数据绑定列 BoundField、复选框数据绑定列 CheckBoxField、命令数据绑定列 CommandField、图片数据绑定列 ImageField、超链接数据绑定列 HyperLinkField、按钮数据绑定列 ButtonField、模板数据绑定列 TemplateField。

（1）数据绑定列 BoundField。

BoundField 是默认的数据绑定列类型，常用于显示普通文本，对于一般的字段，可以用此列类型来显示数据。它的声明方式如下：

```
<asp:BoundField DataField="au_id" HeaderText="作者 ID"
    ReadOnly="True" SortExpression="au_id" DataFormatString="{0:G3}" />
```

其中，DataFormatString 用于设置数据显示的格式。值 "{0:G3}" 是数据格式字符串，详细语法可以参见系统帮助。

（2）复选框数据绑定列 CheckBoxField。

CheckBoxField 使用复选框来显示布尔型数据字段，因此常用它来绑定布尔型字段。当字段值为 true 时，复选框控件显示为选中状态；当字段值为 false 时，复选框控件显示为未选中状态。

（3）命令数据绑定列 CommandField。

CommandField 为 GridView 控件提供了创建命令按钮列的功能，即可以在表格中显示一个列，该列中显示按钮，可以是普通按钮、图片按钮、超链接按钮。通过这些按钮可以实现数据的选择、编辑、删除、取消等操作。

（4）图片数据绑定列 ImageField。

ImageField 可以在表格中显示图片列。一般来说，ImageField 绑定的内容是图片的路径，路径字串取自绑定的列值。它的声明方式如下：

```
<asp:ImageField DataImageUrlField="au_id" DataImageUrlFormatString="../images/{0}" />
```

（5）超链接数据绑定列 HyperLinkField。

HyperLinkField 允许将所绑定的数据以超链接的形式显示。可以定义超链接的显示文本、超链接地址、打开窗口的方式等。它的声明方式如下：

```
<asp:HyperLinkField DataTextField="au_id" DataTextFieldFormatString="{0}"
        DataNavigateUrlField="xxx" DataNavigateUrlFormatString="{0}" Target="_blank"  />
```

（6）按钮数据绑定列 ButtonField。

ButtonField 与 CommandField 类似，都可以创建按钮列。CommandField 定义的按钮列主要用于选择、添加、删除等操作，并且这些按钮在一定程度上与数据源控件中的数据操作设置关系密切；而 ButtonField 定义的按钮具有很大的灵活性，它与数据源控件没有直接的关系，通常可以自定义实现单击按钮后的操作。它的声明方式如下：

```
<asp:ButtonField ButtonType="Button" Text="注销"   CommandName="signout" />
```

其中，CommandName 用于设置命令名称，以便于在程序中区分是哪个按钮被单击。ButtonType 用于定义按钮的外观，可以是 Link、Image、Button 类型。Text 用于设置显示在按钮中的文字。

（7）模板数据绑定列 TemplateField。

TemplateField 允许以模板形式自定义数据绑定列的内容。

4. 典型应用

GridView 控件功能强大，使用它可以在不编写任何代码的情况下，实现对数据的排序、分页和编辑等操作。下面通过一个实例介绍它的使用方法。

【**例 8.9**】 使用 GridView 控件查询和编辑数据。

本例使用 GridView 控件绑定 SQL Server 数据库 pubs 中的 authors 表，并可在 GridView 中进行数据的排序、分页、编辑和删除操作，要求表头行中的各列名用汉字显示，每页显示 8 条记录。

（1）在 Visual Studio 网站中新建网页 example8-9.aspx，放入一个 SqlDataSource 控件和一个 GridView 控件。

（2）为 SqlDataSource 控件配置数据源，选择数据库 pubs 中的 authors 表，并在高级 SQL 生成选项中勾选"生成 INSERT、UPDATE 和 DELETE 语句"选项，以实现数据的维护操作。

（3）在 GridView 的智能标记中选择数据源为 SqlDataSource 控件，并勾选"启用分页"、"启用排序"、"启用编辑"、"启用删除"，以实现通过 GridView 进行数据的维护操作。另外，设置 GridView 的 PageSize 属性值为 8。

（4）在 GridView 的智能标记中单击"编辑列"菜单项，打开"字段"对话框。选择 au_id 字段，设置其 HeaderText 属性值为"作者 ID"，实现列名用汉字表示。其他字段按此方法进行设置。

（5）设置 GridView 的 Caption 属性值为"使用 GridView 控件显示和编辑数据"。

本例 example8-9.aspx 部分程序代码如下：

```
<asp:SqlDataSource ID="SqlDataSource1" runat="server"
    ConnectionString="<%$ ConnectionStrings:PubsConnectionString %>"
    DeleteCommand="DELETE FROM [authors] WHERE [au_id] = @au_id"
    InsertCommand="INSERT INTO [authors] ([au_id], [au_lname], [au_fname], [state]) VALUES
        (@au_id, @au_lname, @au_fname, @state)"
    SelectCommand="SELECT [au_id], [au_lname], [au_fname], [state] FROM [authors]"
    UpdateCommand="UPDATE [authors] SET [au_lname] = @au_lname, [au_fname] = @au_fname,
        [state] = @state WHERE [au_id] = @au_id">
    <DeleteParameters>
        <asp:Parameter Name="au_id" Type="String" />
    </DeleteParameters>
        <UpdateParameters>
            <asp:Parameter Name="au_lname" Type="String" />
            <asp:Parameter Name="au_fname" Type="String" />
            <asp:Parameter Name="state" Type="String" />
            <asp:Parameter Name="au_id" Type="String" />
        </UpdateParameters>
        <InsertParameters>
            <asp:Parameter Name="au_id" Type="String" />
            <asp:Parameter Name="au_lname" Type="String" />
            <asp:Parameter Name="au_fname" Type="String" />
            <asp:Parameter Name="state" Type="String" />
        </InsertParameters>
</asp:SqlDataSource><br />
```

```
<asp:GridView ID="GridView1" runat="server" AllowPaging="True"
    AllowSorting="True" AutoGenerateColumns="False" Caption="使用 GridView 控件显示和
    编辑数据"    DataKeyNames="au_id" DataSourceID="SqlDataSource1" Height="222px"
    PageSize="8"    Width="658px">
<Columns>
    <asp:CommandField ShowDeleteButton="True" ShowEditButton="True" />
    <asp:BoundField DataField="au_id" HeaderText="作者 ID" ReadOnly="True"
        SortExpression="au_id" />
    <asp:BoundField DataField="au_lname" HeaderText="姓氏" SortExpression="au_lname" />
    <asp:BoundField DataField="au_fname" HeaderText="名字" SortExpression="au_fname" />
    <asp:BoundField DataField="state" HeaderText="州名" SortExpression="state" />
</Columns>
</asp:GridView>
```

程序运行后的效果如图 8.25 所示。

图 8.25 用 GridView 控件显示和编辑数据

8.4.2 ListView 控件

利用 ListView 控件，可以绑定从数据源返回的数据项并显示它们。这些数据可以显示在多个页面中。可以逐个显示数据项，也可以对它们分组。

ListView 控件可以使用模板和样式来定义显示数据的格式。ListView 控件还允许用户编辑、插入和删除数据，以及对数据进行排序和分页。ListView 控件共提供了 11 个模板，如表 8.15 所示。

表 8.15 ListView 控件的模板

模 板 名 称	说　　明
LayoutTemplate	用于定义控件主要布局的根模板。它包含一个占位符对象，如表行（tr）、div 或 span 元素。此元素将由 ItemTemplate 模板或 GroupTemplate 模板中定义的内容替换。它还可能包含一个 DataPager 对象
ItemTemplate	为控件中的每个数据项绑定内容
ItemSeparatorTemplate	用于提供在各个项之间的分隔符 UI

续表

模板名称	说明
GroupTemplate	用于为组布局的内容提供 UI。它包含一个占位符对象，如表单元格（td）、div 或 span。该对象将由其他模板（如 ItemTemplate 和 EmptyItemTemplate 模板）中定义的内容替换
GroupSeparatorTemplate	用于提供组之间的分隔符 UI
EmptyItemTemplate	在使用 GroupTemplate 模板时为空项的呈现提供 UI。例如，如果将 GroupItemCount 属性设置为 5，而从数据源返回的总项数为 8，则 ListView 控件显示的最后一行数据将包含 ItemTemplate 模板指定的 3 个项及 EmptyItemTemplate 模板指定的两个项
EmptyDataTemplate	绑定的数据对象不包含数据项时显示的模板
SelectedItemTemplate	为选中的数据项提供 UI
AlternatingItemTemplate	为交替项提供独特的 UI
EditItemTemplate	为控件中编辑已有的项提供一个 UI
InsertItemTemplate	为控件中插入一个新数据项提供一个 UI

要在 ListView 控件中实现分页，需要利用另一个控件 DataPager，通过它可以为 ListView 控件提供分页功能。DataPager 控件用于给终端用户显示分页的导航，并与实现了 IPagableItemContainer 接口的数据绑定控件（即 ListView 控件）一起完成数据分页任务。事实上，如果在 ListView 控件的配置对话框中选择 Paging 复选框，激活 ListView 控件上的分页功能，就会自动在 ListView 控件的 LayoutTemplate 模板中插入一个新的 DataPager 控件。

【例 8.10】 使用 ListView 控件对数据进行显示、分页、排序和编辑。

本例使用 ListView 控件绑定 SQL Server 数据库 pubs 中的 authors 表，并可在 ListView 中进行数据排序、分页、编辑、插入和删除操作，要求表头行中的各列名用汉字显示，每页显示 4 条记录。

（1）在 Visual Studio 网站中新建网页 example8-10.aspx，放入一个 SqlDataSource 控件和一个 ListView 控件。

（2）为 SqlDataSource 控件配置数据源，选择数据库 pubs 中的 authors 表，并在高级 SQL 生成选项中勾选"生成 INSERT、UPDATE 和 DELETE 语句"选项，以实现数据的维护操作。

（3）在 ListView 的智能标记中选择数据源为 SqlDataSource 控件，然后选择"配置 ListView"任务，打开"配置 ListView"对话框。分别勾选"启用分页"、"启用插入"、"启用编辑"、"启用删除"选项，以实现通过 ListView 进行数据的维护操作。选择"项目符号列表"布局。

（4）在 ListView 的智能标记中选择当前视图列表中的"ItemTemplate"项，将 ItemTemplate 模板中的字段名改为汉字。例如，将"au_id"文字改为"作者 ID"，实现列名用汉字表示。其他字段按此方法进行设置。完成后返回运行时视图。

（5）在 HTML 源视图中，设置 DataPager 控件的 PageSize="4"。

（6）向 ListView 控件添加排序功能。

① 在 ListView 的智能标记中，选择当前视图列表中的 ItemTemplate 模板来编辑 LayoutTemplate 模板（因为没有专用于编辑 LayoutTemplate 模板的视图）。

② 在"工具箱"的"标准"选项卡中，将一个 Button 控件拖到控件的底部，即分页控件所在的位置。其 Text 属性设置为"按名字排序"，将 CommandName 属性设置为"sort"，将 CommandArgument 设置为一个排序表达式，此处为"au_fname"。

③ 在"工具箱"的"标准"选项卡中，将一个 Button 控件拖到控件的底部，即分页控件所在的位置。其 Text 属性设置为"按姓氏排序"，将 CommandName 属性设置为"sort"，将 CommandArgument 设置为一个排序表达式，此处为"au_lname"。

本例 example8-10.aspx 部分程序代码如下：

```
<asp:SqlDataSource ID="SqlDataSource1" runat="server"
    ConnectionString="<%$ ConnectionStrings:PubsConnectionString %>"
    SelectCommand="SELECT [au_id], [au_lname], [au_fname], [state] FROM [authors]">
</asp:SqlDataSource>
<asp:ListView ID="ListView1" runat="server" DataKeyNames="au_id"
    DataSourceID="SqlDataSource1">
    <AlternatingItemTemplate>
        <li style="">au_id:
        <asp:Label ID="au_idLabel" runat="server" Text='<%# Eval("au_id") %>' /><br />au_lname:
        <asp:Label ID="au_lnameLabel" runat="server" Text='<%# Eval("au_lname") %>' /><br />
            au_fname:
        <asp:Label ID="au_fnameLabel" runat="server" Text='<%# Eval("au_fname") %>' /><br />
            state:
        <asp:Label ID="stateLabel" runat="server" Text='<%# Eval("state") %>' /><br />
        </li>
    </AlternatingItemTemplate>
    <LayoutTemplate>
        <ul ID="itemPlaceholderContainer" runat="server" style="">
        <li style="" >
        <li ID="itemPlaceholder" runat="server"></li>
        </li>
        </ul>
    <div style="">
    <asp:Button ID="Button1" runat="server" CommandArgument="au_lname"
        CommandName="sort" Text="按姓氏排序" />
    <asp:Button ID="Button2" runat="server" CommandArgument="au_fname"
        CommandName="sort" Text="按名字排序" />
    <asp:DataPager ID="DataPager1" PageSize="4" runat="server">
        <Fields>
        <asp:NextPreviousPagerField ButtonType="Button" ShowFirstPageButton="True"
            ShowLastPageButton="True" /></Fields></asp:DataPager>
    </div>
    </LayoutTemplate>
    <InsertItemTemplate>
        <li style="">au_id:
        <asp:TextBox ID="au_idTextBox" runat="server" Text='<%# Bind("au_id") %>' /><br />
        au_lname:
        <asp:TextBox ID="au_lnameTextBox" runat="server" Text='<%# Bind("au_lname") %>' />
        <br />au_fname:<asp:TextBox ID="au_fnameTextBox" runat="server"
            Text='<%# Bind("au_fname") %>' /><br />state:
        <asp:TextBox ID="stateTextBox" runat="server" Text='<%# Bind("state") %>' /><br />
        <asp:Button ID="InsertButton" runat="server" CommandName="Insert" Text="插入" />
        <asp:Button ID="CancelButton" runat="server" CommandName="Cancel" Text="清除" /></li>
    </InsertItemTemplate>
    <SelectedItemTemplate>
        <li style="">au_id:
```

```
            <asp:Label ID="au_idLabel" runat="server" Text='<%# Eval("au_id") %>' /><br />au_lname:
            <asp:Label ID="au_lnameLabel" runat="server" Text='<%# Eval("au_lname") %>' /><br />
                au_fname:
            <asp:Label ID="au_fnameLabel" runat="server" Text='<%# Eval("au_fname") %>' /><br />
                state:
            <asp:Label ID="stateLabel" runat="server" Text='<%# Eval("state") %>' /><br /></li>
    </SelectedItemTemplate>
    <EmptyDataTemplate>未返回数据。</EmptyDataTemplate>
    <EditItemTemplate><li style="">au_id:
            <asp:Label ID="au_idLabel1" runat="server" Text='<%# Eval("au_id") %>' /><br />
                au_lname:
            <asp:TextBox ID="au_lnameTextBox" runat="server" Text='<%# Bind("au_lname") %>' />
                <br />au_fname:
            <asp:TextBox ID="au_fnameTextBox" runat="server" Text='<%# Bind("au_fname") %>' />
                <br />state:
            <asp:TextBox ID="stateTextBox" runat="server" Text='<%# Bind("state") %>' /><br />
            <asp:Button ID="UpdateButton" runat="server" CommandName="Update" Text="更新" />
            asp:Button ID="CancelButton" runat="server" CommandName="Cancel" Text="取消" /></li>
    </EditItemTemplate>
    <ItemTemplate>作者ID:
            <asp:Label ID="au_idLabel" runat="server" Text='<%# Eval("au_id") %>'></asp:Label>
                <br />姓氏:
            <asp:Label ID="au_lnameLabel" runat="server" Text='<%# Eval("au_lname")
                %>'></asp:Label><br />名字:
            <asp:Label ID="au_fnameLabel" runat="server" Text='<%# Eval("au_fname")
                %>'></asp:Label><br />州名:
            <asp:Label ID="stateLabel" runat="server" Text='<%# Eval("state") %>'></asp:Label><br />
    </ItemTemplate>
    <ItemSeparatorTemplate><br /></ItemSeparatorTemplate>
</asp:ListView>
```

程序运行后的效果如图 8.26 所示。

图 8.26 用 ListView 控件显示和编辑数据

8.4.3 DetailsView 控件

DetailsView 控件可以显示一条记录的数据,可以将 DetailsView 控件和 GridView 控件配合使用来实现主详信息显示的功能。

DetailsView 控件是以单条记录的方式来显示数据的,同时它也支持分页和编辑功能,但是它的分页并非因为数据行太多需要分页,而是分到下一条数据上。

DetailsView 控件具有如下的功能特征。

（1）支持与数据源控件绑定。
（2）内置数据添加功能。
（3）内置更新、删除、分页功能。
（4）支持以编程方式访问 DetailsView 对象模型，动态设置属性、处理事件等。
（5）可以通过主题和样式进行自定义外观。

DetailsView 控件一行显示一个字段，每个数据行是通过声明一个行字段控件创建的。不同的行字段类型确定了控件中各行的行为，共包含 7 种行字段类型。

（1）BoundField：常用于以普通文本形式显示数据源中某个字段的值。
（2）CheckBoxField：在 DetailsView 控件中显示一个复选框，通常用来显示布尔型数据字段。
（3）CommandField：在 DetailsView 控件中用来显示执行编辑、插入、删除操作的内置命令按钮。
（4）ImageField：在 DetailsView 控件中显示图片。
（5）HyperLinkField：将数据源中某个字段的值显示为超链接。此行字段类型允许将另一个字段绑定到超链接的 URL。
（6）ButtonField：在 DetailsView 控件中显示一个命令按钮。允许显示一个带有自定义按钮（如"添加"或"移除"按钮）控件的行。
（7）TemplateField：根据指定的模板，为 DetailsView 控件中的行显示用户自定义的内容。此行字段类型用于创建自定义的行字段。

注意：

（1）以上 7 个行字段只有当 DetailsView 控件的 AutoGenerateRows 属性设置为 false 时才能使用，该属性默认为 ture，即允许 DetailsView 控件自动生成数据行。
（2）DetailsView 控件最常见的用途是与 GridView 控件配合使用来实现主详信息显示的功能。

【例 8.11】 用 GridView 控件和 DetailsView 控件实现"主/详"表的查询和数据处理功能。

本例连接 SQL Server 数据库 Northwind 中的 Employees 数据表，在 GridView 中进行排序、分页操作，要求表头行中的各列名用汉字显示，每页显示 8 条记录，并且添加一个按钮列，用于显示详细信息。另外，用 DetailsView 控件显示当前选中记录的详细信息，并可对该记录的详细信息进行更新、删除、添加的维护操作。

（1）在 Visual Studio 网站中新建网页 example8-11.aspx，放入一个 GridView 控件、一个 DetailsView 控件和两个 SqlDataSource 控件。

（2）配置 SqlDataSource1 使其连接 Northwind 数据库，并访问 Employees 表。

（3）为 GridView 绑定 SqlDataSource1 数据源，设置 GridView 的 DataKeyNames 属性为 Employees 表的主键字段，并添加可选择行的 CommandField 字段，使 GridView 具有选择记录的功能。

（4）设置 GridView 的"启用排序"、"启用分页"，PageSize=8，编辑 Columns 集合属性，定义各列的标题字串，设置选择命令按钮列。

（5）配置 SqlDataSource2 使其连接 Northwind 数据库，并访问 Employees 表（其 SQL 查询

含带参数的 WHERE 子句，参数值设置为 GridView 控件的选择值；同时生成 Insert、Update、Delete 语句）。

（6）为 DetailsView 绑定 SqlDataSource2 数据源，并设置 DetailsView 的 DataKeyNames 属性为主键字段。

（7）在 Page_Load 事件代码中编写程序，实现自动选中 GRIDVIEW 中的第一条记录，从而使 DetailsView 能显示出来。代码如下：

```
if (!Page.IsPostBack)
{
    if (GridView1.Rows.Count > 0)
        GridView1.SelectedIndex = 0;
}
```

程序运行后的效果如图 8.27 所示。

图 8.27　用 DetailsView 实现主详信息查询与编辑

8.4.4　FormView 控件

FormView 控件与 DetailsView 控件类似，也可以显示一条记录的数据，它们的不同点表现为 DetailsView 具有内置呈现机制，FormView 需要自定义模板来定制字段显示和自定义命令按钮，可以更多地控制数据的显示和编辑方式。FormView 控件支持的模板如表 8.16 所示。

表 8.16　FormView 控件支持的模板

模版类型	说　　明
EditItemTemplate	编辑数据时的显示模板
EmptyDataTemplate	数据项为空时显示的模板
FooterTemplate	定义脚注行的内容
HeaderTemplate	定义标题行的内容
ItemTemplate	呈现只读数据时的模板
InsertItemTemplate	插入记录时的模板
PagerTemplate	启用分页功能时的模板

FormView 控件通常用于更新和插入记录,并且常常在主控件中列出详细信息的方案中使用。下面通过一个实例介绍它的使用方法。

【例 8.12】 用 GridView 控件和 FormView 控件实现"主/详"表的查询和数据处理功能。

本例连接 SQL Server 数据库 Pubs 中的 titles 和 publishers 数据表,在 GridView 中显示 titles 表记录,并进行排序、分页操作,要求表头行中的各列名用汉字显示,每页显示 6 条记录,并且添加一个按钮列,用于显示详细信息。另外,用 FormView 控件显示当前选中的 titles 表记录的详细信息,并可对该记录的详细信息进行更新、删除、添加的维护操作。

(1) 在 Visual Studio 网站中新建网页 example8-12.aspx,放入一个 GridView 控件、一个 FormView 控件和 3 个 SqlDataSource 控件。

(2) 配置 SqlDataSource1 使其连接 Pubs 数据库,并访问 titles 表。

(3) 为 GridView 绑定 SqlDataSource1 数据源,设置 GridView 的 DataKeyNames 属性为 titles 表的主键字段 title_id,并添加可选择行的 CommandField 字段,使 GridView 具有选择记录的功能。

(4) 设置 GridView 的"启用排序"、"启用分页",PageSize=6,编辑 Columns 集合属性,定义各列的标题字串,设置选择命令按钮列。

(5) 配置 SqlDataSource2 使其连接 Pubs 数据库,并访问 titles 表(其 SQL 查询含带参数的 WHERE 子句,参数值设置为 GridView 控件的选择值;同时生成 Insert、Update、Delete 语句)。

(6) 为 FormView 绑定 SqlDataSource2 数据源,并设置 FormView 的 DataKeyNames 属性为主键字段 title_id。

(7) 配置 SqlDataSource3 使其连接 Pubs 数据库,并查询 publishers 表。

(8) 重新配置 FormView 的 EditItemTemplate、InsertItemTemplate 模板,用 DropDownList 控件来显示 pub_id 字段,并绑定到 SqlDataSource3 数据源。DropDownList 控件的属性设置如下:

```
<asp:DropDownList SelectedValue='<%# Bind("pub_id") %>'
    ID="DropDownList1" runat="server" DataSourceID="SqlDataSource3"
    DataTextField="pub_name" DataValueField="pub_id">
</asp:DropDownList>
```

(9) 在 Page_Load 事件代码中编写程序,实现自动选中 GRIDVIEW 中的第一条记录,从而使 FormView 能显示出来。代码如下:

```
if (!Page.IsPostBack)
{
    if (GridView1.Rows.Count > 0)
        GridView1.SelectedIndex = 0;
}
```

(10) 分别在 FormView1 的 ItemUpdated、ItemDeleted、ItemInserted 事件代码中编写程序,实现主表 GRIDVIEW 中的记录刷新。

```
GridView1.DataBind();
```

程序运行后的效果如图 8.28 所示。

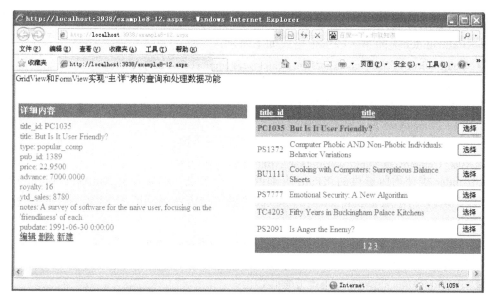

图 8.28　用 FormView 实现主详信息查询与编辑

8.4.5　其他数据绑定控件

ASP.NET 还包含许多其他可以绑定到数据源的控件，其中包括 DropDownList、ListBox、RadioButtonList、CheckBoxList、TreeView、Menu 等。

8.4.6　内部数据绑定语法

1．DataBinder 语法

ASP.NET 有 3 种数据绑定的方式。首先，可以继续使用 Container.DataItem 语法来绑定数据，这样可以兼容 ASP.NET 4.0 以前的程序。但如果编写新的页面，可以采用简单的绑定形式，直接使用 Eval 方法：

　　<%# Eval("name") %>

也可以使用 Eval 方法的格式化方法来格式化数据：

　　<%# Eval("HireDate","{0:mm dd yyyy}") %>

最后一种绑定方法称为双向数据绑定。双向数据绑定支持绑定数据的读取和写入操作，这些是通过 Bind 方法实现的，它与 Eval 方法的工作过程类似，其语法如下：

　　<%# Bind("name") %>

在使用数据绑定语句时，<%#　%>界定符之间的所有内容都作为表达式来处理。这是很重要的，因为在数据绑定时，它提供了一个额外的功能，例如，可以追加额外的数据：

　　<%# "姓名：" + Eval("name") %>

或者给方法传送计算出来的值，例如，给 DoSomeProcess 方法传送参数：

　　<%# DoSomeProcess(Bind("name"))　%>

2．XML 数据绑定

XML 在应用程序中越来越普遍，所以 ASP.NET 也有几种专门用于绑定 XML 的方式，即 XPathBinder 类。这些新的数据绑定表达式可以处理 XML 的层次格式。另外，除了不同的方法名外，这些绑定方法的工作方式与前面介绍的 Eval 和 Bind 方法完全相同。这些绑定方法应在

XmlDataSource 控件中使用。

使用 XPathBinder 类的第一种绑定格式如下所示：

```
<%# XPathBinder.Eval(Container.DataItem ,"employees/employee/Name") %>
```

注意，XpathBinder 没有像 Eval 方法那样指定字段名，而是绑定 XPath 查询的结果。与标准的 Eval 表达式一样，XpathBinder 类的 Eval 数据绑定方法也有一种缩写格式：

```
<%# XPath ("employees/employee/Name") %>
```

另外，与 Eval 方法一样，XPath 也可以将格式应用于数据：

```
<%# XPath ("employees/employee/HireDate","{0:mm dd yyyy}") %>
```

XPathBinder 类使用所提供的 XPath 查询返回一个节点。如果要从 XmlDataSource 控件中返回多个节点，可以使用 XPathBinder 类的 Select 方法。该方法返回匹配 XPath 查询的一个节点列表。语法如下：

```
<%# XPathBinder.Select(Container.DataItem ,"employees/employee ") %>
```

或者使用缩写格式：

```
<%# XPathSelect("employees/employee ") %>
```

8.5 ADO.NET 数据访问编程模型

早期的数据处理主要依赖基于连接的双层模型，当数据处理越来越多地使用多层模型时，就必须考虑非连接方式下的数据处理模型，以提高应用程序的可伸缩性。ADO.NET 正是这样一种能支持 N 层的数据访问应用程序模型。

ADO.NET 是在微软的 .NET 中创建分布式和数据共享应用程序的应用程序开发接口（API），它是一组数据处理的类。通过数据提供程序和 .NET 数据集这两个核心组件，ADO.NET 提供了一个统一的数据访问模型，支持在线和离线的数据访问，可以访问 SQL Server、Oracle、OLE DB、ODBC 等数据源。用户通过 ADO.NET 可以方便地连接到数据源，实现对数据的查询、管理和更新。

8.5.1 ADO.NET 数据访问模型简介

1. ADO.NET 的体系结构

实际上，ADO.NET 是支持数据库应用程序开发的数据访问中间件，它是建立在 .NET Framwork 提供的平台上的数据库访问编程模型，也是使用 .NET Framwork 中的托管代码构建的，这就意味着它继承了 .NET 运行时环境的健壮性。ADO.NET 主要用来解决分布式应用程序和 Web 应用程序的问题，它由 .NET Framwork 中提供的一组数据访问类和命名空间组成。

一般来说，数据访问应用程序可以在两种环境下运行，一是在连接环境下，二是在非连接环境下。连接环境是指应用程序在这种环境下始终与数据源保持连接，直到程序结束，这种方式的实时性好，但伸缩性差。非连接环境是指应用程序在这种环境下不是始终与数据源保持连接，在非连接环境中，中央数据存储的一部分数据可以被独立地复制与更改，在需要时可以与数据源中的数据合并，这种方式不独占连接，可伸缩性好，但是实时性差。

ADO.NET 作为一种数据访问架构，主要是为非连接模式下的数据访问而设计的，这也是 N 层基于 Web 的应用程序所需要的，但它也同样支持连接模式下的数据访问。

(1) 在非连接环境中使用 ADO.NET。

ADO.NET 提供了一些类来支持非连接模式下的数据访问，访问模型如图 8.29 所示。

在图 8.29 中，DataSet 对象包含一个数据集，一个数据集可以包含多个 DataTable 对象，用于存储与数据源断开连接的数据。DataAdapter 对象可以作为数据库和无连接对象之间的桥梁，使用 DataAdapter 对象的 Fill 方法可以提取查询的结果并填充到 DataTable 中，以便离线访问。Connection 对象是用来连接数据源的，它通过连接字符串建立与数据源的连接，可以连接 .NET 支持的各种数据源。

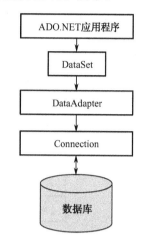

图 8.29　非连接模式下的数据访问模型

在非连接环境中使用 ADO.NET 的基本步骤如下：

① 声明连接对象 Connection。
② 声明数据适配器 DataAdapter 对象。
③ 声明 DataSet 对象。
④ 打开连接，连接到数据源。
⑤ 调用 DataAdapter 对象的 Fill 方法填充 DataSet 对象。
⑥ 关闭连接对象 Connection，断开与数据源的连接。
⑦ 处理离线数据 DataSet。

由上面的步骤可以看出，连接并非始终保持，当填充 DataSet 对象后，立即关闭连接，此时即处于非连接状态，然后应用程序继续处理离线的 DataSet 数据。

(2) 在连接环境中使用 ADO.NET。

ADO.NET 同样可以应用于连接模式下的应用程序中，当在连接方式下运行时，可以更好、更高效地实现这些类型的应用程序。为了支持连接模式的应用程序，ADO.NET 提供了 DataReader 对象。DataReader 对象主要使用连接方式来提供快速、只向前的游标进行数据访问。有关 .NET 提供的支持连接模式下的数据访问模型如图 8.30 所示。

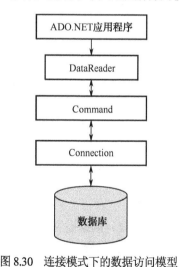

图 8.30　连接模式下的数据访问模型

在图 8.30 中，DataReader 对象用于检索和检查由查询返回的行，从数据源中以只读、只进、只读取行的形式读取数据。Command 对象用于执行对数据库的查询和对存储过程的调用，通过 Command 对象的 ExecuteReader 方法将结果返回给 DataReader 对象。

在连接环境中使用 ADO.NET 的基本步骤如下：

① 声明连接对象 Connection。
② 声明查询数据库的 Command 对象，用于执行 SQL 查询。
③ 声明 DataReader 对象。
④ 打开连接，连接到数据源。
⑤ 调用 Command 对象的 ExecuteReader 方法，将结果返回给 DataReader 对象。
⑥ 处理 DataReader 所获得的在线数据。
⑦ 关闭 DataReader 对象。
⑧ 关闭连接对象 Connection，断开与数据源的连接。

由上面的步骤可以看出，在处理 DataReader 对象中的数据时，连接始终保持，当对在线数据处理完后才关闭连接，即在执行数据访问的过程中一直保持连接状态。

2. ADO.NET 数据访问接口模型

ADO.NET（ActiveX Data Object.NET）是功能强大的数据访问接口。ADO.NET 使用 4 个数据提供程序来访问数据源。以 SQL Server.NET 或 OLE DB 数据提供程序为例，图 8.31 显示了数据访问接口模型。其中，SQL Server.NET 数据提供程序用于访问 SQL Server 7.0 或更高版本的数据库，如 SQL Server 2005。OLE DB.NET 数据提供程序用于访问 SQL Server 6.5 或更低版本、Access、Oracle、Sybase 数据库及其他数据源。只要安装了数据源的 OLE DB 驱动程序，就能在 ADO.NET 中进行访问。

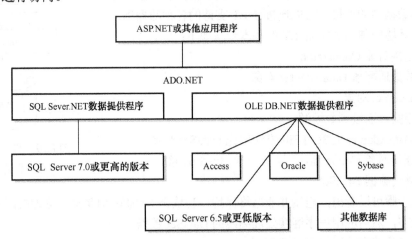

图 8.31　ADO.NET 数据访问接口模型

在这个接口模型中，数据集是实现 ADO.NET 断开式连接的核心，从数据源读取的数据先缓存到数据集中，然后被程序或控件调用。数据源可以是数据库或者 XML 数据。

数据提供程序用于建立数据源与数据集之间的联系，它能连接各种类型的数据，并能按要求将数据源中的数据提供给数据集，或者从数据集向数据源返回编辑后的数据。

在 ADO.NET 中，数据集（DataSet）与数据提供程序（Provider）是两个非常重要而又相互关联的核心组件，下面就简要介绍这两个组件。

8.5.2　ADO.NET 数据提供程序

1. 数据提供程序

.NET Framework 内置了 4 个数据提供程序，数据提供程序是一系列 API 的集合，通过这些 API 可以方便地访问特定数据源。

.NET 内置的 4 个数据提供程序可分为两大类：

（1）全面托管的数据提供程序。

这是指包含经过优化的专门针对某个数据源的托管的（由 CLR 直接管理）数据提供程序。通过这些数据提供程序可以直接访问数据源。.NET 提供了两个全面托管的数据提供程序。

① SQL Server .NET：专门用于访问 SQL Server 数据库，是 SqlDataSource 控件默认的数据提供程序，使用 System.Data.SqlClient 命名空间。

② Oracle .NET：由微软公司发布，专门用于访问 Oracle 数据库。适用于 Oracle 8.1.7 版和更高版本，使用 System.Data.OracleClient 命名空间。

（2）部分托管的数据提供程序。

这是指受到非托管的数据提供程序或者数据驱动的委托，以完成访问数据源实际工作的托管的数据提供程序。这种部分托管的数据提供程序本身并没有访问数据源的功能，而需要借助于安装在操作系统中的原有的数据提供程序或者数据驱动（它们可能来自微软或第三方）。.NET 提供了两个部分托管的数据提供程序。

① OLE DB.NET：原有的 OLE DB 数据提供程序的委托提供程序。适合于使用 OLE DB 公开的数据源，使用 System.Data.OleDb 命名空间。

② ODBC.NET：原有的 ODBC 数据驱动的委托提供程序。适合于使用 ODBC 公开的数据源，使用 System.Data.Odbc 命名空间。

图 8.32 描述了数据提供程序与数据源之间的访问关系。对于开发者而言，使用这两类数据提供程序访问数据库都具有相同的编程模型。

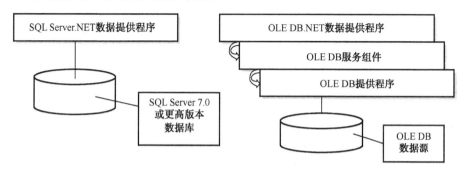

图 8.32　数据提供程序与数据源的访问关系

2. 数据提供程序的核心对象

.NET Framework 数据提供程序包含 4 种核心对象，其名称及作用如下。

（1）Connection

Connection 是建立与特定数据源的连接。在进行数据库操作之前，首先要建立对数据库的连接。所有 Connection 对象的基类均为 DbConnection 类。Connection 类中最重要的属性是 ConnectionString，该属性用来指定建立数据库连接所需要的连接字符串，其中包括以下几项：服务器名称、数据源信息及其他登录信息。ConnectionString 的主要参数如下。

① Data Source：设置需连接的数据库服务器名。

② Initial Catalog：设置连接的数据库名称。

③ Integrated Security：服务器的安全性设置，是否使用信任连接。其值有 True、False 和 SSPI 3 种，True 和 SSPI 都表示使用信任连接。

④ Workstation ID：数据库客户端标识。默认为客户端计算机名。

⑤ Packet Size：获取与 SQL Server 通信的网络数据包的大小，单位为字节，有效值为 512～32 767，默认值为 8 192。

⑥ User ID：登录 SQL Server 的账号。

⑦ Password（Pwd）：登录 SQL Server 的密码。

⑧ Connection Timeout：设置 SqlConnection 对象连接 SQL 数据库服务器的超时时间，单位为秒，若在所设置的时间内无法连接数据库，则返回失败。默认值为 15s。

以 SQL Server 数据库的连接对象为例，类名为 SqlConnection，其创建的语句是：

```
SqlConnection conn = new SqlConnection();
```

设置 ConnectionString 属性的语句是：

```
conn.ConnectionString =
    " Data Source=MySQLServer;                              //服务器名
    user id=sa;password=123456;                             //安全信息
    Initial catalog=Northwind; Integrated Security=False";  //数据库名及其他参数
```

如上例，存储连接字符串的详细信息（如用户名和密码）可能会影响应用程序的安全性。若要控制对数据库的访问，一种较为安全的方法是使用 Windows 集成安全性，此时连接字符串可以修改为：

```
conn.ConnectionString =
    " Data Source=MySQLServer;          //服务器名
    Initial catalog=Northwind;          //数据库名
    Integrated Security=SSPI";          //采用 Windows 集成安全性
```

表 8.17 列出了 Connection 对象的常用方法。

表 8.17　Connection 对象的常用方法

方　　法	说　　明
Open()	打开与数据库的连接。注意 ConnectionString 属性只对连接属性进行了设置，并不打开与数据库的连接，必须使用 Open()方法打开连接
Close()	关闭数据库连接
ChangeDatabase()	在打开连接的状态下，更改当前数据库
CreateCommand()	创建并返回与 Connection 对象有关的 Command 对象
Dispose()	调用 Close()方法关闭与数据库的连接，并释放所占用的系统资源

请注意，在完成连接后，及时关闭连接是必要的，因为大多数据源只支持有限数目的连接，何况打开的连接占用宝贵的系统资源。

（2）Command

Command 是对数据源操作命令的封装。对于数据库来说，这些命令既可以是内联的 SQL 语句，也可以是数据库的存储过程。由 Command 生成的对象建立在连接的基础上，对连接的数据源指定相应的操作。所有 Command 对象的基类均为 DbCommand 类。

每个.NET Framework 数据提供程序都包括一个 Command 对象：OLEDB.NET Framework 数据提供程序包括一个 OleDbCommand 对象；SQL Server.NET Framework 数据提供程序包括一个 SqlCommand 对象；ODBC.NET Framework 数据提供程序包括一个 OdbcCommand 对象；Oracle.NET Framework 数据提供程序包括一个 OracleCommand 对象。

以下代码示例演示如何创建 SqlCommand 对象，以便从 SQL Server 中的 Northwind 示例数据库返回数据列表。

```
string sql = "SELECT CategoryID, CategoryName FROM Categories";
SqlCommand command1 = new SqlCommand(sql, sqlConnection1);
```

参数 sql 为需执行的 SQL 命令，上述语句将生成一个命令对象 command1，对由 sqlConnection1 连接的数据源指定检索（SELECT）操作。这两个参数在创建 Command 对象时也可以省略不写，而在创建了 Command 对象后，再通过设置 Command 对象的 CommandText 和 CommandType 属性来指定。

Command 对象的常用属性和方法分别列于表 8.18 和表 8.19 中。

表 8.18 Command 对象的常用属性

属 性	说 明
CommandText	取得或设置要对数据源执行的 SQL 命令、存储过程或数据表名
CommandTimeout	获取或设置 Command 对象的超时时间，单位为秒，为 0 表示不限制。默认值为 30s，即若在这个时间之内 Command 对象无法执行 SQL 命令，则返回失败
CommandType	获取或设置命令类别，可取的值有 StoredProcedure、TableDirect、Text，代表的含义分别为存储过程、数据表名和 SQL 语句，默认为 Text。数字、属性的值为 CommandType.StoredProcedure、CommandType.Text 等
Connection	获取或设置 Command 对象所使用的数据连接属性
Parameters	SQL 命令参数集合

表 8.19 Command 对象的常用方法

方 法	说 明
Cancel()	取消 Comand 对象的执行
CreateParameter	创建 Parameter 对象
ExecuteNonQuery()	执行 CommandText 属性指定的内容，返回数据表被影响行数。只有 Update、Insert 和 Delete 命令会影响行数。该方法用于执行对数据库的更新操作
ExecuteReader()	执行 CommandText 属性指定的内容，返回 DataReader 对象
ExecuteScalar()	执行 CommandText 属性指定的内容，返回结果表第一行第一列的值。该方法只能执行 Select 命令
ExecuteXmlReader()	执行 CommandText 属性指定的内容，返回 XmlReader 对象。只有 SQL Server 才能用此方法

Command 对象的 CommandType 属性用于设置命令的类别：可以是存储过程、表名或 SQL 语句。当将该属性值设为 CommandType.TableDirect 时，要求 CommandText 的值必须是表名而不能是 SQL 语句。例如：

```
OleDbCommand cmd = new OleDbCommand();
cmd.CommandText = "students";
cmd.CommandType = CommandType.TableDirect;
cmd.Connection = conn;
```

这段代码执行以后，将返回 students 表中的所有记录。它等价于以下代码：

```
OleDbCommand cmd = new OleDbCommand();
cmd.CommandText = "Select * from students";
cmd.CommandType = CommandType.Text;
cmd.Connection = conn;
```

可见，要实现同样的功能，可选的方法有多种。

Command 对象提供了 4 个执行 SQL 命令的方法：ExecuteNonQuery()、ExecuteReader()、ExecuteScalar()和 ExecuteXmlReader()。要注意每个方法的特点。常用的是 ExecuteNonQuery()和 ExecuteReader()方法，它们分别用于数据库的更新和查询操作。注意，ExecuteNonQuery()不返回结果集而仅仅返回受影响的行数，ExecuteReader()返回 DataReader 对象，下面介绍如何通过 DataReader 对象访问数据库。

（3）DataReader

使用 DataReader 可以实现对特定数据源中的数据进行高速、只读、只向前的数据访问。与数据集（DataSet）不同，DataReader 是一个依赖于连接的对象。就是说，它只能在与数据源保持连接的状态下工作。所有 DataReader 对象的基类均为 DbDataReader 类。

与 Command 类似，每个.NET Framework 数据提供程序都包括一个 DataReader 对象：OLEDB.NET Framework 数据提供程序包括一个 OleDbDataReader 对象；SQL Server.NET Framework 数据提供程序包括一个 SqlDataReader 对象；ODBC.NET Framework 数据提供程序包括一个 OdbcDataReader 对象；Oracle.NET Framework 数据提供程序包括一个 OracleDataReader 对象。

使用 DataReader 检索数据首先必须创建 Command 对象的实例，然后通过调用 Command 的 ExecuteReader 方法创建一个 DataReader，以便从数据源检索行。

以下示例说明了如何使用 SqlDataReader，其中 command 代表有效的 SqlCommand 对象。

```
SqlDataReader reader = command.ExecuteReader();
```

在创建了 DataReader 对象后，就可以使用 Read 方法从查询结果中获取行。通过传递列的名称或序号引用，可以访问返回行的每一列。为了实现最佳性能，DataReader 也提供了一系列方法，使得能够访问其本机数据类型（GetDateTime、GetDouble、GetGuid、GetInt32 等）的列值。

以下代码示例循环访问一个 DataReader 对象，并从每个行中返回两个列：

```
if (reader.HasRows)              //判断是否有结果返回
    while (reader.Read())        //依次读取行
        Console.WriteLine("\t{0}\t{1}", reader.GetInt32(0), reader.GetString(1));
else
    Console.WriteLine("No rows returned.");
reader.Close();
```

每次使用完 DataReader 对象后都应调用 Close 方法显式关闭其。

DataReader 对象的常用属性和方法分别列于表 8.20 和表 8.21 中。

表 8.20　DataReader 对象的常用属性

属　　性	说　　明
FieldCount	获取 DataReader 对象包含的记录行数
IsClosed	获取 DataReader 对象的状态，为 True 表示关闭
Item({name,col})	获取或设置表字段值，name 为字段名，col 为列序号，序号从 0 开始。例如：objReader.Item(0)、objReader.Item("name")
ReacordsAffected	获取在执行 Insert、Update 或 Delete 命令后受影响的行数。该属性只有在读取完所有行且 DataReader 对象关闭后才会被指定

表 8.21　DataReader 对象的常用方法

方　　法	说　　明
Close()	关闭 DataReader 对象
GetBoolean(Col)	获取序号为 Col 的列的值，所获取列的数据类型必须为 Boolean 类型；其他类似的方法还有 GetByte、GetChar、GetDateTime、GetDecimal、GetDouble、GetFloat、GetInt16、GetInt32、GetInt64、GetString 等
GetDataTypeName(Col)	获取序号为 Col 的列的来源数据类型名
GetFieldType(Col)	获取序号为 Col 的列的数据类型
GetName(Col)	获取序号为 Col 的列的字段名
GetOrdinal(Name)	获取字段名为 Name 的列的序号

方　法	说　明
GetValue(Col)	获取序号为 Col 的列的值
GetValues(values)	获取所有字段的值，并将字段值存放在 values 数组中
IsDBNull(Col)	若序号为 Col 的列为空值，则返回 True，否则返回 False
Read()	读取下一条记录，返回布尔值。返回 True 表示有下一条记录，返回 False 表示没有下一条记录

（4）DataAdapter

数据适配器（DataAdapter）利用连接对象（Connection）连接数据源，使用命令对象（Command）规定的操作从数据源中检索出数据送往数据集，或者将数据集中经过编辑后的数据送回数据源。所有 DataAdapter 对象的基类均为 DbDataAdapter 类。

如果所连接的是 SQL Server 数据库，则可以通过将 SqlDataAdapter 与关联的 SqlCommand 和 SqlConnection 对象一起使用，从而提高总体性能。对于支持 OLEDB 的数据源，可以使用 OleDbDataAdapter 及其关联的 OleDbCommand 和 OleDbConnection 对象。对于支持 ODBC 的数据源，使用 OdbcataAdapter 及其关联的 OdbcCommand 和 OdbcConnection 对象。对于 Oracle 数据库，使用 OracleDataAdapter 及其关联的 OracleCommand 和 OracleConnection 对象。

定义 DataAdapter 对象有 4 种语法格式：

```
OleDbDataAdapter 对象名 = new OleDbDataAdapter();
OleDbDataAdapter 对象名 = new OleDbDataAdapter(OleDbCommand 对象);
OleDbDataAdapter 对象名 = new OleDbDataAdapter (SQL 命令，OleDbConnection 对象);
OleDbDataAdapter 对象名 = new OleDbDataAdapter (SQL 命令，OleDbConnection 对象)
```

创建 SqlDataAdapter 对象的语法格式与之类似，只要将所有的"OleDb"改为"Sql"即可。创建 DataAdapter 对象的这几种格式，读者可根据需要自行选择使用。

DataAdapter 有一个重要的 Fill 方法，此方法将数据填入数据集，语句如下：

```
dataAdapter1.Fill (dataSet1, "Products");
```

其中，dataAdapter1 代表数据适配器名；dataSet1 代表数据集名；Products 代表数据表名。当 dataAdapter1 调用 Fill() 方法时，将使用与之相关联的命令组件所指定的 SELECT 语句从数据源中检索行。然后将行中的数据添加到 DataSet 的 DataTable 对象中，如果 DataTable 对象不存在，则自动创建该对象。

当执行上述 SELECT 语句时，与数据库的连接必须有效，但不需要用语句将连接对象打开。如果调用 Fill() 方法之前与数据库的连接已经关闭，则将自动打开它以检索数据，执行完毕后再自动将其关闭。如果调用 Fill() 方法之前连接对象已经打开，则检索后继续保持打开状态。

DataAdapter 还有另一个重要的 Update 方法，当新增、修改或删除 DataSet 中的记录，并需要更改数据源时，就要使用 Update() 方法。

◉◉ 注意：

一个数据集中可以放置多张数据表。但是每个数据适配器只能对应一张数据表。

8.5.3 .NET 数据集

数据集相当于内存中暂存的数据库，不仅可以包括多张数据表，还可以包括数据表之间的关系和约束。允许将不同类型的数据表复制到同一个数据集中（其中某些数据表的数据类型可能需要做一些调整），甚至允许将数据表与 XML 文档组合到一起协同操作。

数据集从数据源中获取数据以后就断开了与数据源之间的连接。允许在数据集中定义数据约束和表关系，增加、删除和编辑记录，还可以对数据集中的数据进行查询、统计等。当完成了各项数据操作以后，还可以将数据集中的最新数据更新到数据源。

数据集的这些特点为满足多层分布式应用的需要迈进了一大步。因为编辑和检索数据都是一些比较繁重的工作，需要跟踪列模式、存储关系数据模型等。如果在连接数据源的条件下完成这些工作，不仅会使总体性能下降，而且还会影响到可伸缩性的问题。

创建数据集对象的语句格式如下：

DataSet ds = new DataSet ();

或者：

DataSet ds = new DataSet ("数据集名");

语句中 ds 代表数据集对象。可以通过调用 DataSet 的两个重载构造函数来创建 DataSet 的实例，并且可以选择指定一个名称参数。如果没有为 DataSet 指定名称，则该名称会设置为"NewDataSet"。

DataSet 对象的常用属性列于表 8.22 中。

表 8.22　DataSet 对象的常用属性

属　　性	说　　明
CaseSensitive	获取或设置在 DataTable 对象中字符串比较时是否区分字母的大小写。默认为 False
DataSetName	获取或设置 DataSet 对象的名称
EnforceConstraints	获取或设置执行数据更新操作时是否遵循约束。默认为 True
HasErrors	DataSet 对象内的数据表是否存在错误行
Tables	获取数据集的数据表集合（DataTableCollection），DataSet 对象的所有 DataTable 对象都属于 DataTableCollection

DataSet 对象最常用的属性是 Tables，通过该属性，可以获得或设置数据表行、列的值。例如，表达式 DS.Tables["students"].Rows[i][j] 表示访问 students 表的第 i 行、第 j 列。

DataSet 对象的常用方法有 Clear() 和 Copy()，Clear()方法清除 DataSet 对象的数据，删除所有 DataTable 对象；Copy() 方法复制 DataSet 对象的结构和数据，返回值是与本 DataSet 对象具有同样结构和数据的 DataSet 对象。

在数据集中包括以下几种子类。

1. 数据表集合（DataTableCollection）和数据表（DataTable）

DataSet 的所有数据表包含于数据表集合 DataTableCollection 中，通过 DataSet 的 Tables 属性访问 DataTableCollection。DataTableCollection 有以下两个属性。

（1）Count：DataSet 对象所包含的 DataTable 个数。

（2）Tables[index,name]：获取 DataTableCollection 中下标为 index 或名称为 name 的数据表。如 DS.Tables[0] 表示数据集对象 DS 中的第一个数据表，DS.Tables[1] 表示第二个数据表……依次类推。DS.Tables["students"] 表示数据集对象 DS 中名称为"students"的数据表。

DataTableCollection 有以下常用方法。

（1）Add({table,name})：向 DataTableCollection 中添加数据表。

（2）Clear()：清除 DataTableCollection 中的所有数据表。

（3）CanRemove(table)：判断参数 table 指定的数据表能否从 DataTableCollection 中删除。

（4）Contains(name)：判断名为 name 的数据表是否被包含在 DataTableCollection 中。

（5）IndexOf({table,name})：获取数据表的序号。

（6）Remove({table,name})：删除指定的数据表。

（7）RemoveAt(index)：删除下标为 index 的数据表。

DataTableCollection 中的每个数据表都是一个 DataTable 对象。

DataTable 表示内存中关系数据的表，可以独立创建和使用，也可以由其他 .NET Framework 对象使用，最常见的情况是作为 DataSet 的成员使用。

可以使用相应的 DataTable 构造函数创建 DataTable 对象。可以通过使用 Add 方法将其添加到 DataTable 对象的 Tables 集合中，添加到 DataSet 中。

创建 DataTable 时，不需要为 TableName 属性提供值，可以在其他时间指定该属性，或者将其保留为空。但是，在将一个没有 TableName 值的表添加到 DataSet 中时，该表会得到一个从"Table"（表示 Table0）开始递增的默认名称 TableN。

例如，以下示例创建 DataTable 对象的实例，并为其指定名称"Customers"。

DataTable workTable = new DataTable("Customers");

以下示例创建 DataTable 实例，方法是直接将其添加到 DataSet 的 Tables 集合中。

DataSet customers = new DataSet();
DataTable customersTable = customers.Tables.Add("CustomersTable");

表 8.23、表 8.24 和表 8.25 分别列出了 DataTable 对象的常用属性、方法和事件。

表 8.23　DataTable 对象的常用属性

属　性	说　　明
Columns	获取数据表的所有字段，即 DataColumnCollection 集合
DataSet	获取 DataTable 对象所属的 DataSet 对象
DefaultView	获取与数据表相关的 DataView 对象。DataView 对象可用来显示 DataTable 对象的部分数据。可通过对数据表进行选择、排序等操作获得 DataView（相当于数据库中的视图）
PrimaryKey	获取或设置数据表的主键
Rows	获取数据表的所有行，即 DataRowCollection 集合
TableName	获取或设置数据表名

表 8.24　DataTable 对象的常用方法

方　法	说　　明
Copy()	复制 DataTable 对象的结构和数据，返回与本 DataTable 对象具有相同结构和数据的 DataTable 对象
NewRow()	创建一个与当前数据表有相同字段结构的数据行
GetErrors()	获取包含错误的 DataRow 对象数组

表 8.25　DataTable 对象的事件

事　件	说　　明
ColumnChanged	当数据行中某字段值发生变化时将触发该事件。该事件的参数为 DataColumnChangeEventArgs，可以取的值为 Column（值被改变的字段）、Row（字段值被改变的数据行）
RowChanged	当数据行更新成功时将触发该事件。该事件的参数为 DataRowChangeEventArgs，可以取的值为 Action（对数据行进行的更新操作名，包括：Add——加入数据表；Change——修改数据行内容；Commit——数据行的修改已提交；Delete——数据行已被删除；RollBack——数据行的更改被取消）、Row（发生更新操作的数据行）
RowDeleted	数据行被成功删除后将触发该事件。该事件的参数为 DataRowDeleteEventArgs，可以取的值与 RowChanged 事件的 DataRowChangeEventArgs 参数相同

2. 数据列集合（DataColumnCollection）和数据列（DataColumn）

数据表中的所有字段都被存放于数据列集合 DataColumnColection 中，通过 DataTable 的 Columns 属性访问 DataColumnCollection。例如，stuTable.Columns[i].Caption 代表 stuTable 数据表的第 i 个字段的标题。DataColumnColection 有以下两个属性。

（1）Count：数据表所包含的字段个数。

（2）Columns[index,name]：获取下标为 index 或名称为 name 的字段。例如，DS.Tables[0].Columns[0] 表示数据表 DS.Tables[0] 中的第一个字段；DS.Tables[0].Columns["studentid"] 表示数据表 DS.Tables[0] 的字段名为 studentid 的字段。

DataColumnColection 的方法与 DataTableCollection 类似。

数据表中的每个字段都是一个 DataColumn 对象。

DataColumn 对象定义了表的数据结构。例如，可以用它确定列中的数据类型和大小，还可以对其他属性进行设置。如确定列中的数据是否是只读的、是否是主键、是否允许空值等；还可以让列在一个初始值的基础上自动增值，增值的步长也可以自行定义。

获取某列的值需要在数据行的基础上进行。语句如下：

  string dc = dr.Columns["字段名"].ToString();

或者：

  string dc = dr.Column[index].ToString();

两条语句具有同样的作用。其中，dr 代表引用的数据行，dc 是该行某列的值（用字符串表示），index 代表列（字段）对应的索引值（列的索引值从 0 开始）。

综合前面的语句，要取出数据表（dt）中第 3 条记录中的"姓名"字段，并将该字段的值放入一个文本框（textBox1）中，语句可以写成：

  DataTable dt = ds.Tables["Customers"];   //从数据集中提取数据表 Customers
  DataRow dRow = dt.Rows[2];   //从数据表提取第 3 行记录
  string textBox1.Text=dRow["CompanyName"].ToString(); //从行中取出名为 CompanyName 字段的值

语句执行的结果是：从 Customers 数据表的第 3 条记录中，取出字段名为 CompanyName 的值，并赋给 textBox1.Text。

表 8.26 列出了 DataColumn 对象的常用属性。

表 8.26 DataColumn 对象的常用属性

属性	说明
AllowDBNull	设置该字段可否为空值。默认值为 True
Caption	获取或设置字段标题。若未指定字段标题，则字段标题即为字段名。该属性常与 DataGrid 配合使用
ColumnName	获取或设置字段名
DataType	获取或设置字段的数据类型
DefaultVale	获取或设置新增数据行时字段的默认值
ReadOnly	获取或设置新增数据行时字段的值是否可修改。默认值为 False
Table	获取包含该字段的 DataTable 对象

通过 DataColumn 对象的 DataType 属性设置字段数据类型时，不可以直接设置数据类型，而要按照以下语法格式：

  DataColumn 对象名.DataType = typeof(数据类型)

其中的"数据类型"取值为 .NET Framework 数据类型，常用的值如下：

System.Boolean——布尔型　　　　　　System.Char——字符型
System.DateTime——日期型　　　　　System.Decimal——数值型
System.Double——双精度数据类型　　System.Int16——短整数类型
System.Int32——整数类型　　　　　　System.Int64——长整数类型
System.Single——单精度数据类型　　System.String——字符串类型

3. 数据行集合（DataRowCollection）和数据行（DataRow）

数据表的所有行都被存放于数据行集合 DataRowColection 中，通过 DataTable 的 Rows 属性访问 DataRowCollection。例如，stuTable.Rows[i][j] 表示访问 stuTable 表的第 i 行、第 j 列数据。DataRowCollection 的属性和方法与 DataColumnCollection 对象类似，不再赘述。

数据表中的每个数据行都是一个 DataRow 对象。

DataRow 对象是给定数据表中的一行数据，或者说是数据表中的一条记录。DataRow 对象的方法提供了对表中数据的插入、删除、更新和查询等功能。提取数据表中的行的语句如下：

```
DataRow dr = dt.Rows[n];
```

其中，DataRow 代表数据行类，dr 是数据行对象，dt 代表数据表对象，n 代表行的序号（序号从 0 开始）。

DataRow 对象的属性主要有以下两个。

（1）Rows[index,columnName]：获取或设置指定字段的值。

（2）Table：获取包含该数据行的 DataTable 对象。

DataRow 对象的方法主要有以下几个。

（1）AcceptChanges()：将所有变动过的数据行更新到 DataRowCollection。

（2）Delete()：删除数据行。

（3）IsNull({colName,index,Column 对象名})：判断指定列或 Column 对象是否为空值。

8.5.4　利用 ADO.NET 查询数据库

前面已经介绍了 ADO.NET 访问数据源的基本步骤，下面就通过实例来介绍如何利用 ADO.NET 对象实现各种数据查询任务。

【例 8.13】　利用 SqlDataAdapter 和 DataSet 对象查询并筛选数据。

本例查询 SQL Server 数据库 Northwind 的 Employees 表中的雇员记录，要求在页面加载时显示所有雇员记录；当选择不同的雇员身份时，在网页中显示该身份的所有雇员记录。

（1）在 Visual Studio 网站中新建网页 example8-13.aspx，放入一个 RadioButtonList 控件和一个 ListBox 控件。

（2）为 RadioButtonList 手动设置 3 个静态选项：Sales Representative、Sales Manager、Vice President。Sales（对应 Employees 表中的 Title 字段值），将 AutoPostBack 置为 True，以实现自动回发。

（3）在 Page_Load 事件中连接并查询数据库，将相关的雇员记录结果集合返回到 DataSet 中，并绑定到 ListBox 中显示。

（4）在 RadioButtonList 的回发事件中用带参数的查询，将相关的雇员记录结果集合返回到 DataSet 中，并在 ListBox 中显示。

本例 example8-13.aspx.cs 部分程序代码如下。

引入命名空间：

```csharp
using System;
using System.Collections;
using System.Configuration;
using System.Data;
using System.Linq;
using System.Web;
using System.Web.Security;
using System.Web.UI;
using System.Web.UI.HtmlControls;
using System.Web.UI.WebControls;
using System.Web.UI.WebControls.WebParts;
using System.Xml.Linq;
using System.Data.SqlClient;
```

程序主代码：

```csharp
protected void Page_Load(object sender, EventArgs e)
{
    if (!IsPostBack)
    {   //新建数据库连接 conn，连接到 SQL Server 数据库 Northwind
        System.Data.SqlClient.SqlConnection conn = new SqlConnection();
        conn.ConnectionString =
        ConfigurationManager.ConnectionStrings["NORTHWINDConnectionString"].ConnectionString;
        DataSet ds = new DataSet();          //新建 DataSet 对象
        //新建 DataAdapter 对象，打开 conn 连接，检索 Employees 表的所有字段
        SqlDataAdapter da = new SqlDataAdapter("SELECT * FROM [Employees]", conn);
        try
        {
            conn.Open();                     //打开数据库连接
            da.Fill(ds, "dsUsers");          //将检索的记录行填充到 DataSet 对象 ds 的 dsUsers 表中
            ListBox1.DataSource = ds;        //将 ds 指定为 ListBox1 控件的数据源
            ListBox1.DataTextField = ds.Tables["dsUsers"].Columns["LastName"].ToString();
            ListBox1.DataValueField = ds.Tables["dsUsers"].Columns["FirstName"].ToString();
            DataBind();                      //绑定数据
        }
        catch (SqlException SqlException)
        {   Response.Write(SqlException.Message);     }//显示连接异常信息
        finally
        {
            if (conn.State == ConnectionState.Open)
                conn.Close();
        }
    }
}
protected void RadioButtonList1_SelectedIndexChanged(object sender, EventArgs e)
{   //新建数据库连接 conn，连接到 SQL Server 数据库 Northwind
    System.Data.SqlClient.SqlConnection conn = new SqlConnection();
    conn.ConnectionString =
```

```
ConfigurationManager.ConnectionStrings["NORTHWINDConnectionString"].ConnectionString;
DataSet ds = new DataSet();         //新建 DataSet 对象
//新建 DataAdapter 对象，打开 conn 连接，检索 Employees 表的所有字段
SqlDataAdapter da = new SqlDataAdapter("SELECT * FROM [Employees] where Title=@Title",conn);
//添加查询参数对象，并给参数赋值
SqlParameter para = new SqlParameter("@Title", SqlDbType.VarChar, 50);
para.Value = RadioButtonList1.SelectedValue;
da.SelectCommand.Parameters.Add(para);
conn.Open();              //打开数据库连接
da.Fill(ds, "dsUsers");   //将检索的记录行填充到 DataSet 对象 ds 的 dsUsers 表中
conn.Close();             //关闭数据库连接
ListBox1.DataSource = ds; //将 ds 指定为 ListBox1 控件的数据源
ListBox1.DataTextField = ds.Tables["dsUsers"].Columns["LastName"].ToString();
ListBox1.DataValueField = ds.Tables["dsUsers"].Columns["FirstName"].ToString();
DataBind();               //绑定数据
}
```

上面的代码中，在 RadioButtonList 的回发事件中使用了带参数的查询，通过声明 SqlParameter 类的对象，再为其填充名称、类型、大小和值等属性，给出了参数，然后调用 Parameter 集合的 Add() 方法，把已填充的参数添加到 DataAdapter 的 SelectCommand 对象上。

◎◎ **注意：**

为防止脚本侵入，出于安全考虑，应尽量使用带参数的 SQL 查询，避免用串联字符串创建 SQL 查询。

程序运行后的效果如图 8.33 所示。

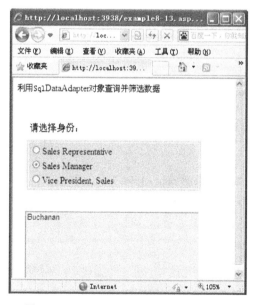

图 8.33　用 SqlDataAdapter 和 DataSet 对象查询并筛选数据

【例 8.13】是以非连接方式访问数据库，主要使用了 SqlConnection、SqlDataAdapter、DataSet 对象来实现离线的数据查询。下面的示例使用 DataReader 来执行在线的数据访问。

【例 8.14】　利用 SqlCommand 和 SqlDataReader 对象查询数据库。

本例查询 SQL Server 数据库 pubs 的 authors 表中的作者记录，要求在页面加载时显示所有作

者记录；当选择不同的州名时，在网页中显示该州的所有作者记录。

（1）在 Visual Studio 网站中新建网页 example8-14.aspx，放入一个 DropDownList 控件和一个 Label 控件。

（2）在 Page_Load 事件中查询数据库 authors 表中的州名，将相关的作者记录结果集合返回到 SqlDataReader 中，并动态添加到 DropDownList 选项中。

（3）在 DropDownList 的选项改变事件中用带参数的查询，将相关的作者记录结果集合返回到 SqlDataReader 中，并用 Response 对象以表格的形式输出显示。

本例 example8-14.aspx.cs 部分程序代码如下。

引入命名空间：

```
using System;
using System.Collections;
using System.Configuration;
using System.Data;
using System.Linq;
using System.Web;
using System.Web.Security;
using System.Web.UI;
using System.Web.UI.HtmlControls;
using System.Web.UI.WebControls;
using System.Web.UI.WebControls.WebParts;
using System.Xml.Linq;
using System.Data.SqlClient;
```

程序主代码：

```
protected String showDataReader(SqlDataReader objReader)
{
    string result;
    int i;
    result = "<table align=center border=2>";
    //输出表格栏目
    result += "<tr align=center>";
    if (objReader.HasRows)                              //若有记录
    {
        for (i = 0; i <= objReader.FieldCount - 1; i++)
        {   result += "<td>" + objReader.GetName(i) + "</td>";   };
    };
    result += "</tr>";
    //输出记录行
    while (objReader.Read())                            //读取下一条记录，如果有为 true
    {
        result += "<tr align=center>";
        for (i = 0; i <= objReader.FieldCount - 1; i++)
        {   result += "<td>" + objReader.GetValue(i) + "</td>";   };
        result += "</tr>";
    };
    result += "</table>";
```

```csharp
            return result;
    }
    protected void Page_Load(object sender, EventArgs e)
    {
        if (!IsPostBack)
        {
            SqlDataReader dr;                                    //新建 SqlDataReader 对象
            //新建数据库连接 conn，连接到 SQL Server 数据库
            System.Data.SqlClient.SqlConnection conn = new SqlConnection();
            conn.ConnectionString =
                ConfigurationManager.ConnectionStrings["PubsConnectionString"].ConnectionString;
            SqlCommand cmd = new SqlCommand();                   //新建 SqlCommand 对象
            cmd.Connection = conn;
            cmd.CommandText = "SELECT distinct state FROM [authors]";
            cmd.CommandType = CommandType.Text;
            //打开 conn 连接，检索 authors 表的 state 字段
            try
            {
                conn.Open();                                     //打开数据库连接
                //将检索的记录行填充到 SqlDataReader 对象 dr 中
                dr = cmd.ExecuteReader();
                //将 dr 指定为 DropDownList1 控件的数据源
                DropDownList1.DataSource = dr;
                DropDownList1.DataTextField = dr.GetName(0);     //绑定第 1 个字段名
                //dr.GetName(0)表示第 1 个字段名
                DropDownList1.DataValueField = dr.GetName(0);
                DataBind();                                      //绑定数据
                dr.Close();                                      //关闭 OleDbDataReader 对象
            }
            catch (SqlException sqlException)
            {   Response.Write(sqlException.Message);      }     //显示连接异常信息
            finally
            {
                if (conn.State == ConnectionState.Open)
                    conn.Close();
            }
        }
    }
    protected void DropDownList1_SelectedIndexChanged(object sender, EventArgs e)
    {
        string x;
        SqlDataReader dr;                                        //新建 DataReader 对象
        //新建数据库连接 conn，连接到 SQL Server 数据库
        System.Data.SqlClient.SqlConnection conn = new SqlConnection();
        conn.ConnectionString =
            ConfigurationManager.ConnectionStrings["PubsConnectionString"].ConnectionString;
        SqlCommand cmd = new SqlCommand();                       //新建 Command 对象
```

```
        cmd.Connection = conn;
        cmd.CommandText = "SELECT * FROM [authors] where state=@state";
        cmd.CommandType = CommandType.Text;
        //添加查询参数对象，并给参数赋值
        SqlParameter para = new SqlParameter("@state", SqlDbType.VarChar, 6);
        para.Value = DropDownList1.SelectedValue;
        cmd.Parameters.Add(para);
        //打开 conn 连接，检索 authors 表的 state 字段
        try
        {
            conn.Open();                               //打开数据库连接
            dr = cmd.ExecuteReader();                  //将检索的记录行填充到 dr 中
            x = showDataReader(dr);                    //输出 DataReader 记录
            dr.Close();                                //关闭 DataReader 对象
            Label2.Text = x;                           //显示输出结果
        }
        catch (SqlException sqlException)
        {   Response.Write(sqlException.Message);    }  //显示连接异常信息
        finally
        {
            if (conn.State == ConnectionState.Open)
                conn.Close();
        }
    }
```

程序分析：

（1）在 Page_Load 事件中，创建 SqlConnection 对象，建立数据库连接。再创建 SqlCommand 对象，并设置查询州名的 SQL 语句。然后打开连接，执行查询，将查询结果返回给 SqlDataReader 对象，再将 SqlDataReader 绑定到下拉列表框对象中，最后关闭连接。

（2）在下拉列表框对象的 SelectedIndexChanged 事件中使用了带参数的查询，根据选择的州名，获取该州的所有作者记录返回给 SqlDataReader 对象。然后调用 showDataReader() 方法，以 HTML 表格的形式输出显示，最后关闭连接。

由上面的程序可以看出，在处理数据的过程中连接始终保持，直到绑定结束或显示完成后才关闭连接。程序运行后的效果如图 8.34 所示。

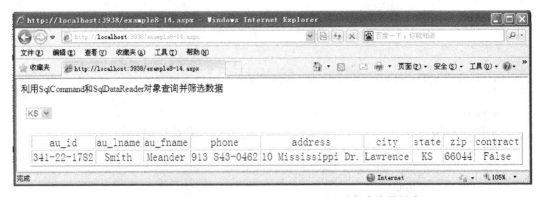

图 8.34 用 SqlCommand 和 SqlDataReader 对象查询数据库

8.5.5 利用 ADO.NET 更新数据库

使用 ADO.NET 更新数据库，通常可采用两种方法。
（1）直接用 Command 对象来执行 SQL 语句。
（2）用 DataAdapter 和 DataSet 对象来实现。
下面分别介绍这两种实现方法。

1. 直接用 Command 对象实现更新

用 Command 对象执行 SQL 语句或存储过程来实现数据更新，这种方法直接操作数据源，无须构建 ADO.NET 对象来保存数据，因此效率高。

使用 Command 对象更新数据库，需先创建 Command 对象并设置要执行的 SQL 命令，然后调用其 ExecuteNonQuery 方法来实现更新。这种方式的更新是直接对数据源（物理表）进行的。

使用 Command 对象更新数据源的基本操作步骤如下。
（1）连接数据库。
（2）创建 Command 对象，设置 CommandText 属性。
（3）打开连接。
（4）调用 Command 对象的 ExecuteNonQuery 方法执行 SQL 更新操作。
（5）关闭连接。

【例 8.15】 利用 OleDbCommand 对象更新数据库，实现用户注册。

本例访问网站 App_Data 文件夹中的 Access 数据库"bbs.mdb"，设计注册页，利用 OleDbCommand 对象执行 SQL 命令，将注册信息添加到 RegUser 表中，要求注册的用户不能重名，否则应提示重名错误。

RegUser 表的结构如下所示：

字 段 名	字 段 类 型	允 许 空	说 明
UserID	自动编号	否	用户唯一标识，主键，自动增量
NickName	文本	否	登录名
PassWord	文本	否	密码
Sex	是/否	否	性别
Birthdate	日期/时间	是	生日
Role	文本	是	角色

（1）在 Visual Studio 网站中新建网页 example8-15.aspx，放入一个"确定"按钮和若干个 Label、TextBox、RadioButtonList 控件，用于输入注册信息。

（2）编写"确定"按钮的单击事件代码，完成是否重名的检查，若无重名则插入用户记录，提示成功消息；否则，提示重名信息。

本例 example8-15.aspx.cs 部分程序代码如下。
引入命名空间：

```
using System;
using System.Collections;
using System.Configuration;
using System.Data;
using System.Linq;
```

```
using System.Web;
using System.Web.Security;
using System.Web.UI;
using System.Web.UI.HtmlControls;
using System.Web.UI.WebControls;
using System.Web.UI.WebControls.WebParts;
using System.Xml.Linq;
using System.Data.OleDb;
```
程序主代码:
```
protected Boolean chkUserName(string username)                  //检测重名
{
    Boolean result;
    result = false;
    OleDbDataReader dr;                                         //新建 DataReader 对象
    //新建数据库连接 conn,连接到 Access 数据库 bbs
    System.Data.OleDb.OleDbConnection conn = new OleDbConnection();
    conn.ConnectionString =
        ConfigurationManager.ConnectionStrings["bbsConnectionString"].ConnectionString;
    OleDbCommand cmd = new OleDbCommand();                      //新建 OleDbCommand 对象
    cmd.Connection = conn;
    cmd.CommandText = "SELECT NickName FROM [RegUser] where NickName=?";
    cmd.CommandType = CommandType.Text;
    //添加查询参数对象,并给参数赋值
    OleDbParameter para = new OleDbParameter("@NickName", OleDbType.VarChar, 50);
    para.Value = username;
    cmd.Parameters.Add(para);
    //打开 conn 连接,检索 RegUser 表的 NickName 字段
    try
    {
        conn.Open();                                            //打开数据库连接
        //将检索的记录行填充到 OleDbDataReader 对象 dr 中
        dr = cmd.ExecuteReader();
        if (dr.HasRows)                                         //若有记录,即重名
            result = true;
        dr.Close();                                             //关闭 OleDbDataReader 对象
    }
    catch (OleDbException OleDbException)
    {
        Response.Write(OleDbException.Message); }               //显示连接异常信息
        finally
        {
            if (conn.State == ConnectionState.Open)
                conn.Close();
        }
        return result;
    }
}
```

```csharp
protected void btnRegister_Click (object sender, EventArgs e)
{
    if (chkUserName(tbxNickName.Text))
        Response.Write("重名，请重新注册");
    else
    {   //新建数据库连接 conn，连接到 Access 数据库 bbs
        System.Data.OleDb.OleDbConnection conn = new OleDbConnection();
        conn.ConnectionString =
            ConfigurationManager.ConnectionStrings["bbsConnectionString"].ConnectionString;
        //新建 OleDbCommand 对象
        OleDbCommand cmd = new OleDbCommand();
        cmd.Connection = conn;
        cmd.CommandText = "Insert into [RegUser]([NickName],[PassWord],[sex],[birthdate]) Values(?,?,?,?)";
        cmd.CommandType = CommandType.Text;
        //添加查询参数对象，并给参数赋值
        cmd.Parameters.Add(new OleDbParameter("@NickName", OleDbType.VarChar, 20));
        cmd.Parameters.Add(new OleDbParameter("@PassWord", OleDbType.VarChar, 20));
        cmd.Parameters.Add(new OleDbParameter("@sex", OleDbType.Boolean));
        cmd.Parameters.Add(new OleDbParameter("@birthdate", OleDbType.DBDate));
        cmd.Parameters["@NickName"].Value = tbxNickName.Text;
        cmd.Parameters["@PassWord"].Value = tbxPassWord.Text;
        cmd.Parameters["@sex"].Value = rrblSex.SelectedValue;
        cmd.Parameters["@birthdate"].Value = tbxBirthDate.Text;
        //打开 conn 连接，添加记录
        try
        {
            conn.Open();                              //打开数据库连接
            //将添加记录
            if (cmd.ExecuteNonQuery() > 0)            //若成功
                Response.Write("注册成功");
        }
        catch (OleDbException OleDbException)
        {   Response.Write(OleDbException.Message);   } //显示连接异常信息
        finally
        {
            if (conn.State == ConnectionState.Open)
                conn.Close();
        }
    }
}
```

程序分析：

（1）在 chkUserName 方法中创建 OleDbConnection 对象，建立数据库连接。再创建 OleDbCommand 对象，并设置查询已有用户名的 SQL 语句。然后打开连接，执行查询，将查询结果返回给 OleDbDataReader 对象，再判断 OleDbDataReader 是否有记录，若有则表示有重名，否则表示没有重名，最后关闭连接并返回。

（2）在"确定"按钮的单击事件代码中创建 OleDbConnection 对象，利用带参数的 Insert 语句来实现插入记录的操作，完成用户的注册。在执行插入记录前，先调用 chkUserName 方法判断是否重名。

从上面的例子可以看出，若要实现记录的删除或修改，只要修改相应的 SQL 命令即可，其他代码基本相同。程序运行后的效果如图 8.35 所示。

图 8.35　用 OleDbCommand 对象更新数据库

2. 利用 DataAdapter 和 DataSet 对象实现更新

利用 DataSet 可以处理离线的数据，用户可以对离线的数据进行各种更新操作，最后再调用 DataAdapter 对象的 UpDate()方法一次性地将之前所有的更新写回物理数据源。

使用 DataAdapter 对象更新数据源的基本操作步骤如下。

（1）打开连接。

（2）用 DataAdapter 查询数据库，并填充到 DataSet 对象中。

（3）关闭连接。

（4）用 DataTable、DataRow 对象更新 DataSet 中的数据。

（5）生成可更新物理数据源的 DataAdapter 的 Command 对象，即生成 DataAdapter 的 UpdateCommand、InsertCommand、DeleteCommand 属性（也可用 CommandBuilder 对象自动生成，但 SelectCommand 必须包含一个关键字段域）。

（6）调用 DataAdapter 的 Update 方法更新物理数据源（即将数据写回物理数据库）。

调用 DataAdapter 的 Update 方法可以将 DataSet 中的更改解析回数据源。与 Fill 方法类似，Update 方法将 DataSet 的实例和可选的 DataTable 对象或 DataTable 名称用做参数。DataSet 实例是包含已做过更改的 DataSet，DataTable 标识从其中检索这些更改的表。如果未指定 DataTable，则使用 DataSet 中的第一个 DataTable。

当调用 Update 方法时，DataAdapte 会分析已做的更改并执行相应的命令（INSERT、UPDATE 或 DELETE）。当 DataAdapter 遇到对 DataRow 所做的更改时，它将使用 InsertCommand、UpdateCommand 或 DeleteCommand 来处理该更改。这样，就可以通过在设计时指定命令语法并在可能时通过使用存储过程来尽量提高 ADO.NET 应用程序的性能。在调用 Update 之前，必须显式设置这些命令。如果调用了 Update 但不存在用于特定更新的相应命令（例如，不存在用于已删除行的 DeleteCommand），则会引发异常。

如果 DataTable 映射到单个数据库表或从单个数据库表生成，则可以利用 DbCommandBuilder 对象为 DataAdapter 自动生成 DeleteCommand、InsertCommand 和 UpdateCommand 对象。

【例 8.16】 利用 SqlDataAdapter 和 DataSet 对象更新数据库，实现增加、删除、修改用户记录。

本例访问 SQL Server 示例数据库 pubs，利用 SqlDataAdapter 对象生成 SQL 命令，编程实现对 RegUser 表中的记录进行增加、删除、修改操作，最后更新物理数据库。RegUser 表请自行创建，字段与【例 8.15】中 bbs.mdb 数据库中的 RegUser 表相同。

（1）在 Visual Studio 网站中新建网页 example8-16.aspx，放入一个 GridView 控件和一个"增、删、改"按钮。

（2）网页加载时在 GridView 中显示全部 RegUser 表中的记录。

（3）编写"增、删、改"按钮的单击事件代码，将 RegUser 表中的记录添加到 DataSet 对象中，实现对 DataSet 中 RegUser 表的记录进行增加、删除、修改操作，并刷新 GridView，同时将全部更新写回物理数据库。

本例 example8-16.aspx.cs 部分程序代码如下。

```csharp
System.Data.SqlClient.SqlConnection conn = new SqlConnection();
protected void ShowUsers()
{
    DataSet ds = new DataSet();              //新建 DataSet 对象
    //新建 DataAdapter 对象，打开 conn 连接，检索用户表的所有字段
    SqlDataAdapter da = new SqlDataAdapter("SELECT * FROM [RegUser]", conn);
    conn.ConnectionString =
        ConfigurationManager.ConnectionStrings["PubsConnectionString"].ConnectionString;
    conn.Open();                             //打开数据库连接
    da.Fill(ds, "dsUsers");                  //将检索的记录行填充到 DataSet 对象 ds 的 dsUsers 表中
    conn.Close();                            //关闭数据库连接
    GridView1.DataSource = ds;
    GridView1.DataBind();                    //绑定数据
}
protected void Page_Load(object sender, EventArgs e)
{
    if (!IsPostBack)
    {   ShowUsers();    }
}
protected void Button1_Click(object sender, EventArgs e)
{
    conn.ConnectionString =
        ConfigurationManager.ConnectionStrings["PubsConnectionString"].ConnectionString;
    SqlDataAdapter da = new SqlDataAdapter("SELECT * FROM [RegUser]", conn);
    //创建 OleDbCommandBuilder 对象，自动生成更新的 SQL
    DataSet ds = new DataSet();              //新建 DataSet 对象
    conn.Open();                             //打开数据库连接
    da.Fill(ds, "RegUser");                  //将检索的记录行填充到 DataSet 对象的 RegUser 表中
    conn.Close();
    DataTable userTable = ds.Tables["RegUser"];
    //删除记录
    DataRow[] delRows = userTable.Select("RegUserID = 4", "RegUserID ASC");   //查找 RegUserID=4 的
                                                                              //记录，升序排列
```

```
            foreach (DataRow row1 in delRows)
            {     row1.Delete();    }                    //删除记录 row1
            //修改记录
            DataRow[] Rows = userTable.Select("RegUserID = 1", "RegUserID ASC");    //查找 RegUserID=1 的记
                                                                                    //录,升序排列
            foreach (DataRow row in Rows)
            {
                row.BeginEdit();
                row["NickName"] = "ABC";
                row["PWD"] = "789";
                row["role"] = "2";
                row.EndEdit();
            }
            //添加记录
            DataRow workRow = userTable.NewRow();
            workRow["NickName"] = "Smith";
            workRow["PWD"] = "Smith";
            workRow["role"] = "2";
            serTable.Rows.Add(workRow);
            SqlCommandBuilder objCmdBld = new SqlCommandBuilder(da);
            //将修改过的、删除的、添加的记录更新到物理数据库
            da.Update(ds.Tables["RegUser"]);
            ShowUsers();                                 //重新绑定,刷新显示
        }
```

上面的例子中,分别对离线数据 DataSet 中的 RegUser 表记录进行了添加、删除和修改操作,最后通过调用 SqlDataAdapter 的 Update 方法,将更新一次性写入物理数据库。程序运行后的效果如图 8.36 所示。

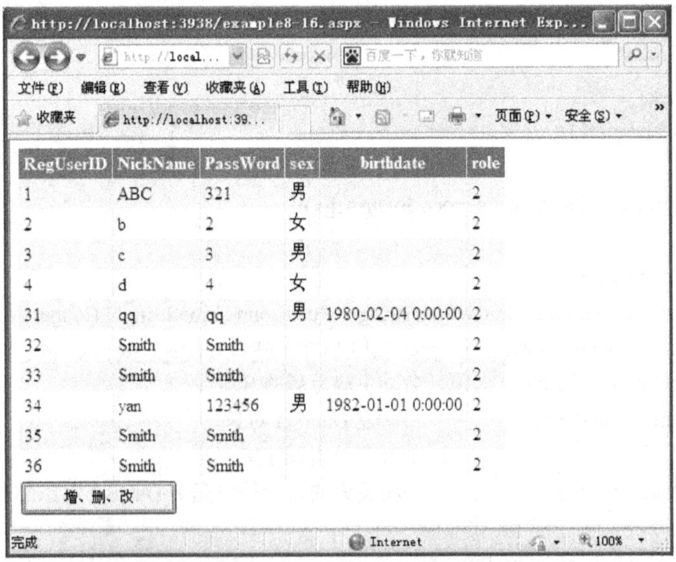

图 8.36 用 SqlDataAdapter 对象更新数据库

8.6 LINQ 查询

从 ASP.NET 3.5 开始，ASP.NET 引入了一个新技术，称为 Language Integrated Query，即 LINQ 查询。传统的 .NET 语言提供了强类型化和完整的面向对象开发功能，而查询语言的语法是专门为查询操作设计的，LINQ 填补了传统的 .NET 语言和查询语言（如 SQL）之间的空白。将 LINQ 引入 .NET 后，查询在 .NET 中就成为第一流的概念，无论是对象、XML 还是数据查询。

LINQ 包含 3 种基本类型的查询：LINQ to Objects、LINQ to XML 和 LINQ to SQL。每种查询都提供了特殊的功能，专门用于查询某种数据源。

8.6.1 LINQ to Objects

LINQ 中最基本的查询类型是 LINQ to Objects。它允许对任意可枚举的对象（即实现了 IEnumerable 接口的对象）执行复杂的查询操作。如果不使用 LINQ 查询，要实现对可枚举对象的查询或排序，需要编写大量的代码，这些代码往往比较复杂、较难阅读和理解。

1. 传统的查询方法

为了理解 LINQ 是如何提高查询集合能力的，下面通过一个简单的例子来了解一下没有 LINQ 时如何查询集合。

首先列出一个简单的 Movie 类，示意代码如下：

```
using System;
public class Movie
{
    public string Title { get ; set ; }
    public string Director { get ; set ; }
    public int Genre { get ; set ; }
    public int RunTime { get ; set ; }
    public DateTime ReleaseDate { get ; set ; }
}
```

接下来，在 ASP.NET 页面上创建 Movie 对象的一个简单泛型集合，然后把它绑定到 GridView 控件上显示。页面示意代码如下：

```
<script runat="server">
protected void Page_Load(object sender,EventArgs e)
{
    var movies = GetMovies();                    //获取 Movie 集合
    this.GridView1.DataSource = movies;
    this.GridView1.DataBind();                   //绑定集合列表
}
public List<Movie> GetMovies()
{
    return   new List<Movie>
    {
        new Movie { Title = "Shrek" , Director = "Andrew Adamson" , Genre = 0 , RunTime = 89 ,
            ReleaseDate = DateTime.Parse("5/16/2001") },
        new Movie { Title = "Fletch" , Director = "Michel Ritchie" , Genre = 0 , RunTime = 96 ,
```

```
                    ReleaseDate = DateTime.Parse("5/31/1985") },
        ...
        new Movie { Title = "Dirty Harry" , Director = "Don Siegel" , Genre = 0 , RunTime = 102 ,
            ReleaseDate = DateTime.Parse("12/23/1971") }
    }
}
```

上面的代码中定义了一个生成泛型集合的方法 GetMovies()，调用该方法可以生成一个泛型集合。运行上面的代码，将在页面中显示所有的 Movie 数据。

下面要进行查询操作了，例如，要求过滤这些数据，筛选出某类电影，需要编写如下的代码来实现筛选查询：

```
protected void Page_Load(object sender,EventArgs e)
{
    var movies = GetMovies();                          //获取 Movie 集合
    var query = new List<Movie>();                     //创建临时 Movie 集合
    foreach (var m in movies)                          //循环 Movies 集合
    {   if (m .Genre == 0) query.Add(m);    }          //向 Movies 集合添加 Movie 数据
    this.GridView1.DataSource = query;
    this.GridView1.DataBind();                         //绑定集合列表
}
```

上面的筛选代码似乎很简单，但仍需要定义指定的操作（查找出某类型的所有电影），并明确定义如何完成该操作（使用临时集合和 foreach 循环）。如果需要设计更复杂的查询，如涉及分组和排序，代码的复杂性将急剧增加。示意代码如下：

```
protected class Grouping
{
    public int Genre {     get ; set ;   }
    public int MovieCount {    get ; set ;   }
}
protected void Page_Load(object sender,EventArgs e)
{
    var movies = GetMovies();                          //获取 Movie 集合
    Dictionary<int, Grouping> groups = new Dictionary<int, Grouping>();
    foreach (Movie m in movies)                        //循环 Movies 集合
    {
        if (!groups.ContainsKey(m .Genre));
        {   groups[m .Genre] = new Grouping {Genre = m.Genre , MovieCount = 0 };    }
        groups[m .Genre].MovieCount ++ ;
    }
    List<Grouping> results = new List<Grouping>(groups.Values);
    Results.Sort(delegate(Grouping x , Grouping y)
    {
        return
        x.MovieCount > y.MovieCount ? –1 :
        x.MovieCount < y.MovieCount ? 1 :
        0;
    });
    this.GridView1.DataSource = Results;
```

```
        this.GridView1.DataBind();                    //绑定集合列表
}
```

要把 Movie 数据分组到各个类型中，计算出每种类型的电影数量，需要添加一个新类，创建一个 Dictionary，实现一个委托。这个简单的任务需要执行这些相当复杂的操作，不仅要明确定义指定的操作，还要指定如何实现这些操作。随着查询要求的进一步复杂，代码将更加复杂。

2. 用 LINQ 进行查询

LINQ 的目标就是要克服前面讨论的查询数据集合的许多缺点。LINQ 不需要明确定义如何执行查询，而允许在比较抽象的级别上定义查询。只要定义查询要返回的内容，NET 及其编译器就会自动确定查询如何执行的细节。下面介绍 LINQ 的基本用法。

（1）基本的 LINQ 查询和投射。

使用 LINQ 需要在程序中引入 System.Linq 命名空间。下面就利用 LINQ 来实现查询所有的 Movie 数据并将其绑定到 GridView 控件上显示。页面示意代码如下：

```
protected void Page_Load(object sender,EventArgs e)
{
    var movies = GetMovies();                     //获取 Movie 集合
    var query = from m in movies select m;
    this.GridView1.DataSource = query;
    this.GridView1.DataBind();                    //绑定集合列表
}
```

上面代码中的粗体字部分就是 LINQ 查询的语句，这是一个简单的 LINQ 查询，该查询在语句中利用了新语言关键字 from 和 select。该查询还定义了一个变量 m，该变量在查询中以两种方式使用。首先在 from 语句中定义它，告诉 LINQ 让 m 表示单个集合项 Movie，然后在查询中第二次使用 m 是在 select 语句中，它告诉 LINQ 输出一个匹配 m 的结构的投射。本例中表示 LINQ 创建了一个匹配 Movie 对象结构的投射。

只要使用新关键字和 select 运算符，明确定义要从查询中返回的字段，就可以创建自定义的定制投射。下面的 LINQ 查询语句定义了新的投射，其中只包含 Title 和 Genre 字段。

```
    var query = from m in movies
                select new {m.Title , m.Genre};
```

也可以明确定义字段名称，指定要在结果集合中出现的对象。例如，要给 Title 和 Genre 字段指定明确的名称，可以使用如下语句：

```
    var query = from m in movies
                select new {MovieTitle = m.Title , MovieGenre = m.Genre};
```

上面的查询语句把结果集中出现的字段明确定义为 MovieTitle 和 MovieGenre。

LINQ 还可以使用 order by 语句对结果排序，排序可以按升序或降序进行。语法如下：

```
    var query = from m in movies
                order by m.Title descending
                select new {MovieTitle = m.Title , MovieGenre = m.Genre};
```

（2）LINQ 查询过滤器。

LINQ 还可以使用类似于 SQL 的 where 语法，添加查询过滤器。下面的查询语句使用 where 子句实现数据过滤：

```
    var query = from m in movies
                where m.Genre == 0
                select m;
```

LINQ 中的 where 子句与 SQL 的 where 子句类似，也可以包含子查询和多个 where 子句。示例如下：

```
var query = from m in movies
            where m.Genre == 0 && m.RunTime > 92
            select m;
```

（3）数据分组。

LINQ 使用了类似于 SQL 的 group 语法，极大地简化了数据的分组。示例代码如下：

```
var query = from m in movies
            group m by m.Genre into g
            select new { Genre = g.Key , Count = g.Count()};
```

上面的查询使用 group 关键字，对 Movie 数据按 Genre 字段进行分组，统计不同 Genre 类的电影数量。这个代码比前面介绍的没有使用 LINQ 的分组代码简化了很多，可读性也明显提高。

（4）LINQ 连接。

LINQ 还允许使用类似于 SQL 的连接语法，合并不同集合中的数据。示例代码如下：

```
var query = from m in movies
            join g in genres on m.Genre equals g.ID
            select new {m.Title , Genre = g.Name };
```

上面的查询使用 join 关键字，合并集合 genres 中的 Name 字段和集合 movies 中的 Title 字段，而两个集合的关联字段是集合 movies 中的 Genre 与集合 genres 中的 ID 字段。

（5）使用 LINQ 分页。

LINQ 还提供了 Skip 和 Take 方法，非常便于在 Web 应用程序中包含分页逻辑。Skip 方法可以在结果集中跳过指定数量的记录，Take 方法可以指定要从结果集中返回的记录数。调用 Skip 方法，再调用 Take 方法就可以从结果集的指定位置返回指定数量的记录。示例代码如下：

```
var query = (from m in movies
             join g in genres on m.Genre equals g.ID
             select new {m.Title , Genre = g.Name }) .Skip(10) .Take(10);
```

上面的语句将从集合的第 10 个记录开始，显示 10 条记录。

（6）其他 LINQ 运算符。

除了基本的选择、过滤、分组之外，LINQ 还包含可以在可枚举对象上执行的许多运算符。其中多数运算符都类似于 SQL 中的运算符，如 Count、Min、Max、Average、Sum 等，使用方法也类似。示例代码如下：

```
this.TextBox1.Text = movies.Count.ToString();
this.TextBox2.Text = movies.Max(m => m.RunTime). ToString();
this.TextBox3.Text = movies.Min(m => m.RunTime). ToString();
this.TextBox4.Text = movies.Average(m => m.RunTime). ToString();
```

上面的语句中，除了 Count 运算符外，其他运算符都要使用 Lambda 表达式来表示要处理的字段。

8.6.2 LINQ to XML

LINQ to XML 允许使用基本的 LINQ 语法查询 XML 文档。要在程序中使用 LINQ to XML，需要在程序中引入 System.XML.Linq 命名空间。

下面是 Movie 的 XML 文档的部分内容：

```xml
<?xml version="1.0" encoding="utf-8"?>
<Movies>
    <Movie>
        <Title>Shrek</Title>
        < Director > Andrew Adamson </ Director >
        < Genre >0</ Genre >
        < RunTime >89</ RunTime >
        < ReleaseDate >5/16/2001</ ReleaseDate >
    </Movie>
    <Movie>
        <Title> Fletch </Title>
        < Director > Michel Ritchie </ Director >
        < Genre >0</ Genre >
        < RunTime >96</ RunTime >
        < ReleaseDate >5/31/1985</ ReleaseDate >
    </Movie>
    <Movie>
        <Title> Dirty Harry </Title>
        < Director > Don Siegel </ Director >
        < Genre >0</ Genre >
        < RunTime >102</ RunTime >
        < ReleaseDate >12/23/1971</ ReleaseDate >
    </Movie>
</Movies>
```

对于 XML 文档，使用 LINQ 语法查询所有的 Movie 数据并绑定到 GridView 控件中显示，LINQ 查询的语句如下：

```
var query = from m in
        XElement.Load(MapPath("Movies.xml")).Elements("Movie")
    select new  Movie {
                    Title = (string)m.Element("Title") ,
                    Director = (string)m.Element("Director "),
                    Genre = (int)m.Element("Genre ") ,
                    RunTime = (int)m.Element("RunTime ") ,
                    ReleaseDate = (DateTime)m.Element("ReleaseDate ")
                };
```

LINQ to XML 语句说明了从哪里加载 XML 数据，从 XML 文档中检索哪些元素。本例创建了一个结果集，包含 Movie 元素内部的所有节点的值。

LINQ to XML 也支持查询、过滤、分组等操作，它还支持数据的连接操作，可以把两个 XML 文档中的数据合并起来。下面是一个示例代码，使用 join 关键字，连接 Movies.xml 和 Genres.xml 中的数据，连接字段是集合 movies 中的 Genre 与集合 genres 中的 ID 字段。

```
var query = from m in movies
        XElement.Load(MapPath("Movies.xml")).Elements("Movie")
        join g in XElement.Load(MapPath("Genres.xml")).Elements("Genre")
        on (int) m.Element("Genre ") equals (int)g. Element("ID")
    select new  Movie {
                    Title = (string)m.Element("Title") ,
```

```
                        Director = (string)m.Element("Director ") ,
                        Genre = (int)g.Element("Name ") ,
                        RunTime = (int)m.Element("RunTime ") ,
                        ReleaseDate = (DateTime)m.Element("ReleaseDate ")
                    };
```

查询语句中用到的 Genres.xml 文档的部分内容如下：

```
<?xml version="1.0" encoding="utf-8"?>
< Genres >
    < Genre >
        <ID>0</ID>
        < Name >Comedy</ Name >
    </ Genre >
    < Genre >
        <ID>1</ID>
        < Name >Drama</ Name >
    </ Genre >
    < Genre >
        <ID>2</ID>
        < Name >Action</ Name >
    </ Genre >
</ Genres >
```

连接了数据后，就可以像访问 movies 中的数据一样访问 Genres 中的数据元素了。

◎◎ 注意：

XElement 的 Load 方法加载整个文档，对于非常大的文档应慎用此方法。

8.6.3 LINQ to SQL

在 LINQ to SQL 中，关系数据库的数据模型映射到编程语言表示的对象模型。当应用程序运行时，LINQ to SQL 会将对象模型中的语言集成查询转换为 SQL，然后将它们发送到数据库去执行。当数据库返回结果时，LINQ to SQL 会将它们转换回编程语言处理的对象。

LINQ to SQL 可以查询基于 SQL 的数据源，如 SQL Server 2005、Oracle 等数据库。除了可以查询之外，LINQ to SQL 还可以更新数据源。

1. 用 LINQ to SQL 执行查询

为了方便地使用 LINQ to SQL，在 Visual Studio 2010 中包含了一个基本的 Object Relation（O/R）映射器。O/R 映射器可以快速地将基于 SQL 的数据源映射为 CLR 对象，可以使用 O/R 映射器设计器来创建 CLR 对象类。关于如何使用 O/R 映射器设计器，可以参考 8.3.6 节的内容。

使用 O/R 映射器设计工具可以添加、创建、删除和关联数据对象。在设计时，LINQ to SQL 会生成镜像了这些对象的结构类，称为数据上下文类（DataContext），以后在对数据对象编写 LINQ 查询时，这些类允许 Visual Studio 提供设计期间的 IntelliSense 支持、强类型化和编译期间的类型检查。因为 O/R 映射器主要用于 LINQ to SQL，所以也便于创建 SQL 对象的 CLR 对象表示，如表、视图和存储过程等。

下面以 8.3.6 节创建的 CLR 对象为基础，来介绍如何使用 LINQ to SQL 查询 NORTHWIND

数据库中的 Products 表。

在 ASP.NET 页面中放置一个 GridView 控件，在 Page_Load 事件代码中利用 LINQ 查询检索 Products 表的全部记录，绑定到 GridView 控件中显示。代码如下：

```
protected void Page_Load(object sender, EventArgs e)
{
    ProductsDataContext dc = new ProductsDataContext();
    var query = from m in dc.Products
                select m;
    GridView1.DataSource = query;
    GridView1.DataBind();
}
```

程序中首先创建了 ProductsDataContext 数据上下文类的一个实例，运行程序后将显示出 Products 表的全部记录。读者可以从代码中看出，程序中没有编写创建这个页面所需的任何数据库访问代码，仅编写了一条 LINQ 查询语句，LINQ 完成了所有数据库访问的工作。

上面的示例是针对数据库表的 LINQ 查询，也可以对视图执行 LINQ 查询，只需把视图拖放到 LINQ to SQL 的设计界面上，其他操作与数据表的操作相同。

LINQ to SQL 把表和视图显示为属性，而对于数据库中的存储过程，LINQ to SQL 将其显示为方法调用。可以像处理表那样，把存储过程从服务器资源管理器中拖放到 LINQ to SQL 的设计界面上。如果希望存储过程从数据库的表中返回一个数据集合，就应把存储过程拖放到 LINQ 类上（即 LINQ to SQL 的设计界面中的表），该类表示查询返回的类型。将存储过程拖放到设计界面上后，该存储过程就显示在右边的方法列表中。

在 NORTHWIND 数据库中创建一个简单的存储过程 GetProduct，该存储过程返回一个集合，代码如下：

```
ALTER PROCEDURE dbo.GetProduct(@id int )
AS
    select * from Products where ProductID = @id
```

从服务器资源管理器中将存储过程 GetProduct 拖放到 LINQ 类 Products 上，之后就可以在程序中调用 GetProduct 方法来获取数据集合了。页面代码如下：

```
protected void Page_Load(object sender, EventArgs e)
{
    ProductsDataContext dc = new ProductsDataContext();
    GridView1.DataSource = dc.GetProduct(1);
    GridView1.DataBind();
}
```

上面的代码中调用存储过程 GetProduct 并向其传递了一个参数，返回 ProductID 为 1 的记录，绑定到 GridView1 控件上，运行后将在页面中显示筛选的记录。

2. 用 LINQ to SQL 插入数据

使用 LINQ to SQL 插入数据只需创建一个要插入的对象新实例，并把它添加到对象集合中。LINQ 类提供了两个方法，即 InsertOnSubmit 和 InsertAllOnSubmit，可以方便地创建对象，并添加到 LINQ 集合中。InsertOnSubmit 方法可以将单个实体作为方法参数，一次插入一个实体；

InsertAllOnSubmit 方法将一个集合作为方法参数，一次可以插入整个数据集合。

添加了对象后，LINQ to SQL 就可以调用数据上下文对象的 SubmitChanges 方法，把所做的所有更新保存到数据库中，从而完成数据的插入。

下面的示例创建了一个新的 Products 对象，再把它添加到 Products 集合中，然后调用 ProductsDataContext 数据上下文对象的 SubmitChanges 方法，将更新保存到 NORTHWIND 数据库的 Products 表中。

```
ProductsDataContext dc = new ProductsDataContext();
Products m = new Products {CategoryID=2,Discontinued = false,
        ProductName = "demo",QuantityPerUnit = "10 boxes x 20 bags",
        ReorderLevel = 999 ,SupplierID = 2,UnitPrice = 999,
        UnitsInStock = 999 , UnitsOnOrder = 999};
dc.Products.InsertOnSubmit(m);
dc.SubmitChanges();
```

3. 用 LINQ to SQL 更新数据

使用 LINQ to SQL 更新数据与插入数据类似。首先应获得要更新的对象，可以使用要更新的集合的 Single 方法来获得对象。Single 方法根据其输入的参数从集合中返回一个对象，如果有多个记录匹配该参数，Single 方法只返回第一个匹配的记录。获得了要更新的对象后，就可以修改其属性值，然后调用数据上下文对象的 SubmitChanges 方法，把所做的所有更新保存到数据库中。

下面的示例获取一个 ProductID 为 85 的 Products 对象，并将其 ProductName 属性值修改为"test"，然后调用 ProductsDataContext 数据上下文对象的 SubmitChanges 方法，将更新保存到 NORTHWIND 数据库的 Products 表中。

```
ProductsDataContext dc = new ProductsDataContext();
var product = dc.Products.Single(m => m.ProductID == 85);
product.ProductName = "test";
dc.SubmitChanges();
```

◎◎ **注意：**

更新数据时，LINQ to SQL 使用优化并发功能。这意味着如果两个用户同时修改相同的记录并试图更新它，第一个提交给服务器的用户会执行更新，而第二个用户在第一个用户更新后试图更新，LINQ to SQL 就会检测到原始记录已更新，从而会引发一个并发更新异常 ChangeConflictException。

4. 用 LINQ to SQL 删除数据

用 LINQ to SQL 也可以删除数据，编程方法与插入数据的方法相似，只是调用的是另外两个方法，即 DeleteOnSubmit 和 DeleteAllOnSubmit，可以从集合中删除对象。

下面的示例选择 ProductID 为 85 的 Products 对象，并将其删除，然后调用 ProductsDataContext 数据上下文对象的 SubmitChanges 方法，将更新保存到 NORTHWIND 数据库的 Products 表中。

```
ProductsDataContext dc = new ProductsDataContext();
var query = from m in dc.Products
            where m.ProductID == 85
            select m;
dc.Products.DeleteAllOnSubmit(query);
dc.SubmitChanges();
```

8.7 综合应用

前面介绍了 ADO.NET 数据库编程方法，下面通过一个论坛管理的综合实例来介绍如何利用 ADO.NET 实现论坛帖子的增加、删除、修改、查询等管理功能。

【例 8.17】 基于 SQL Server 数据库的论坛管理。

1. 功能设计

管理员以 admin/admin 用户身份登录后，进入论坛主帖查询页面，分页显示所有主帖的标题；在查询页面中可以对某个帖子进行修改、删除操作，也可以查看帖子的详细信息；另外，还可以添加新帖子。

2. 数据库设计

本实例的数据库实例命名为 MyBBS_Data，包含两张表。

（1）用户表 User。

用户表存储用户的信息，其结构如表 8.27 所示。

表 8.27 User 表结构

字 段 名	字 段 类 型	允 许 空	说 明
UserID	int	否	用户唯一标识，主键，自动增量
LoginName	varchar(50)	否	登录名
UserName	varchar(50)	否	用户名
Password	varchar(50)	否	密码
Address	varchar(100)	是	住址
Homepage	varchar(50)	是	个人主页
Email	varchar(50)	是	邮箱地址

（2）主帖表 Topic。

主帖表存储用户发布的主帖信息，其结构如表 8.28 所示。

表 8.28 Topic 表结构

字 段 名	字 段 类 型	允 许 空	说 明
TopicID	Int	否	主帖唯一标识，主键，自动增量
UserLoginName	varchar(50)	否	发帖者登录名
Title	varchar(50)	否	主帖标题
Content	Text	否	帖子内容
CreateTime	datetime	是	发帖时间
IP	varchar(15)	是	用户机器 IP

右键单击解决方案的 App_Data 目录，选择"添加"→"新建项"，在"添加新项"对话框中选择"数据"，在右边窗口中选择"SQL Server 数据库"，输入数据库名"MyBBS_Data.mdf"，单击"添加"按钮，如图 8.37 所示。

在"服务器资源管理器"窗口（在"视图"菜单中打开）中的"数据连接"分支下展开 MyBBS_Data 数据库分支，在"表"项上单击右键，选择"添加新表"，如图 8.38 所示。

图 8.37 新建 SQL Server 数据库

图 8.38 新建表

在表设计窗口中输入 User 表的各字段名和数据类型,如图 8.39 所示。

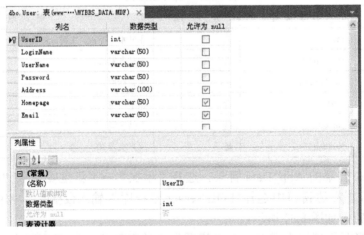

图 8.39 创建 User 表

用同样的方法创建 Topic 表。

3. 界面设计

（1）登录页面设计：窗体中有一个输入用户名的文本框、一个密码输入框、一个登录按钮，界面如图 8.40 所示。

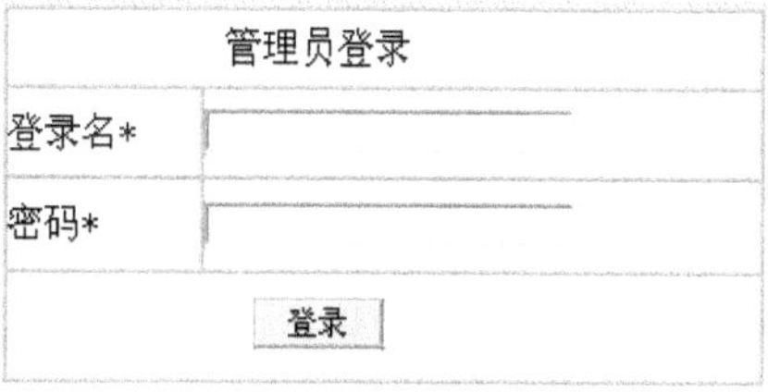

（2）主帖查询页面设计：利用 GridView 控件分页显示主帖列表，并在 GridView 控件中添加修改、删除按钮和显示详细信息的超链接，另外在页面下方添加一个发表新帖的超链接，界面如图 8.41 所示。

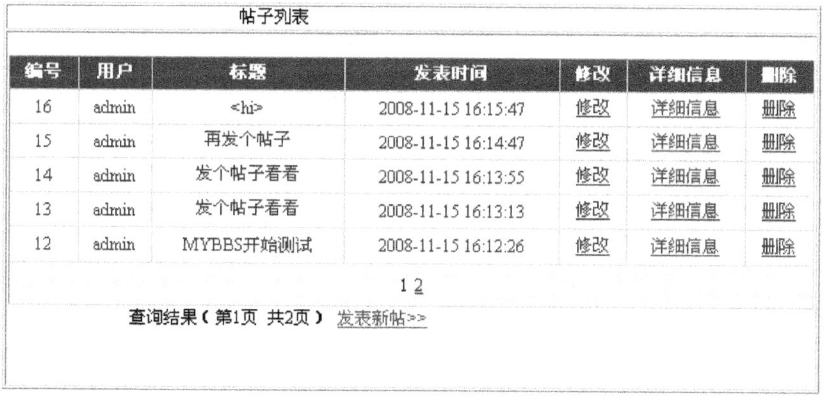

图 8.40　登录界面

图 8.41　主帖查询界面

（3）帖子详细信息页面设计：利用 Label 控件分别显示帖子标题、发帖人、发帖时间、帖子内容等信息，界面如图 8.42 所示。

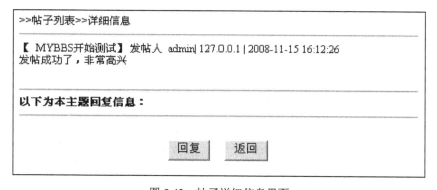

图 8.42　帖子详细信息界面

（4）发布帖子页面设计：利用文本框控件分别输入帖子标题、帖子内容等信息，界面如图 8.43 所示。

（5）修改帖子页面设计：与发布帖子界面类似，界面如图 8.44 所示。

4. 关键技术

（1）GridView 定制：在 GridView 控件中，表格字段列均采用数据绑定列 BoundField 模板来定制，删除、修改采用数据绑定列 ButtonField 模板定制，详细信息使用数据绑定列 HyperLinkField 模板定制。

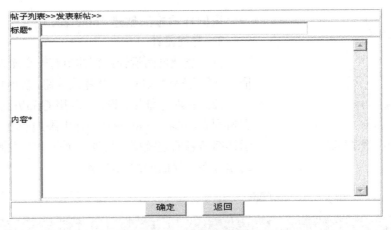

图 8.43 发布帖子界面

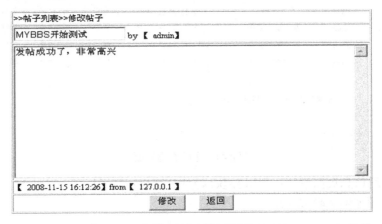

图 8.44 修改帖子界面

(2) 分页：将 GridView 的 AllowPaging 属性设置为 True 为其启用分页功能，由于 GridView 的数据源在设计期间未绑定任何数据源控件，因此分页功能的代码需要手工编写。在 GridView 控件的 PageIndexChanging 事件处理程序中，通过设置其 PageIndex 属性值为新的页索引号来实现，新页索引号通过事件参数 GridViewPageEventArgs 的 NewPageIndex 属性值获得。

(3) 数据库访问编程：删除、修改采用按钮数据绑定列定制，当用户单击删除、修改按钮时将触发 RowCommand 事件，因此在该事件处理代码中实现删除、修改操作。编程时利用 SqlCommand 对象执行 Insert 和 Update 命令来实现相关功能。查询显示主帖列表是利用 SqlDataAdapter、dataset 来实现的。

5. 实现过程

(1) 在 Visual Studio 网站创建 SQL Server 数据库 MyBBS_Data，建立用户表 User 和主帖表 Topic。配置数据库连接字符串，保存在 web.config 文件中。

(2) 在 Visual Studio 网站中新建 manage 文件夹，在其中新建登录网页 Login.aspx、主帖查询页面 TopicList.aspx、帖子详细信息页面 TopicDetail.aspx、发布帖子页面 TopicAdd.aspx、修改帖子页面 TopicUpdate.aspx。

(3) 分别编写网页的功能代码。

6. 主要程序代码

(1) 登录页 Login.aspx.cs 部分代码如下：

```csharp
protected void ButtonLogin_Click(object sender, EventArgs e)
{
    //获取用户在页面上的输入
    string userLoginName = TextBoxLoginName.Text.Trim();//用户登录名
    string userPassword = TextBoxPassword.Text.Trim();    //密码
    SqlDataReader dr; //新建 DataReader 对象
    //新建数据库连接 conn，连接到 SQL Server 数据库
    System.Data.SqlClient.SqlConnection conn = new SqlConnection();
    conn.ConnectionString =
        ConfigurationManager.ConnectionStrings["MyBBSConnectionString"].ConnectionString;
    SqlCommand cmd = new SqlCommand();                    //新建 Command 对象
    cmd.Connection = conn;
    cmd.CommandText = "SELECT * FROM [User] where LoginName=@LoginName";
    cmd.CommandType = CommandType.Text;
    //添加查询参数对象，并给参数赋值
    SqlParameter para = new SqlParameter("@LoginName", SqlDbType.VarChar, 50);
    para.Value = userLoginName;
    cmd.Parameters.Add(para);
    try    //打开 conn 连接，检索 User 表的 Password 字段
    {
        conn.Open();                          //打开数据库连接
        dr = cmd.ExecuteReader();             //将检索的记录行填充到 DataReader 对象中
        if (dr.Read())                        //如果用户存在
        {
            //如果密码正确，转入留言列表页面
            if (dr.GetString(3) == userPassword)
            {
                //使用 Session 保存用户登录名信息
                Session.Add("login_name", userLoginName);
                Response.Redirect("TopicList.aspx");
            }
            else                              //如果密码错误，给出提示
            {
                Response.Write("<Script Language=JavaScript>alert(\"密码错误，请重新输入密码！\")</Script>");
            }
        }
        else    //如果用户不存在
        {
            Response.Write("<Script Language=JavaScript>alert(\"对不起，用户不存在！\")</Script>");
        }
        dr.Close();    //关闭 DataReader 对象
    }
    catch (SqlException sqlException)
    {   Response.Write(sqlException.Message);        }        //显示连接异常信息
    finally
    {
        if (conn.State == ConnectionState.Open)
            conn.Close();
```

        }
    }
(2) 主帖查询页面 TopicList.aspx.cs 部分代码如下:
```
protected void Page_Load(object sender, EventArgs e)
{
    if (!CheckUser())
        Response.Redirect("Login.aspx");
    if (!this.IsPostBack)
        InitData();
}
private bool CheckUser()                          //验证用户是否登录
{
    if (Session["login_name"] == null)
    {
        Response.Write("<Script Language=JavaScript>alert('请登录！');</Script>");
        return false;
    }
    return true;
}
private void InitData()                           //按时间降序，读取帖子数据
{   //新建数据库连接 conn，连接到 SQL Server 数据库
    System.Data.SqlClient.SqlConnection conn = new SqlConnection();
    conn.ConnectionString =
        ConfigurationManager.ConnectionStrings["MyBBSConnectionString"].ConnectionString;
    DataSet ds = new DataSet();                   //新建 DataSet 对象
    //新建 DataAdapter 对象，打开 conn 连接，检索 Topic 表的所有字段
    SqlDataAdapter da = new SqlDataAdapter("SELECT * FROM [Topic] order by CreateTime desc",
        conn);
    conn.Open();                                  //打开数据库连接
    da.Fill(ds);                                  //将检索的记录行填充到 DataSet 对象 ds 中
    conn.Close();                                 //关闭数据库连接
    GV.DataSource = ds;
    GV.DataBind();
    LabelPages.Text = "查询结果（第" + (GV.PageIndex + 1).ToString() + "页 共" +
        GV.PageCount.ToString() + "页）";
}
private void deleteData(int topic_Id)             //删除帖子
{   //新建数据库连接 conn，连接到 SQL Server 数据库
    System.Data.SqlClient.SqlConnection conn = new SqlConnection();
    conn.ConnectionString =
        ConfigurationManager.ConnectionStrings["MyBBSConnectionString"].ConnectionString;
    SqlCommand cmd = new SqlCommand();            //新建 Command 对象
    cmd.Connection = conn;
    cmd.CommandText = "DELETE FROM [Topic] where TopicID=@TopicID";
    cmd.CommandType = CommandType.Text;
    //添加查询参数对象，并给参数赋值
    SqlParameter para = new SqlParameter("@TopicID", SqlDbType.Int);
```

```csharp
            para.Value = topic_Id;
            cmd.Parameters.Add(para);
            try
            {
                conn.Open();                                    //打开数据库连接
                cmd.ExecuteNonQuery();                          //添加记录
                Response.Redirect("TopicList.aspx");
            }
            catch (SqlException sqlException)
            {   Response.Write(sqlException.Message);    }      //显示连接异常信息
            finally
            {
                if (conn.State == ConnectionState.Open)
                    conn.Close();
            }
        }
        protected void GV_RowCommand(object sender, GridViewCommandEventArgs e)
        {
            int index = Convert.ToInt32(e.CommandArgument);     //待处理的行下标
            int topicId = -1;
            switch (e.CommandName)
            {   //修改
                case "Update":
                    topicId = Convert.ToInt32(GV.Rows[index].Cells[0].Text);
                    Response.Redirect("TopicUpdate.aspx?topic_id=" + topicId);
                    break;
                //删除
                case "Delete":
                    topicId = Convert.ToInt32(GV.Rows[index].Cells[0].Text);
                    deleteData(topicId);
                    InitData();
                    break;
                default:
                    break;
            }
        }
        protected void GV_PageIndexChanging(object sender, GridViewPageEventArgs e)
        {   //分页
            GV.PageIndex = e.NewPageIndex;
            InitData();                                         //刷新列表,显示新页
        }
```

上面的代码中定义了一个 deleteData 方法,用于删除指定 TopicID 的帖子。当用户单击删除按钮时将调用该方法,向其传递帖子的 TopicID 参数来删除指定的帖子。

(3) 帖子详细信息页面 TopicDetail.aspx.cs 部分代码如下:

```csharp
protected void Page_Load(object sender, EventArgs e)
{
```

```csharp
    if (!this.IsPostBack)
        InitData();
}
protected void ButtonReply_Click(object sender, EventArgs e)
{   }
protected void ButtonBack_Click(object sender, EventArgs e)
{   Response.Redirect("TopicList.aspx");    }
private void InitData()
{   //获取链接传递的参数值
    int topicID = Convert.ToInt32(Request.QueryString["topic_id"]);
    //新建数据库连接 conn，连接到 SQL Server 数据库
    System.Data.SqlClient.SqlConnection conn = new SqlConnection();
    conn.ConnectionString =
        ConfigurationManager.ConnectionStrings["MyBBSConnectionString"].ConnectionString;
    SqlDataReader dr;                           //新建 DataReader 对象
    SqlCommand cmd = new SqlCommand();
    cmd.Connection = conn;
    cmd.CommandText = "SELECT * FROM [Topic] where TopicID=@TopicID";
    cmd.CommandType = CommandType.Text;
    //添加查询参数对象，并给参数赋值
    SqlParameter para = new SqlParameter("@TopicID", SqlDbType.Int);
    para.Value = topicID;
    cmd.Parameters.Add(para);
    try
    {
        conn.Open();                            //打开数据库连接
        dr = cmd.ExecuteReader();               //将检索的记录行填充到 DataReader 对象中
        if (dr.Read())
        {
            LabelTitle.Text = System.Web.HttpUtility.HtmlEncode(dr.GetString(2));
            LabelContent.Text = System.Web.HttpUtility.HtmlEncode(dr.GetString(3));
            LabelCreateTime.Text = dr.GetDateTime(4).ToString();
            LabelIP.Text = dr.GetString(5);
            LabelUserLoginName.Text = dr.GetString(1);
        }
        dr.Close();
    }
    catch (SqlException sqlException)
    {   Response.Write(sqlException.Message);    }      //显示连接异常信息
    finally
    {
        if (conn.State == ConnectionState.Open)
            conn.Close();
    }
}
```

(4) 发布帖子页面 TopicAdd.aspx.cs 部分代码如下：

```csharp
protected void ButtonOK_Click(object sender, EventArgs e)
{   //新建数据库连接 conn，连接到 SQL Server 数据库
    System.Data.SqlClient.SqlConnection conn = new SqlConnection();
    conn.ConnectionString =
    ConfigurationManager.ConnectionStrings["MyBBSConnectionString"].ConnectionString;
    SqlCommand cmd = new SqlCommand();               //新建 Command 对象
    cmd.Connection = conn;
    cmd.CommandText = "Insert into [Topic]([UserLoginName],[Title],[Content],[CreateTime],[IP])
    Values(@UserLoginName,@Title,@Content,@CreateTime,@IP)";
    cmd.CommandType = CommandType.Text;
    //添加查询参数对象，并给参数赋值
    SqlParameter para1 = new SqlParameter("@UserLoginName", SqlDbType.VarChar, 50);
    para1.Value = Session["login_name"].ToString();
    cmd.Parameters.Add(para1);
    SqlParameter para2 = new SqlParameter("@Title", SqlDbType.VarChar, 50);
    para2.Value = TextBoxTitle.Text;
    cmd.Parameters.Add(para2);
    SqlParameter para3 = new SqlParameter("@Content", SqlDbType.Text);
    para3.Value = TextBoxContent.Text;
    cmd.Parameters.Add(para3);
    SqlParameter para4 = new SqlParameter("@CreateTime", SqlDbType.DateTime);
    para4.Value = DateTime.Now;
    cmd.Parameters.Add(para4);
    SqlParameter para5 = new SqlParameter("@IP", SqlDbType.VarChar,15);
    para5.Value = Request.ServerVariables["REMOTE_HOST"];
    cmd.Parameters.Add(para5);
    try
    {
        conn.Open();                                 //打开数据库连接
        cmd.ExecuteNonQuery();                       //添加记录
        Response.Redirect("TopicList.aspx");
    }
    catch (SqlException sqlException)
    {   Response.Write(sqlException.Message);     } //显示连接异常信息
    finally
    {
        if (conn.State == ConnectionState.Open)
            conn.Close();
    }
}
protected void ButtonBack_Click(object sender, EventArgs e)
{   Response.Redirect("TopicList.aspx");    }
```

(5) 修改帖子页面 TopicUpdate.aspx.cs 部分代码如下：

```csharp
protected void Page_Load(object sender, EventArgs e)
{
    if (!IsPostBack)
```

```csharp
            InitData();
    }
    protected void ButtonUpdate_Click(object sender, EventArgs e)
    {   //新建数据库连接 conn，连接到 SQL Server 数据库
        System.Data.SqlClient.SqlConnection conn = new SqlConnection();
        conn.ConnectionString =
            ConfigurationManager.ConnectionStrings["MyBBSConnectionString"].ConnectionString;
        SqlCommand cmd = new SqlCommand();                    //新建 Command 对象
        cmd.Connection = conn;
        cmd.CommandText = "Update [Topic] Set [Title]=@Title,[Content]=@Content where
            [TopicID]=@TopicID";
        cmd.CommandType = CommandType.Text;
        //添加查询参数对象，并给参数赋值
        SqlParameter para1 = new SqlParameter("@Title", SqlDbType.VarChar, 50);
        para1.Value = TextBoxTitle.Text;
        cmd.Parameters.Add(para1);
        SqlParameter para2 = new SqlParameter("@Content", SqlDbType.Text);
        para2.Value = TextBoxContent.Text;
        cmd.Parameters.Add(para2);
        SqlParameter para3 = new SqlParameter("@TopicID", SqlDbType.Int);
        para3.Value = Convert.ToInt32(Request.QueryString["topic_id"]);
        cmd.Parameters.Add(para3);
        try
        {
            conn.Open();                           //打开数据库连接
            cmd.ExecuteNonQuery();                 //添加记录
            Response.Redirect("TopicList.aspx");
        }
        catch (SqlException sqlException)
        {   Response.Write(sqlException.Message);     }   //显示连接异常信息
        finally
        {
            if (conn.State == ConnectionState.Open)
                conn.Close();
        }
    }
    protected void ButtonBack_Click(object sender, EventArgs e)
    {   Page.Response.Redirect("TopicList.aspx");     }
    private void InitData()
    {   //获取链接传递的参数值
        int topicID = Convert.ToInt32(Request.QueryString["topic_id"]);
        //新建数据库连接 conn，连接到 SQL Server 数据库
        System.Data.SqlClient.SqlConnection conn = new SqlConnection();
        conn.ConnectionString =
            ConfigurationManager.ConnectionStrings["MyBBSConnectionString"].ConnectionString;
        SqlDataReader dr;                          //新建 DataReader 对象
        SqlCommand cmd = new SqlCommand();
```

```csharp
cmd.Connection = conn;
cmd.CommandText = "SELECT * FROM [Topic] where TopicID=@TopicID";
cmd.CommandType = CommandType.Text;
//添加查询参数对象,并给参数赋值
SqlParameter para = new SqlParameter("@TopicID", SqlDbType.Int);
para.Value = topicID;
cmd.Parameters.Add(para);
try
{
    conn.Open();                              //打开数据库连接
    dr = cmd.ExecuteReader();                 //将检索的记录行填充到 DataReader 对象中
    if (dr.Read())
    {
        TextBoxTitle.Text = dr.GetString(2);
        TextBoxContent.Text = dr.GetString(3);
        LabelCreateTime.Text = dr.GetDateTime(4).ToString();
        LabelIP.Text = dr.GetString(5);
        LabelUserLoginName.Text = Session["login_name"].ToString();
    }
    dr.Close();
}
catch (SqlException sqlException)
{   Response.Write(sqlException.Message);   }   //显示连接异常信息
finally
{
    if (conn.State == ConnectionState.Open)
        conn.Close();
}
}
```

习 题

1. ASP.NET 4.0 提供了哪几个数据源控件?它们的主要用途是什么?
2. SqlDataSource 控件能否用来连接 Access 数据库?
3. ASP.NET 4.0 提供了哪些数据绑定控件?它们具有什么功能?
4. 在 ASP.NET 4.0 中,对内部数据绑定的语法进行了哪些简化?
5. ADO.NET 数据访问模型提供了哪两个核心组件?它们的作用是什么?
6. DataReader 对象可以从数据库中读取由 SELECT 命令返回的只读、_____的数据集。
7. Command 对象使用 SELECT、INSERT、_____、DELETE 等数据命令与数据源通信。
8. _____对象充当数据库和 ADO.NET 对象模型中非连接对象之间的桥梁,能够用来保存和检索数据。
9. 要访问 Oracle 数据库,需要使用(   )命名空间。
   A. System.Data.Oracle   B. System.Data.OracleClient
   C. System.Data.ODBC   D. System.Data.SqlClient

10．通过 SqlCommand 调用存储过程时，需要将其（　　）属性设置为 CommandType.StoredProcedure。

  A．CommandType   B．CommandText
  C．Connection   D．SqlparameterCollection

11．一个 DataSet 可以有（　　）DataTable。

  A．1个   B．2个   C．多个   D．都不对

12．XmlDataSource 的_____属性用于指定 XML 文件来加载 XML 数据。

13．下面的（　　）可以赋值给 DataSource 属性，进行数据绑定。

  A．ArrayList 对象   B．DataReader 对象
  C．DataRow 对象   D．DataTable 对象

14．试述利用 ADO.NET 访问数据源的基本步骤。

15．.NET 中开发事务应用程序使用的是_____命名空间中的类。

16．LINQ 有哪 3 种基本类型的查询？

实　　验

1．基于【例 8.17】中创建的 MyBBS_Data 数据库，设计"会员注册"应用程序界面。在网站 BBS 中，添加注册网页 Register.aspx，然后按图 8.45 所示设计注册页的界面。

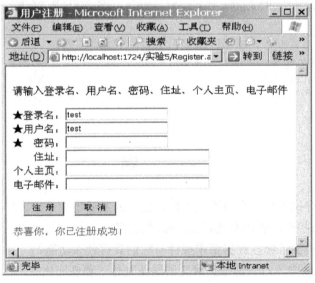

图 8.45　会员注册界面（设计时）

当单击"注册"按钮时将向 MyBBS_Data 数据库的 User 表中注册一个新的用户。

用户注册后，登录页面 Login.aspx 可以使用注册的用户登录 BBS。

2．完成如图 8.46 所示的 BBS 系统中发表新帖、修改帖子和删除帖子的功能。

帖子列表

编号	用户	标题	发表时间	修改	详细信息	删除
16	admin	<hi>	2008-11-15 16:15:47	修改	详细信息	删除
15	admin	再发个帖子	2008-11-15 16:14:47	修改	详细信息	删除
14	admin	发个帖子看看	2008-11-15 16:13:55	修改	详细信息	删除
13	admin	发个帖子看看	2008-11-15 16:13:13	修改	详细信息	删除
12	admin	MYBBS开始测试	2008-11-15 16:12:26	修改	详细信息	删除

1 2

查询结果（第1页 共2页） 发表新帖>>

图 8.46　BBS 列表页面

（1）修改 BBS 列表页面，在页面中选择某一个用户时，可以浏览其发表的所有帖子。

（2）实现删帖的权限控制，只有管理员可以删帖，普通用户无法删帖。

第 9 章

ASP.NET 网站开发架构

企业级大型 Web 应用系统几乎都涉及数据库访问，最简单的开发方法是将所有访问数据库的功能分别在各个页面类中完成，这种程序结构采用的是典型的单层应用程序架构，即用 ADO.NET 直接与数据源进行通信，除了 ADO.NET 之外，在应用程序与数据库之间没有任何其他层。单层应用程序结构适合于较小规模应用的开发，但是当应用规模变大时，这种结构会导致系统的可维护性、代码灵活性和重用性等方面出现缺陷，不适合大型应用开发。解决上述问题的方案是采用 N 层应用程序架构，典型的 N 层结构包括表示层、业务逻辑层、数据访问层，即三层结构。本章将通过一个实例，由浅入深地介绍三层结构应用程序的设计理念和方法。

9.1 B/S 架构设计理念

随着互联网的快速发展，基于 B/S 体系的应用软件得到迅速发展。与传统的 C/S 体系的应用软件相比，其最大的不同是：B/S 的应用软件使用浏览器作为与用户交互的平台，而 C/S 的应用软件则需要开发专用的应用程序。基于 B/S 体系的软件系统具有以下优点。

（1）简化客户端，方便软件的安装和部署。它不需要像 C/S 系统那样在客户端安装专门的客户端软件，而只需要安装常用的 Web 浏览器，这样不仅可以节省计算机磁盘空间，还可以降低用户使用软件的难度。

（2）便于开发和维护，在修改了应用程序的运行逻辑后，不需要用户更新浏览器。而传统的 C/S 系统则必须强制用户更新客户端程序。

（3）Web 浏览器是基于简单的 HTTP 协议，而传统的 C/S 系统可以自己定制通信协议，但各个协议之间可能不易协调而造成冲突。

（4）B/S 系统可以建立在任意一个可靠的服务器软件平台（如 IIS7）上，而传统的 C/S 系统则可能需要编写独立的服务器软件，整个系统的可靠性难以得到保证。

另外，B/S 系统与 C/S 系统的架构方式也会有所不同，C/S 比较常见的是使用二层架构，而 B/S 系统则采用三层架构。

后面几节将通过一个"留言簿"实例来分别介绍如何构建单层、二层、三层应用。

9.2 单层设计架构

为便于后续的介绍,首先将"留言簿"实例的功能设计和数据库结构设计说明如下。

1. "留言簿"功能及数据结构设计

(1) 显示留言功能:列表显示留言数据库中的所有留言,效果如图 9.1 所示。

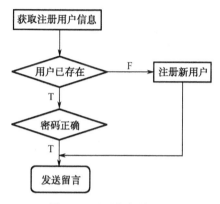

图 9.1 显示留言效果图

(2) 发表留言功能:界面效果如图 9.2 所示。发表留言功能的流程如图 9.3 所示。

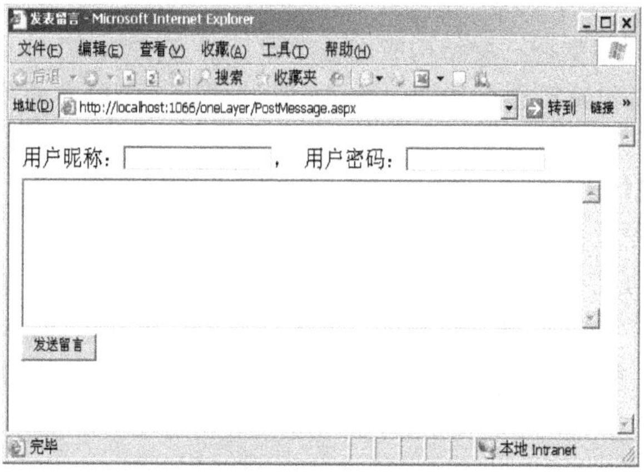

图 9.2 发表留言界面

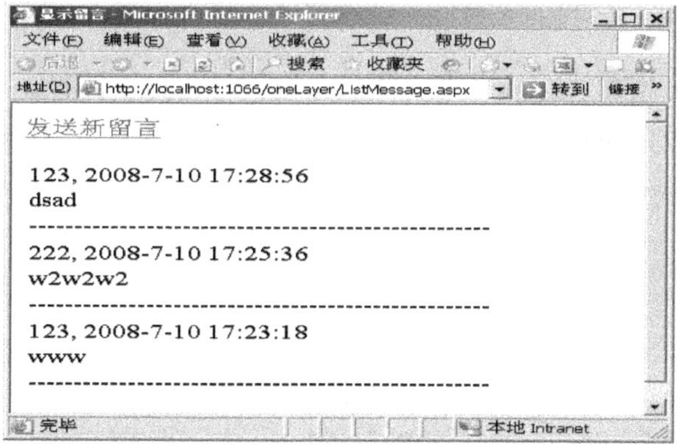

图 9.3 发表留言功能流程图

当用户发送新留言时，系统会要求输入用户名和密码。在获取用户名后，系统会对用户名进行验证，如果该用户名在数据库中存在，则继续验证密码，只有当用户名和密码都正确时，才将新的留言插入数据库中，否则抛出异常。如果用户名不存在，则系统先为其注册一个新账户，然后再将留言插入数据库。

（3）留言数据库 Access 库 LMessageDB.mdb 包含两张表，即注册用户表 RegUser 和存储留言的留言信息表 LWord，表的结构如表 9.1、表 9.2 所示。

表 9.1　注册用户表 RegUser

字 段 名 称	数 据 类 型	说　　明
RegUserID	自动编号	注册用户编号
NickName	文本，长度 32	用户昵称
PassWord	文本，长度 255	登录密码

表 9.2　留言信息表 LWord

字 段 名 称	数 据 类 型	说　　明
LWordID	自动编号	留言编号
FromUser	文本，长度 32	留言发送人名称
TextContent	备注	留言文本内容
PostTime	日期/时间	留言发送时间

为了使读者容易理解和掌握三层结构应用程序设计的方法，本实例中仅包含简单的发表留言和显示留言等功能，没有包括管理员功能。当然，在此基础上可以方便地扩展，使其成为一个功能完整的留言系统。

2. 单层开发架构设计

单层结构的应用程序设计比较简单，所有代码都直接写在网页的类文件中。本例仅包含查看留言和发表留言两个功能，因此只需设计两个网页，一个是显示留言的网页，文件名为 ListMessage.aspx，另一个是发表留言的网页，文件名为 PostMessage.aspx。为了与 Access 数据库 LMessageDB.mdb 连接，需要配置 web.config 文件中的数据库连接字符串"TraceLWordDB"，内容如下：

```
<connectionStrings>
    <add name="TraceLWordDB" connectionString="PROVIDER=Microsoft.Jet.OLEDB.4.0; DATA
        Source=D:\myDir\webStructure\DBFs\LMessageDB.mdb" />
</connectionStrings>
```

其中，DATA Source 指向 Access 数据库 LMessageDB.mdb 的路径。

参照图 9.1 的外观效果和功能要求，显示留言的网页 ListMessage.aspx 代码如下：

```
<html xmlns="http://www.w3.org/1999/xhtml" >
<head runat="server">
<title>显示留言</title>
</head>
<body>
  <form id="form1" runat="server"> <div>
<asp:HyperLink ID="HyperLink1" runat="server" NavigateUrl="~/PostMessage.aspx">发送新留言
</asp:HyperLink><br /><br />
```

```aspx
            <asp:Repeater ID="m_aspLMessage" runat="server">
                <ItemTemplate>
                    <table>
                        <tr>
                            <td>
                                <%# DataBinder.Eval(Container.DataItem, "FromUser") %>,
                                <%# DataBinder.Eval(Container.DataItem, "PostTime") %>
                            </td>
                        </tr>
                        <tr>
                            <td>
                                <%# DataBinder.Eval(Container.DataItem, "TextContent") %>
                            </td>
                        </tr>
                        <tr>
                            <td>
                                ------------------------------------------
                            </td>
                        </tr>
                    </table>
                </ItemTemplate>
            </asp:Repeater><br />
        </div> </form>
    </body>
</html>
```

显示留言页面的后台 ListMessage.aspx.cs 代码如下：

```csharp
...
using System.Data.OleDb;
public partial class clsListMessage : System.Web.UI.Page
{
    protected void Page_Load(object sender, EventArgs e)
    {   this.LWords_DataBind();   }
        //获取所有留言信息
    private const string SQL_GetAllLWords = @"SELECT * FROM [LWord] ORDER BY
        [LWordID] DESC";
    //绑定留言信息
    private void LWords_DataBind()
    {
        OleDbConnection dbConn = new OleDbConnection(
            ConfigurationManager.ConnectionStrings["TraceLWordDB"].ConnectionString);
        OleDbDataAdapter dbAdp = new OleDbDataAdapter(SQL_GetAllLWords, dbConn);
        DataSet ds = new DataSet();
        dbAdp.Fill(ds, "LWordList");
        //为 repeater 控件指定数据源
        this.m_aspLMessage.DataSource = ds.Tables["LWordList"].DefaultView;
        this.m_aspLMessage.DataBind();
    }
}
```

}

发送留言网页 PostMessage.aspx 代码如下：

```aspx
<%@ Page Language="C#" AutoEventWireup="true" CodeFile="PostMessage.aspx.cs"
Inherits="clsPostMessage" Debug=true %>
<!DOCTYPE html PUBLIC "-//W3C//DTD XHTML 1.0 Transitional//EN"
    "http://www.w3.org/TR/xhtml1/DTD/xhtml1-transitional.dtd">
<html xmlns="http://www.w3.org/1999/xhtml" >
<head runat="server">
    <title>发表留言</title>
</head>
<body>
    <form id="form1" runat="server">
    <div><table>
            <tr><td>
                用户昵称：<asp:TextBox runat="server" ID="m_aspNickName" />，
                用户密码：<asp:TextBox runat="server" ID="m_aspPassWord"
                    TextMode="Password" /></td>
            </tr>
            <tr><td>
                <asp:TextBox runat="server" ID="m_aspTextContent" TextMode="MultiLine"
                    Rows="8" Columns="72" /></td>
            </tr>
            <tr><td>
                <asp:Button runat="server" ID="m_aspPostCmd" Text="发送留言"  />
            </td></tr>
        </table>
    </div>
    </form>
</body>
</html>
```

发送留言页面后台 PostMessage.aspx.cs 代码如下：

```csharp
...
using System.Data.OleDb;
public partial class clsPostMessage : System.Web.UI.Page
{
    //获取注册用户信息 SQL
    private const string SQL_GetRegUser = @"SELECT * FROM [RegUser] WHERE [NickName] =
        @NickName";
    //注册新用户 SQL
    private const string SQL_Register = @"INSERT INTO [RegUser] ( [NickName], [PassWord] )
        VALUES ( @NickName, @PassWord )";
    //发送新留言 SQL
    private const string SQL_PostLWord = @"INSERT INTO [LWord] ( [FromUser], [TextContent] )
        VALUES ( @FromUser, @TextContent )";
    protected void Page_Init(object sender, EventArgs e)
    {
        //在运行时将 m_aspPostCmd 控件的 Click 事件绑定到名为 PostCmd_Click 的方法
        this.m_aspPostCmd.Click += new EventHandler(PostCmd_Click);
    }
```

```csharp
protected void Page_Load(object sender, EventArgs e)
{  }
//发送留言信息到数据库
protected void PostCmd_Click(object sender, EventArgs e)
{   //获取用户昵称
    string nickName = this.m_aspNickName.Text;
    //获取用户密码
    string passWord = this.m_aspPassWord.Text;
    //获取留言内容
    string textContent = this.m_aspTextContent.Text;
    //用户昵称和密码不能为空
    if (String.IsNullOrEmpty(nickName) || String.IsNullOrEmpty(passWord))
        throw new Exception("用户昵称或密码为空");
    //留言内容不能为空
    if (String.IsNullOrEmpty(textContent))
        throw new Exception("留言内容为空");
    //用户是否已注册
    bool isRegistered = false;
    //存于数据库中的用户密码
    string passWordInDB = null;
    OleDbConnection dbConn = new OleDbConnection(
        ConfigurationManager.ConnectionStrings["TraceLWordDB"].ConnectionString);
    OleDbCommand getRegUserDBCmd = new OleDbCommand(SQL_GetRegUser, dbConn);
    //设置用户昵称
    getRegUserDBCmd.Parameters.Add("@NickName", OleDbType.VarWChar, 32).Value =
        nickName;
    try
    {
        dbConn.Open();
        OleDbDataReader dr = getRegUserDBCmd.ExecuteReader();
        if (dr.Read())
        {
            isRegistered = true;
            //获取存于数据库中的用户密码
            passWordInDB = Convert.ToString(dr["PassWord"]);
        }
    }
    catch (Exception ex)
    {   throw ex;   }
    finally
    {   dbConn.Close(); }
    if (isRegistered)
    {   //如果用户已经注册，则比较用户密码
        if (String.Compare(passWord, passWordInDB) != 0)
            throw new Exception("用户密码错误");
        //如果密码相同则添加留言信息
        OleDbCommand postLWordDBCmd = new OleDbCommand(SQL_PostLWord, dbConn);
```

```csharp
            //设置留言发送人昵称
            postLWordDBCmd.Parameters.Add("@FromUser", OleDbType.VarWChar, 32).Value =
                nickName;
            //设置留言内容
            postLWordDBCmd.Parameters.Add("@TextContent", OleDbType.LongVarWChar).Value
                = textContent;
            try
            {
                dbConn.Open();
                postLWordDBCmd.ExecuteNonQuery();
            }
            catch (Exception ex)
            {   throw ex;   }
            finally
            {   dbConn.Close(); }
        }
        else
        {   //如果用户未注册,则先注册新用户,然后添加留言
            dbConn.Open();
            try
            {
                OleDbCommand registerDBCmd = new OleDbCommand(SQL_Register, dbConn);
                //设置用户昵称
                registerDBCmd.Parameters.Add("@NickName", OleDbType.VarWChar, 32).Value =
                    nickName;
                //设置用户密码
                registerDBCmd.Parameters.Add("@PassWord", OleDbType.VarWChar, 255).Value =
                    passWord;
                registerDBCmd.ExecuteNonQuery();
                OleDbCommand postLWordDBCmd = new OleDbCommand(SQL_PostLWord,
                    dbConn);
                //设置留言发送人昵称
                postLWordDBCmd.Parameters.Add("@FromUser", OleDbType.VarWChar, 32).
                    Value = nickName;
                //设置留言内容
                postLWordDBCmd.Parameters.Add("@TextContent", OleDbType.LongVarWChar).
                    Value = textContent;
                postLWordDBCmd.ExecuteNonQuery();
            }
            catch (Exception ex)
            {   throw ex;   }
            finally
            {   dbConn.Close(); }
        }
        Response.Redirect("ListMessage.aspx", true);    //跳转到留言显示页面
    }
}
```

程序分析：

（1）从上面的代码中可以看出，两个网页类都调用了数据库操作类 OleDbConnection、OleDbCommand、OleDbAdapter，调用关系如图 9.4 所示。

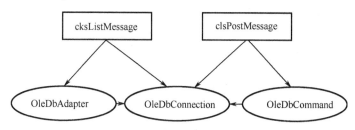

图 9.4　网页类与数据库操作类的调用关系

（2）由于两个网页类都直接与数据库操作类发生联系，所以它破坏了软件"设计模式"的一个重要原则："迪米特法则"。"迪米特法则"的主要原则是让一个类尽量少地与其他的类发生联系。如果破坏这个原则，那么当数据库操作类发生变化时，就会造成两个网页类也要做出相应的变化，这种连锁反应式的变化会增加软件的维护成本。

9.3　二层设计架构

前面的单层设计架构违背了"迪米特法则"，解决的方案之一就是在页面类与数据库操作类之间引入一个"中介者"类，该类其实就是"门面模式"中的"门面"，这样就在页面类和数据库操作类之间构造了一个新的类，从而构成二层应用架构。

9.3.1　"门面模式"简介

门面模式要解决这样一个问题：如果多个类之间存在联系，则可以形成一张关系网，如图 9.5 所示。

若其中一个类被修改，很可能会导致其他的类也要随之修改。例如，Class1 类被修改了，则 Class2、Class3、Class4、Class5 都要修改，这增加了软件的维护难度。为避免这样的问题出现，可以引入一个"中介者"类，并且令所有类都只与这个中介者类进行通信，如图 9.6 所示。由图 9.6 可以看出，当其中一个类修改了，只需修改中介者类就可以了，不会导致其他的类也要修改，这样就降低了软件的维护难度。

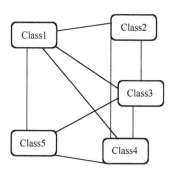

图 9.5　多个类之间的关系图

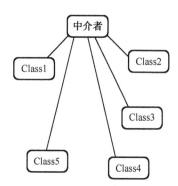

图 9.6　引入"中介者"类后的关系图

实际上设计模式有很多种,有兴趣的读者可查阅相关的资料了解更多的设计模式。下面就以门面模式的思想来建立二层架构的留言簿程序。

9.3.2 二层开发设计架构

在前面介绍的单层结构的基础上,在页面类和数据库操作类之间增加一个"中介者"类 DBTask,使两个页面类摆脱对数据库操作类的直接调用。调用关系如图 9.7 所示。

那么如何构建 DBTask 类?构建的原则是在 DBTask 类中实现所有直接访问数据库的操作,并提供对外的接口,供外部调用。可以将页面中访问数据库的代码归纳成若干个公开的功能函数,封装到 DBTask 类中,以便页面调用,而页面代码不能直接访问数据库操作类,必须通过 DBTask 类间接访问。

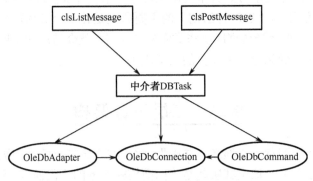

图 9.7 二层架构的类关系图

1. 封装获取留言功能的函数

考察一下显示留言 ListMessage.aspx.cs 中访问数据库操作类的部分代码:

```
//绑定留言信息
private void LWords_DataBind()
{
    OleDbConnection dbConn = new OleDbConnection
        (ConfigurationManager.ConnectionStrings["TraceLWordDB"].ConnectionString);
    OleDbDataAdapter dbAdp = new OleDbDataAdapter(SQL_GetAllLWords, dbConn);
    DataSet ds = new DataSet();
    dbAdp.Fill(ds, "LWordList");
    //为 repeater 控件指定数据源
    this.m_aspLMessage.DataSource= ds.Tables["LWordList"].DefaultView;
    this.m_aspLMessage.DataBind();
}
```

在上面的代码中,粗体字部分包含了访问数据库的代码。在二层架构设计的页面类中不应包含这些直接访问数据库的代码,应将这些代码独立出来,封装到 DBTask 类中。假设封装为 ListLWord 函数(返回 DataSet 对象),关键代码如下:

```
//获取所有留言信息的 SQL 字符串
private const string SQL_GetAllLWords = @"SELECT * FROM[LWord]ORDER BY [LWordID] DESC";
//获取留言信息
public DataSet ListLWord()
{
```

```csharp
    OleDbConnection dbConn = this.CreateConnection();
    OleDbDataAdapter dbAdp = new OleDbDataAdapter(SQL_GetAllLWords, dbConn);
    DataSet ds = new DataSet();
    dbAdp.Fill(ds, "LWordList");
    return ds;
}
```

上述代码中封装并公开了一个函数 ListLWord()，可以调用它来获取全部留言，返回的结果是 DataSet 数据集。

因此，可以将显示留言页面 ListMessage.aspx.cs 代码相应地简化如下：

```csharp
//绑定留言信息
private void LWords_DataBind()
{
    //从 DBTask 获取数据集合，绑定到页面中的 Repeater 控件
    this.m_aspLMessage.DataSource = (new DBTask()).ListLWord();
    this.m_aspLMessage.DataBind();
}
```

2. 封装发送留言功能的函数

再分析一下发送留言 PostMessage.aspx.cs 的代码，可以归纳出它实现了 4 个数据库访问的功能。

（1）建立数据库连接（多个程序都要连接数据库）。

（2）获取已注册的用户信息。

（3）注册一个新用户。

（4）发送新留言。

这 4 个功能都要直接调用数据库操作类 OleDbConnection、OleDbAdapter、OleDbCommand，因此应把这 4 个功能封装成 4 个函数以供页面类调用，这样页面类就无须直接调用数据库操作类来实现相应的功能了。

封装后的 DBTask 类的完整代码如下：

```csharp
using System;
using System.Configuration;
using System.Data;
using System.Data.OleDb;
namespace LMessage2.WebUI
{
    public class DBTask
    {   //获取所有留言信息
        private const string SQL_GetAllLWords = @"SELECT * FROM [LWord] ORDER BY
            [LWordID] DESC";
        //发送新留言
        private const string SQL_PostLWord = @"INSERT INTO [LWord] ( [FromUser], [TextContent] )
            VALUES ( @FromUser, @TextContent )";
        //获取注册用户信息
        private const string SQL_GetRegUser = @"SELECT * FROM [RegUser] WHERE [NickName]
            = @NickName";
        //注册新用户
        private const string SQL_Register = @"INSERT INTO [RegUser] ( [NickName], [PassWord] )
            VALUES ( @NickName, @PassWord )";
        //建立数据库连接
```

```csharp
private OleDbConnection CreateConnection()
{
    return new OleDbConnection(ConfigurationManager.
        ConnectionStrings["TraceLWordDB"].ConnectionString);
}
//获取留言信息
public DataSet ListLWord()
{
    OleDbConnection dbConn = this.CreateConnection();
    OleDbDataAdapter dbAdp = new OleDbDataAdapter(SQL_GetAllLWords, dbConn);
    DataSet ds = new DataSet();
    dbAdp.Fill(ds, "LWordList");
    return ds;
}
//发送新留言
public void PostLWord(string nickName, string textContent)
{
    OleDbConnection dbConn = this.CreateConnection();
    OleDbCommand dbCmd = new OleDbCommand(SQL_PostLWord, dbConn);
    //设置留言发送人昵称
    dbCmd.Parameters.Add("@FromUser", OleDbType.VarWChar, 32).Value = nickName;
    //设置留言内容
    dbCmd.Parameters.Add("@TextContent", OleDbType.LongVarWChar).Value =
        textContent;
    try
    {
        dbConn.Open();
        dbCmd.ExecuteNonQuery();
    }
    catch (Exception ex)
    {   throw ex;   }
    finally
    {   dbConn.Close(); }
}
//获取注册用户信息
public DataSet GetRegUser(string nickName)
{
    OleDbConnection dbConn = this.CreateConnection();
    OleDbDataAdapter dbAdp = new OleDbDataAdapter(SQL_GetRegUser, dbConn);
    //设置用户昵称
    dbAdp.SelectCommand.Parameters.Add("@NickName", OleDbType.VarWChar, 32).Value
        = nickName;
    DataSet ds = new DataSet("RegUserDS");
    dbAdp.Fill(ds, "RegUser");
    return ds;
}
//注册新用户
```

```csharp
public void Register(string nickName, string passWord)
{
    OleDbConnection dbConn = this.CreateConnection();
    OleDbCommand registerDBCmd = new OleDbCommand(SQL_Register, dbConn);
    //设置用户昵称
    registerDBCmd.Parameters.Add("@NickName", OleDbType.VarWChar, 32).Value =
        nickName;
    //设置用户密码
    registerDBCmd.Parameters.Add("@PassWord", OleDbType.VarWChar, 255).Value =
        passWord;
    try
    {
        dbConn.Open();
        registerDBCmd.ExecuteNonQuery();
    }
    catch (Exception ex)
    {   throw ex;   }
    finally
    {   dbConn.Close(); }
}
```

封装后的 DBTask 类结构如图 9.8 所示。

在 DBTask 类中，共封装了 4 个公开的函数和 1 个私有方法，分别是获取留言函数 ListLWord()、发送留言函数 PostLWord（string nickName，string textContent）、获取注册用户信息函数 GetRegUser（string nickName）和注册新用户函数 Register（string nickName，string passWord）。建立数据库连接方法 CreateConnection()仅在类中使用，供其他 4 个函数调用。这些函数都包含直接访问数据库的代码，且实现特定的功能，将它们独立出来，供页面类调用，可使页面类不再包含直接访问数据库的代码。有了 DBTask 类，就可以将发送留言 PostMessage.aspx.cs 代码相应地简化如下：

图 9.8　DBTask 类结构图

```csharp
...
using System.Data.OleDb;
namespace LMessage2.WebUI
{
    public partial class clsPostMessage : System.Web.UI.Page
    {
        protected void Page_Init(object sender, EventArgs e)
        {   //在运行时将 m_aspPostCmd 控件的 Click 事件绑定到名为 PostCmd_Click 的方法
            this.m_aspPostCmd.Click += new EventHandler(PostCmd_Click);
        }
```

```csharp
//发送留言信息到数据库
protected void PostCmd_Click(object sender, EventArgs e)
{
    string nickName = this.m_aspNickName.Text;           //获取用户昵称
    string passWord = this.m_aspPassWord.Text;           //获取用户密码
    string textContent = this.m_aspTextContent.Text;     //获取留言内容
    //用户昵称和密码不能为空
    if (String.IsNullOrEmpty(nickName) || String.IsNullOrEmpty(passWord))
        throw new Exception("用户昵称或密码为空");
    if (String.IsNullOrEmpty(textContent))               //留言内容不能为空
        throw new Exception("留言内容为空");
    DBTask dbTask = new DBTask();                        //建立数据库任务 DBTask 的实例
    DataSet ds = dbTask.GetRegUser(nickName);            //获取注册用户信息
    if (ds != null && ds.Tables.Count > 0 && ds.Tables[0].Rows.Count > 0)
    {   //如果用户已注册，则验证用户密码
        if ((string)ds.Tables[0].Rows[0]["PassWord"] != passWord)
            throw new Exception("用户密码错误");
    }
    else
    {   dbTask.Register(nickName, passWord);    }        //用户未注册，则注册新用户
    dbTask.PostLWord(nickName, textContent);             //插入新留言信息
    Response.Redirect("ListMessage.aspx", true);         //跳转到留言显示页面
}
```

由上面的代码可以发现，页面类代码已不含任何直接访问数据库操作类的代码，相关的代码都被封装到 DBTask 类中，页面代码只需调用 DBTask 类提供的函数来实现相应的功能，这样就较好地分离了页面类与数据库操作类，实现了二层设计架构。

9.4 三层设计架构

在二层结构中，中介者类负责直接访问数据库操作类，页面类通过中介者类间接地访问数据库，但是，页面类中还是包含了一些复杂的描述业务规则的代码，可以将这类代码分离出来，形成单独的一层，从而构成三层架构。本节介绍如何构建三层架构的应用程序。

9.4.1 简单的三层设计架构

在前面的二层结构中，虽然通过中介者 DBTask 类使页面类摆脱了对数据库操作类的依赖，但是在页面类（如 PostMessage.aspx.cs）中，还是保留了一些与用户界面（通常处理用户输入、激发事件等）不直接相关的业务规则描述的代码。例如，判断用户名是否正确，验证密码是否正确，如果用户名不存在则系统先为其注册一个新账户后再将留言插入数据库等，实现这些功能的代码就是业务规则描述的代码。如果将这些业务规则描述的代码也提炼出来，放入另外一个类中以供统一调用，则形成一个专门用于规则描述的类，这样在代码组织上就形成了页面代码、规则描述代码、数据库操作代码的结构，这就是简单的三层架构！

这种简单的三层架构如图 9.9 所示。

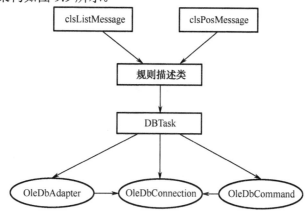

图 9.9　三层架构的类关系图

假定规则描述类命名为 InterService，下面来分析一下如何构建规则描述类 InterService。

构建的原则是页面代码只能直接访问规则描述类 InterService，而规则描述类 InterService 中的代码可以直接访问 DBTask 类。在 InterService 类中需要实现业务规则，所有访问数据库的操作均通过调用 DBTask 对象实现，而不能在 InterService 类中直接出现数据库访问代码。因此可以将业务规则代码归纳成若干个公开的功能函数，封装到 InterService 类中，以便页面调用。

由于发送留言页面中的业务规则稍微复杂一些，故将其代码封装成 PostLWord 函数，而其他的规则都只是直接调用 DBTask 对象的同名方法，封装后的类结构如图 9.10 所示。

图 9.10　InterService 类结构图

分析发送和显示留言的业务规则后，封装的 InterService.cs 类代码如下：

```csharp
using System;
using System.Data;
namespace LMessage3.WebUI
{
    public class InterService
    {
        public DataSet ListLWord()                                //获取留言信息
        {   return (new DBTask()).ListLWord();     }
        //发送留言信息到数据库
        public void PostLWord(string nickName, string passWord, string textContent)
        {   //用户昵称和密码不能为空
            if (String.IsNullOrEmpty(nickName) || String.IsNullOrEmpty(passWord))
                throw new Exception("用户昵称或密码为空");
```

```csharp
            if (String.IsNullOrEmpty(textContent))               //留言内容不能为空
                throw new Exception("留言内容为空");
            DataSet ds = this.GetRegUser(nickName);              //获取注册用户信息
            if (ds != null && ds.Tables.Count > 0 && ds.Tables[0].Rows.Count > 0)
            {   //如果用户已注册，则验证用户密码
                if ((string)ds.Tables[0].Rows[0]["PassWord"] != passWord)
                    throw new Exception("用户密码错误");
            }
            else
            {   this.Register(nickName, passWord);    }          //用户未注册，则注册新用户
            (new DBTask()).PostLWord(nickName, textContent);     //插入新留言信息
        }
        //获取注册用户信息
        public DataSet GetRegUser(string nickName)
        {   return (new DBTask()).GetRegUser(nickName);   }
        public void Register(string nickName, string passWord)   //注册新用户
        {   (new DBTask()).Register(nickName, passWord);   }
    }
}
```

由上面的代码可以看出，在业务规则 InterService 类中共封装了 4 个公开的函数，分别是获取留言函数 ListLWord()、发送留言函数 PostLWord（string nickName，string textContent）、获取注册用户信息函数 GetRegUser（string nickName）和注册新用户函数 Register（string nickName, string passWord），其中，Register、GetRegUser、ListLWord 方法都是直接调用 DBTask 类中的同名方法，没有额外的业务规则代码，而 PostLWord 方法则增加了发送留言时的业务规则代码，如验证密码和用户名、注册新用户。这些方法都是直接访问 DBTask 类的代码，且实现特定的功能，将它们独立出来，供页面类调用，可使页面类不再包含直接访问 DBTask 类的代码，而是直接访问业务规则类代码。

有了 InterService 类，就可以简化显示和发送留言的代码。

相应的显示留言页面代码 ListMessage.aspx.cs 修改如下：

```csharp
namespace LMessage3.WebUI
{
    public partial class ListMessage : System.Web.UI.Page
    {
        protected void Page_Load(object sender, EventArgs e)
        {   this.LWords_DataBind();   }
        //绑定留言信息
        private void LWords_DataBind()
        {   //从 DBTask 获取数据集合，绑定到页面中的 Repeater 控件
            this.m_aspLMessage.DataSource = (new InterService()).ListLWord();
            this.m_aspLMessage.DataBind();
        }
    }
}
```

相应的发送留言页面代码 PostMessage.aspx.cs 修改如下：

```csharp
namespace LMessage3.WebUI
{
```

```csharp
public partial class PostMessage : System.Web.UI.Page
{
    protected void Page_Init(object sender, EventArgs e)
    { //在运行时将 m_aspPostCmd 控件的 Click 事件绑定到名为 PostCmd_Click 的方法
        this.m_aspPostCmd.Click += new EventHandler(PostCmd_Click);
    }
    //发送留言信息到数据库
    protected void PostCmd_Click(object sender, EventArgs e)
    {
        string nickName = this.m_aspNickName.Text;       //获取用户昵称
        string passWord = this.m_aspPassWord.Text;       //获取用户密码
        string textContent = this.m_aspTextContent.Text; //获取留言内容
        (new InterService()).PostLWord(nickName, passWord, textContent); //发送留言信息
        Response.Redirect("ListMessage.aspx", true);     //跳转到留言显示页面
    }
}
```

由上面两个页面代码可以发现，页面代码越来越简单，且页面代码只与 InterService 类联系，不会直接与 DBTask 类联系。而 InterService 类也是只与 DBTask 类联系，不会直接与数据库操作类联系，这完全符合"迪米特法则"。

注意：

在显示留言的页面中，要经历两次函数调用，这是三层架构的显著特点。

9.4.2 用 Visual Studio 2010 创建三层设计架构

前面介绍的三层设计架构仅仅是在一个项目中以不同的类文件来描述不同的层，如用 InterService.cs 描述业务逻辑层，用 DBTask.cs 描述数据访问层，用 PostMessage.aspx 和 ListMessage.aspx 描述表示层。虽然这样做是符合三层架构模式的，但是却存在一个严重的漏洞！因为页面文件完全可以绕过 InterService.cs 文件，直接去调用 DBTask.cs 文件中的函数来访问数据库，如果这样就又退化为二层架构应用。

下面利用 Visual Studio 2010 来新建一个实现三层架构的应用解决方案，但却可以有效地避免前述问题，防止跨层调用。

构建的主要方法是在一个解决方案中分别建立 3 个项目，每个项目对应一层，通过在项目中引用其他项目，来限制其只能访问已引用的项目类，从而避免跨层调用。

创建三层设计架构的具体步骤如下。

1. 建立表示层项目（WebUI）

（1）建立项目：选择主菜单"文件"→"新建项目"，在弹出的"新建项目"对话框中，选择"Web"→"ASP.NET Web 应用程序"，输入项目的名称"WebUI"，输入解决方案名称为"LMessage3"，单击"确定"按钮即可。

（2）设置项目的程序集名称和默认命名空间：右键单击 WebUI 项目，选择"属性"菜单，在"属性"对话框中，将项目的程序集名称和默认命名空间均改为"LMessage3.WebUI"，保存即可。

2. 建立业务逻辑层（InterService）

（1）建立类库项目：选择主菜单"文件"→"添加"→"新建项目"，在弹出的"新建项目"

对话框中，选择"Windows"项目类型，在模板中选择"类库"，输入类库名称"InterService"，单击"确定"按钮即可，效果如图9.11所示。

（2）设置项目的程序集名称和默认命名空间：右键单击 InterService 项目，选择"属性"菜单，在"属性"对话框中，将项目的程序集名称和默认命名空间均改为"LMessage3.InterService"，保存即可。

3. 建立数据访问层（AccessTask）

（1）建立类库项目：选择主菜单"文件"→"添加"→"新建项目"，在弹出的"新建项目"对话框中，选择"Windows"项目类型，在模板中选择"类库"，输入类库名称"AccessTask"，单击"确定"按钮即可，效果如图9.12所示。

（2）设置项目的程序集名称和默认命名空间：右键单击 AccessTask 项目，选择"属性"菜单，在"属性"对话框中，将项目的程序集名称和默认命名空间均改为"LMessage3.AccessTask"，保存即可。

图9.11　业务逻辑层项目　　　　　　　　　　图9.12　完整的解决方案

4. 建立层之间的引用关系

（1）建立表示层 WebUI 与业务逻辑层 InterService 间的依赖关系：选择"WebUI"项目，右击"引用"图标，选择"添加引用"，在弹出的"添加引用"对话框中选择"项目"选项卡，选择"InterService"项目，单击"确定"按钮。

（2）建立业务逻辑层 InterService 与数据访问层 AccessTask 间的依赖关系：选择"InterService"项目，右击"引用"图标，选择"添加引用"，在弹出的"添加引用"对话框中选择"项目"选项卡，选择"AccessTask"项目，单击"确定"按钮。

5. 分别添加实现业务逻辑层和数据访问层功能的类

（1）添加业务逻辑层类（LInterService.cs）：在 InterService 项目中添加"类"，输入类名称"LInterService.cs"，单击"添加"按钮即可。类中的实现代码可参考前面介绍的"三层架构"。

（2）添加数据访问层类（DBTask.cs）：在 AccessTask 项目中添加"类"，输入类名称"DBTask.cs"，单击"添加"按钮即可。类中的实现代码可参考前面介绍的"三层架构"。同时在 AccessTask 项目中，在"添加引用"对话框中选择".NET"选项卡，选择"System.Configuration"项目，单击"确定"按钮添加引用"System.Configuration"。

6. 建立表示层功能的网页

参考前面介绍的"三层架构"，建立 ListMessage.aspx 和 PostMessage.aspx 网页，后台代码略做修改即可，完成后的解决方案如图 9.12 所示。

7. 编译解决方案

通过主菜单"生成"→"生成解决方案"来编译整个解决方案，编译通过后，系统自动把 InterService 项目和 AccessTask 项目所生成的 .dll 文件复制到 WebUI 项目的 bin 文件夹中。发布时只需发布 WebUI 项目。

下面列出完整的代码。

数据访问层 DBTask.cs 类代码如下：

```csharp
using System;
using System.Configuration;
using System.Collections.Generic;
using System.Text;
using System.Data;
using System.Data.OleDb;
namespace LMessage3.AccessTask
{
    public class DBTask
    {   //获取所有留言信息
        private const string SQL_GetAllLWords = @"SELECT * FROM [LWord] ORDER BY
                [LWordID] DESC";
        //发送新留言
        private const string SQL_PostLWord= @"INSERT INTO [LWord] ([FromUser], [TextContent])
                 VALUES ( @FromUser, @TextContent )";
        //获取注册用户信息
        private const string SQL_GetRegUser = @"SELECT * FROM [RegUser] WHERE [NickName]
              = @NickName";
        //注册新用户
        private const string SQL_Register = @"INSERT INTO [RegUser] ( [NickName], [PassWord] )
                 VALUES ( @NickName, @PassWord )";
        //获取留言信息
        public DataSet ListLWord()
        {
            OleDbConnection dbConn = this.CreateConnection();
            OleDbDataAdapter dbAdp = new OleDbDataAdapter(SQL_GetAllLWords, dbConn);
            DataSet ds = new DataSet();
            dbAdp.Fill(ds, "LWordList");
            return ds;
        }
        //发送新留言
        public void PostLWord(string nickName, string textContent)
        {
            OleDbConnection dbConn = this.CreateConnection();
            OleDbCommand dbCmd = new OleDbCommand(SQL_PostLWord, dbConn);
            //设置留言发送人昵称
```

```csharp
        dbCmd.Parameters.Add("@FromUser", OleDbType.VarWChar, 32).Value = nickName;
        //设置留言内容
        dbCmd.Parameters.Add("@TextContent", OleDbType.LongVarWChar).Value =
            textContent;
        try
        {
            dbConn.Open();
            dbCmd.ExecuteNonQuery();
        }
        catch (Exception ex)
        {   throw ex;   }
        finally
        {   dbConn.Close(); }
    }
    //获取注册用户信息
    public DataSet GetRegUser(string nickName)
    {
        OleDbConnection dbConn = this.CreateConnection();
        OleDbDataAdapter dbAdp = new OleDbDataAdapter(SQL_GetRegUser, dbConn);
        //设置用户昵称
        dbAdp.SelectCommand.Parameters.Add("@NickName",OleDbType.VarWChar,32).Value
            = nickName;
        DataSet ds = new DataSet("RegUserDS");
        dbAdp.Fill(ds, "RegUser");
        return ds;
    }
    //注册新用户
    public void Register(string nickName, string passWord)
    {
        OleDbConnection dbConn = this.CreateConnection();
        OleDbCommand registerDBCmd = new OleDbCommand(SQL_Register, dbConn);
        //设置用户昵称
        registerDBCmd.Parameters.Add("@NickName", OleDbType.VarWChar, 32).Value =
            nickName;
        //设置用户密码
        registerDBCmd.Parameters.Add("@PassWord", OleDbType.VarWChar, 255).Value =
            passWord;
        try
        {
            dbConn.Open();
            registerDBCmd.ExecuteNonQuery();
        }
        catch (Exception ex)
        {   throw ex;   }
        finally
        {   dbConn.Close(); }
    }
```

```csharp
        private OleDbConnection CreateConnection() //建立数据库连接
        {
            return new OleDbConnection(ConfigurationManager.
                ConnectionStrings["TraceLWordDB"].ConnectionString);
        }
    }
}
```

业务逻辑层 LinterService.cs 类代码如下：

```csharp
using System;
using System.Collections.Generic;
using System.Text;
using System.Data;
using LMessage3.AccessTask;
namespace LMessage3.InterService
{
    public class LInterService
    {
        //获取留言信息，本程序未做任何特殊处理，直接调用 DBTask 的 ListWord 方法
        public DataSet ListLWord()
        {    return (new DBTask()).ListLWord();    }
        //发送留言信息到数据库
        public void PostLWord(string nickName, string passWord, string textContent)
        {    //用户昵称和密码不能为空
            if (String.IsNullOrEmpty(nickName) || String.IsNullOrEmpty(passWord))
                throw new Exception("用户昵称或密码为空");
            if (String.IsNullOrEmpty(textContent))              //留言内容不能为空
                throw new Exception("留言内容为空");
            DataSet ds = this.GetRegUser(nickName);             //获取注册用户信息
            if (ds != null && ds.Tables.Count > 0 && ds.Tables[0].Rows.Count > 0)
            {    //如果用户已注册，则验证用户密码
                if ((string)ds.Tables[0].Rows[0]["PassWord"] != passWord)
                    throw new Exception("用户密码错误");
            }
            else
            {    //用户未注册，则注册新用户
                this.Register(nickName, passWord);
            }
            (new DBTask()).PostLWord(nickName, textContent);    //插入新留言信息
        }
        public DataSet GetRegUser(string nickName)              //获取注册用户信息
        {    return (new DBTask()).GetRegUser(nickName);    }
        public void Register(string nickName, string passWord)  //注册新用户
        {    (new DBTask()).Register(nickName, passWord);    }
    }
}
```

表示层显示留言 ListMessage.aspx.cs 代码如下：

```csharp
using System;
using System.Collections;
```

```csharp
using System.Configuration;
using System.Data;
using System.Web;
using System.Web.Security;
using System.Web.UI;
using System.Web.UI.HtmlControls;
using System.Web.UI.WebControls;
using LMessage3.InterService;
namespace LMessage3.WebUI
{
    public partial class ListMessage : System.Web.UI.Page
    {
        protected void Page_Load(object sender, EventArgs e)
        {   this.LWords_DataBind();   }
        private void LWords_DataBind()    //绑定留言信息
        {    //从 LInterService 获取数据集合,绑定到页面中的 Repeater 控件
            this.m_aspLMessage.DataSource = (new LInterService()).ListLWord();
            this.m_aspLMessage.DataBind();
        }
    }
}
```

表示层发送留言 PostMessage.aspx.cs 代码如下：

```csharp
using System;
using System.Collections;
using System.Configuration;
using System.Data;
using System.Web;
using System.Web.Security;
using System.Web.UI;
using System.Web.UI.HtmlControls;
using System.Web.UI.WebControls;
using LMessage3.InterService;
namespace LMessage3.WebUI
{
    public partial class PostMessage: System.Web.UI.Page
    {
        protected void Page_Init(object sender, EventArgs e)
        {   //在运行时将 m_aspPostCmd 控件的 Click 事件绑定到名为 PostCmd_Click 的方法
            this.m_aspPostCmd.Click += new EventHandler(PostCmd_Click);
        }
        //发送留言信息到数据库
        private void PostCmd_Click(object sender, EventArgs e)
        {   //获取用户昵称
            string nickName = this.m_aspNickName.Text;
            //获取用户密码
            string passWord = this.m_aspPassWord.Text;
            //获取留言内容
```

```
                string textContent = this.m_aspTextContent.Text;
                //发送留言信息
                (new LInterService()).PostLWord(nickName, passWord, textContent);
                //跳转到留言显示页面
                Response.Redirect("ListMessage.aspx", true);
            }
        }
    }
```

由上面的代码可以看出，几乎与前面介绍的简单三层设计架构没有什么不同，只是增加了一些类的引用（程序中的粗体部分是与前面简单三层设计架构代码的不同之处），程序实现的功能完全一样。

9.4.3 理解三层设计架构

前面介绍了单层、二层和三层设计架构，从代码的复杂度来看，层次越多越复杂，每多一层就多一些代码，这些代码对于前一层来说可能是多余的（如 LInterService 类中的 ListLWord 函数，对于表示层是多余的），但是却降低了各个类之间的耦合度。当一个类改变时，其他类无须随之连锁改变。不过，从另一方面来看，函数层层调用势必影响执行速度，但是很多企业级应用中都采用三层架构，因为它有较好的可扩展性。而速度的劣势，可以通过将应用分布在不同的服务器上来解决。

一般来说，根据所实现的逻辑功能，可将 ASP.NET 应用程序结构分为三层：表示层、业务逻辑层、数据访问层。当然也可分为 N 层（N>3），其实 N 层都是三层的扩展版本。图 9.13 是一个典型的三层应用程序结构示意图。

图 9.13 典型的三层应用程序结构

其中各层的作用说明如下。

1. 表示层

表示层主要包括 Web 窗体、页面用户界面等元素。它的主要任务有两项：

（1）从业务逻辑层获取数据并显示。

（2）实现与用户的交互，将有关数据回送给业务逻辑层进行处理，其中可能包括数据验证、处理用户界面事件等。

表示层的价值在于，它把业务逻辑层和外部刺激（用户输入、激发事件等）隔离开来，这样到达业务逻辑层的请求看起来都是一样的。另外，表示层重点表达的是用户的兴趣和利益，为应用程序的交互提供各种形式的帮助，包括有益的提示、用户偏好设置等。

2. 业务逻辑层

业务逻辑层包含与核心业务相关的逻辑，它们实现业务规则和业务逻辑，并且完成应用程序所需要的处理。作为这个过程的一部分，业务逻辑层负责处理来自数据存储的数据或者发送给数据存储的数据。

3. 数据访问层

数据访问层包含数据存储和与它交互的组件或服务，这些组件和服务在功能上与业务逻辑层相互独立。

综上所述，数据层从数据库中获得原始数据，业务层把数据转换成符合业务规则的有意义的信息，表示层把信息转换成对用户有意义的内容。同时，上层可以使用下层的功能，而下层不能使用上层的功能。一般下层每个程序接口执行一个简单功能，而上层通过有序地调用下层的程序来实现特定功能。层次体系就是以这种方式来完成多个复杂的业务功能的。

这种分层设计的优点在于，每一层都可以单独修改。例如，可以单独修改业务逻辑层，当从数据层接收相同的数据并将数据传递到表示层时，不用担心出现歧义。或者单独修改表示层，使得对于站点外观的修改不必改动业务逻辑层的业务规则和逻辑。因此，分层设计具有提高应用程序内聚程度、降低耦合、易于扩展和维护、易于重用等优点。

另外，关于三层架构提醒大家注意三点：
- 在一个 ASP.NET 应用中，并不是只要含有 aspx 网页文件、DLL 程序集文件、数据库文件就是三层架构的 Web 应用程序；
- 也并不是不含有数据库文件就不是三层架构；
- 另外，也并不是解决方案中有 3 个项目就是三层架构的 Web 应用程序。

其实，三层架构的本质是使用计算机程序语言来描述不同的任务逻辑，每层实现应用程序一个方面的逻辑功能，并不能以代码所处的位置来断定层次结构。

9.4.4　引入实体项目的三层设计架构

前面介绍的三层架构应用中，表示层使用 DataSet 数据集对象来绑定数据绑定控件，例如，在显示留言的类文件 ListMessage.aspx.cs 中代码如下：

```
this.m_aspLMessage.DataSource = (new LInterService()).ListLWord();
this.m_aspLMessage.DataBind();
```

在网页文件 ListMessage.aspx 中部分代码如下：

```
<asp:Repeater ID="m_aspLMessage" runat="server">
<ItemTemplate>
    …
        <%# DataBinder.Eval(Container.DataItem, "FromUser") %>,
        <%# DataBinder.Eval(Container.DataItem, "PostTime") %>
    …
        <%# DataBinder.Eval(Container.DataItem, "TextContent") %>
    …
</ItemTemplate>
</asp:Repeater>
```

从上面两段代码中可以看出，表示层使用的 DataSet 数据集对象与数据访问层返回的数据集是密切相关的，甚至连数据库的字段名都必须一致，这导致了表示层与数据库的耦合度过大，违反了"迪米特法则"。如果修改了数据库字段名将出现运行时错误。

造成错误的原因是使用了 DataSet，使用 DataSet 的设计存在以下三个主要缺点。

1. 缺乏抽象

由于 DataSet 与数据库结构之间存在严重的耦合关系，因此，在使用 DataSet 的代码中，很难抽象出数据库的核心组件，即无法去除与数据库结构的耦合。例如，在数据访问层中若使用下面的 SQL 语句获取数据库中的数据：

```
SELECT FromUser,PostTime,TextContent FROM [LWord]
```

则返回的 DataSet 与数据库结构相同，而在表示层的网页中，绑定字段所需代码如下：

```
<%# DataBinder.Eval(Container.DataItem, "FromUser") %>
```
上面的代码中，绑定的字段名就是数据库表的字段名。这些说明从表示层到数据访问层都与数据库结构存在严重的耦合，当由于某种原因数据库结构改变时，如字段名改变了，则这些变化将一直影响到表示层代码，这与 N 层应用程序的高内聚、低耦合的要求严重背离。

此外，DataSet 无法提供适当抽象的另一个原因是，它要求表示层开发人员熟悉数据库的结构，这个要求太高。在实际开发中，理想状态应是表示层不需要了解数据库结构和 SQL 语句，这样代码就易于编写与维护。

2. 弱类型

由于 DataSet 是弱类型（非强类型），因此有些错误在编译时查不出来。例如，下面的代码实现在 DataSet 对象 ds 中检索值：

```
Int au_id = convert.ToInt32(ds.tables(0).Rows[0]["au_id"])
```

上述代码在运行时可能出错，如转换时可能出错，或字段名不正确而出错，但在编译时无法发现错误。

3. 非面向对象

DataSet 虽然是对象，但它仅仅支持数据存储，开发人员不能为它添加功能，如添加安全获取表的方法，使用 DataSet 将意味着失去所有面向对象的优点。

解决上述问题的常用方法就是在解决方案中，将这些数据封装成一个强类型的业务实体对象（而不是被封装成 DataSet、DataView 等对象），并且使用字段的形式存储，使用属性的形式将数据公开，各层都可以访问该实体对象。实际上业务实体相当于一个协议，各层遵循该协议进行输入、输出，输入、输出的是业务实体对象，不再是 DataSet。

业务实体的构建需要考虑两方面的问题：一是如何实现逻辑映射，将关系数据映射到业务实体；二是如何对业务实体进行编码。下面分别给出相关的建议。

1. 实现逻辑映射的建议

（1）多花时间分析应用需求和逻辑业务实体，然后为其建立模型。接着考虑业务实体的创建问题，而不要为每个数据表都定义单独的业务实体。可以使用 UML 建模。

（2）不要定义单独的业务实体来表示数据库中的多对多表，可以通过在数据访问组件中实现的方法来公开这些关系。

（3）如果需要实现返回特定业务实体类型的方法，建议把这些方法放在该类型对应的数据访问组件中。

（4）数据访问组件通常访问来自单一数据源的数据，当需要聚合多个数据源的数据时，建议分别为访问每个数据源定义一个数据访问逻辑组件，这些组件可以由一个能够执行聚合任务的更高级组件来调用。

2. 对业务实体实现编码的建议

（1）选择使用结构还是类。对于不包含分层数据或集合的简单业务实体，可以考虑定义一个结构来表示业务实体；对于复杂的或要求继承的业务实体，可以将实体定义为类。

（2）如何表示业务实体的状态。对于数字、字符串等简单值，可以使用等价的 .NET 数据类型来定义字段。

（3）如何表示业务实体组件中的子集合和层次结构。表示业务实体中数据的子集合和层次结构有两种方法：一是使用 .NET 集合（包括 C# 3.0 中的泛型集合），.NET 集合类为大小可调的集合提供了一个方便的编程模型，还为将数据绑定到用户界面控件提供了内置的支持；二是使用

DataSet，DataSet 适合存储来自关系数据库或 XML 文件的数据集合和层次结构。此外，如果需要过滤、排序或绑定子集合，也应首选 DataSet。

在前面的三层架构的基础上，增加业务实体类，各层次的依赖关系如图 9.14 所示。

具体设计可以在前面 LMessage3 解决方案的基础上建立 LMessage4 解决方案，除了原有的项目之外，再添加一个业务实体项目 Entity。在该项目中分别添加一个注册用户实体类 RegUser、一个留言实体类 LWord，用于描述注册用户信息的数据结构和留言信息的数据结构，把它们称为"实体类"，在其他项目中引用 Entity 项目，并适当修改相关的程序代码。

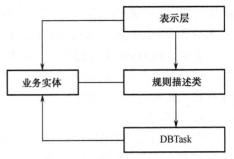

图 9.14　加入业务实体后的层次依赖关系

设计的数据库与实体结构的映射关系如图 9.15 所示。

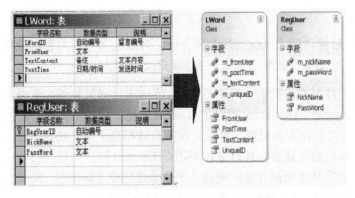

图 9.15　数据库与实体结构的映射关系

引入实体结构的解决方案如图 9.16 所示。

图 9.16　引入实体结构的解决方案

下面列出具体代码。

注册用户实体类 RegUser.cs 代码如下：

```csharp
using System;
using System.Collections.Generic;
using System.Linq;
using System.Text;
namespace LMessage4.Entity
{   //注册用户实体类
    public class RegUser
    {
        private string m_nickName;                    //用户昵称字段
        private string m_passWord;                    //用户密码字段
        public string NickName                        //设置或获取用户昵称属性
        {
            set { this.m_nickName = value; }
            get { return (this.m_nickName); }
        }
        public string PassWord                        //设置或获取用户密码属性
        {
            set { this.m_passWord = value; }
            get { return (this.m_passWord); }
        }
    }
}
```

留言实体类 LWord.cs 代码如下：

```csharp
using System;
using System.Collections.Generic;
using System.Linq;
using System.Text;
namespace LMessage4.Entity
{   //留言簿实体类
    public class LWord
    {
        private int m_uniqueID;                       //编号字段
        private RegUser m_fromUser = new RegUser();   //留言发送人字段
        private string m_textContent;                 //文本内容字段
        private DateTime m_postTime;                  //发送时间字段
        public int UniqueID                           //设置或获取留言编号属性
        {
            set { this.m_uniqueID = value; }
            get { return (this.m_uniqueID); }
        }
        public RegUser FromUser                       //获取留言发送人信息属性，从 RegUser 获取
        {
            get { return (this.m_fromUser); }
        }
```

```csharp
        public string TextContent                          //设置或获取留言内容属性
        {
            set { this.m_textContent = value; }
            get { return (this.m_textContent); }
        }
        public DateTime PostTime                           //设置或获取发送时间属性
        {
            set { this.m_postTime = value; }
            get { return (this.m_postTime); }
        }
    }
}
```

> **注意**：
> LWord 类中的 FromUser 属性不是简单的变量，而是 RegUser 类型的变量，说明留言类与注册用户类存在聚合关系。

引入了实体类后，各层都要访问实体对象（而不是 DataSet 对象），因此各层的代码要适当修改。修改后的数据访问层 DBTask.cs 代码如下：

```csharp
using System;
using System.Configuration;
using System.Collections.Generic;
using System.Text;
using System.Data;
using System.Data.OleDb;
using LMessage4.Entity;                    //在 AccessTask 项目中添加对 Entity 的引用
namespace LMessage4.AccessTask
{
    public class DBTask
    {
        //获取所有留言信息
        private const string SQL_GetAllLWords = @"SELECT * FROM [LWord] ORDER BY
            [LWordID] DESC";
        //发送新留言
        private const string SQL_PostLWord=@"INSERT INTO[LWord]( [FromUser],[TextContent] )
            VALUES ( @FromUser, @TextContent )";
        //获取注册用户信息
        private const string SQL_GetRegUser= @"SELECT * FROM [RegUser] WHERE [NickName]
            = @NickName";
        //注册新用户
        private const string SQL_Register = @"INSERT INTO [RegUser] ( [NickName], [PassWord] )
            VALUES ( @NickName, @PassWord )";
        //获取留言信息
        public IList<LWord> ListLWord()
        {
            List<LWord> lwords = new List<LWord>();
            OleDbConnection dbConn = this.CreateConnection();
            OleDbCommand dbCmd = new OleDbCommand(SQL_GetAllLWords, dbConn);
```

```csharp
        try
        {
            dbConn.Open();
            OleDbDataReader dr = dbCmd.ExecuteReader();
            //循环读取留言表记录
            while (dr.Read())
            {
                LWord lword = new LWord();
                //设置用户昵称
                lword.FromUser.NickName = Convert.ToString(dr["FromUser"]);
                //设置发送时间
                lword.PostTime = Convert.ToDateTime(dr["PostTime"]);
                //设置留言内容
                lword.TextContent = Convert.ToString(dr["TextContent"]);
                lwords.Add(lword);
            }
        }
        catch (Exception ex)
        {   throw ex;   }
        finally
        {   dbConn.Close(); }
        return lwords;
    }
    //发送新留言
    public void PostLWord(LWord lword)
    {
        if (lword == null)
            return;
        OleDbConnection dbConn = this.CreateConnection();
        OleDbCommand dbCmd = new OleDbCommand(SQL_PostLWord, dbConn);
        //设置留言发送人昵称
        dbCmd.Parameters.Add("@FromUser", OleDbType.VarWChar, 32).Value =
            lword.FromUser.NickName;
        //设置留言内容
        dbCmd.Parameters.Add("@TextContent", OleDbType.LongVarWChar).Value =
            lword.TextContent;
        try
        {
            dbConn.Open();
            dbCmd.ExecuteNonQuery();
        }
        catch (Exception ex)
        {   throw ex;   }
        finally
        {   dbConn.Close(); }
    }
```

```csharp
//获取注册用户信息
public RegUser GetRegUser(string nickName)
{
    RegUser regUser = null;
    OleDbConnection dbConn = this.CreateConnection();
    OleDbCommand dbCmd = new OleDbCommand(SQL_GetRegUser, dbConn);
    //设置用户昵称
    dbCmd.Parameters.Add("@NickName", OleDbType.VarWChar, 32).Value =
        nickName;
    try
    {
        dbConn.Open();
        OleDbDataReader dr = dbCmd.ExecuteReader();
        if (dr.Read())
        {
            regUser = new RegUser();
            regUser.NickName = Convert.ToString(dr["NickName"]);
            regUser.PassWord = Convert.ToString(dr["PassWord"]);
        }
    }
    catch (Exception ex)
    {   throw ex;   }
    finally
    {   dbConn.Close();  }
    return regUser;
}
//注册新用户
public void Register(RegUser regUser)
{
    if (regUser == null)    return;
    OleDbConnection dbConn = this.CreateConnection();
    OleDbCommand dbCmd = new OleDbCommand(SQL_Register, dbConn);
    //设置用户昵称
    dbCmd.Parameters.Add("@NickName", OleDbType.VarWChar, 32).Value =
        regUser.NickName;
    //设置用户密码
    dbCmd.Parameters.Add("@PassWord", OleDbType.VarWChar, 255).Value =
        regUser.PassWord;
    try
    {
        dbConn.Open();
        dbCmd.ExecuteNonQuery();
    }
    catch (Exception ex)
    {   throw ex;   }
    finally
```

```
                    { dbConn.Close(); }
                }
                //建立数据库连接
                private OleDbConnection CreateConnection()
                {
                    return new OleDbConnection(ConfigurationManager.ConnectionStrings
                        ["TraceLWordDB"].ConnectionString);
                }
            }
        }
```

上面代码中的粗体部分是修改的内容。

业务逻辑层 LInterService.cs 代码如下:

```
using System;
using System.Collections.Generic;
using System.Text;
using System.Data;
using LMessage4.AccessTask;
using LMessage4.Entity;                    //在 InterService 项目中添加对 Entity 的引用
namespace LMessage4.InterService
{
    public class LInterService
    {   //获取留言信息,本程序未做任何特殊处理,直接调用 DBTask 的 ListWord 方法
        public IList<LWord> ListLWord()
        {    return (new DBTask()).ListLWord();    }
        //发送留言信息到数据库
        public void PostLWord(LWord lword)
        {
            string nickName = lword.FromUser.NickName;
            string passWord = lword.FromUser.PassWord;
            string textContent = lword.TextContent;
            //用户昵称和密码不能为空
            if (String.IsNullOrEmpty(nickName) || String.IsNullOrEmpty(passWord))
                throw new Exception("用户昵称或密码为空");
            //留言内容不能为空
            if (String.IsNullOrEmpty(textContent))
                throw new Exception("留言内容为空");
            //获取注册用户信息
            RegUser regUser = this.GetRegUser(nickName);
            if (regUser != null)
            {    //如果用户已注册,则验证用户密码
                if (regUser.PassWord != passWord)
                    throw new Exception("用户密码错误");
            }
            else
            {
                regUser = new RegUser();
                regUser.NickName = nickName;
```

```
                    regUser.PassWord = passWord;
                    //用户未注册，则注册新用户
                    (new DBTask()).Register(regUser);
                }
                //插入新留言信息
                (new DBTask()).PostLWord(lword);
            }
            //获取注册用户信息
            public RegUser GetRegUser(string nickName)
            {    return (new DBTask()).GetRegUser(nickName);    }
            //注册新用户
            public void Register(RegUser regUser)
            {    (new DBTask()).Register(regUser);    }
        }
    }
```

上面代码中的粗体部分是相对解决方案"LMessagge3"修改的内容。

表示层的显示留言页面类 ListMessage.aspx.cs 代码不变，而页面 ListMessage.aspx 部分修改代码如下：

```
    …
        <%# DataBinder.Eval(Container.DataItem, "FromUser.NickName") %>,
        <%# DataBinder.Eval(Container.DataItem, "PostTime") %>
    …
```

上面代码中的粗体部分是修改的内容。

表示层的发送留言页面 PostMessage.aspx 代码不变，而页面类 PostMessage.aspx.cs 的代码修改如下：

```
    …
    using LMessage4.Entity;
    using LMessage4.InterService;
    namespace LMessage4.WebUI
    {
        public partial class clsPostMessage : System.Web.UI.Page
        {
            protected void Page_Init(object sender, EventArgs e)
            {    this.m_aspPostCmd.Click += new EventHandler(PostCmd_Click);    }
            //发送留言信息到数据库
            private void PostCmd_Click(object sender, EventArgs e)
            {
                LWord lword = new LWord();
                //获取用户昵称
                lword.FromUser.NickName = this.m_aspNickName.Text;
                //获取用户密码
                lword.FromUser.PassWord = this.m_aspPassWord.Text;
                //获取留言内容
                lword.TextContent = this.m_aspTextContent.Text;
                //发送留言信息
                (new LInterService()).PostLWord(lword);
```

```
                //跳转到留言显示页面
                Response.Redirect("ListMessage.aspx", true);
            }
        }
    }
```

上面代码中的粗体部分是修改的内容。

程序分析：

（1）注意数据访问层 DBTask 中 ListWord 函数的返回值类型是 IList<LWord>，而不是 DataSet。IList<LWord>是一种泛型接口（IList<T>是可按照索引单独访问的一组对象）。它是一种强类型，而 DataSet 是一种弱类型。IList<LWord>类型在编码阶段就可以确定其数据结构并且是固定的，而 DataSet 类型需要等到运行阶段才能确定其数据结构，并且数据结构可能是不断变化的。IList<LWord>可以被视为一种 LWord 类型的数组 LWord[]，但它与数组 LWord[]又有不同，它的长度是不确定的、可变的，而数组 LWord[] 的长度是确定的、不可变的。

（2）如果需要返回的数据对象具有排序功能，可以采用另一种泛型接口 List< LWord >。List<T>类型集合支持自定义的排序功能，可以调用 List<T>类的 Sort 方法来排序，但应实现该类的默认接口 IComparer<LWord>，本例中需要排序的是包含在泛型集合 List<T>中的 LWord 对象集合。若使用 DataSet 对象作为返回值，由于 DataSet 本身提供了排序功能，所以不需要另外实现排序功能。

9.4.5 跨数据库实现的三层设计架构

前面介绍的三层架构应用中，都是以 Access 数据库为平台的，假设出于某种原因要换成 SQL Server 数据库，此时就必须修改数据访问层的代码（如修改命名空间）和配置文件，使其能访问 SQL Server 数据库。这种应用程序的可扩展性显然不足。

解决上述问题的方法是，在解决方案中增加一个专门访问 SQL Server 数据库的新的数据访问层，它与访问 Access 数据库的数据访问层是并列的，在程序运行时，动态地加载其中的一个数据访问层的对象实例。为了能实现动态加载，在解决方案中还要增加一个"开关"项目，即"数据访问层工厂"项目，它用来指示应用程序最终加载哪个数据访问层对象。

改进的架构如图 9.17 所示。

技术上要实现动态加载数据访问层，可以在数据访问层工厂类中，根据 web.config 文件中配置的使用哪个数据库的具体信息，利用 .NET 的反射机制来动态创建数据访问对象。.NET 的反射机制其实就是一种"运行时类型识别"技术（RunTime Type Information，RTTI），简单地说，这种技术就是在程序运行阶段动态地创建一个对象。

1. 跨数据库设计方案一

根据上面提出的方案，具体设计时可以在前面 LMessage4 解决方案的基础上建立 LMessage5 解决方案。除了原有的项目之外，再添加一个 SQL Server 数据访问层项目 SQLServerTask，同时添加一个数据访问层工厂项目 DALFactory，在 InterService 项目中引用 DALFactory 项目，并适当修改 LinterService 类中相关的程序代码。另外，修改 web.config 配置文件的部分内容。改进的解决方案如图 9.18 所示。

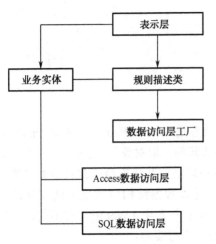

图 9.17 跨数据库三层架构

图 9.18 跨数据库解决方案

其中,新建的 SQLServerTask 和 DALFactory 项目的类结构如图 9.19 所示。

图 9.19 SQLServerTask 和 DALFactory 项目类结构

从图 9.19 中可以看出,SQLServerTask 项目与 AccessTask 项目的类结构基本相同,封装的类名也相同(DBTask),仅程序代码略有不同。参见下面给出的具体代码。

web.config 文件部分内容修改如下:

```
...
    <appSettings>
      <!--// 使用 SQLServer 数据库 //-->
      <add key="LDBTask" value="LMessage5.SQLServerTask.DBTask,
        LMessage5.SQLServerTask"/>
      <!--// 使用 Access 数据库 //-->
      <!--//
      <add key="LDBTask" value="LMessage5.AccessTask.DBTask, LMessage5.AccessTask" />//-->
    </appSettings>
    <connectionStrings>
      <add name="TraceLWordDB" connectionString="PROVIDER=Microsoft.Jet.OLEDB.4.0; DATA
        Source=D:\myDir\webStructure\DBFs\LMessageDB.mdb" />
      <add name="TraceLWordDB_SQLExpress" connectionString="Data Source=.\SQLEXPRESS;
```

```
            AttachDbFilename=D:\myDir\webSolution\LMessage5\WebUI\App_Data\LMessageSQLDB.
            mdf;Integrated Security=True;Connect Timeout=30;User Instance=True"
            providerName="System.Data.SqlClient" />
    </connectionStrings>
    ...
```

说明：当使用 SQL Server 数据库时，应在配置文件中注释有关 Access 数据库的配置信息（LDBTask），使得程序运行时创建 SQL Server 数据访问层对象；反之，当使用 Access 数据库时，应在配置文件中注释有关 SQL Server 数据库的配置信息（LDBTask），使得程序运行时创建 Access 数据访问层对象。

数据访问层 SQLServerTask 项目中的 DBTask.cs 代码如下：

```csharp
using System;
using System.Configuration;
using System.Collections.Generic;
using System.Text;
using System.Data;
using System.Data.SqlClient;
using LMessage5.Entity;
namespace LMessage5.SQLServerTask
{
    public class DBTask
    {
        //获取所有留言信息
        private const string SQL_GetAllLWords = @"SELECT * FROM [LWord] ORDER BY
            [LWordID] DESC";
        //发送新留言
        private const string SQL_PostLWord=@"INSERT INTO [LWord]( [FromUser], [TextContent] )
            VALUES ( @FromUser, @TextContent )";
        //获取注册用户信息
        private const string SQL_GetRegUser = @"SELECT * FROM[RegUser] WHERE [NickName]
            = @NickName";
        //注册新用户
        private const string SQL_Register = @"INSERT INTO [RegUser] ( [NickName], [PassWord] )
            VALUES ( @NickName, @PassWord )";
        //获取留言信息
        public IList<LWord> ListLWord()
        {
            List<LWord> lwords = new List<LWord>();
            SqlConnection dbConn = this.CreateConnection();
            SqlCommand dbCmd = new SqlCommand(SQL_GetAllLWords, dbConn);
            try
            {
                dbConn.Open();
                SqlDataReader dr = dbCmd.ExecuteReader();
                while (dr.Read())
                {
                    LWord lword = new LWord();
                    //设置用户昵称
```

```csharp
                    lword.FromUser.NickName = Convert.ToString(dr["FromUser"]);
                    //设置发送时间
                    lword.PostTime = Convert.ToDateTime(dr["PostTime"]);
                    //设置留言内容
                    lword.TextContent = Convert.ToString(dr["TextContent"]);
                    lwords.Add(lword);
                }
            }
            catch (Exception ex)
            {   throw ex;   }
            finally
            {   dbConn.Close(); }
            return lwords;
    }
    //发送新留言
    public void PostLWord(LWord lword)
    {
        if (lword == null)   return;
        SqlConnection dbConn = this.CreateConnection();
        SqlCommand dbCmd = new SqlCommand(SQL_PostLWord, dbConn);
        //设置留言发送人昵称
        dbCmd.Parameters.Add("@FromUser", SqlDbType.NChar, 32).Value =
            lword.FromUser.NickName;
        //设置留言内容
        dbCmd.Parameters.Add("@TextContent", SqlDbType.NText).Value = lword.TextContent;
        try
        {
            dbConn.Open();
            dbCmd.ExecuteNonQuery();
        }
        catch (Exception ex)
        {   throw ex;   }
        finally
        {   dbConn.Close(); }
    }
    //获取注册用户信息
    public RegUser GetRegUser(string nickName)
    {
        RegUser regUser = null;
        SqlConnection dbConn = this.CreateConnection();
        SqlCommand dbCmd = new SqlCommand(SQL_GetRegUser, dbConn);
        //设置用户昵称
        dbCmd.Parameters.Add("@NickName", SqlDbType.NChar, 32).Value = nickName;
        try
        {
            dbConn.Open();
            SqlDataReader dr = dbCmd.ExecuteReader();
```

```csharp
            if (dr.Read())
            {
                regUser = new RegUser();
                regUser.NickName = Convert.ToString(dr["NickName"]);
                regUser.PassWord = Convert.ToString(dr["PassWord"]);
            }
        }
        catch (Exception ex)
        {   throw ex;   }
        finally
        {       dbConn.Close();   }
        return regUser;
    }
    //注册新用户
    public void Register(RegUser regUser)
    {
        if (regUser == null)    return;
        SqlConnection dbConn = this.CreateConnection();
        SqlCommand dbCmd = new SqlCommand(SQL_Register, dbConn);
        //设置用户昵称
        dbCmd.Parameters.Add("@NickName", SqlDbType.NChar, 32).Value =
            regUser.NickName;
        //设置用户密码
        dbCmd.Parameters.Add("@PassWord",SqlDbType.NChar, 20).Value = regUser.PassWord;
        try
        {
            dbConn.Open();
            dbCmd.ExecuteNonQuery();
        }
        catch (Exception ex)
        {   throw ex;   }
        finally
        {       dbConn.Close();   }
    }
    //建立数据库连接
    private SqlConnection CreateConnection()
    {
        return new SqlConnection(ConfigurationManager.ConnectionStrings
            ["TraceLWordDB_SQLExpress"].ConnectionString);
    }
}
```

上面代码中的粗体部分是与 AccessTask 不同的内容，可以看出基本是关于命名空间的不同而引起的修改。

在 DALFactory 项目中添加引用 "System.Configuration"，数据访问层工厂类 DBTaskDriver.cs 代码如下：

```csharp
using System;
using System.Collections.Generic;
using System.Linq;
using System.Text;
using System.Configuration;
namespace LMessage5.DALFactory
{
    //数据访问层工厂
    public sealed class DBTaskDriver
    {
        //数据访问层工厂构造器
        private DBTaskDriver()
        { }
        //获取 DBTask 类对象实例
        public static object DriveDBTask()
        {
            Type type = Type.GetType(ConfigurationManager.AppSettings["LDBTask"]);
            return Activator.CreateInstance(type);
        }
    }
}
```

注意:

DBTaskDriver 类中使用了 sealed 关键字,且其类构造器被私有化,这说明该类不能被继承和使用 new 关键字创建实例。这是定义工具类的通常做法,而工具类必须提供一个静态方法供外部调用,否则它将成为一个"废物"类。

业务逻辑层 LInterService.cs 代码如下:

```csharp
using System;
using System.Collections.Generic;
using System.Text;
using System.Data;
// using LMessage5.AccessTask;
using LMessage5.Entity;
using LMessage5.SQLServerTask;              //引用数据访问层
using LMessage5.DALFactory;                  //引用数据访问层工厂
namespace LMessage5.InterService
{
    public class LInterService
    {
        //驱动数据库任务
        private DBTask DriveDBTask()
        {
            return DBTaskDriver.DriveDBTask() as DBTask;
        }
        //获取留言信息,调用 DBTask 的 ListWord 方法
        public IList<LWord> ListLWord()
        { return this.DriveDBTask().ListLWord(); }
        //发送留言信息到数据库
        public void PostLWord(LWord lword)
```

```csharp
        {
            string nickName = lword.FromUser.NickName;
            string passWord = lword.FromUser.PassWord;
            string textContent = lword.TextContent;
            //用户昵称和密码不能为空
            if (String.IsNullOrEmpty(nickName) || String.IsNullOrEmpty(passWord))
                throw new Exception("用户昵称或密码为空");
            //留言内容不能为空
            if (String.IsNullOrEmpty(textContent))
                throw new Exception("留言内容为空");
            //获取注册用户信息
            RegUser regUser = this.DriveDBTask().GetRegUser(nickName);
            if (regUser != null)
            {   //如果用户已注册，则验证用户密码
                if (regUser.PassWord.Trim() != passWord.Trim())
                    throw new Exception("用户密码错误");
            }
            else
            {
                regUser = new RegUser();
                regUser.NickName = nickName;
                regUser.PassWord = passWord;
                //用户未注册，则注册新用户
                this.DriveDBTask().Register(regUser);
            }
            //插入新留言信息
            this.DriveDBTask().PostLWord(lword);
        }
        //获取注册用户信息
        public RegUser GetRegUser(string nickName)
        {   return this.DriveDBTask().GetRegUser(nickName);   }
        //注册新用户
        public void Register(RegUser regUser)
        {   this.DriveDBTask().Register(regUser);   }
    }
}
```

说明：在业务逻辑层 LInterService 类中，定义了一个驱动数据库任务的方法 DriveDBTask，通过调用数据访问层工厂类的 DBTaskDriver.DriveDBTask 方法，根据配置文件的 LDBTask 键值，动态地返回一个 DBTask 类型的对象，从而获取了一个具体的 SQL Server 数据访问层实例。

注意：

在业务逻辑层 LInterService 类中，还必须将 using LMessage5.AccessTask 注释掉，避免与 LMessage5.SQLServerTask 冲突。

2. 跨数据库设计方案二

前面介绍的解决方案 LMessage5 似乎已经很完美了，但是仍然有不便之处！如果要更换数据库平台，除了需要修改配置文件 web.config，同时还要修改业务逻辑层 LInterService 类的代码

（更换引入的命名空间），并重新编译通过后方可成功。导致这种结果的原因是 SQLServerTask 和 AccessTask 项目并不是同根同源，所以对 LInterService 项目来说，为了明确函数的最终调用者，就必须在项目中引用 SQLServerTask 和 AccessTask 项目之一。

解决上述问题的方法是在解决方案中，在 SQLServerTask 和 AccessTask 项目之上增加一个抽象数据访问层项目，该项目提供数据访问的接口，具体的方法在 SQLServerTask 和 AccessTask 项目中实现。程序运行时通过数据访问层工厂类根据配置文件的参数，动态创建一个数据访问层对象，而不是在业务逻辑层直接引用某个具体数据访问层的实例，这样业务逻辑层就无须引用数据访问层了。

改进的架构如图 9.20 所示。

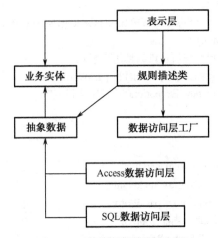

图 9.20　改进的跨数据库架构

具体设计可以在前面 LMessage5 解决方案的基础上建立 LMessage6 解决方案，除了原有的项目之外，再添加一个抽象数据访问层项目 DBAction。使用 C# 语言的接口构建抽象数据访问类代码，并在 LInterService、DALFactory、AccessTask、SQLServerTask 项目中引用该项目，适当修改 LInterService、DALFactory、AccessTask、SQLServerTask 类中相关的程序代码。另外，修改 web.config 配置文件的部分内容。改进的解决方案如图 9.21 所示。新建的抽象数据访问接口结构如图 9.22 所示。

图 9.21　改进的跨数据库解决方案

图 9.22　抽象数据访问接口结构

下面列出具体的代码。

抽象数据访问层项目的接口 DBAction.ILDBAction 代码如下：

```csharp
using System;
using System.Collections.Generic;
using System.Linq;
using System.Text;
using LMessage6.Entity;
namespace LMessage6.DBAction
{   //留言簿数据库任务接口
    public interface ILDBAction
    {   //获取留言信息
        IList<LWord> ListLWord();
        //发送新留言
        void PostLWord(LWord lword);
        //获取注册用户信息
        RegUser GetRegUser(string nickName);
        //注册新用户
        void Register(RegUser regUser);
    }
}
```

说明：接口中定义了 4 个抽象方法，但接口中并没有 4 个方法的具体实现，而是在 AccessTask 和 SQLServerTask 项目中实现。

数据访问层工厂 DALFactory 类的代码如下：

```csharp
using System;
using System.Collections.Generic;
using System.Linq;
using System.Text;
using System.Configuration;
using LMessage6.DBAction;                           //引用抽象的数据访问层
namespace LMessage6.DALFactory
{   //数据访问层工厂
    public sealed class DBTaskDriver
    {   //数据访问层工厂构造器
        private DBTaskDriver()
        { }
        //获取 DBAction 类对象实例
        public static ILDBAction DriveDBTask()
        {
            Type type = Type.GetType(ConfigurationManager.AppSettings["LDBTask"]);
            return Activator.CreateInstance(type) as ILDBAction;
        }
    }
}
```

数据访问层 AccessTask 类的部分代码如下：

…

using LMessage6.DBAction;   //引用抽象的数据访问层

```
namespace LMessage6.AccessTask
{
    public class DBTask : ILDBAction
    {
        ...
    }
}
```

数据访问层 SQLServerTask 类的部分代码如下：

```
...
using LMessage6.DBAction;                    //引用抽象的数据访问层
namespace LMessage6.SQLServerTask
{
    public class DBTask : ILDBAction
    { ... }
}
```

说明：DBTask 类是 ILDBAction 接口的具体实现。

业务逻辑层 LInterService 类的部分代码如下：

```
using System;
using System.Collections.Generic;
using System.Text;
using System.Data;
//using LMessage6.AccessTask;
//using LMessage6.SQLServerTask;
using LMessage6.Entity;
using LMessage6.DALFactory;                  //引用数据访问层工厂
using LMessage6.DBAction;                    //引用抽象的数据访问层
namespace LMessage6.InterService
{
    public class LInterService
    {   //驱动数据库任务
        private ILDBAction DriveDBTask()
        {   return DBTaskDriver.DriveDBTask();   }
        ...
    }
}
```

说明：在业务逻辑层代码中，不需要引用 Access 和 SQL Server 数据访问层类，而是通过数据访问层工厂来获取一个具体的数据访问层对象。业务逻辑层摆脱了对具体的数据访问层的依赖，而是直接依赖抽象数据访问接口项目。

在编译解决方案时，两个数据访问层项目程序集并不会自动复制到 WebUI 项目的 bin 目录中，必须手动设置程序集输出位置：在项目属性窗口中，选择"生成"选项卡，修改"输出路径"为"..\WebUI\bin\"即可。

通过上面的改造，新的解决方案可以轻松地适应后台数据库的更换，只需简单地修改配置文件，不再需要修改代码和重新编译。

习 题

1. "迪米特法则"的主要原则是什么？
2. 通常的三层架构包括哪三层？采用三层架构的优点有哪些？
3. 用 DataSet 数据集对象作为数据访问层返回的数据有哪些缺点？如何解决？
4. 试述用 Visual Studio 2010 创建实现三层架构应用的步骤。
5. 在三层架构设计中如何防止跨层调用？
6. 如何实现跨数据库的三层设计架构？

第 10 章

ASP.NET 4.0 高级技术

在开发较大型的 Web 应用程序时,往往需要实现一些特殊的功能(如安全等)、灵活的配置及性能的优化,以应对大量用户频繁的访问。本章将介绍 ASP.NET 的几种高级技术,利用这些技术可以方便、高效地开发高级的 ASP.NET 程序,灵活地配置 Web 应用程序,有效地提高网站的可伸缩性。

10.1 ASP.NET 配置

在传统的 ASP 程序中,配置信息存储在二进制库中,称为 Internet 信息服务元库,需要通过脚本或 IIS 管理工具进行配置。ASP.NET 不再需要使用元库,而使用一个基于 XML 文件的配置系统,它更灵活、访问性更好、更易使用。

10.1.1 ASP.NET 配置概述

每当我们要建立一个应用程序时,通常都需要利用一些描述应用程序行为和设置的信息,也就是通常所说的配置信息,比如,数据库连接字符串、超时值、如何记录错误、如何维持状态等。ASP.NET 采用了一个易操作且功能强大的基于 XML 的配置系统,不仅可以在设计阶段定义配置设置,也可以在运行期间定义,可以随时添加或改变配置信息,可以直接激活定义的新配置设置,而不会对服务器的效率有任何影响。

ASP.NET 采用基于 XML 的配置文件,易于定制。这些文件可以通过在文本编辑器中编辑来配置 ASP.NET 的任何组件。

ASP.NET 配置系统支持如下两类配置文件:

(1)服务器配置——machine.config 文件。服务器配置信息存储在一个名为 machine.config 的文件中,这个文件描述了所有 ASP.NET Web 应用程序所用的默认设置。该文件被安装在服务器的如下目录中:[WinNT]\Microsoft.NET\Framework\[version]\Config。

(2)应用程序配置——web.config 文件。应用程序配置信息存储在一个名为 web.config 的文件中,该文件描述了一个单独的 ASP.NET 应用程序的设置信息。一个服务器可以有多个 web.config 文件,每个文件都放在应用程序的根目录下或者在应用程序内部的子目录中。每个子文件夹中的 web.config 文件会继承或重写父文件夹的设置。

ASP.NET 是如何应用各个配置设置的呢？实际上 ASP.NET 是将一个 machine.config 及所有的 web.config 文件的一个联合应用到给定的应用程序，配置设置可以从父 Web 应用程序继承下来，而 machine.config 则作为其根。它的工作原理是：当启动 ASP.NET 页面时，系统首先读取 machine.config 文件中的配置信息；然后 ASP.NET 进入层次结构的下一级，读取存储在 Web 应用程序根目录下的 web.config 文件中的配置信息，这个文件提供了额外的配置参数，以增加或重写继承于 machine.config 的设置；之后 ASP.NET 进入下一级，读取存储在应用程序子目录中的 web.config 文件中的配置信息，这些文件用于增加或重写 machine.config 或根目录中的 web.config 给出的设置信息；然后再读取下一级子目录中 web.config 文件中的配置信息，以类似的方式操作，直至处理完树中的所有 web.config。若有些目录中没有 web.config 文件，则该目录下的应用程序将继承树中最近的配置文件节点中的设置。

10.1.2 配置文件的结构

1. 配置文件的基本规则

ASP.NET 的配置文件是基于 XML 的文件，它必须符合基本的 XML 规则。

（1）这些文件必须有一个唯一的根元素，machine.config 和 web.config 的根元素都是<configuration>。

（2）定义的任何元素必须包括在一对起始和结束标识符内，如<start>和</start>，这些标识符是区分大小写的。

（3）任何属性、关键字或值都必须包括在双引号中，如<add key="data"/>。

（4）元素必须嵌套，不能重叠。

2. 配置文件的格式

在配置文件的根元素<configuration>之下有两个主要部分。

（1）声明部分。声明部分用<configSections>标识符来界定，在其中用<section name="data">元素来定义一个类，称它为配置项处理程序，用来解释配置数据的含义。如果配置项处理程序在 machine.config 中声明过，则对于所有应用程序，它只需声明一次（因为应用程序可以继承 machine.config 中的设置）。

（2）设置部分。设置部分用<[sectionSecttings]>标识符来界定，该标识符是在声明部分定义的，称它为配置项设置，它定义了一个特定选项的实际设置。配置项设置可以覆盖从 machine.config 继承的设置。

配置文件的声明部分和设置部分都可以包含在一个<sectionGroup>中。在配置文件中<sectionGroup>起着组织的作用，它可以将配置组织成组。例如，<system.web>项组用来标识配置文件中的 ASP.NET 的专门区域。

10.1.3 常用配置

通过查看 machine.config 文件，可以发现其声明和设置分为 30 个配置块，在此不一一列举，有兴趣的读者可以查阅相关资料。下面仅介绍其中 5 个常用的设置。

1. 一般配置

在配置文件中，这个部分包含一般的应用配置设置，放在<httpRuntime>标识符中，通常它们被包含在< system.web >项组中。下面是一个例子：

```
<configuration>
    <system.web>
        <httpRuntime executionTimeout="90"  maxRequestLength="4096"/>
    </system.web>
</configuration>
```

上述配置中的参数说明如下。

- executionTimeout：用来定义请求的超时时间，单位为秒。
- MaxRequestLength：指定请求的最大长度（KB），默认为 4MB，该值的设置可以限制用户请求的内容大小。例如，用户要上传文件，通过该设置可以限制上传文件的大小。

2. 页面配置

在配置文件中，页面配置部分可以控制 ASP.NET 页面的默认行为，这些信息放在<pages>元素中，通常它们被包含在<system.web>项组中。下面是一个例子：

```
<configuration>
    <system.web>
        <pages
            buffer="true"
            enableSessionState="true"
            enableViewState="true"
            enableViewStateMac="false"
            autoEventWireup="true"
        />
    </system.web>
</configuration>
```

上述配置中的参数说明如下。

- buffer：指定对一个请求的响应在发送前是否需要在服务器上缓冲。默认为 true，如果为 false，即禁用缓冲，表示只要对请求有响应就发送它，这样终端用户可以更快地感知服务器的响应。但是一般情况下，不应该禁用缓冲，即应设置为 true。
- enableSessionState：指定服务器 Session 变量是否可用。默认为 true，即激活会话状态。要禁用会话，可以将其设置为 false。建议把该值设置为 true，只有需要在页面中使用会话变量时，禁用会话状态才会提高性能。
- enableViewState：指定服务器控件是否在页面请求结束时仍保持状态。默认情况下，该状态的保持是通过页面的隐藏表单元素（_VIEWSTATE）实现的。只有需要控件保持状态时才将其设置为 true，因为禁用它可以提高性能。
- enableViewStateMac：指定是否使用数据的单向消息验证码（MAC）。它考虑到被验证数据的完整性，但是生成起来代价较高。
- autoEventWireup：指定 ASP.NET 是否自动激活 Page 事件，如 Load 或 Error 事件，默认为 true。若设置为 false，则迫使我们覆盖合适的 Page 事件。

3. 连接字符串设置

从 ASP.NET 2.0 后，数据库的连接字符串就存储在<connectionStrings>段中。下面的例子存储了 Access 数据库的连接字符串。

```
<configuration>
    <connectionStrings>
        <add name="NorthwindConnectionString" connectionString=
```

```
"Provider=Microsoft.Jet.OLEDB.4.0;DataSource='E:\ MyService\App_Data\Northwind.mdb'"
            providerName="System.Data.OleDb" />
    </connectionStrings>
</configuration>
```

使用上面的配置后,如果数据库位置改变或更换了数据库,只需修改配置文件的连接字符串设置即可,无须修改程序。

4. 应用程序设置

在配置文件中,这个部分包含应用配置信息,放在<appSettings>标识符中。通过应用程序设置部分,可以将应用程序配置细节存储到配置文件中,而不需要编写自己的配置项处理程序。这里声明的键/值对,用于填充一个可以在应用程序中访问的表,这是一个优点,因为配置文件不能通过 HTTP 访问,所以它可以禁止非法访问关键的应用程序参数。下面的例子存储了应用程序的一个参数 AppKey。

```
<configuration>
<appSettings>
        <add   key="AppKey "    value="importantkey" />
    </appSettings>
</configuration>
```

关键字 AppKey 添加到表中,value section 中的值也添加进去,可以在应用程序中访问这些信息,方法是在 ASP.NET 脚本中使用如下语句:

```
…
strAppKey = ConfigurationSettings.AppSettings["AppKey"]
…
```

5. 定制错误

尽管应用程序在发布前都进行了全面的测试,但错误仍会发生,当应用程序中出现一个运行时或设计时的错误,ASP.NET 就会显示一个非常有用的错误页面,这样便于开发人员调试代码,但显然我们并不希望将这类错误的详细信息都显示给终端用户。最好能修改应用程序处理错误的方式,当错误产生时把用户重定向到其他页面。

可以使用 web.config 配置文件中的<customErrors>部分,在<system.web>项组中配置应用程序的定制错误页面。下面是一个例子:

```
<configuration>
  <system.web>
        <customErrors
            defaultRedirect="url"
            mode="On|Off|RemoteOnly">
            <error statuscode="statuscode" redirect="url"/>
        </customErrors >
    </system.web>
</configuration>
```

上述配置中的参数说明如下。

- defaultRedirect:用来定义当错误发生时默认的重定向 URL。
- mode:错误模式,用来指定是否显示一个 ASP.NET 错误消息。Mode 的默认值为 RemoteOnly,表示只把定制错误显示给不在服务器上的浏览器,这样可让用户看到定制的错误页面,而开发人员看到标准的错误页面,便于调试。若 Mode 设置为 On,表示无论用户在服务器本机还是在其他地方，都将显示定制错误页面；若 Mode 设置为 Off，表示不对任何用户显示定制错误页面。
- error 标识符：自定义重定向。它用来指定当出现错误时，可以根据返回的 HTTP 状态码，将用户重定向到不同的自定义错误页。在这种特定的情况下，将忽略 defaultRedirect 值设定的重定向 URL，这样可以灵活地响应不同的错误。例如，404 Page Not Found 和 403 Access Forbidden 错误的响应可以显示不同的错误页面。

10.2 身份验证与授权

Web 站点中的网页是供用户浏览的，从安全角度看，这些页面分为两类：一类是允许所有用户访问的，即无须用户凭证（如用户名和密码）就可以访问；另一类只允许部分用户访问，这部分用户必须向 Web 站点提交用户凭证才能够访问受限资源。对于后一类涉及两个重要概念：身份验证与授权。本节将介绍这两个概念。

10.2.1 身份验证概述

所谓身份验证，是用户提交用户凭证，通过服务器验证的过程。如让用户提供用户名和密码，网站根据服务器上存储的信息进行核实，以确认用户的合法性。身份验证通常采用让用户提供用户名和密码的方式实现，一些安全性要求较高的系统，如银行，可能还会采用证书或其他身份识别工具来完成。

ASP.NET 4.0 提供了 4 种验证方式。

1. Windows 验证

Windows 验证适合企业内部 Intranet 站点应用，该验证方式是基于 Windows 操作系统用户和用户组的，也就是说用户输入的凭证必须是服务器操作系统的合法用户。

Windows 验证依靠 IIS 来执行身份验证。IIS 提供了以下多种验证机制来验证用户身份。

- 匿名身份验证：不验证。
- 基本身份验证：以明文形式传送用户凭证。
- 集成 Windows 身份验证：以密文形式传送用户凭证。
- 摘要式身份验证：以密文形式传送用户凭证。

在 ASP.NET 中，使用 WindowsAuthenticationModule 模块来实现验证，该模块将自动根据相关信息构造 WindowsIdentity 对象。另外，在 IIS 验证用户身份后，IIS 将安全标记传递给 ASP.NET。ASP.NET 基于从 IIS 获得的安全标记，构造一个 WindowsPrincipal 对象，并将其附加到应用程序的上下文中。利用 WindowsIdentity 对象和 WindowsPrincipal 对象可以获取 Windows 已验证用户的信息。

2. Passport 验证

如果用户要访问多个站点，每个站点都必须进行身份验证，这就比较烦琐，能否只进行一次验证就可以访问所有站点？Passport 验证是适合跨站点的身份验证方式。

Passport 验证是一种可以在多个站点共享的验证机制。它通过 Passport 中央服务器来验证用户，而不是由每个站点进行验证。它消除了应用程序中的凭据管理问题，其加密技术比较先进，因此安全性高。

3. None 验证

在 None 验证方式下，ASP.NET 不对请求进行任何附加身份验证。

4. Forms 验证

Forms 验证是多数 Web 应用程序采用的身份验证方式。Forms 验证本身并不进行验证，只是使用自定义的登录窗体收集用户信息（如用户名和密码），最终通过自定义代码实现验证。下面将重点介绍 Forms 验证。

10.2.2 设置验证方式

ASP.NET 身份验证的设置很简单，只需对 Web.config 文件中<authentication>配置节的 mode 属性设置一个项，示例如下：

```
<configuration>
    <system.web>
        <authentication mode="[Windows|Forms|Passport|None]"></authentication>
    </system.web>
</configuration>
```

Windows 验证方式是默认的验证方式。在设置验证方式后，不能动态改变。

下面的配置示例设置了 ASP.NET 身份验证为 Forms 验证方式，代码如下：

```
<configuration>
  <system.web>
      <authentication mode="Forms"></authentication>
  </system.web>
</configuration>
```

10.2.3 Forms 身份验证

Forms 身份验证是 ASP.NET 中使用最广泛的验证之一。它提供了一种方法，可以使用用户创建的登录窗体来验证用户的身份。

1. Forms 验证原理

Forms 验证的工作原理是使用窗体获取用户登录到站点时创建的身份验证信息，然后在整个站点内跟踪该用户信息。在 ASP.NET 2.0 之前的版本中，窗体身份验证信息通常包含在一个 Cookie 或 Session 中。在 ASP.NET 2.0 之后，支持无 Cookie 的身份验证，其处理由 FormsAuthenticationModule 类实现，该类是一个参与常规 ASP.NET 页处理循环的 HTTP 模块。

一般情况下，用户利用 Forms 验证访问受保护资源，包括以下 4 个步骤。

（1）用户请求需要身份验证的页面（如 default.aspx）。

（2）HTTP 模块调用 Forms 验证服务截取来自用户的请求，并检查其中是否包含用户凭据。

（3）如果没有发现任何凭据，则重定向到用户登录页面（login.aspx）。

（4）原请求页面地址 default.aspx 将以 ReturnUrl 值（ReturnUrl 是 QueryString 字符串中的键值对）的形式，附加在登录页面 login.aspx 的 URL 地址后。当用户通过验证后，应用程序将根据 ReturnUrl 值进行页面重定向，以便用户访问 default.aspx。

通过身份验证后，服务器将向客户端发送包含用户信息的 Cookie 或者特殊的 URL 地址。默认情况下，身份验证标记以 Cookie 的形式发出。

Cookie 中包含用户会话的 ID（Session ID）、站点名称等重要信息，即 Cookie 相当于服务器发给客户端的通行证，在后续的访问中，其不断在服务器和客户端之间传递。如果 Cookie 丢失，用户将无法访问受保护的资源（需重新登录）。

2. 基于 Cookie 的 Forms 验证配置

在 Web.config 文件中，所有与 Forms 验证有关的设置都被放在<forms>配置节中，下面列举<forms>配置节的部分声明代码，如下所示：

```
<configuration>
  <system.web>
    <authentication mode="Forms">
      <forms name="name" loginUrl="URL" defaultUrl="URL" path="path"
             protection="[All|None|Encryption|Validation]" timeout="[hh:mm:ss]"
             requireSSL="[true|false]" cookieless=
             "[UseUri|UseCookie|AutoDetect|UseDeviceProfile]" >
        <credentials passwordFormat="[Clear|SHA1|MD5]">
        <user name="username" password="password" />
        <remove name="username" /><clear /></credentials>
      </forms>
    </authentication>
  </system.web>
</configuration>
```

<forms>配置节包含多个属性和一个<credentials>子配置节，通过对这些内容的设置，可以对 Forms 验证过程中的多个方面进行控制。表 10.1 列出了<forms>配置节的属性说明。

表 10.1 <forms>配置节属性说明

属 性 名 称	说　　明
Name	指定用于身份验证的 HTTP Cookie 名称。默认情况下，属性值为 .ASPXAUTH。如果在单个服务器上正运行多个应用程序，并且每个应用程序均要求唯一的 Cookie，则必须在每个应用程序的 web.config 文件中配置
loginUrl	指定如果没有找到任何有效的身份验证 Cookie，将重定向到的 URL 地址，默认为 login.aspx
defaultUrl	指定用户通过验证之后默认重定向到的 URL 地址，默认为 default.aspx
path	为应用程序发出的 Cookie 指定路径，默认为 "/"
protection	指定 Cookie 使用的加密类型（如果有）
timeout	指定 Cookie 的超时时间，默认为 30min
requireSSL	指定是否要使用 SSL 连接来传输身份验证 Cookie
cookieless	指定是否使用 Cookie 及使用 Cookie 的方式。共有 4 个选项： （1）UseCookie——总是使用 Cookie （2）UseUri——不使用 Cookie （3）AutoDetect——如果浏览器支持和启用了 Cookie，则使用 Cookie，否则不使用 Cookie （4）UseDeviceProfile——如果浏览器支持 Cookie，则使用 Cookie，否则不使用 Cookie。此为默认值

在<forms>配置节中还包括一个<credentials>子配置节，该子配置节可定义名称和密码凭据，这意味着可以将从登录界面收集的用户凭据与<credentials>中的"用户名/密码"列表相比较，从而确定是否允许访问。

【例 10.1】 以明文形式配置 Forms 验证，实现强制登录。

功能要求：定义"student"和"teacher"两个合法用户，以明文形式存储密码，实现 Forms 身份验证，未通过验证的将被拒绝访问所有资源，并被重定向到 login.aspx。

本例涉及两个程序文件。

应用程序的 web.config 文件内容示例如下：

```xml
<configuration>
  <system.web>
    <authentication mode="Forms">
      <forms name="formauthentication" loginUrl="login.aspx" >
        <credentials passwordFormat="Clear">
          <user name="student" password="1234" />
          <user name="teacher" password="5678" />
        </credentials>
      </forms>
    </authentication>
    <authorization>
      <deny users="?" />
    </authorization>
  </system.web>
</configuration>
```

◎◎ **注意**：

必须通过 "deny users="?"" 来授权以限制匿名用户，才能确保强制登录。

login.aspx 文件中，包含用户名（userName）和密码（password）输入框、一个显示信息的 Label 控件，以及一个"确定"按钮。"确定"按钮的单击事件代码如下：

```csharp
protected void Button1_Click(object sender, EventArgs e)
{
    if (FormsAuthentication.Authenticate(userName.Text,password.Text ))
        FormsAuthentication.RedirectFromLoginPage(userName.Text,true);
    else
        Label1.Text = "用户名和密码有错，请重输";
}
```

程序分析：

（1）FormsAuthentication.Authenticate 方法的功能是，将用户名和密码与配置文件的 <credentials> 子配置节中存储的"用户名/密码"进行比较，即身份验证。如果用户名和密码有效，则返回 True，否则返回 False。

（2）如果通过了身份验证，则调用 FormsAuthentication.RedirectFromLoginPage 方法，将用户重定向到最初请求的 URL。

（3）FormsAuthentication 的 SignOut 方法的功能是清除用户标识并删除身份验证凭据（Cookie）。

【例 10.2】 在配置文件中加密用户密码，实现强制登录。

功能要求：在【例 10.1】的基础上，以密文形式存储密码，实现 Forms 身份验证，未通过验证的将被拒绝访问所有资源，并被重定向到 login.aspx。

本例只需修改 web.config 文件，其他程序文件不变。web.config 文件内容修改如下：

```
<configuration>
  <system.web>
      <authentication mode="Forms">
          <forms name="formauthentication" loginUrl="login.aspx" >
              <credentials passwordFormat="MD5">
                  <user name="student" password=" 81DC9BDB52D04DC200
                      36DBD8313ED055" />
                  <user name="teacher" password=" 674F3C2C1A8A6F90461E8
                      A66FB5550BA" />
              </credentials>
          </forms>
      </authentication>
      <authorization>
          <deny users="?" />
      </authorization>
  </system.web>
</configuration>
```

注意：

（1）其中的密文形式的密码是采用 MD5 算法对用户密码进行散列运算生成的，可以利用 FormsAuthentication 类的 HashPasswordForStoringInConfigFile 方法来生成，示例如下：

FormsAuthentication.HashPasswordForStoringInConfigFile("1234", "MD5");

（2）验证过程中，ASP.NET 将用户输入的密码用 MD5 算法进行散列运算，并与配置文件中的密文进行比较来验证用户的凭证。

3. 无 Cookie 的 Forms 验证配置

如果用户浏览器拒绝 Cookie，则将无法使用基于 Cookie 的 Forms 验证。在 ASP.NET 4.0 中，支持无 Cookie 的 Forms 验证。无 Cookie 的 Forms 验证与无 Cookie 的会话有关。

启用无 Cookie 的会话比较简单，只要在配置文件的<forms>或者<sessionState>配置节中设置 cookieless="UseUri"就能够实现，既能支持无 Cookie 的 Forms 验证，又可以支持有 Cookie 的 Forms 验证。

10.2.4 用户授权

用户授权是指确定已通过身份验证的用户是否可以访问请求资源的过程。主要有 3 种授权方式。

（1）文件授权：文件授权由 FileAuthorizationModule 类来实现。当用户请求某个页面时，FileAuthorizationModule 负责对执行 .aspx 或 .ascx 处理程序文件的访问控制列表（ACL）进行检查，以确定用户是否有权访问。这种授权方式主要通过系统管理员对服务器中文件权限的设定来实现，它常用于 Windows 验证方式。

（2）URL 授权：当不使用 Windows 验证时，可以使用 URL 授权。URL 授权由 UrlAuthorizationModule 类来实现，它可以显式地允许或拒绝某个用户名、角色或谓词（如 Post 或 Get）对特定目录的访问权限。这种授权方式并非从文件权限出发，而是根据系统的配置情况（web.config）决定请求是否是经过授权的。

（3）基于角色的授权：实现基于角色的授权管理，可以从逻辑上实现用户与授权的分离，自 ASP.NET 2.0 之后就实现了基于角色的授权。建立角色的主要目的是提供一种管理用户组访问规则的便捷方法。

URL 授权方式是 ASP.NET 应用程序常用的授权方式。当采用 URL 授权方式时，在 web.config 文件的<authorization>配置节中可以定义 allow 和 deny 元素，它们分别表示授予访问权限或撤销访问权限，它们都有 3 个属性。

- users：标识允许或拒绝访问资源的用户。问号（?）表示匿名用户（即未经过身份验证的用户），星号（*）表示所有经过身份验证的用户。
- roles：标识允许或拒绝访问资源的角色。
- verbs：定义操作中所用的 HTTP 提交方式，如 GET、HEAD 和 POST。默认值为"*"，表示支持所有的 HTTP 提交方式。

下面是几个授权的配置示例：

```
<authorization>
    <deny users="?" />
    <allow users="*" />
    <allow roles="admin" />
    <allow verb="POST" users="*" />
</authorization>
```

10.3　ASP.NET XML 编程

XML 是 eXtensible Markup Language 的缩写，它是一种可扩展的标记语言。XML 是 SGML（Standard Generalized Markup Language，标准通用标记语言）的一个子集，该子集针对 Web 传输进行了优化。XML 提供了一种独立于应用程序的数据存储及管理方法。

XML 的重要之处在于其信息处于文档之中，而显示指令在其他位置。也就是说，内容和显示是相互独立的。XML 是用于数据交换的 Web 语言，已成为在 Internet 上传递数据的事实标准。

10.3.1　XML 数据访问

.NET 框架为读、写 XML 数据提供了两个核心类——XmlReader 和 XmlWriter 类，它们属于 System.Xml 命名空间。

1．用 XmlReader 读取 XML 数据

XmlReader 能够从流或者 XML 文档中读取 XML 数据。该类提供了对 XML 数据快速、非缓存、只读和只进的访问方式。XmlReader 提供的方法和属性可以浏览 XML 数据并读取节点的内容。

XmlReader 类具有以下功能。

（1）检查字符是不是合法的 XML 字符，元素和属性的名称是否是有效的 XML 名称。
（2）检查 XML 文档的格式是否正确。
（3）根据 DTD 或架构验证数据。
（4）从 XML 流检索数据或使用提取模型跳过不需要的记录。

XmlReader 类从文件的顶部开始读取数据，每次读取一个节点。读取节点后，可以忽略该节点，也可以按照应用程序的要求访问节点信息。

使用 XmlReader 类访问 XML 数据的步骤如下。

（1）使用 XmlReader 类的 Create()方法创建该类的一个实例，并将 XML 文件名作为参数传递给 Create()方法。

（2）循环调用 Read()方法。该方法从文件的第一个节点开始，一次调用只读取一个节点。如果存在一个节点可被读取则返回 True，而当到达文件尾部时，则返回 False。

（3）在这个循环中，将检查 XmlReader 对象的属性和方法，以获得关于当前节点的信息（节点类型、名称和数据等）。不断地执行循环直到 Read()返回 False 为止。

XmlReader 类具有大量的属性和方法，表 10.2、表 10.3 分别列出了它的主要属性和方法。

表 10.2　XmlReader 的主要属性

名称	说明
AttributeCount	获取当前节点上的属性个数
Depth	获取 XML 文档中当前节点的深度。用于判断指定的节点是否有子节点
EOF	判断读取器是否定位在流的结尾
HasAttributes	判断当前节点是否有任何属性
HasValue	判断当前节点是否可以具有 Value
IsEmptyElement	判断当前节点是否为空元素（如<MyElement/>）
LocalName	获取当前节点的本地名称
Name	获取当前节点的限定名
NamespaceURI	获取读取器定位在其上的节点的命名空间 URI
NodeType	以 XmlNodeType 枚举的形式返回当前节点的类型
Prefix	获取与当前节点关联的命名空间前缀
ReadState	以 ReadState 枚举的形式返回读取器的状态
Settings	获取用于创建此 XmlReader 实例的 XmlReaderSettings 对象
Value	获取当前节点的文本值
ValueType	获取当前节点的公共语言运行库（CLR）类型

表 10.3　XmlReader 的主要方法

名称	说明
Close	将 ReadState 更改为 Closed，以关闭 XmlReader 对象
Create	创建一个新的 XmlReader 实例，并将其返回给调用程序。这是获取 XmlReader 实例的首选机制
GetAttribute	获取属性的值
IsStartElement	测试当前内容节点是否是开始标记
MoveToAttribute	将读取器移动到指定的属性
MoveToContent	检查当前节点是否是内容（非空白文本、CDATA、Element、EndElement、EntityReference 或 EndEntity）节点。如果此节点不是内容节点，则读取器向前跳至下一个内容节点或文件结尾。它跳过以下类型的节点：ProcessingInstruction、DocumentType、Comment、Whitespace 或 SignificantWhitespace
MoveToElement	移动到包含当前属性节点的元素
MoveToFirstAttribute	移动到第一个属性
MoveToNextAttribute	移动到下一个属性
Read	从流中读取下一个节点

名称	说明
ReadContentAs	将内容作为指定类型的对象读取
ReadElementContentAs	读取当前元素,并将内容作为指定类型的对象返回
ReadEndElement	检查当前内容节点是否为结束标记并将读取器推进到下一个节点
ReadInnerXml	将所有内容(包括标记)当做字符串读取
ReadOuterXml	读取表示该节点和所有它的子级的内容(包括标记)
ReadToDescendant	让 XmlReader 前进到下一个匹配的子代元素
ReadToFollowing	一直读取,直到找到命名元素
ReadToNextSibling	让 XmlReader 前进到下一个匹配的同级元素
ReadValueChunk	读取嵌入 XML 文档中的大量文本流

在使用 XmlReader 实现读取 XML 数据时,通常会使用 XmlReaderSettings 类的实例与 XmlReader 配合来完成读取任务。Create 方法是获取 XmlReader 实例的首选机制,而 Create 方法使用 XmlReaderSettings 类指定要在创建的 XmlReader 对象中实现哪些功能。XmlReaderSettings 类可以被重复使用,以创建多个读取器对象。下面通过一个实例来介绍使用 XmlReader 读取 Books.xml 文件中的 XML 文档数据。XML 文档 Books.xml 的内容如下:

```xml
<?xml version='1.0'?>
<!-- This file is a part of a book store inventory database -->
<bookstore xmlns="http://example.books.com">
    <book genre="novel" publicationdate="1967" ISBN="0-201-63361-2">
        <title>The Confidence Man</title>
        <author>
            <first-name>Herman</first-name>
            <last-name>Melville</last-name>
        </author>
        <price>11.99</price>
    </book>
    <book genre="philosophy" publicationdate="1991" ISBN="1-861001-57-6">
        <title>The Gorgias</title>
        <author>
            <first-name>Sidas</first-name>
            <last-name>Plato</last-name>
        </author>
        <price>9.99</price>
    </book>
</bookstore>
```

【例 10.3】 使用 XmlReader 对象和 XmlReaderSettings 类读取 XML 文档 Books.xml,并统计其中图书的数量。

新建网页 example10-3.aspx,在页面 Page_Load 事件处理程序中,读取 XML 文档并进行统计显示。

example10-3.aspx.cs 的部分代码如下。

```
using System.Xml;
protected void Page_Load(object sender, EventArgs e)
```

```
{
    int bookcount = 0;                                          //书籍的计数器
    XmlReaderSettings settings = new XmlReaderSettings();
    settings.IgnoreWhitespace = true;                           //忽略空白内容
    settings.IgnoreComments = true;                             //忽略注释内容
    string booksFile = Server.MapPath("~/App_Data/books.xml");
    using (XmlReader reader = XmlReader.Create(booksFile,settings))
    while(reader.Read())
        //如果节点类型为 Element，且本地名为 book，则计数器加 1
        if (reader.NodeType == XmlNodeType.Element && reader.LocalName == "book")
            bookcount++;
        Response.Write(String.Format("共找到{0}本书。", bookcount));
}
```

程序运行后将在页面中显示"共找到 2 本书。"。

程序分析：XmlReaderSettings 的 IgnoreWhitespace 和 IgnoreComments 被设置为 true，表示忽略文档里的空白和注释内容。

2. 用 XmlWriter 写入 XML 数据

.NET Framework 提供了一个编写器 XmlWriter，该编写器提供一种快速、非缓存和只进的方式来生成包含 XML 数据的流或文件。

XmlWriter 类具有以下功能。

（1）检查字符是不是合法的 XML 字符，元素和属性的名称是否是有效的 XML 名称。

（2）检查 XML 文档的格式是否正确。

（3）将二进制字节编码为 base64 或 binhex，并写出生成的文本。

（4）使用 CRL 类型传递值，而不是使用字符串，这样可以避免必须手动执行值的转换。

（5）将多个文档写入一个输出流。

（6）写出有效的名称、限定名和名称标记。

XmlWriter 类具有大量的属性和方法，表 10.4、表 10.5 分别列出了它的主要属性和方法。

表 10.4 XmlWriter 的主要属性

名 称	说 明
Settings	获取用于创建此 XmlWriter 实例的 XmlWriterSettings 对象
WriteState	获取编写器的状态
XmlLang	获取当前的 xml：lang 范围
XmlSpace	获取表示当前 xml：space 范围的 XmlSpace

表 10.5 XmlWriter 的主要方法

名 称	说 明
Close	关闭当前流和基础流
Create	创建一个新的 XmlWriter 实例
WriteAttributes	写出在 XmlReader 中当前位置找到的所有属性
WriteAttributeString	写出具有指定值的属性

续表

名称	说明
WriteBase64	将指定的二进制字节编码为 Base64 并写出结果文本
WriteBinHex	将指定的二进制字节编码为 BinHex 并写出结果文本
WriteCData	写出包含指定文本的<![CDATA[...]]>块
WriteCharEntity	为指定的 Unicode 字符值强制生成字符实体
WriteChars	以每次一个缓冲区的方式写入文本
WriteComment	写出包含指定文本的注释<!--...-->
WriteDocType	写出具有指定名称和可选属性的 DOCTYPE 声明
WriteElementString	写出包含指定字符串值的元素
WriteEndAttribute	关闭上一个 WriteStartAttribute 调用
WriteEndDocument	关闭任何打开的元素或属性并将编写器重新设置为 Start 状态
WriteEndElement	关闭由 WriteStartElement 方法创建并打开的一个元素,如果该元素没有包含内容,写入一个短结束标签"/>";否则,将写入一个完整的结束标签
WriteFullEndElement	关闭打开的元素。这个方法与 WriteEndElement 方法的不同之处在于当要写入空元素时是否可见。这个方法通过写入完整的结束标签总是会关闭打开的标签,并特别用在写入用于嵌入 HTML 脚本代码块的标签
WriteName	写出指定的名称,确保它是符合 W3C XML 1.0 建议的有效名称
WriteNode	将所有内容从源对象复制到当前编写器实例
WriteProcessingInstruction	写出在名称和文本之间带有空格的处理指令,如下所示:<?name text?>
WriteQualifiedName	写出命名空间限定的名称。此方法查找位于给定命名空间范围内的前缀
WriteRaw	手动编写原始标记
WriteStartAttribute	编写属性的起始内容
WriteStartDocument	编写 XML 声明
WriteStartElement	写出指定的开始标记
WriteString	编写给定的文本内容
WriteValue	编写单一的简单类型化值
WriteWhitespace	写出给定的空白

XmlWriter 类还有一个设置类 XmlWriterSettings,用于指定要在新的 XmlWriter 对象上启用的功能集。XmlWriterSettings 类的属性可以启用或禁用功能,通过将 XmlWriterSettings 对象传递给 XmlWriter 的 Create 方法,指定要支持的编写器功能。

为了写入元素、属性和文档,需要调用一个 WriteStartXXX 方法和一个 WriteEndXXX 方法。在使用 XmlWriter 时,并不是简单地写入一个元素。首先要写入开始标记,然后写入它的内容,最后写入结束标记。下面通过实例来介绍如何使用 XmlWriter 对象。

【例 10.4】 使用 XmlWriter 对象和 XmlWriterSettings 类创建一个 XML 文档并输出到页面上。

设计步骤如下:

(1) 添加一个网页,命名为 "example10-4.aspx"。切换到源视图,只保留如下代码:

```
<%@ Page Language="C#" AutoEventWireup="true" CodeFile="example10-4.aspx.cs"
Inherits="example10_4" %>
```

(2) 打开 example10-4.aspx.cs 代码页,添加命名空间:

```
using System.Xml;
```
（3）在 Page_Load 方法体内输入以下代码：
```
Double price = 46.00;
    DateTime publicationdate = new DateTime(2009,7,1);
    String author = "彭作民 高茜 陈冬霞";
    XmlWriterSettings settings = new XmlWriterSettings();
    settings.Indent = true;                                    //设置缩进
    settings.NewLineOnAttributes = false;                      //属性在一行中显示
    Response.ContentType = "text/xml";                         //设置输出流的类型
    XmlWriter writer = XmlWriter.Create(Response.OutputStream, settings);
    writer.WriteStartDocument();                               //编写 XML 声明
    writer.WriteStartElement("inventory");                     //创建开始标记<inventory>
    writer.WriteStartElement("book");                          //创建开始标记<book>
    writer.WriteStartAttribute("出版日期");                     //添加属性"出版日期"
    writer.WriteValue(publicationdate);                        //给属性赋值
    writer.WriteEndAttribute();                                //关闭上一个 WriteStartAttribute 调用
    writer.WriteElementString("标题","ASP.NET4.0");            //写出包含指定字符串值的元素
    writer.WriteStartElement("价格");                          //写出指定的开始标记
    writer.WriteValue(price);
    writer.WriteEndElement();                                  //关闭创建<价格>元素
    writer.WriteStartElement("作者");                          //写出开始标记<作者>
    writer.WriteValue(author);
    writer.WriteEndElement();                                  //关闭创建<作者>元素
    writer.WriteEndElement();                                  //关闭创建<book>元素
    writer.WriteEndElement();                                  //关闭创建<inventory>元素
    writer.WriteEndDocument();
    writer.Close();
```
（4）按"Ctrl+F5"组合键运行网页，运行的结果如图 10.1 所示。

图 10.1　写入 XML 数据示例

程序分析：

（1）上面代码中的 Response.ContentType = "text/xml"; 语句指示浏览器按照 XML 文档来显示结果。

（2）程序通过将结果直接输出到 Response.OutputStream 中，实现在浏览器中显示。

10.3.2 XML 数据显示

单独用 XML 是不能在页面中正确显示其数据的，必须使用某种格式化技术，如 CSS 或 XSL，才能显示 XML 标记创建的文档。

XML 是将数据和格式分离的，所以 XML 文档本身不知道如何来显示数据，必须有辅助文件来帮助实现。辅助 XML 来设定显示风格样式的文件类型有如下几种。

（1）XSL。XSL 的全称为 eXtensible Stylesheet Language（可扩展样式语言），是用来设计 XML 文档显示样式的主要文件类型。它本身也是基于 XML 语言的。使用 XSL 可以灵活地设置文档的显示样式，文档将自动适应各种浏览器。

XSL 也可以将 XML 转化为 HTML，这样，旧的浏览器也可以显示 XML 文档。

（2）CSS。CSS 的全称为 Cascading Style Sheets（层叠样式表），是目前用来在浏览器上显示 XML 文档的主要方法。

XSL 是基于 XML 的语言，用于创建样式表。XSL 创建的样式表能够将 XML 文档转换成其他文档，如转换成 HTML 文档，这样就可以在浏览器中显示了。

在进行转换之前，先要创建一个 XSL 样式表，以定义如何转换。不过，XSL 是一种复杂的标准，限于篇幅，本书不做详细介绍，有兴趣的读者可查阅相关资料。

1. XSL 样式表示例

下面通过一个简单的例子说明如何创建 XSL。

在 Visual Studio 2010 中，内置了 XSL 文件模板，在"添加新项"对话框中选择"XSLT 文件"即可。由模板创建的 XSL 文件如下：

```
<?xml version="1.0" encoding="utf-8"?>
<xsl:stylesheet version="1.0" xmlns:xsl="http://www.w3.org/1999/XSL/Transform"
    xmlns:msxsl="urn:schemas-microsoft-com:xslt" exclude-result-prefixes="msxsl">
    <xsl:output method="xml" indent="yes"/>
    <xsl:template match="@* | node()">
        <xsl:copy>
            <xsl:apply-templates select="@* | node()"/>
        </xsl:copy>
    </xsl:template>
</xsl:stylesheet>
```

上面的代码中，指令<xsl:output method="xml" indent="yes"/>定义转换输出的格式，默认是 XML，要在网页中显示，应将 method="xml"设置为 method="html"。在模板<xsl:template match="@* | node()">中可以添加 XSL 命令，用于转换 XML 文档。

修改上面的代码，保存为 Books.xslt。代码如下：

```
<?xml version="1.0" encoding="utf-8" ?>
<xsl:stylesheet xmlns:xsl="http://www.w3.org/1999/XSL/Transform"
  xmlns:b="http://example.books.com" version="1.0">
  <xsl:output method="html"/>
  <xsl:template match="/">作者列表
      <table border="1">
          <tr>
              <th>姓氏</th>
```

```
                    <th>名字</th>
                </tr>
                <xsl:apply-templates select="//b:book"/>
            </table>
    </xsl:template>
    <xsl:template match="b:book">
            <tr>
                <td>
                    <xsl:value-of select="b:author/b:first-name"/>
                </td>
                <td>
                    <xsl:value-of select="b:author/b:last-name"/>
                </td>
            </tr>
    </xsl:template>
</xsl:stylesheet>
```

在 Books.xslt 文件中，通过 xmlns:b=http://example.books.com 指令使用了命名空间前缀，源命名空间用前缀 b 来声明，b 前缀在后面的 Xpath 表达式中使用，如//b:book。后面的 template 部分先定义了一个 HTML 表格（Table），然后将 XML 文档中的 first-name 和 last-name 元素分别对应于表格的单元格。

2. 用 XML 控件显示 XML 文档

定义了 XSL 样式表后，在 ASP.NET 页面中显示 XML 文档是很容易的事情，只需使用 XML 控件即可。

【例 10.5】 用 XML 控件在浏览器中显示 XML 文档。

新建网页 example10-5.aspx，在页面中添加一个 XML 控件，将其 DocumentSource 属性设为 Books.xml，TransformSource 属性设为 books.xslt。保存并运行，将在浏览器中显示 XML 文档内容，如图 10.2 所示。

图 10.2　显示 XML 数据示例

10.4　综合应用

【例 10.6】 对部分能够访问应用程序配置信息的网页进行单独保护，拒绝非授权用户访问。

1. 功能设计

新建 example10-6.aspx 网页，具有访问与显示配置文件中定义的应用程序配置信息 KeyWord 键值的功能。允许合法用户 teacher 访问 example10-6.aspx 网页，其他用户将被拒绝访问。

2. 程序设计

在应用程序中新建 example10-6.aspx 网页，在其页面加载事件处理程序中，访问配置文件中定义的应用程序配置信息 KeyWord 键值并显示。另外，在配置文件 web.config 中定义一个合法用户 teacher，允许该用户访问 example10-6.aspx 网页，拒绝其他用户访问。

（1）配置文件 web.config 设计。

在配置文件中添加针对 example10-6.aspx 文件的授权配置节<location>，代码如下：

```
<location path="example10-6.aspx">
```

```
        <system.web>
            <authorization>
                <allow users="teacher"/>
                <deny users="student"/>
            </authorization>
        </system.web>
</location>
```
另外,添加应用程序配置信息<appSettings>配置节,设置一个 KeyWord 键值,代码如下:
```
<appSettings>
  <add key="KeyWord" value="importantkey"/>
</appSettings>
```
<authentication>配置节代码如下:
```
<authentication mode="Forms">
    <forms name="formauthentication" loginUrl="login.aspx" >
        <credentials passwordFormat="Clear">
            <user name="student" password="1234" />
            <user name="teacher" password="5678" />
        </credentials>
    </forms>
</authentication>
<authorization>
    <deny users="?" />
</authorization>
```

(2) example10-6.aspx 程序设计。

在 example10-6.aspx 页面加载时,访问<appSettings>配置节的 KeyWord 键值并将其输出到浏览器显示,代码如下:
```
protected void Page_Load(object sender, EventArgs e)
{   Response.Write(System.Configuration.ConfigurationManager.AppSettings["KeyWord"]);}
```
登录页面"login.aspx"中的部分 html 代码如下:
```
用户名:<asp:TextBox ID="userName" runat="server"></asp:TextBox><br />
密码:<asp:TextBox ID="password" runat="server" TextMode="Password"></asp:TextBox><br />
<asp:Button ID="Button1" runat="server" onclick="Button1_Click" Text="确定" /><br /><br />
<asp:Label ID="Label1" runat="server" Text="Label"></asp:Label>
```
代码页中的"确定"按钮事件代码如下:
```
protected void Button1_Click(object sender, EventArgs e)
{
    if (FormsAuthentication.Authenticate(userName.Text, password.Text))
        FormsAuthentication.RedirectFromLoginPage(userName.Text, true);
    else
        Label1.Text = "用户名和密码有错,请重输";
}
```

程序运行时,当用户请求 example10-6.aspx 页面时,被转到 Login.aspx 页面进行登录验证,如果输入 student 用户名和相应的密码,单击"确定"按钮,由于是非授权用户,则被拒绝访问,用户将被再次定向到登录页。如果用户输入的是 teacher 和正确的密码,则被允许访问

example10-6.aspx 页面，浏览器将显示"importantkey"信息。

程序分析：

（1）在配置文件中利用<location>配置节可以针对某些资源单独进行授权，本例对 teacher 用户授予访问权，同时拒绝其他所有的注册用户（本例只有 student）访问。

（2）读取<appSettings>配置节中的键值，可以使用 ConfigurationSettings 对象的 AppSettings 集合属性来完成。

习 题

1. ASP.NET 为开发者提供了一个基于_____格式的配置文档 web.config。
2. web.config 中的所有配置信息都在_____根元素之间。
3. 配置节设置部分的（　　），可以配置 ASP.NET 授权支持。
   A．<authorization>和</authorization>
   B．<authentication>和</authentication>
   C．<authorication>和</authorication>
   D．<authentization>和</authentization>
4. 哪个配置节设置部分可以设置应用程序的身份验证策略？
5. 控件缓存和缓存后替换有什么区别？
6. 如何保护配置文件中的敏感信息，防止泄密？
7. 如何显示 XML 文档？
8. 如何访问 XML 文档中的数据？XmlReader 和 XmlWriter 的作用是什么？

实 验

1. 根据本章内容设计一个登录网页，通过配置实现强制登录。在网站的 web.config 配置文件中添加 3 个用户，分别是"admin/admin"、"anonymous/123"和"group/group"，要求网站中的所有网页都必须在登录后才能访问，若用户没有登录，则强制转到 Login.aspx 网页登录。

web.config 部分内容如下：

```
<authentication mode="Forms">
    <forms name="formauthentication" loginUrl="Login.aspx" >
        <credentials passwordFormat="Clear">
            <user name="admin" password="admin" />
            <user name="anonymous" password="123" />
            <user name="group" password="group" />
        </credentials>
    </forms>
</authentication>
<authorization>
    <deny users="?" />
</authorization>
```

在登录网页"登录"按钮的单击事件代码中,验证用户输入的用户名和密码是否正确,代码如下:

```
if (FormsAuthentication.Authenticate(userName.Text, password.Text))
    FormsAuthentication.RedirectFromLoginPage(userName.Text, true);
else
    Label1.Text = "用户名和密码有错,请重输";
```

2. 根据本章内容,通过配置实现网站部分资源的保护。在网站的 web.config 配置文件中添加授权配置节<location>,要求实现仅"admin"用户可以访问 WebCounter.aspx 网页,仅"admin"和"group"用户可以访问 IPCounter.aspx 网页。

web.config 中添加的部分内容如下:

```
<location path="IPCounter.aspx">
<system.web>
        <authorization>
            <allow users="group,admin "/>
            <deny users="anonymous"/>
        </authorization>
</system.web>
</location>
<location path="WebCounter.aspx">
<system.web>
    <authorization>
            <allow users="admin"/>
            <deny users="anonymous,group"/>
        </authorization>
</system.web>
</location>
```

第 11 章

ASP.NET 4.0 Web 服务

Web 服务即 Web Service，是系统提供的一组接口，通过这组接口可以使用系统的功能。和在 Windows 系统中应用程序通过 API 接口函数使用系统提供的服务一样，在 Web 站点之间，如果要使用其他站点的资源，就需要其他站点提供服务，即 Web 服务。

11.1 Web 服务的基本概念

要完全理解 Web 服务的影响，需要了解分布式计算方面的知识。

11.1.1 基于组件的分布式计算概念

什么是分布式计算？分布式计算是将应用程序逻辑分布到网络上的多台计算机上。之所以要把应用程序逻辑进行分布，原因有多种。

（1）分布式计算使得链接不同的机构或团体成为可能。

（2）应用程序访问的数据通常位于不同的计算机上，应用程序逻辑应当靠近数据所在的计算机。

（3）分布式应用程序逻辑可以在多个应用程序间重用，升级分布式应用程序块时不必升级整个应用程序。

（4）通过分布应用程序逻辑，使得负载分摊到不同的计算机，从而提供了潜在的性能优化。

（5）当新的需要产生时，应用程序逻辑可以重新分布或者重新连接。

（6）扩展一层比扩展整个应用程序容易。

随着 Internet 的不断发展，Internet 增强了分布式计算的重要性和适用性。Internet 的简单易用和无处不在的特性使得分布式计算作为分布式应用的骨干成为必然选择。

当前，已经发明出许多计算技术来支持分布和可重用应用程序逻辑，如基于组件的分布式计算协议有 CORBA（Common Object Request Broker Architecture，通用对象请求代理结构）、DCOM（Distributed Component Object Model，分布式组件对象模型）等。尽管 CORBA 和 DCOM 有许多相同之处，但是它们在细节上不同，使得协议间的互操作很难进行。表 11.1 列出了 CORBA、DCOM 和 Web 服务之间的相同与不同之处。

从技术上看，Web 服务试图解决 CORBA 和 DCOM 所遇到的问题，比如，如何穿越防火墙、协议的复杂性、异类平台的集成等。

表 11.1 CORBA、DCOM 和 Web 服务的特点

特 点	CORBA	DCOM	Web 服务
远程过程调用机制（Remote Procedure Call，RPC）	Internet Inter-ORB 协议（IIOP）	分布式计算环境远程过程调用（Distributed Computing Environment Remote Procedure Call，DCE-RPC）	超文本传输协议（Hyper Text Transfer Protocol，HTTP）
编码	通用数据表（Common Data Representation，CDR）	网络数据表示（Network Data Representation，NDR）	扩展标记语言（eXtensible Markup Language，XML）
接口描述	接口定义语言（Interface Definition Language，IDL）	接口定义语言（Interface Definition Language，IDL）	Web 服务描述语言（Web Service Description Language，WSDL）
状态管理	面向连接	面向连接	无连接
发现	命名服务与交易服务	注册库	通用发现、描述与集成机制（Universal Discovery Description and Integration，UDDI）
防火墙的友好性	否	否	是
协议的复杂性	高	高	低
跨平台性	部分	否	是

在 XML WebService 之前使用的其他协议，如 DCOM、CORBA、RMI 等技术，虽然也可以实现分布式计算，但是这些技术使用封闭的或受严格限制的 TCP/IP 端口，或者需要依赖附加的软件或操作系统，不适合在 Internet 环境下应用。

客户端调用远程服务时所传递的数据或对象，需要按照某种协议格式进行转换后再发送到网络上，这个过程称为串行化，反方向解构称为并行化。在串行化问题上，CORBA 和 DCOM 是基于复杂格式的，而 Web 服务是基于简单、易读、可扩展的 XML 协议的。

CORBA 和 DCOM 是面向连接的，客户端持有服务器的连接，服务器可以持有代表客户端的状态信息，它可以生成事件通知客户端，向客户端激发事件，这种面向连接的特性带来了灵活性和实时性。因而，CORBA 和 DCOM 在使用运行于相同平台的软件和紧密管理的局域网创建企业应用程序时非常优秀。然而，在创建跨 Internet、跨平台的适应 Internet 可伸缩性的应用程序时显得力不从心，因为客户端可能长时间不调用服务器，或者客户端在连接服务器后由于某种原因崩溃了，它与服务器的连接却没有释放，而浪费了服务器的资源。为了克服上述缺点，WebService 应运而生。

11.1.2 什么是 Web Service

从技术上可以给 Web Service 下一个定义：Web Service 是以独立于平台的方式，通过标准的 Web 协议，可以由程序访问的应用程序逻辑单元。

对定义说明如下。

（1）应用程序逻辑单元：Web 服务包括一些应用程序逻辑单元或者代码，这些代码可以完成运算任务，可以完成数据库查询，可以完成计算机程序能够完成的任何工作。

（2）可由程序访问：当前大多数 Web 站点都是通过浏览器由人工访问的，Web 服务可以由计算机程序来访问。

（3）标准的 Web 协议：Web 服务的所有协议都基于一组标准的 Web 协议，如 HTTP、XML、SOAP、WSDL、UDDI 等。

（4）平台独立性：Web 服务可以在任何平台上实现。因为标准协议不是由单个供应商专用的，它由大多数主要供应商支持。

Web 服务允许分布式应用程序通过网络（通常是 Internet）共享业务逻辑。例如，证券公司提供股票报价服务，咨询机构使用其报价服务。

Web 服务使用可以超越各种机器平台和操作系统的通用协议（HTTP/HTTPS）与通用语言（XML），因此它非常适合在 Internet 上实现业务逻辑的共享服务。

图 11.1 演示了客户端调用 Web 服务的方法时的工作流程，客户端可以是一个 Web 应用程序、另一个 Web 服务或 Windows 应用程序（如 Word 等）。

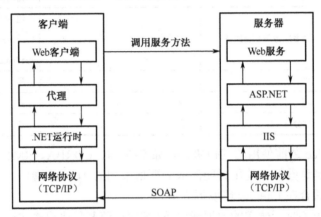

图 11.1 Web 服务的工作流程

11.1.3 Web Service 使用的标准协议

Web Service 需要一套协议来实现分布式应用程序的创建。任何平台都有它的数据表示方法和类型系统。要实现互操作性，Web 服务平台必须提供一套标准的类型系统，用于沟通不同平台、编程语言和组件模型中的不同类型系统。目前 Web 服务使用的主要协议有以下几种。

1. XML

XML 已经成为在 Internet 上传递数据的事实标准，因而也就顺理成章地成为 Web 服务中表示数据的基本格式，它的主要优点在于既与平台无关，又与厂商无关。

2. SOAP

SOAP 协议（Simple Object Access Protocol，简单对象访问协议）是用于交换 XML 编码信息的轻量级协议，该协议由 W3C 于 2000 年 5 月发布，它是 HTTP 和 XML 协议的组合。SOAP 协议包含 4 个部分。

（1）SOAP 封套（envelop）：封装定义消息中的内容是什么、是谁发送的、谁应当接收并处理它，以及如何处理它们的框架。

（2）SOAP 编码规则（encoding rules）：用于表示应用程序需要使用的数据类型的实例。

（3）SOAP RPC 表示（RPC representation）：表示远程过程调用和应答的协定。

（4）SOAP 绑定（binding）：使用底层协议交换信息。

3. WSDL

WSDL（Web Service Description Language，Web 服务描述语言）是用 XML 文档来描述 Web 服务的标准，是 Web 服务的接口定义语言。由于是基于 XML 的，所以 WSDL 文档既是机器可阅读的又是人可阅读的。通过 WSDL 可以描述 Web 服务的 3 个基本属性。

（1）Web 服务所提供的操作（Web 方法），也就是 Web 服务能够做什么。

（2）与 Web 服务交互的数据格式以及必要的协议，即如何访问 Web 服务。

（3）协议相关的地址，如 URL，即 Web 服务位于何处。

Web Service 在接收和响应客户请求时，使用标准的 Web 协议，即它使用 XML 对应用程序数据进行编码，并通过 HTTP 传输串行化的 XML 数据，提供了一种调用各种远程过程的方式，它把调用特定的所有信息都封装在 XML 元素（SOAP 封套）中。

假设要调用 Web 服务 Greeting.asmx 中的 Web 方法 Hello，该调用的 SOAP 封套的示例如下。

客户请求的 SOAP 封套示例（采用 HTTP 协议和 XML 协议）：

```
POST /Greeting.asmx HTTP/1.1
Host:localhost
Content-type:text/xml;charset=utf-8
Content-Length:300
SOAPAction:http://tempuri.org/Hello
<?xml version="1.0" encoding="utf-8"?>
<soap:Envelope
    xmlns:xsi="http://www.w3.org/2001/XMLSchema-instance"
    xmlns:xsd="http://www.w3.org/2001/XMLSchema"
    xmlns:soap="http://Schemas.xmlsoap.org/soap/Envelope/">
<soap:Body>
    <Hello xmlns="http://tempuri.org/>
        <strname>王强</strname>
    </Hello>
</soap:Body>
</soap:Envelope >
```

可以看出，请求的数据都是采用 POST 方法提交的，提交的数据都是使用 XML 来描述的。提交的字符串"王强"在<strname>元素中，它嵌套在<Hello>元素中，这种方式还可以包含复杂结构的数据。尽管 SOAP 请求是作为 HTTP POST 请求的一部分提交的，但它仍是完全独立的，是自包含的。

Web 服务响应的 SOAP 封套示例（采用 HTTP 协议和 XML 协议）：

```
HTTP/1.1 200   OK
Content-type:text/xml;charset=utf-8
Content-Length:400
<?xml version="1.0" encoding="utf-8"?>
<soap:Envelope
  xmlns:xsi="http://www.w3.org/2001/XMLSchema-instance"
  xmlns:xsd="http://www.w3.org/2001/XMLSchema"
  xmlns:soap="http:// Schemas.xmlsoap.org/soap/Envelope/">
<soap:Body>
    <HelloResponse   xmlns="http://tempuri.org/>
        <HelloResult>王强。你好！</HelloResult >
```

```
        </HelloResponse>
    </soap:Body>
</soap:Envelope>
```

可以看出，响应的字符串"王强。你好！"就是 Hello 方法调用的结果。返回的数据仍然是使用 XML 来描述的。

在 ASP.NET 逻辑中使用 Web 服务时，SOAP 是默认情况下使用的协议，虽然初看起来它比其他协议大一些，但实际上只有这种机制才能在代码中直接、灵活和无缝地使用 Web 方法。有关 SOAP 协议的详细内容可查阅 W3C 网站 http://www.w3.org/soap。

11.2 创建 ASP.NET Web 服务

建立 Web 服务就是把一些信息或逻辑对其他计算机和客户公开，进一步说，就是从支持 SOAP 通信的类中建立一个或多个方法。

Visual Studio 2010 提供了创建 Web 服务的模板。下面通过一个实例来介绍创建 Web 服务的方法。

【例 11.1】 创建简单的 Web 服务。

首先新建一个 ASP.NET Web 应用程序 WebApp11，在"解决方案资源管理器"窗口中右击选择"添加"→"新建项"，打开"添加新项"对话框，选择"Web 服务"模板，名称为"Service.asmx"，如图 11.2 所示，单机"添加"按钮。

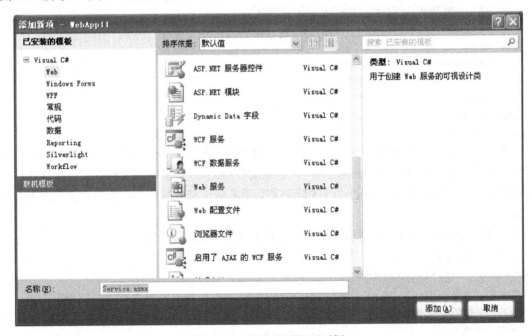

图 11.2 "添加新项"对话框

11.2.1 Web 服务类

【例 11.1 续 1】 在"解决方案资源管理器"窗口中双击"Service.asmx"文件，打开 Web 服务的代码隐藏文件 Service.asmx.cs，其代码如下：

```
using System;
using System.Web;
using System.Web.Services;
using System.Web.Services.Protocols;
[WebService(Namespace = "http://tempuri.org/")]
[WebServiceBinding(ConformsTo = WsiProfiles.BasicProfile1_1)]
//若要允许使用 ASP.NET AJAX 从脚本中调用此 Web 服务, 请取消对下一行的注释
//[System.Web.Script.Services.ScriptService]
public class Service : System.Web.Services.WebService
{
    [WebMethod]
    public string HelloWorld()
    {
        return "Hello World";
    }
}
```

上面代码中定义了 Web 服务类 Service, 该类是从 System.Web.Services.WebService 类派生而来的, 然后, 在 Service 类中包含了一个空的构造函数和一个公共方法 HelloWorld()。

注释了的 System.Web.Script.Services.ScriptService 对象, 用于处理 ASP.NET AJAX 脚本, 要使用该属性, 只需取消对它的注释。

11.2.2 WebService 特性

所有的 Web 服务都封装在一个类中。这个类在类声明前通过 WebService 特性定义为 Web 服务。例如:

```
[WebService(Namespace = "http://tempuri.org/")]
```

WebService 特性有几个属性。在 Web 服务中, 默认使用 WebService 特性的 Namespace 属性, 其初始值为 http://tempuri.org/。这是一个临时的命名空间, 用来设置 Web 服务的命名空间。强烈建议修改此命名空间, 以区别于其他 Web 服务。

WebService 特性的其他属性有 Name 和 Description。Name 允许改变 Web 服务名通过 ASP.NET 测试页面显示给开发人员的方式。Description 可以提供 Web 服务的文本描述, 该描述也将显示在 ASP.NET 测试页面上。如果 WebService 特性包含多个属性, 可用逗号分隔, 示例如下:

```
[WebService(Namespace = "http://tempuri.org/",Name="HelloWorld")]
```

11.2.3 定义 Web 服务方法

可通过 Web 进行通信的 Web 服务的方法称为 Web 服务方法。实现 Web 服务类的方法不会自动拥有通过 Web 进行通信的功能, 但是对于使用 ASP.NET 创建的 Web 服务, 添加该功能十分简单, 只需在公共方法前加上 WebMethod。

Web 服务类可以包含任意多个方法, 可以是标准方法, 也可以是 Web 方法。只有添加了 WebMethod 属性的方法才能通过 HTTP 访问。与 WebService 特性一样, Web 方法也包含一些属性。表 11.2 列出了 WebMethod 的公共属性。

表 11.2　WebMethod 的公共属性

属　　性	说　　明
BufferResponse	获取或设置是否缓存该请求的响应。默认为 False，表示关闭缓存
CacheDuration	获取或设置响应在缓存中保留的秒数。默认为 0，表示不缓存
Description	XML Web 服务方法的描述内容。该内容会出现在测试页面上
EnableSeesion	指示是否为 XML Web 服务方法启用会话状态。默认为 False，即不启用
MessageName	指定 Web 服务方法的名称。在传递 Web 服务方法和从 Web 服务方法返回的数据中使用
TransactionOption	指示 Web 服务方法是否支持事务。默认为 Disabled，即不支持。其值还可以是 NotSupported、Supported、Required 和 RequiredNew

【例 11.1 续 2】　【例 11.1 续 1】中定义的默认的 Web 服务方法 HelloWorld()代码如下：

[WebMethod]
public string HelloWorld() {　　　　return "Hello World";　}

该方法没有输入数据。

【例 11.1 续 3】　下面修改 HelloWorld()代码，增加输入参数，代码如下。

[WebMethod]
public string HelloWorld(string userName) {　return "Hello World" + userName ;　　}

这样在调用 Web 服务方法 HelloWorld()时，需要从浏览器中输入一个用户名字符串，然后可以返回一个字符串。

在创建 Web 服务方法时，要确保它满足基本 XML 标准的需求。由于 Web 服务是通过 ASP.NET 来执行的，也就是说任何能够产生 CLR 的代码都是合法的。这就意味着可以使用 .NET 类来访问各种有效数据或 ADO.NET。作为后端组件，对 Web 服务方法来说，除了不能显示用户界面外，其他代码都是没有限制的。

但是，这并不是说 Web 服务方法的参数和返回值没有限制。因为 Web 服务是建立在 XML 基础上的，因此 Web 服务能够使用的数据类型就是 XML 模式标准所能够识别的数据类型。也就是说，能够在 Web 服务方法中使用简单数据类型，如字符串、数字等，但不能自动使用 .NET 对象，如文件流或图像等。增加这些限制是有意义的，因为其他编程语言无法解释这些复杂的类型，即使能够设计某种方法把 .NET 类的对象传递给 Web 服务，客户端也可能无法解释它们，这样就会阻碍其交互性。表 11.3 列出了 Web 服务支持的数据类型。

表 11.3　Web 服务支持的数据类型

数 据 类 型	说　　明
基本数据类型	包括 bool、byte、sbyte、char、decimal、double、float、int、unit、long、ulong、short、ushort 等简单数据类型，还有几个其他的数据类型，如 string、Dateime 等
数组	可以使用任何支持类型的数组，也可以使用 ArrayList，它可以简单地转换成数组，但是不能使用更特殊的集合类型，如 HashTable。可以通过 byte 数组来使用 Binary 数据，Binary 数据自动采用 Base64 编码，以便能插入 XML Web 服务的消息中
自定义对象	自定义类或者结构体的对象也是可以传递的。不过，只有公共数据成员才会传递给 Web 服务，而且所有公共数据成员和属性都必须使用其他可支持的数据类型。如果传递的类对象包含自定义方法，这些方法不会传输到客户端，而且它们也不能访问客户端
枚举类型	支持枚举类型，但是，Web 服务使用枚举值的字符串，而不是其整数值
XmlNode	System.Xml.XmlNode 对象表示的是 XML 文档的一部分，使用它可以发送任意的 XML 片段

续表

数据类型	说 明
DataSet 和 DataTable	可以使用 DataSet 和 DataTable 来返回关系数据库的信息。其他 ADO.NET 数据对象（如 DataColumns 和 DataRows 等）是不支持的。使用 DataSet 和 DataTable 时，自动将其转换为 XML，就像使用 GetXML() 或者 WriteXML()方法一样

11.2.4 测试 Web 服务

按照前面的步骤建立了 Web 服务后，在浏览器中运行 Service.asmx，就会执行 ASP.NET Web 测试页。Web 服务的这个接口可用于测试，也可以由开发人员用做引用页面。为 Web 服务 Service 生成的页面如图 11.3 所示。

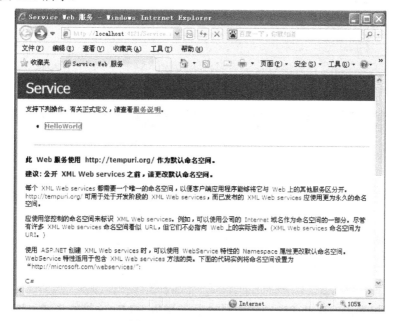

图 11.3　Web 服务测试页面

页面顶部显示了 Web 服务的名称"Service"。默认情况下，Web 服务名使用类名，可以通过 WebService 特性的 Description 属性改变名称。测试页面中还列出了 Web 服务公开的方法名，本例中仅有一个 HelloWorld 方法。

在测试页面中还显示了该 Web 服务的 Web 服务描述语言（WSDL）的文档链接"服务说明"。WSDL 文件是 Web 服务的实际接口，通过它 Visual Studio 2010 知道需要什么数据才能使用 Web 服务。WSDL 文档描述了发出请求需要执行的操作以及从响应中会返回什么内容。

单击页面中 Web 服务的方法名，可以进入方法测试页面，如图 11.4 所示。

图 11.4 中，页面顶部是 Web 服务的方法名，本例为"HelloWorld"，其下是该方法的参数输入文本框。页面中还显示了要使用该 Web 方法的 SOAP 消息结构，以及用于响应的 SOAP 消息结构。在 SOAP 例子的下面是通过 HTTP Post（带"名称/值"对）使用 Web 服务的例子。可以在该页面中直接测试 Web 方法。本例中在 userName 文本框中输入"王强"字符串，单击"调用"按钮即可调用 HelloWorld 方法。调用时会把 SOAP 请求发送给 Web 服务，返回的结果将显示在浏览器的新实例（窗口）中，如图 11.5 所示。

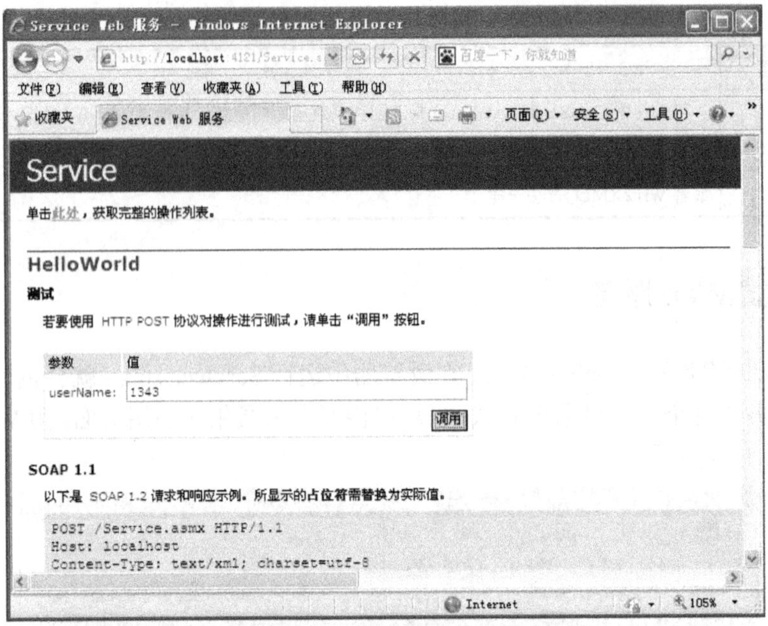

图 11.4　方法测试页面

图 11.5　HelloWorld 方法测试结果

由图 11.5 可以看出，HelloWorld 方法的执行结果以 XML 文档的形式呈现。注意，调用该 Web 服务的 URL 是 http://localhost:4121/Service.asmx/HelloWorld，也就是相应的 asmx 文件，再加上 Web 服务的方法名。

11.3　使用 ASP.NET Web 服务

到目前为止已经了解了 Web 服务的创建和测试过程，下面将介绍如何在 ASP.NET 中使用 Web 服务。实际上，Web 服务并不局限于在 ASP.NET 中使用，也可以在 Windows 应用程序、移动应用程序和数据库等中使用，而且，其他应用程序对于 Web 服务的使用与 ASP.NET 类似。由于本书是介绍 ASP.NET 的，所以主要介绍 ASP.NET 中使用 Web 服务的方法。

11.3.1　添加 Web 引用

要在 ASP.NET 中使用 Web 服务，应创建一个 ASP.NET Web 窗体来调用 Web 服务公开的方法。下面介绍如何在 ASP.NET 中使用前面创建的 Web 服务 Service。

第 11 章 ASP.NET 4.0 Web 服务

【例 11.1 续 4】 引用 Web 服务。

（1）在【例 11.1】建立的网站中（实际上可以在新建的网站中），右键单击网站根目录，选择"添加 Web 引用"项。

（2）在如图 11.6 所示的"添加 Web 引用"对话框中，在 URL 列表框中选择或填入 Web 服务的 URL，如本例中的 http://localhost:4121/Service.asmx。然后在"添加 Web 引用"文本框中填入希望在应用程序中使用的添加 Web 引用名，本例为 SimpleWeb。

在图 11.6 所示对话框中，可以指向某个 asmx 文件来引用 Web 服务。实际上，添加 Web 引用查找的是 WSDL 文件，不过，.NET 的 Web 服务能够根据 asmx 文件自动生成 WSDL 文件，因此只需在 URL 框中填入 asmx 的 URL 即可。

（3）单击"添加引用"按钮，将在解决方案资源管理器中看到添加了"SimpleWeb" Web 引用，如图 11.7 所示，该引用位于 App_WebReferences 目录中。而在应用程序的 web.config 文件的 <applicationSettings> 块中，自动添加了如下配置，以设定实际的 Web 引用。

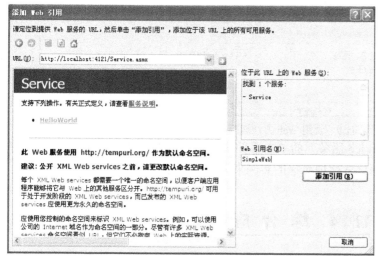

图 11.6 "添加 Web 引用"对话框

图 11.7 添加 Web 引用后的解决方案

```
<applicationSettings>
    <WebApp11.Properties.Settings>
        <setting name="WebApp11_SimpleWeb_Service" serializeAs="String">
            <value>http://localhost:4121/Service.asmx</value>
        </setting>
    </WebApp11.Properties.Settings>
</applicationSettings>
```

11.3.2 客户端调用 Web 服务

现在，Web 服务已经添加到 ASP.NET 应用程序中，可以在 ASP.NET Web 窗体中使用 Web 服务了。

【例 11.1 续 5】 使用 Web 服务。

（1）在【例 11.1】建立的网站中添加网页 Default.aspx，在页面中添加一个 TextBox 控件、一个 Button 控件和一个 Label 控件，如图 11.8 所示。

图 11.8 页面设计

(2) 添加按钮"调用 Service 服务"的单击事件代码如下：

```
protected void Button1_Click(object sender, EventArgs e)
{
    //实例化 Service 对象
    Service ms = new Service();
    //调用 Service 对象 ms 的 HelloWorld 方法，
    //将 TextBox.Text 作为参数传递给 HelloWorld 方法
    Label1.Text = ms.HelloWorld(TextBox1.Text);
}
```

(3) 保存并浏览网页 Default.aspx，在浏览器窗口中输入姓名"王强"，然后单击"调用 Service 服务"按钮，将会调用 Web 服务 Service 的 HelloWorld 方法，并将结果显示在 Label 上，效果如图 11.9 所示。

图 11.9　调用 Web 方法运行结果

程序分析：在按钮"调用 Service 服务"的单击事件代码中，首先创建 Web 服务 Service 的代理 ms，然后再由 SimpleWeb.Service 代理对象的实例来调用 Web 服务的方法。

11.4　综合应用

数据库操作是 Web 服务中最常用的一种服务。如果需要从数据库中提取信息，或将信息显示给用户及应用更新时，数据集往往是最佳的选择。通过 Web 公开数据集，能够限制数据库服务器的连接数，以增加其安全性并减少负载。下面用一个实例来介绍如何通过 Web 服务公开数据集以供客户端访问。

【例 11.2】　创建 Web 服务 webGetRegion，在 Web 服务中新建一个 Web 方法，它将 Access 数据库 Northwind.mdb 中的 Region 表公开，通过 GetRegion()方法返回一个数据集供客户端使用。具体步骤如下。

(1) 创建一个 Access 数据库连接字符串，创建连接字符串后的 web.config 文件中增加了数据库连接串的配置项。增加的代码如下：

```
<connectionStrings>
    <add name="ApplicationServices" connectionString="data source=.\SQLEXPRESS;Integrated Security=SSPI;AttachDBFilename=|DataDirectory|\aspnetdb.mdf;User Instance=true"
        providerName="System.Data.SqlClient" />
    <add name="NorthwindConnectionString" connectionString="Provider=Microsoft.Jet.OLEDB.4.0; Data Source=&quot; E:\MyService\App_Data\Northwind.mdb &quot;;Jet OLEDB:Database Password =123456"providerName="System.Data.OleDb" />
</connectionStrings>
```

（2）在 Web 服务 webGetRegion 中添加一个新的 Web 方法，命名为 GetRegion。代码如下：

```csharp
using System;
using System.Collections.Generic;
using System.Linq;
using System.Web;
using System.Web.Services;
using System.Data;
using System.Data.OleDb;

namespace WebApp11
{
    [WebService(Namespace = "http://tempuri.org/")]
    [WebServiceBinding(ConformsTo = WsiProfiles.BasicProfile1_1)]
    [System.ComponentModel.ToolboxItem(false)]
    // [System.Web.Script.Services.ScriptService]
    public class webGetRegion : System.Web.Services.WebService
    {
        [WebMethod(Description = "返回数据集")]
        public DataSet GetRegion()
        {
            OleDbConnection conn = new OleDbConnection();
            OleDbDataAdapter myDataAdapter;
            DataSet myDataSet = new DataSet();
            //设置 Northwind.mdb 数据库的连接串
            conn.ConnectionString = System.Configuration.ConfigurationManager.
                ConnectionStrings["NorthwindConnectionString"].ConnectionString;
            conn.Open();                //打开数据库连接
            String cmd = "select * from Region";
            myDataAdapter = new OleDbDataAdapter(cmd, conn);
            myDataAdapter.Fill(myDataSet, "Region");
            conn.Close();               //关闭数据库连接
            return myDataSet;           //返回数据集
        }
    }
}
```

（3）按照前面介绍的方法，测试 Web 服务方法 webGetRegion。

（4）在网站中添加 Web 引用，在如图 11.6 所示的"添加 Web 引用"对话框中，在 URL 列表框中输入 Web 服务的 URL，本例为 http://localhost:4121/webGetRegion.asmx。默认其 Web 引用名为 localhost。

（5）新建一个 RegionForm.aspx 网页，添加一个"获取数据集"按钮和一个 GridView 控件。

（6）双击"获取数据集"按钮，添加其单击事件代码如下：

```csharp
protected void Button1_Click(object sender, EventArgs e)
{
    localhost.webGetRegion ws = new localhost.webGetRegion();
    GridView1.DataSource = ws.GetRegion();
    GridView1.DataBind();
}
```

（7）保存并运行 RegionForm.aspx 网页，单击"获取数据集"按钮，即可在 GridView 控件中显示 Region 表的记录，效果如图 11.10 所示。

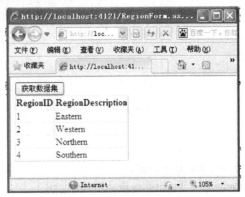

图 11.10　获取数据集结果

习　　题

1．什么是 Web 服务？它与其他的远程调用协议（如 CORBA 等）有什么不同？
2．Web 服务建立在（　　）开放标准之上。
　　A．HTTP　　　　　　B．XML　　　　　C．SOAP　　　　　D．WEB
3．SOAP 规范定义了简单的基于_____包装传递信息。
4．Web 服务使用的主要协议有哪些？
5．在调用 Web 服务时，可以发送和接收一些数据，这些数据包括（　　）。
　　A．简单数据类型　　B．结构体　　　　C．数组　　　　　D．DataSet
6．如何创建 ASP.NET Web 服务？
7．在页面中如何访问 ASP.NET Web 服务？

实　　验

1．根据本章内容设计一个网页，网页中包含简单计算器的功能，要求使用 Web 服务实现，如图 11.11 所示。

图 11.11　运行结果

在网站中添加名为 Service.asmx 的 Web 服务，在 Web 服务中分别添加实现加、减、乘、除运算的 4 个 Web 方法。Service.cs 代码如下：

```csharp
using System;
using System.Collections;
using System.Linq;
using System.Web;
using System.Web.Services;
using System.Web.Services.Protocols;
using System.Xml.Linq;
/// <summary>
///Service 的摘要说明
/// </summary>
[WebService(Namespace = "http://tempuri.org/")]
[WebServiceBinding(ConformsTo = WsiProfiles.BasicProfile1_1)]
//若要允许使用 ASP.NET AJAX 从脚本中调用此 Web 服务，请取消对下一行的注释
// [System.Web.Script.Services.ScriptService]
namespace WebApp11
{
    public class Service : System.Web.Services.WebService
    {
        public Service ()
        {
            //如果使用设计的组件，请取消注释下一行
            //InitializeComponent();
        }
        [WebMethod]
        public string HelloWorld()
        {   return "Hello World";        }
        [WebMethod]
        public double Sum(double a, double b)
        {   return a + b;        }
        [WebMethod]
        public double Sub(double a, double b)
        {   return a - b;        }
        [WebMethod]
        public double Mult(double a, double b)
        {   return a * b;        }
        [WebMethod]
        public double Div(double a, double b)
        {   return a / b;        }
    }
}
```

新建页面 Calculator.aspx，用来实现计算器界面。在页面中添加若干个按钮和一个文本框，为各个按钮添加单击处理程序。

2．使用 Web 服务实现数据库表记录添加操作，如图 11.12 所示。

图 11.12　运行结果

在建立的网站 App_Data 文件夹中添加一个 Access 数据库 Northwind.mdb，在库中添加一个用户表 users，表中的字段有 id、uname、upassword、email、phone，其中 id 是自动编号型，其余字段均为字符型。另外，在配置文件中添加数据库的连接串配置。

在实验 1 中建立的 Service.asmx Web 服务基础上，再添加一个实现添加记录的 Web 方法 CommandSql，同时添加命名空间"using System.Data.OleDb"。

在网站中新建注册页面 Register.aspx。在页面中添加若干个文本框和两个按钮，同时添加一个 GridView 控件用来显示 users 表记录，效果如图 11.12 所示。添加命名空间"using System.Data.OleDb"，并为"添加"按钮添加单击处理程序。

第 12 章

ASP.NET 4.0 AJAX 简介

AJAX（Asynchronous JavaScript and XML）是一种实现异步网络应用的技术，是目前 Web 应用程序中使用广泛的专门术语，在 Web 应用程序开发中，AJAX 表示建立利用 XMLHttpRequest 对象的应用程序的能力。在 JavaScript 中可以建立和包含 XMLHttpRequest 对象。另外，大多数浏览器都支持这个对象的使用，于是诞生了 AJAX 模型。尽管 AJAX 应用程序只是在最近几年才出现，但是在 Google 发布了许多基于 AJAX 的著名应用程序（如 Google Maps 和 Google Suggest）之后，它变得越来越流行。本章介绍 ASP.NET AJAX 应用程序的基本概念和建立方法。

12.1 ASP.NET AJAX 概述

微软发布的第一个 AJAX 工具集是 Atlas，后来改名为 ASP.NET AJAX，它极大地简化了在应用程序中使用 AJAX 特性的过程，使 Web 应用程序比以前更流畅。

12.1.1 为什么使用 AJAX

AJAX 对 Web 应用程序有什么作用？首先分析一下没有使用 AJAX 的 Web 页面请求与响应的过程。图 12.1 是典型的网页请求和响应过程。

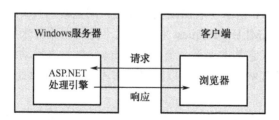

图 12.1　典型的网页请求与响应过程

由图 12.1 可以看出，用户从浏览器向服务器上的应用程序发出请求，服务器处理请求，ASP.NET 生成一个页面，然后将该页面作为响应发送给请求者。用户接收到响应后，这个响应显示在浏览器上。

每一次请求与响应，都会是一次完整的请求与响应过程，即使用户只是想获得部分页面的更新，也将是整个页面的再一次请求与响应。这将消耗大量的网络带宽和服务器资源。

而支持 AJAX 的页面会是什么情况呢？支持 AJAX 的 Web 页面在客户端包含一个 JavaScript

库,在请求发送时,这个 JavaScript 库会调用 Web 服务器,得到部分页面的一个响应;接着客户端的 JavaScript 库更新了这部分的页面,但是并没有更新整个页面,只处理部分页面,用户就会觉得页面比较"流畅",响应更快了。图 12.2 显示了支持 AJAX 的页面请求与响应过程。

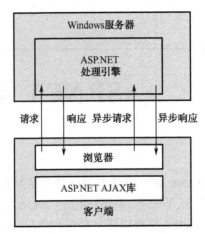

图 12.2 支持 AJAX 的网页请求与响应过程

如图 12.2 所示,首先在最初的请求和响应中发送整个页面。之后,使用客户端的 JavaScript 脚本库完成对所需部分页面的更新。这个 JavaScript 库可以进行异步页面请求,更新局部的页面。它的主要优点是更新所需传送的数据最少,当只对页面有很少的改动时,更新部分页面显然比再次调用整个页面更好。

AJAX 依赖以下几项技术。

(1) XMLHttpRequest 对象,这个对象允许浏览器与后端服务器通信,通过 MSXML ActiveX 组件可以在 IE 5 以上版本的浏览器中使用。当然,还有一个重要的组件是 JavaScript,它允许客户端开始与后端服务器通信,并打包一个信息,发送给任意服务器的服务。

(2) AJAX 支持 DHTML 和 DOM(Document Object Model),在接收到来自服务器的异步响应时,这些都会改变页面。

(3) 从客户端传送到服务器上数据的格式,采用 XML 或 JSON 格式。

对 XMLHttpRequest 对象的支持使得客户端脚本库中的 JavaScript 函数可以调用服务器的事件。如前所述,典型的 HTTP 请求一般由浏览器发出,浏览器也负责处理来自服务器的响应。如果使用 JavaScript 库中的 XMLHttpRequest 对象,就不能用浏览器来启动对整个页面的请求,而应使用客户端的脚本引擎(它基本上是一个 JavaScript 函数)来启动请求和接收响应。由于不是对整个页面发出请求和处理响应,所以可以跳过许多不需要的页面处理过程。这就是 AJAX Web 请求的本质。

总之,通过 ASP.NET AJAX 技术,开发人员可以将 Web 服务器控件与客户端脚本技术结合起来,并在此基础上实现 Web 页面局部更新功能,当浏览器与服务器交互时,ASP.NET AJAX 技术可以将浏览器中的部分内容提交,从而避免将浏览器整个内容提交到服务器。

12.1.2　Visual Studio 2010 与 ASP.NET AJAX

在 Visual Studio 2010 之前,ASP.NET AJAX 产品是一个独立安装的产品,必须安装在客户端和 Web 服务器上。现在,ASP.NET AJAX 不仅是 Visual Studio 2010 的一部分,还内置到 .NET

Framework 4.0 中。如果用户使用的是 ASP.NET 4.0，则使用 ASP.NET AJAX 不需要任何额外的安装。

由于 ASP.NET AJAX 是 ASP.NET 框架的一部分，在创建新的 Web 应用程序时，不需要创建特殊类型的 ASP.NET 应用程序，使用 Visual Studio 2010 创建的所有类型的 Web 应用程序都支持 AJAX。另外，在 .NET Framework 4.0 上建立的支持 AJAX 的应用程序，可以工作在所有主流的浏览器上（如 Firefox、Opera 等）。

12.1.3 ASP.NET AJAX 客户端技术

ASP.NET AJAX 包含两个部分，一部分是客户端框架和一系列完全位于客户端的服务；另一部分是服务器框架。ASP.NET AJAX 的客户端功能主要提供客户端与服务器进行异步请求通信。因此，微软提供了一个客户端脚本库，它是一个 JavaScript 库，负责必要的通信。

客户端脚本库提供了一个面向对象的 JavaScript 界面，它与 .NET Framework 的各个方面都很一致。由于浏览器兼容组件是内置的，所以在这一层上完成的所有工作，或者在大多数情况下让 ASP.NET AJAX 执行的工作，都可以在许多不同的浏览器上完成。

ASP.NET AJAX 提供的客户端技术的一个有趣之处是它们完全独立于 ASP.NET。实际上，任何开发人员都可以免费下载 AJAX 库，把它和其他 Web 技术一起使用，如 PHP、JSP 等。

12.1.4 ASP.NET AJAX 服务器技术

ASP.NET 开发人员很可能在 ASP.NET AJAX 的服务器方面花很多时间，而 ASP.NET AJAX 主要是客户端技术与服务器技术的通信。可以在 ASP.NET AJAX 的服务器执行许多任务，服务器框架知道如何处理客户端请求（如输出具有正确格式的响应），还负责在 JavaScript 对象和服务器代码中使用的 .NET 对象之间编组对象。

从层次结构来看，安装了 .NET Framework 4.0 后，ASP.NET AJAX 服务器扩展就位于核心 ASP.NET、Windows Communication Foundation 和基于 ASP.NET 的 Web 服务（.asmx）之上。

12.2 建立 ASP.NET AJAX 应用程序

有两种类型的 Web 开发人员，一类喜欢使用服务器控件和在服务器处理这些控件，另一类喜欢在客户端使用 DHTML 与 JavaScript 处理和控制页面及其行为。

ASP.NET AJAX 就是为这两种人设计的。如果更多地工作在 ASP.NET AJAX 的服务器，可以使用新的 ScriptManager 控件和 UpdatePanel 控件为 ASP.NET 应用程序提供 AJAX 支持，而编写的代码量却很少。所有这些工作都可以使用熟悉的 ASP.NET 编程模型。不过，也可以直接使用客户端脚本库，对客户端上发生的事件进行更多的控制。

下面将建立一个使用 AJAX 的简单 Web 应用程序示例。

12.2.1 建立不使用 AJAX 的页面

首先新建一个网站，项目命名为 WebApp12。由于 Visual Studio 2010 建立的每个 ASP.NET 应用程序都支持 AJAX，因此不需要专门的项目类型来建立 ASP.NET AJAX 应用程序。

为 Default.aspx 页面添加一个标签控件和一个按钮服务器控件,并添加按钮单击事件处理程序代码,实现在标签中显示服务器时间。Default.aspx 代码如下:

```
<html >
<head runat="server">
    <title>ASP.NET AJAX 应用程序示例</title>
</head>
<body>
    <form id="form1" runat="server">
    <div>
        <asp:Label ID="Label1" runat="server"></asp:Label><br /> <br />
        <asp:Button ID="Button1" runat="server" Text="获取服务器时间" OnClick=
            "Button1_Click" />
    </div>
    </form>
</body>
</html>
```

Default.aspx.cs 代码如下:

```
protected void Button1_Click(object sender, EventArgs e)
{    Label1.Text = System.DateTime.Now.ToString();    }
```

Default.aspx 页面还没有使用 ASP.NET 4.0 提供的 AJAX 功能。当浏览器打开 Default.aspx 网页时,显示一个"获取服务器时间"按钮,单击该按钮,将回送完整的页面,Label1 控件被来自服务器的时间填充。

12.2.2 建立包含 AJAX 的页面

在上面 Default.aspx 页面的基础上,添加 AJAX 功能。主要方法是在页面中添加 ScriptManager 和 UpdatePanel 服务器控件,从而使页面支持 AJAX 功能。

首先,从 Visual Studio 2010 工具箱中的"AJAX Extensions"组中选择一个 ScriptManager 服务器控件添加到页面顶部;然后,选择 UpdatePanel 服务器控件添加到页面的适当位置;最后,将一个标签控件和一个按钮控件添加到 UpdatePanel 服务器控件中,同时添加新按钮的单击事件处理程序。

修改后的 Default.aspx 代码如下:

```
<html>
<head runat="server">
    <title>ASP.NET AJAX 应用程序示例</title>
</head>
<body>
    <form id="form1" runat="server">
    <div>
    <asp:ScriptManager ID="ScriptManager1" runat="server"></asp:ScriptManager>
    <asp:Label ID="Label1" runat="server"></asp:Label><br /> <br />
    <asp:Button ID="Button1" runat="server" Text="获取服务器时间" OnClick="Button1_Click" />
    <asp:UpdatePanel ID="UpdatePanel1" runat="server">
    <ContentTemplate>
    <asp:Label ID="Label2" runat="server"></asp:Label><br /> <br />
    <asp:Button ID="Button2" runat="server" Text="用 AJAX 获取服务器时间"
```

```
                OnClick="Button2_Click" /></ContentTemplate>
        </asp:UpdatePanel>
    </div>
    </form>
</body>
</html>
```

Default.aspx.cs 代码如下：

```
protected void Button1_Click(object sender, EventArgs e)
{       Label1.Text = DateTime.Now.ToString();        }
protected void Button2_Click(object sender, EventArgs e)
{       Label2.Text = DateTime.Now.ToString();        }
```

修改后的 Default.aspx 页面现在已支持使用 ASP.NET 4.0 提供的 AJAX 功能。当浏览器打开 Default.aspx 网页时，会显示两个按钮。单击"获取服务器时间"按钮会回送完整的页面，更新 Label1 控件上的当前时间。单击"用 AJAX 获取服务器时间"按钮会进行异步回送（不是完整页面回送），更新包含在 UpdatePanel 服务器控件中的内容，即 Label2 控件上的当前服务器时间，而 Label1 控件上的时间不变。运行效果如图 12.3 所示。

图 12.3 支持 AJAX 的简单网页

12.3 ASP.NET AJAX 服务器控件

Visual Studio 2010 工具箱的 "AJAX Extensions" 组中包含一组服务器控件，它们的主要作用是为 ASP.NET 应用程序添加 AJAX 支持。表 12.1 列出了 ASP.NET 4.0 中的 AJAX 服务器控件。

表 12.1 ASP.NET 4.0 AJAX 服务器控件

控件	说明
ScriptManager	这个组件控件管理信息的编组，为需要部分更新的页面提供支持 AJAX 的服务器。每个 ASP.NET 页面都需要一个 ScriptManager 控件来工作，页面上只能有一个 ScriptManager 控件
ScriptManagerProxy	这个组件控件用做内容页面的 ScriptManager 控件，ScriptManagerProxy 控件位于内容页面（或子页面）上，与位于 master 页面上的 ScriptManager 控件一起工作
Timer	这个控件在指定的时间间隔执行回发，如果将 Timer 控件用于 UpdatePanel 控件，则可以按定义的时间间隔启用部分页更新，也可以使用 Timer 控件来发送整个页面
UpdatePanel	这个容器控件允许定义页面的某些区域支持使用 ScriptManager，之后这些区域就可以回送部分页面，在正常的 ASP.NET 页面回送过程之外更新它们自己
UpdateProgress	这个控件允许给终端用户显示一个可视化元素，说明部分页面回送操作正在更新页面的某些部分。这是长时间运行 AJAX 更新时显示进度的理想控件

12.3.1 ScriptManager 控件

在 ASP.NET AJAX 领域中，最重要的控件是 ScriptManager，它管理支持 AJAX 的 ASP.NET 网页的客户端脚本。默认情况下，ScriptManager 控件会向页面注册 Microsoft AJAX Library 的脚

本，它负责在客户端和服务器之间来回编组信息。这将使客户端脚本能够使用类型系统扩展并支持部分页呈现和 Web 服务调用这样的功能。

每个要使用 ASP.NET 提供的 AJAX 功能的页面都需要使用一个 ScriptManager 控件。只要在页上使用 ScriptManager 控件，就启用了下列 ASP.NET 的 AJAX 功能。

（1）Microsoft AJAX Library 的客户端脚本功能和要发送到浏览器的任何自定义脚本。

（2）部分页呈现，允许单独刷新页面上的部分区域而无须回发。ASP.NET UpdatePanel、UpdateProgress 和 Timer 控件需要 ScriptManager 控件才能支持部分页呈现。

（3）Web 服务的 JavaScript 代理类，允许使用客户端脚本来访问 Web 服务和 ASP.NET 页中特别标记的方法。它通过将 Web 服务和页方法作为强类型对象公开来达到此目的。

（4）JavaScript 类，用于访问 ASP.NET 身份验证、配置文件和角色应用程序服务。

当页包含一个或多个 UpdatePanel 控件时，ScriptManager 控件将管理浏览器中的部分页呈现。该控件与页生命周期进行交互，以更新位于 UpdatePanel 控件内的部分页。ScriptManager 控件的 EnablePartialRendering 属性确定某个页是否参与部分页更新。默认情况下，EnablePartialRendering 属性为 true。因此，默认情况下，当向页添加 ScriptManager 控件时，将启用部分页呈现。

观察一下 12.2 节的 Default.aspx 代码中 ScriptManager 控件的使用方法。

```
<asp:ScriptManager ID="ScriptManager1" runat="server"></asp:ScriptManager>
```

由上面的代码可以看出 ScriptManager 控件的使用与其他服务器控件一样，只需 ID 和 runat 属性即可工作。在 Default.aspx 程序运行的输出结果中，会有许多 JavaScript 库与页面一起加载，部分输出结果示例如下：

```
<script src="/WebApp12/ScriptResource.axd?d=fZyI5mLFDyeQKluk0bkjQ_hViMiLolym3D2Gc1Ic
    PI1eyAZypNJmYdBzPhBR0xD9Sr65DzG3dhpKlXPBVN2jl807nSmrIvIUbOHKi15cwx
    Q1&amp;t=633517337439375000" type="text/javascript">
</script>
<script src="/WebApp12/ScriptResource.axd?d=fZyI5mLFDyeQKluk0bkjQ_hViMiLolym3D2Gc1
    IcPI1eyAZypNJmYdBzPhBR0xD9SItMKGfKmJ5uXqnJUSn24QYC332PUAKtrDsM
    cMayTlErCPuboUrFkvsAiPF7-F9P0&amp;t=6335173374393750000" type="text/javascript">
</script>
```

需要注意的是，输出的脚本源代码是动态注册的。如果要查看这些脚本源代码，可以在浏览器的地址栏中使用 src 属性的 URL，并下载所引用的 JavaScript 文件，屏幕会提示保存 ScriptResource.axd 文件，但可以使用 .txt 或 .js 重命名它。

12.3.2 ScriptManagerProxy 控件

目前，许多大型的 ASP.NET 应用程序都使用母版页技术来构建模板化的 Web 站点。当母版页中添加了 ScriptManager 控件，那么所有使用母版页创建的内容页都支持 ASP.NET AJAX 功能。如果要在某个内容页中将额外的脚本和服务添加到 ScriptManager 控件所定义的脚本和服务集合中，此时就必须使用 ScriptManagerProxy 控件（由于一个网页只能包含一个 ScriptManager 控件，因此不能在内容页中同时使用 ScriptManager 控件），ScriptManagerProxy 控件可在母版页或宿主页已包含 ScriptManager 控件的情况下，将新增的脚本和服务添加到内容页和用户控件中。

例如，要在内容页中将脚本程序 MyScript.js 添加到 ScriptManager 控件所定义的脚本和服务集合中，可以使用 ScriptManagerProxy 控件来实现。内容页部分代码示例如下：

```
<asp:ScriptManagerProxy ID="ScriptManagerProxy1" runat="server">
    <Scripts>
```

```
            <asp: ScriptReference Path="MyScript.js" />
        </Scripts>
</asp: ScriptManagerProxy>
```

上面的例子中，内容页使用 ScriptManagerProxy 控件添加额外的脚本，ScriptManagerProxy 控件会与页面的 ScriptManager 控件交互，执行必要的操作。ScriptManagerProxy 控件的工作方式与 ScriptManager 控件一样，只是它专用于使用母版页的内容页面。

当然，如果要为所有的内容页都添加相同的额外脚本，则不必使用 ScriptManagerProxy 控件，也不必在内容页中添加，可以在母版页中添加。母版页部分代码示例如下：

```
<asp:ScriptManager ID="ScriptManager1" runat="server">
    <Scripts>
        <asp: ScriptReference Path="MyScript.js" />
    </Scripts>
</asp: ScriptManager>
```

◎◎ 注意：

如果在内容页使用 ScriptManagerProxy 控件，而在母版页中没有 ScriptManager 控件，就会出错。

12.3.3　UpdatePanel 控件

UpdatePanel 控件是 AJAX 特有的控件，在处理 AJAX 时使用得最多。使用 ASP.NET UpdatePanel 控件可生成功能丰富的、以客户端为中心的 Web 应用程序。通过使用 UpdatePanel 控件，可以刷新页的选定部分，而不是使用回发刷新整个页面，这称为执行"部分页更新"。包含一个 ScriptManager 控件和一个或多个 UpdatePanel 控件的 ASP.NET 网页可自动参与部分页更新，而不需要自定义客户端脚本。当使用 UpdatePanel 控件时，页行为是独立于浏览器的，并且有可能会减少在客户端和服务器之间传输的数据量。

UpdatePanel 控件是一个容器控件，它没有相关的 UI 项，是引发部分页面回送的方式，仅更新 UpdatePanel 控件中包含的部分页面。UpdatePanel 控件可以嵌套。如果刷新父面板，则也会刷新所有嵌套的面板。

UpdatePanel 控件通过指定页中无须刷新整个页面即可更新的区域发挥作用。此过程由 ScriptManager 服务器控件和客户端 PageRequestManager 类来协调。当启用部分页更新时，控件可以通过异步方式发布到服务器。异步回发的行为与常规回发类似：生成的服务器页执行完整的页和控件生命周期。不过，通过使用异步回发，可将页更新限制为包含在 UpdatePanel 控件中并标记为要更新的页区域。服务器仅将受影响元素的 HTML 标记发送到浏览器。在浏览器中，客户端 PageRequestManager 类执行文档对象模型（DOM）操作，将现有 HTML 替换为更新的标记。

UpdatePanel 控件有两个元素，即<ContentTemplate>和<Triggers>元素，它们可以定义网页中引发异步回送的触发器，下面介绍这两个元素的作用和使用方法。

1. <ContentTemplate>元素

可以通过声明方式向 UpdatePanel 控件添加内容，也可以在设计器中通过使用 Content Template 属性来添加内容。在标记中，将此属性作为 ContentTemplate 元素公开。若要以编程方式添加内容，可以使用 ContentTemplateContainer 属性。需要在异步回送中改变的内容都应包含在 UpdatePanel 控件<ContentTemplate>部分中。

默认情况下，包含在 UpdatePanel 控件<ContentTemplate>部分中的任何回发控件（例如，按钮、单选按钮、列表框等）都将导致异步回送并刷新部分页内容。但是，也可以配置 UpdatePanel 之外的其他控件来刷新 UpdatePanel 控件，这部分内容将在后面介绍。

下面通过实例来介绍<ContentTemplate>元素的使用方法。

【例 12.1】 单击按钮实现异步回送刷新部分页面内容。

在 WebApp12 项目中添加网页 example12-1.aspx，向页面中添加一个 ScriptManager 控件和一个 UpdatePanel 控件，在 UpdatePanel 控件中添加一个 Label 控件和一个 Button 控件。当页面加载后，每次单击 Button 按钮都会引发异步回送，改变显示在标签中的时间。

example12-1.aspx 页面程序代码如下：

```
<html>
<head runat="server">
    <title>例 12.1</title>
</head>
<body>
    <form id="form1" runat="server">
    <div>
        <asp:ScriptManager ID="ScriptManager1" runat="server"></asp:ScriptManager>
        <asp:UpdatePanel ID="UpdatePanel1" runat="server">
            <ContentTemplate>
                <asp:Label ID="Label1" runat="server"></asp:Label> <br />
                <asp:Button ID="Button1" runat="server" Text="异步回送"
                    OnClick="Button1_Click" />
            </ContentTemplate>
        </asp:UpdatePanel> <br />
    </div>
    </form>
</body>
</html>
```

example12-1.aspx.cs 代码如下：

```
protected void Button1_Click(object sender, EventArgs e)
{    Label1.Text = "按钮在 " + DateTime.Now.ToString() + "时刻被单击。" ; }
```

上述代码中，标签和按钮控件都包含在 UpdatePanel 控件<ContentTemplate>部分中，触发异步回送事件的控件正是其中的按钮控件。运行页面后，每次单击按钮都会触发异步回送，改变时间的显示。

2. <Triggers>元素

【例 12.1】中，由于标签和按钮控件都包含在 UpdatePanel 控件<ContentTemplate>部分中，当发生异步回送时，不仅回送了标签控件的内容，而且回送了按钮的所有代码，这增加了网络传输的异步请求和响应的数据量。理想的情况是应该仅仅回送标签控件的内容，也就是说应在 UpdatePanel 控件<ContentTemplate>部分中只包含标签控件，不包含按钮控件，但是如何将 UpdatePanel 控件外的按钮控件定义为引发异步回送的触发器呢？解决的方法是通过配置<Triggers>元素来定义触发器。

<Triggers>元素有两个控件：AsyncPostBackTrigger 和 PostBackTrigger。PostBackTrigger 会进行完整页面的回送，而 AsyncPostBackTrigger 仅执行异步回送。

下面通过实例来介绍<Triggers>元素和建立异步回发触发器的方法。

在【例 12.1】的基础上，修改 example12-1.aspx 代码，将 Button 控件移到 UpdatePanel 控件之外，为 UpdatePanel 控件添加<Triggers>元素，<Triggers>元素中包含一个 AsyncPostBackTrigger

控件，该控件的 ControlID 设置为按钮的 ID，EventName 属性设置为按钮的事件名，这样就将按钮控件与异步回送的触发器关联起来了。当页面加载后，每次单击 Button 按钮都会引发异步回送，改变显示在标签中的时间。修改后的 Default.aspx 代码如下：

```
<html>
<head runat="server">
    <title>例 12.1</title>
</head>
<body>
    <form id="form1" runat="server">
    <div>
        <asp:ScriptManager ID="ScriptManager1" runat="server"></asp:ScriptManager>
        <asp:UpdatePanel ID="UpdatePanel1" runat="server">
            <ContentTemplate>
                <asp:Label ID="Label1" runat="server"></asp:Label>
            </ContentTemplate>
            <Triggers>
                <asp:AsyncPostBackTrigger ControlID="Button1" EventName="Click" />
            </Triggers>
        </asp:UpdatePanel>   <br />
        <asp:Button ID="Button1" runat="server" Text="异步回送" OnClick="Button1_Click" /><br />
    </div>
    </form>
</body>
</html>
```

上述代码中，按钮控件不包含在 UpdatePanel 控件<ContentTemplate>部分中，在 UpdatePanel 控件<ContentTemplate>部分中添加了<Triggers>元素，定义 Button1 是异步回送的触发器。运行页面后，每次单击按钮都会触发异步回送，改变时间的显示。与【例 12.1】不同的是，当发生异步回送时，仅回送了标签控件的内容，不回送按钮的代码，这样就减少了网络传输的异步请求和响应的数据量。

在 Visual Studio 2010 中通过可视化方法可以很方便地创建触发器。如图 12.4 所示，可以设置 UpdatePanel 控件的 Triggers 属性，来定义触发器。

图 12.4　触发器编辑器

12.3.4 Timer 控件

在 ASP.NET 页面上进行异步回送时,一个常见的任务是希望这些异步回送以特定的时间间隔进行,此时可以使用 Timer 控件。如果将 Timer 控件用于 UpdatePanel 控件,则可以按定义的时间间隔启用部分页更新,也可以使用 Timer 控件来发送整个页面。

Timer 控件有两个主要的属性。

(1) Interval 属性:用于指定回发发生的频率,以毫秒(ms)为单位,其默认值为 60 000ms (即 60s)。

(2) Enabled 属性:用于打开或关闭 Timer,默认为 True。

若回发是由 Timer 控件启动的,则 Timer 控件将在服务器上引发 Tick 事件。当页发送到服务器时,可以创建 Tick 事件的事件处理程序来执行一些操作。

下面通过实例来介绍 Timer 控件的使用方法。

【例 12.2】 定时回送刷新时间显示。

在 WebApp12 项目中添加网页 example12-2.aspx,向页面中添加一个 ScriptManager 控件和一个 UpdatePanel 控件,在 UpdatePanel 控件中添加一个 Label 控件和一个 Timer 控件。当页面第一次加载时,通过 Page_Load 事件处理程序将系统时间显示在 Label 控件中,之后显示时间的修改就由 Timer 控件负责定时异步回送来完成。

example12-2.aspx 页面程序代码如下:

```
<html>
<head runat="server">
    <title>例 12.2</title>
</head>
<body>
    <form id="form1" runat="server">
    <div>
        <asp:ScriptManager ID="ScriptManager1" runat="server"></asp:ScriptManager>
        <asp:UpdatePanel ID="UpdatePanel1" runat="server">
            <ContentTemplate>
                <asp:Label ID="Label1" runat="server"></asp:Label>
                <asp:Timer ID="Timer1" runat="server" Interval="10000" ontick="Timer1_Tick">
                </asp:Timer>
            </ContentTemplate>
        </asp:UpdatePanel> <br />
    </div>
    </form>
</body>
</html>
```

example12-2.aspx.cs 主要代码如下:

```
protected void Page_Load(object sender, EventArgs e)
{
    if (!Page.IsPostBack)
    {    Label1.Text = DateTime.Now.ToString();    }
}
protected void Timer1_Tick(object sender, EventArgs e)
{    Label1.Text = DateTime.Now.ToString();    }
```

运行页面后，会看到页面上的时间每隔 10s 刷新一次，回发时没有整页回送，而是异步回送。

当 Timer 控件在 UpdatePanel 控件外部时，必须将 Timer 控件显式定义为要更新的 UpdatePanel 控件的触发器。通过设置 UpdatePanel 控件的 Triggers 属性集合中的 AsyncPost BackTrigger 控件及其 ControlID 和 EventName 属性的值，来定义异步回送的触发器为 Timer 控件。示例代码如下：

```
<asp:ScriptManager ID="ScriptManager1" runat="server"></asp:ScriptManager>
<asp:UpdatePanel ID="UpdatePanel1" runat="server">
    <ContentTemplate>
        <asp:Label ID="Label1" runat="server"></asp:Label></asp:Timer>
    </ContentTemplate>
    <Triggers>
        <asp:AsyncPostBackTrigger ControlID="Timer1" EventName="Tick" />
    </Triggers>
</asp:UpdatePanel>
<asp:Timer ID="Timer1" runat="server" Interval="10000" ontick="Timer1_Tick">
```

上述代码仍然可以实现定时异步回送刷新时间显示，效果与【例 12.2】相同。

注意：

（1）使用 Timer 控件时，必须在网页中包括 ScriptManager 类的实例。

（2）如果不同的 UpdatePanel 控件需要以不同的时间间隔更新，则可以在网页上包含多个 Timer 控件。或者，可以将 Timer 控件的单个实例用作网页中多个 UpdatePanel 控件的触发器。

（3）将 Timer 控件的 Interval 属性设置为一个较小值会产生发送到 Web 服务器的大量通信。

12.3.5 UpdateProgress 控件

当一些异步回送需要执行一段时间，由于响应的消息内容比较大或者获得结果和发送回客户端所需的计算时间较长，客户端等待的时间就较长，UpdateProgress 控件可以为客户端提供一个可视化的指示器，显示部分页更新的进度情况。

页面上的一个 UpdateProgress 控件可以显示页面上所有 UpdatePanel 控件的进度消息。源自 UpdatePanel 控件内部的异步回发将使 UpdateProgress 控件显示其消息，来自 UpdatePanel 的触发器的控件的回发也会显示消息。

在一个页面上也可以使用多个 UpdateProgress 控件。通过设置进度控件的 AssociatedUpdatePanelID 属性，可以使 UpdateProgress 控件与单个 UpdatePanel 控件关联。在这种情况下，仅当回发源自关联的 UpdatePanel 控件内部时，UpdateProgress 控件才显示消息。

事实上，UpdateProgress 控件将呈现一个<div>元素，该元素将根据关联的 UpdatePanel 控件是否已导致异步回发来显示或隐藏。对于初始页呈现和同步回发，将不会显示 UpdateProgress 控件。

UpdateProgress 控件也是一个模板控件，它只有一个子元素<ProgressTemplate>，在触发 UpdateProgress 控件时，放在这个元素中的内容就会呈现出来。下面举例说明使用 UpdateProgress 控件的方法。

【例 12.3】 只使用单个 UpdateProgress 显示部分页更新进度。

在 WebApp12 项目中添加网页 example12-3.aspx，向页面中添加一个 ScriptManager 控件、一个 UpdatePanel 控件、一个 UpdateProgress 控件和一个 Button 控件，在 UpdatePanel 控件中添加一个 Label 控件，在 UpdateProgress 控件中添加一个 Image 控件。页面加载后，当单击 Button 按钮时触发异步回送，显示 UpdateProgress 控件中的文字和图像的进度状态。

example12-3.aspx 页面程序代码如下：

```html
<html>
<head runat="server">
    <title>例 12.3</title>
</head>
</script>
<body>
    <form id="form1" runat="server">
    <div>
        <asp:ScriptManager ID="ScriptManager1" runat="server"></asp:ScriptManager>
        <asp:UpdateProgress ID="UpdateProgress1" runat="server">
        <ProgressTemplate>
            <asp:Image ID="Image1" runat="server" ImageUrl="~/ICONPAX 20.GIF" />正在更新......
        </ProgressTemplate></asp:UpdateProgress>
        <asp:UpdatePanel ID="UpdatePanel1" runat="server">
            <ContentTemplate>
                <asp:Label ID="Label1" runat="server"></asp:Label>
            </ContentTemplate>
            <Triggers>
                <asp:AsyncPostBackTrigger ControlID="Button1" EventName="Click" />
            </Triggers>
        </asp:UpdatePanel> <br />
        <asp:Button ID="Button1" runat="server" Text="开始更新" OnClick="Button1_Click"/>
    </div>
    </form>
</body>
</html>
```

example12-3.aspx.cs 主要代码如下：

```
protected void Button1_Click(object sender, EventArgs e)
{
    System.Threading.Thread.Sleep(10000);              //线程休眠 10s
    Label1.Text = "完成更新时间：" + DateTime.Now.ToString();
}
```

本例中，只使用一个 UpdateProgress 为页面中的所有 UpdatePanel 显示进度。为了给响应添加一些延迟，来模拟长时间运行的过程，程序中调用了 Thread.Sleep() 方法。运行页面后，当单击"开始更新"按钮后，开始异步回发，页面先显示 UpdateProgress 中的进度信息，10s 后，更新完成，页面显示完成更新的时间。运行效果如图 12.5 所示。

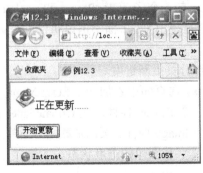 

图 12.5　使用一个 UpdateProgress 显示进度

在【例 12.3】中，一旦单击"开始更新"按钮触发了异步回送，立即就会显示出 UpdateProgress 中的进度信息。然而，有些时候我们不希望立即显示进度信息，而是希望等待一段时间后再显示进度信息。这可以通过设置 UpdateProgress 控件的 DisplayAfter 属性来实现，DisplayAfter 属性值的单位是毫秒。例如，上面的例子中，若要求等待 5s 后再显示进度信息，可以使用如下的代码：

```
<asp:UpdateProgress ID="UpdateProgress1" runat="server" DisplayAfter="5000">
<ProgressTemplate>
    <asp:Image ID="Image1" runat="server" ImageUrl="~/ICONPAX 20.GIF" />正在更新......
</ProgressTemplate>
</asp:UpdateProgress>
```

前面的例子是在页面上添加一个不与任何特定 UpdatePanel 控件相关联的 UpdateProgress 控件，在这种情况下，该控件将为所有 UpdatePanel 控件显示进度消息，即任何 UpdatePanel 的回送都会引发 UpdateProgress 控件显示进度信息。另一种使用进度控件的方法是：添加多个 UpdateProgress 控件，并将每个控件与不同的 UpdatePanel 控件相关联，即某个 UpdatePanel 的回送只会引发与之关联的 UpdateProgress 控件显示进度信息。

【例 12.4】 使用多个 UpdateProgress 分别显示部分页更新进度。

在 WebApp12 项目中添加网页 example12-4.aspx，向页面中添加一个 ScriptManager 控件、两个 UpdatePanel 控件和两个 UpdateProgress 控件，分别在两个 UpdatePanel 控件中各添加一个 Label 控件和一个 Button 控件，在 UpdateProgress1 控件中添加一个 Image 控件。分别将两个 UpdateProgress 与不同的 UpdatePanel 关联，当单击不同的 Button 按钮时触发异步回送，仅显示相应的 UpdateProgress 控件的进度状态。

example12-4.aspx 页面程序代码如下：

```
<html>
<head runat="server">
    <title>例 12.4</title>
</head>
<body>
    <form id="form1" runat="server">
    <div> <br />
        <asp:ScriptManager ID="ScriptManager1" runat="server"></asp:ScriptManager>
        <asp:UpdateProgress ID="UpdateProgress1" runat="server"
            AssociatedUpdatePanelID="UpdatePanel1">
        <ProgressTemplate>
            <asp:Image ID="Image1" runat="server" ImageUrl="~/ICONPAX 20.GIF" />
            正在更新第一组......
        </ProgressTemplate></asp:UpdateProgress>
        <asp:UpdateProgress ID="UpdateProgress2" runat="server"
            AssociatedUpdatePanelID="UpdatePanel2">
            <ProgressTemplate>正在更新第二组......</ProgressTemplate>
        </asp:UpdateProgress>
        <asp:UpdatePanel ID="UpdatePanel1" runat="server">
            <ContentTemplate>
                <asp:Label ID="Label1" runat="server" Text=""></asp:Label>
                <asp:Button ID="Button1" runat="server" Text="更新第一组"
```

```
                    OnClick="Button1_Click"/><br />
            </ContentTemplate>
        </asp:UpdatePanel>
        <asp:UpdatePanel ID="UpdatePanel2" runat="server">
            <ContentTemplate>
                <asp:Label ID="Label2" runat="server" Text=""></asp:Label>
                <asp:Button ID="Button2" runat="server" Text="更新第二组"
                    OnClick="Button2_Click"/>
            </ContentTemplate>
        </asp:UpdatePanel>
    </div>
    </form>
</body>
</html>
```

example12-4.aspx.cs 主要代码如下：

```
protected void Button1_Click(object sender, EventArgs e)
{
    System.Threading.Thread.Sleep(5000);        //线程休眠 5s
    Label1.Text = "完成第一组更新时间：" + DateTime.Now.ToString();
}
protected void Button2_Click(object sender, EventArgs e)
{
    System.Threading.Thread.Sleep(5000);        //线程休眠 5s
    Label2.Text = "完成第二组更新时间：" + DateTime.Now.ToString();
}
```

本例中，使用了两个 UpdateProgress 分别为页面中的两个 UpdatePanel 显示进度。为了给响应添加一些延迟，来模拟长时间运行的过程，程序中调用了 Thread.Sleep() 方法。运行页面后，当单击"更新第一组"按钮后，开始异步回发，页面先显示 UpdateProgress1 中的图像和文字进度信息，5s 后更新完成，页面显示完成更新的时间，注意在整个过程中并没有显示 UpdateProgress2。同样，当单击"更新第二组"按钮后，也仅显示 UpdateProgress2 中的文字进度信息。运行效果如图 12.6 所示。

图 12.6 使用多个 UpdateProgress 分别显示部分页更新进度

实际应用中，用户可能要提前终止正在进行的部分页更新操作，下面的示例演示如何向 <ProgressTemplate> 元素添加一个按钮，用户可通过单击此按钮来停止异步回送，取消在另一个回发执行期间启动的任何新的回发。

【例 12.5】 提前取消部分页更新操作。

在 WebApp12 项目中添加网页 example12-5.aspx，向页面中添加一个 ScriptManager 控件、一个 UpdatePanel 控件和一个 UpdateProgress 控件，在 UpdatePanel 控件中添加一个 Label 控件和一个 Button 控件，在 UpdateProgress 控件中添加一个 HtmlButton 普通按钮，并设置 HtmlButton 控件的 onClick 属性调用客户端 JavaScript AbortPostBack 函数。

example12-5.aspx 页面程序代码如下：

```
<html>
<head runat="server">
    <title>例 12.5</title>
    <script type="text/javascript">var prm = Sys.WebForms.PageRequestManager.getInstance();
        prm.add_initializeRequest(InitializeRequest);
        prm.add_endRequest(EndRequest);
        var postBackElement;
    function InitializeRequest(sender, args)
    {
        if (prm.get_isInAsyncPostBack())
        {    args.set_cancel(true);    }
        postBackElement = args.get_postBackElement();
        if (postBackElement.id == 'ButtonTrigger')
        {    $get('UpdateProgress1').style.display = "block";    }
    }
    function EndRequest (sender, args)
    {
        if (postBackElement.id == 'ButtonTrigger')
        {    $get('UpdateProgress1').style.display = "none";    }
    }
    function AbortPostBack()
    {
        if (prm.get_isInAsyncPostBack())
        {    prm.abortPostBack();    }
    }
    </script>
</head>
<body>
    <form id="form1" runat="server">
    <div><br />
        <asp:ScriptManager ID="ScriptManager1" runat="server"></asp:ScriptManager>
        <asp:UpdateProgress ID="UpdateProgress1" runat="server"
            AssociatedUpdatePanelID="UpdatePanel1">
            <ProgressTemplate>
                正在更新......<input type="button" value="终止" onclick="AbortPostBack()" />
            </ProgressTemplate>
        </asp:UpdateProgress>
        <asp:UpdatePanel ID="UpdatePanel1" runat="server">
            <ContentTemplate>
                <asp:Label ID="Label1" runat="server" Text=""></asp:Label> <br />
```

```
            <asp:Button ID="Button1" runat="server" Text="更新" OnClick="Button1_Click"/>
         </ContentTemplate>
      </asp:UpdatePanel>
   </div>
   </form>
</body>
</html>
```

example12-5.aspx.cs 主要代码如下：

```
protected void Button1_Click(object sender,    EventArgs e)
{
    System.Threading.Thread.Sleep(5000);                   //线程休眠 5s
    Label1.Text = "完成更新时间：" + DateTime.Now.ToString();
}
```

本例中，添加了客户端 JavaScript AbortPostBack 函数，当单击"更新"按钮启动异步回送，进度中显示出"终止"按钮后，只要用户单击了该按钮，就会在客户端调用 AbortPostBack 函数，提前停止异步回送。运行效果如图 12.7 所示。

图 12.7　取消异步回送示例

12.4　ASP.NET AJAX 控件工具集简介

12.3 节介绍了 5 个基本的 AJAX 控件，使用它们可以建立支持 AJAX 功能的 ASP.NET 应用程序。实际上，还有很多支持 AJAX 特定功能的服务器控件，由于微软把它们当做开放源代码项目，所以没有把它们集成到 Visual Studio 2010 中。这些 AJAX 控件称为 ASP.NET AJAX 控件工具集。在 www.asp.net/AJAX 上有一个可下载的控件工具集链接，读者可自行下载。

控件工具集包含两类控件，一类是内置了 AJAX 功能的新控件，另一类是一系列已有控件的扩展程序。控件工具集中的控件和扩展程序很多，目前至少有 35 个以上的新控件和扩展程序，将来还会有更多。表 12.2 列出了 ASP.NET AJAX 控件工具集中的主要控件。

表 12.2　ASP.NET AJAX 控件工具集中的主要控件

控件	说明
Accordion	可以给终端用户一系列可折叠的面板，当在有限的空间中显示大量的内容时，这个控件非常理想
NotBot	用于确定实体如何与窗体交互，帮助确保人们使用窗体

续表

控件	说明
PasswordStrength	可以检查文本框中的密码的内容,验证其保密强度,提示保密强度是否合理
Rating	允许终端用户查看和设置等级,可以控制等级数、已填充等级的外观、空等级的外观等
TabContainer	可以包含一个或多个 TabPanel 控件,提供一系列选项卡
AlwaysVisibleControlExtender	用于指定在需要滚动的长页面上总是要显示的控件
AnimationExtender	可以为页面上的控件编写流畅的动画
AutoCompleteExtender	用户在文本框输入搜索关键字后,它可以从数据存储中获得匹配所输入内容的结果
CalendarExtender	使用户更容易从窗体中选择日期
CollapsiblePanelExtender	可以把一个控件折叠到另一个控件中
ConfirmButtonExtender	能为用户单击显示确认对话框的按钮
ModalPopupExtender	能为用户单击指定确认的一个控件,而不是浏览器对话框
DragPanelExtender	用来定义用户可以在其上移动元素的页面区域
DropDownExtender	可以提取任何控件,在它下面为选项提供一个下拉列表
DropShadowExtender	可以为任意控件添加阴影
DynamicPopulateExtender	可以给 Panel 控件发送动态的 HTML 输出
FilteredTextBoxExtender	可以指定任意文本框中允许输入的字符类型
HoverMenuExtender	当用户把鼠标悬停在一个控件上时,HoverMenuExtender 控件允许把隐藏的控件显示在屏幕上
ListSearchExtender	扩展了 ListBox 和 DropDownList 控件的功能,提供搜索这些控件中大型集合的能力
MaskedEditExtender	通过模板限定用户在文本框中允许输入的字符
MaskedEditValidator	与 MaskedEditExtender 配合使用,给用户提供有效性警告
MutuallyExclusiveCheckBoxExtender	提供类似一组单选按钮功能的复选框控件
NumericUpDownExtender	允许把上/下指示器放在文本框控件的旁边,使用户方便地选择
PagingBulletedListExtender	提供可按字母分页的项目列表
PopupControlExtender	可以为页面上的任意控件创建弹出窗口
ResizableControlExtender	允许用户以拖曳方式改变 Panel 的大小,从而改变 Panel 中的控件大小
RoundedCornersExtender	可以给页面上的元素添加圆角
SliderExtender	提供一个滑块控件,使用户可以选择数字,而不是输入数字
SlideShowExtender	可以把幻灯片放映图像放在浏览器上。允许用户移动到前面或后面的图像上,把图像播放为幻灯片
TextBoxWatermarkExtender	可以为文本框提供说明内容,说明内容可以是文本或图像
ToggleButtonExtender	可以为复选框控件指定显示的图像,替代标准的复选框图像
UpdatePanelAnimationExtender	可以定义动画的 Panel 控件
ValidatorCalloutExtender	显示更容易引起注意的有效性验证信息的控件,常与验证控件一起使用

  获取控件工具集有两种方式,一种是下载源代码,这种方式可以获得控件和 ASP.NET AJAX 扩展程序的源代码及相关的示例代码;另一种是下载已编译的 DLL,它是 Visual Studio 安装文件。

可以将控件工具集添加到 Visual Studio 2010 工具箱中。添加方法是在工具箱新建一个选项卡，然后右击选项卡，在弹出的菜单中选择"选择项"，在"选择工具箱项"窗口中单击"浏览"按钮，选择下载的 Bin 文件夹中的 AjaxControlToolkit.dll 文件，然后单击"确定"按钮即可。

对 ASP.NET AJAX 控件工具集中的控件使用方法本书不作介绍，有兴趣的读者请自行查阅相关资料。

12.5 综合应用

前面介绍了 ASP.NET AJAX 基本控件的使用方法，下面通过一个实例来说明综合应用 ASP.NET AJAX 的方法。

【例 12.6】 用 ASP.NET AJAX 控件工具集的 AutoCompleteExtender 控件实现搜索关键词提示。

1. 功能设计

用户在文本框中输入产品关键词的字母时，系统根据已输入的字符自动查询数据库 Northwind.mdb 的 Products 表，将匹配的产品名称显示在文本框下方，用户可以选择其中的产品名称作为搜索关键词。

2. 界面设计

搜索页面设计：页面中提供一个 TextBox 控件供用户输入搜索关键词，另外添加一个 AutoCompleteExtender 控件和一个按钮。界面效果如图 12.8 所示。

图 12.8 搜索界面

3. 关键技术

（1）AutoCompleteExtender 控件设置：本例使用了 AutoCompleteExtender 控件，所以必须安装 ASP.NET AJAX 控件工具集。在页面中添加一个 AutoCompleteExtender 控件，正确设置其相关的属性，才能实现所需功能。

（2）Web 服务设计：实际上，当用户输入搜索关键词时，AutoCompleteExtender 控件会异步访问指定的 Web 服务的方法，并将返回的数据集显示在文本框下面。因此，需要设计一个 Web 服务方法，该方法的功能是按搜索关键词查询数据库，返回结果集合。

4. 实现过程

（1）在 WebApp12 项目中添加网页 example12-6.aspx，向页面中添加一个 ScriptManager 控件、一个 TextBox 控件、一个 AutoCompleteExtender 控件和一个 Button 控件（界面效果如图 12.8 所示）。

（2）右击项目中的"引用"，选择"添加引用"。在"添加引用"对话框中单击"浏览"按钮，在"bin"目录下选择"AjaxControlToolkit.dll"文件，单机"确定"按钮添加引用。

（3）创建一个 Web 服务 AutoComplete.asmx，其中实现搜索数据库的 Web 方法为 GetCompletionDBList。

5. 主要程序代码

（1）Web 服务 AutoComplete.asmx 中实现搜索数据库的 Web 方法 GetCompletionDBList 的部分代码如下：

```csharp
using System;
using System.Data;
using System.Collections.Generic;
using System.Web.Services;
using System.Data.OleDb;
using System.Configuration;
namespace WebApp12
{
    [WebService(Namespace = "http://tempuri.org/")]
    [WebServiceBinding(ConformsTo = WsiProfiles.BasicProfile1_1)]
    [System.Web.Script.Services.ScriptService]
    public class AutoComplete : System.Web.Services.WebService
    {
        [WebMethod]
        public string[] GetCompletionDBList(string prefixText, int count)
        {
            OleDbConnection conn = new OleDbConnection();
            OleDbCommand cmd;
            string cmdString = "select ProductName from Products where ProductName like '"+prefixText+ "%'";
            conn.ConnectionString = (ConfigurationManager.ConnectionStrings
                ["NorthwindConnectionString"].ConnectionString);
            cmd = new OleDbCommand(cmdString, conn);
            conn.Open();
            OleDbDataReader myReader;
            List<string> returnData = new List<string>(count);
            myReader = cmd.ExecuteReader(CommandBehavior.CloseConnection);
            while (myReader.Read())
            { returnData.Add(myReader["ProductName"].ToString());  }
            returnData.Sort();
            return returnData.ToArray();
        }
    }
}
```

（2）搜索页 example12-6.aspx 的部分代码如下：

```
<%@ Page Language="C#" AutoEventWireup="true" CodeBehind="example12-6.aspx.cs"
    Inherits="WebApp12.example12_6" %>
<%@ Register Assembly="AjaxControlToolkit" Namespace="AjaxControlToolkit"
    TagPrefix="ajaxToolkit" %>
<!DOCTYPE html PUBLIC "-//W3C//DTD XHTML 1.0 Transitional//EN"
    "http://www.w3.org/TR/xhtml1/DTD/xhtml1-transitional.dtd">
<html xmlns="http://www.w3.org/1999/xhtml">
```

```
<head runat="server">
    <title>无标题页</title>
</head>
<body>
    <form id="form1" runat="server">
    <div>
        <asp:ScriptManager ID="ScriptManager1" runat="server"></asp:ScriptManager>
          输入产品名称：<asp:TextBox runat="server" ID="myTextBox" Width="197px"/>
        <ajaxToolkit:AutoCompleteExtender ID="AutoCompleteExtender1"
            TargetControlID="myTextBox" runat="server" MinimumPrefixLength="1"
            ServicePath="AutoComplete.asmx" ServiceMethod="GetCompletionDBList"
            ShowOnlyCurrentWordInCompletionListItem="False">
        </ajaxToolkit:AutoCompleteExtender>
        <asp:Button ID="Button2" runat="server" Text="搜索" Width="58px" />
    </div>
    </form>
</body>
</html>
```

程序运行后，当在文本框中输入字符时，将自动显示搜索的结果，显示在文本框下方，效果如图 12.9 所示。

图 12.9 搜索效果

程序分析：

（1）在 Web 方法 GetCompletionDBList 中，使用了具有指定容量的泛型字符串列表作为查询结果的容器，泛型字符串列表是支持排序的，本例通过调用泛型的 Sort() 方法来排序。返回时调用该泛型的 ToArray() 方法将排序后的泛型字符串集合复制到数组中。

（2）在搜索页 example12-6.aspx 中，必须添加 ScriptManager 控件，AutoCompleteExtender 控件才能起作用。

（3）AutoCompleteExtender 控件的 ServicePath 属性应设置为 Web 服务，本例为"AutoComplete.asmx"，而 ServiceMethod 属性应指定要异步访问的 Web 方法名，本例为"GetCompletionDBList"，另外，MinimumPrefixLength 属性指定了自动搜索的关键词的最小长度，本例为 1。

习 题

1. 什么是 AJAX？为什么使用 AJAX？
2. AJAX 依赖哪几个技术？
3. 如何建立 ASP.NET AJAX 应用程序？
4. ScriptManager 控件的作用是什么？UpdatePanel 控件的作用是什么？
5. 不在 UpdatePanel 控件中的区域，能够实现异步更新吗？
6. 引发异步更新的控件是否一定要放在 UpdatePanel 控件中？
7. 哪里可以下载 ASP.NET AJAX 控件工具集？

实 验

1. 利用 ASP.NET AJAX 技术实现聊天室设计。

功能设计：用户必须先登录才能进入聊天室，登录名称不能重复，聊天室人数限制为 20 人；进入聊天室后可以实时显示当前在线的所有用户；可以实时显示所有公聊的内容，也可以实时显示属于自己的私聊内容；可以向所有用户发送公聊内容，也可以选择某个用户发送私聊内容；系统保存的公聊和私聊内容均不超过 40 条记录。

关键技术：

（1）聊天记录的存储。由于 Application 对象是建立在应用程序级上的共享信息的对象，并且在整个 Web 应用程序运行期间持久地保存，因此本例利用 Application 对象来存储聊天信息，保存的信息包括所有在线用户列表、当前在线用户数、所有公聊记录。当应用程序启动时，初始化这些变量。

（2）私聊信息的存储。私聊是一种比较复杂的聊天方式。为了避免与公聊信息冲突，利用 5 个不同的 Application 对象变量分别存储私聊信息，保存的信息包括发送者、接收者、发送内容、发送的时间和私聊记录数。当应用程序启动时，也将初始化这些变量。

（3）聊天信息的实时刷新。利用 AJAX 技术实现异步访问，局部刷新聊天用户列表和聊天记录。

具体步骤：

（1）新建一个 ASP.NET 网站。

（2）设计登录页面：在 Default.aspx 页面窗体中添加一个输入用户昵称的文本框、一个登录按钮，界面如图 12.10 所示。

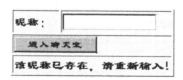

图 12.10 登录窗体

（3）聊天页面设计：新建网页 ChatRoom.aspx，采用单页面结构，页面中用 4 个 Panel 控件来布局，将聊天界面分为左、右、下 3 个部分。其中显示在线用户的列表、显示聊天内容、发送聊天内容和退出聊天室的按钮，界面如图 12.11 所示。

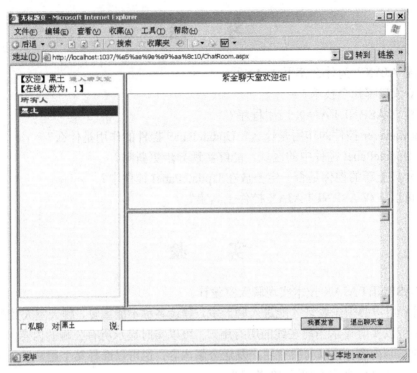

图 12.11 聊天界面

（4）由于聊天室是用 Application 对象实现的，当服务器重启后，Application 对象将被释放，因此在应用程序启动时，应对数据进行初始化操作。Global.asax 的代码如下：

```
<script runat="server">
    void Application_Start(object sender, EventArgs e)
    {   //在应用程序启动时运行的代码
        //建立用户列表
        string user = "";                    //用户列表
        Application["user"] = user;
        Application["userNum"] = 0;
        string chats = "";                   //聊天记录
        Application["chats"] = chats;
        //当前的聊天记录数
        Application["current"] = 0;
        string receive = "";                 //私聊接受者列表
        Application["receive"] = receive;
        string Owner = "";                   //私聊发送者列表
        Application["Owner"] = Owner;
        string chat = "";                    //私聊内容列表
        Application["chat"] = chat;
        Application["chatnum"] = 0;          //私聊内容的当前记录数
        string chattime = "";                //私聊信息发送时间
        Application["chattime"] = chattime;
    }
</script>
```

(5) 登录页程序设计：登录时要求判断登录名称不能重复，聊天室人数不超过 20 人。
后台编码文件 Default.aspx.cs 的部分代码如下：

```csharp
public partial class _Default : System.Web.UI.Page
{
    protected void Page_Load(object sender, EventArgs e)
    {
        int value = 0;
        value = Convert.ToInt32(Request["value"]);
        if (!IsPostBack)
        {
            if (value == 1)
                    Label2.Visible = true;
            else
                    Label2.Visible = false;
        }
    }
    protected void Button1_Click1(object sender, EventArgs e)
    {   //首先检测是否已经人满
        int intUserNum;        //在线人数
        string strUserName;    //登录用户
        string tname;          //临时用户名
        string users;          //已在线的用户名
        string [] user;        //用户在线数组
        intUserNum = int.Parse(Application["userNum"].ToString());
        if (intUserNum >= 20)
        {
            Response.Write("<script>alert('人数已满，请稍后再登录!')</script>");
            Response.Redirect("Default.aspx");
        }
        else
            {   //比较是否有相同的变量
                Application.Lock();
                strUserName = (TextBox1.Text).Trim();
                users=Application["user"].ToString();
                user = users.Split(',');

                for (int i=0; i <=(intUserNum - 1); i++)
                {
                    tname = user[i].Trim();
                    if (strUserName == tname)
                    {
                        int value=1;
                            Response.Redirect("Default.aspx?value=" + value);
                    }
                }
                //如果通过验证，则准备登录聊天室
                if (intUserNum == 0)
```

```
                Application["user"] = strUserName.ToString();
            else
                Application["user"] = Application["user"] + "," + strUserName.ToString();
            intUserNum += 1;
            object obj =Convert.ToInt32(intUserNum);
            Application["userNum"]=obj;
            Session["user"]=strUserName.ToString();
            Session["isUserChg"] = true;        //用户列表是否改变
            Application.UnLock();
            Response.Redirect("ChatRoom.aspx");
        }
    }
}
```

说明：登录时，首先检查在线人数是否超过 20 人，若超过则提示用户并退回登录页，否则，进一步检查是否有同名在线用户，若有则退回登录页，并显示提示。若正确登录，则将用户名添加到用户列表变量中，在线人数加 1，显示聊天界面 ChatRoom.aspx。

（6）聊天页面 AJAX 设计：为实现聊天用户和内容的异步刷新，在页面中添加 3 个 AJAX 控件，分别是一个 ScriptManager 控件、一个 UpdatePanel 控件和一个 Timer 控件，每隔 2s 更新一次数据。

```
<%@ Page Language="C#" AutoEventWireup="true" CodeFile="ChatRoom.aspx.cs"
    Inherits="_ChatRoom" %>
<!DOCTYPE html PUBLIC "-//W3C//DTD XHTML 1.0 Transitional//EN"
    "http://www.w3.org/TR/xhtml1/DTD/xhtml1-transitional.dtd">
<html xmlns="http://www.w3.org/1999/xhtml">
<head runat="server">
    <title>无标题页</title>
    <style type="text/css">
        .newStyle1
        {
            position: absolute;
            z-index: auto;
        }
    </style>
</head>
<body>
    <form id="form1" runat="server">
    <asp:ScriptManager ID="ScriptManager1" runat="server"></asp:ScriptManager>
      <div enableviewstate="false" >
    <asp:UpdatePanel ID="UpdatePanel1" runat="server">
        <ContentTemplate>
            <asp:Panel ID="Panel1" runat="server" BorderStyle="Ridge" Height="458px"
                Width="210px" ScrollBars="Auto" >【<span>欢迎</span>】
            <asp:Label ID="Label1" runat="server" Text="Label"></asp:Label>
                <span style="font-weight: bolder; font-size: medium; color: #ff6666; font-family:
                    隶书, Cursive; background-color: #ffffcc; text-align: left">进入聊天室<br />
                </span>【<span>在线人数为：</span><asp:Label ID="Label2" runat="server"
```

```
                    Text="Label"></asp:Label>】<br />
                <asp:ListBox OnClick="SelUser();" ID="ListBox1" runat="server"
        BackColor="#FFFFC0" Font-Bold="True" Font-Names="隶书" Font-Size="Large"
                ForeColor="Red" Height="414px" Width="204px" EnableViewState="False"  >
            </asp:ListBox>
        </asp:Panel>
                <asp:Panel ID="Panel2" runat="server" BorderStyle="Ridge" style="top: 15px; left:
                229px;position: absolute; width: 520px; height: 265px; text-align: center;" >
                    紫金聊天室欢迎您！<br /><br />
                <asp:TextBoxID="TextBox1"runat="server"TextMode="MultiLine"
                    Width="513px"
                    BackColor="#FFFFC0" BorderColor="Fuchsia"
                    BorderStyle="Outset" BorderWidth="1px" Font-Bold="True" Font-Names=
                    "隶书"
                    ForeColor="Red" Height="225px" ToolTip="公聊显示框" Rows="40"
                Font-Size="Large"ReadOnly="True"EnableViewState="False"></asp:TextBox>
        </asp:Panel>
            <asp:Panel ID="Panel3" runat="server" BorderStyle="Ridge"
                style="top: 288px; left: 229px; position: absolute; height: 185px; width: 520px">
            <asp:TextBox ID="TextBox2" runat="server" TextMode="MultiLine"
                    BackColor="#FFFFC0" BorderColor="Fuchsia"
                    BorderStyle="Outset" BorderWidth="1px" Font-Bold="True" Font-Names=
                    "隶书"
                    ForeColor="Red" ReadOnly="True" Rows="10" ToolTip="私聊显示框"
                Font-Size="Medium"Width="513px"EnableViewState="False"></asp:TextBox>
                </asp:Panel>
                    <asp:Timer ID="Timer1" runat="server" Interval="2000" ontick="Timer1_Tick">
                    </asp:Timer>
            </ContentTemplate>
        </asp:UpdatePanel>
        <asp:Panel ID="Panel4" runat="server" Height="70px"
            style="top: 480px; left: 10px; position: absolute; width: 739px"
            BorderStyle="Ridge" BackColor="#FFFF66"><br />
            <asp:CheckBox ID="CheckBox1" runat="server" Text="私聊" />
               对<asp:TextBox ID="TextBox4" runat="server" Width="80px"></asp:TextBox>
               说:
          <asp:TextBox ID="TextBox3" runat="server" Width="333px"></asp:TextBox>  
              <asp:Button ID="Button1" runat="server" OnClick="Button1_Click" Text="我要发言" />
              <asp:Button ID="Button2" runat="server" OnClick="Button2_Click" Text="退出聊天室" />
        </asp:Panel>
    </div>
    </form>
</body>
</html>
```

（7）聊天功能代码设计。

```
public partial class _ChatRoom : System.Web.UI.Page
{
```

```csharp
public void DDLBind()
{
    ArrayList ItemUserList = new ArrayList();
    string users;              //已在线的用户名
    string[] user;             //用户在线数组
    if (Session["user"] != null)
    {   }
    else
    {   Response.Redirect("Default.aspx");    }
    int num = int.Parse(Application["userNum"].ToString());
    users = Application["user"].ToString();
    user = users.Split(',');
    ItemUserList.Add("所有人");
    for (int i = (user.Length - 1); i >= 0; i--)
    {   ItemUserList.Add(user[i].ToString());    }
    ListBox1.DataSource = ItemUserList;
    ListBox1.DataBind();
}
protected void Page_Load(object sender, EventArgs e)
{
    string myScript = @"function SelUser() {document.forms[0]['TextBox4'].value =
        document.forms[0]['ListBox1'].value;}";
    Page.ClientScript.RegisterClientScriptBlock(this.GetType(), "MyScript", myScript,true);
    if (!IsPostBack)
    {
            DDLBind();   //在下拉列表和左侧的用户列表中加载所有用户名
            ShowChatContent();
        Label1.Text = Session["user"].ToString();
        }
    Label2.Text = Application["userNum"].ToString();
}
protected void CheckBox1_CheckedChanged(object sender, EventArgs e)
{   }
protected void Button1_Click(object sender, EventArgs e)
{
    string strTxt = TextBox3.Text.ToString().Replace(",","，");
    Application.Lock();
    int intChatNum = int.Parse(Application["chatnum"].ToString());
    if (CheckBox1.Checked)
    {   //处理私聊内容
            if (intChatNum == 0 || intChatNum > 40)
            {
                intChatNum = 0;
                Application["chat"] = strTxt.ToString();
                Application["Owner"] = Session["user"];
                Application["chattime"] = DateTime.Now;
                Application["receive"] = TextBox4.Text;
```

```csharp
        }
        else
        {
            Application["chat"] = Application["chat"] + "," + strTxt.ToString();
            Application["Owner"] = Application["Owner"] + "," + Session["user"];
            Application["chattime"] = Application["chattime"] + "," + DateTime.Now;
            Application["receive"] = Application["receive"] + "," + TextBox4.Text;
        }
        intChatNum += 1;
        object obj = intChatNum;
        Application["chatnum"] = obj;
    }
    else
    {   //处理公共聊天内容
        int intcurrent = int.Parse(Application["current"].ToString());
        if (intcurrent == 0 || intcurrent > 40)
        {
            intcurrent = 0;
            Application["chats"] = Session["user"].ToString() + "对" + TextBox4.Text +
            "说: " + strTxt.ToString() + "(" + DateTime.Now.ToString() + ")";
        }
        else
        {
            Application["chats"] = Application["chats"].ToString() + "," + Session["user"].
            ToString() + "对" + TextBox4.Text + "说: " + strTxt.ToString() + "(" +
            DateTime.Now.ToString() + ")";
        }
        intcurrent += 1;
        object obj = intcurrent;
        Application["current"] = obj;
    }
    Application.UnLock();
    //刷新聊天内容
    ShowChatContent();
}
protected void Button2_Click(object sender, EventArgs e)
{
    Application.Lock();
    int intUserNum = int.Parse(Application["userNum"].ToString());
    if (intUserNum == 0)
        Application["user"] = "";
    else
    {
        string users;           //已在线的用户名
        string[] user;          //用户在线数组
        string OwnerName = Session["user"].ToString();
        users = Application["user"].ToString();
```

```csharp
                    Application["user"] = "";
                    user = users.Split(',');
                    for (int i = 0; i <= (user.Length - 1); i++)
                    {
                        if (user[i].Trim() != OwnerName.Trim() && user[i].Trim() != "")
                        {   Application["user"] = Application["user"] + "," + user[i].ToString();   }
                        else
                            intUserNum -= 1;
                    }
            }
            object obj = intUserNum;
            Application["userNum"] = obj;
            Application.UnLock();
            Response.Write("<script language=javascript>");
            Response.Write("window.location='Default.aspx';");
            Response.Write("</script>");
}
protected void ShowChatContent()
{
        Application.Lock();
        string OwnerName = Session["user"].ToString();
        {   //私聊，发送，接收
                    TextBox2.Text = "";
                    string Owner = Application["Owner"].ToString();
                    string[] Ownsers = Owner.Split(',');
                    string receive = Application["receive"].ToString();
                    string[] receives = receive.Split(',');
                    string chat = Application["chat"].ToString();
                    string[] chats = chat.Split(',');
                    string chattime = Application["chattime"].ToString();
                    string[] chattimes = chattime.Split(',');
                    for (int i = (Ownsers.Length - 1); i >= 0; i--)
                    {
                            if (OwnerName.Trim() == Ownsers[i].Trim())
                            {   //发送
                            TextBox2.Text = TextBox2.Text + "\n" + "您悄悄地对" + receives[i].
                            ToString() + "说：" + chats[i].ToString() + "(" + chattimes[i].ToString()
                            + ")";
                            }
                            else
                            {
                                    if (OwnerName.Trim() == receives[i].Trim())
                                    {   //接收
                                            TextBox2.Text = TextBox2.Text + "\n" + Ownsers[i].ToString() +
                                            "悄悄地对您说：" + chats[i].ToString() + "(" +
                                            chattimes[i].ToString() + ")";
                                    }
```

```
            }
        }
        //公聊
        TextBox1.Text = "";
        int intcurrent = int.Parse(Application["current"].ToString());
        string strchat = Application["chats"].ToString();
        string[] strchats = strchat.Split(',');
        for (int i = (strchats.Length - 1); i >= 0; i--)
        {
            if (intcurrent == 0)
            {   TextBox1.Text = strchats[i].ToString(); }
            else
            {   TextBox1.Text = TextBox1.Text + "\n" + strchats[i].ToString();    }
        }
    }
    Application.UnLock();
}
protected void Timer1_Tick(object sender, EventArgs e)
{
    DDLBind();          //在下拉列表和左侧的用户列表中加载所有用户名
    ShowChatContent();
}
```

程序说明：

实现公聊时，发送者、接收者、发送内容、发送的时间这 4 项数据分别以英文逗号（,）分隔，作为一个字符串存入 Application["chats"] 变量中。而实现私聊时，需要将这 4 项内容分别保存在 Application 对象的 4 个数组中，并确保顺序一致。例如，"A 对 B 说你好！"，如果发送者 A 在 Application 对象的第一位，则其发送内容"你好！"、发送时间"系统时间"、接收者 B 都应保存在相应的 Application 对象的第一位。

通过 RegisterClientScriptBlock 方法注册客户端脚本 function SelUser() 函数，实现当用户选择用户列表中的用户时，将选择的用户名显示在接收者文本框中。

在 Timer 控件触发的事件中，实现用户列表和聊天内容的局部刷新。

2．将实验 1 的布局改用 DIV+CSS 来实现，其他与实验 1 相同。

第 13 章

ASP.NET 综合实例

前面章节介绍了 ASP.NET 的基本概念及开发 ASP.NET 应用程序相关的基本方法。本章将运用前面学习的知识，以一个小型的三层架构的 BBS 论坛为实例，来介绍如何开发 ASP.NET 应用程序。

13.1 系统功能设计

通常的 BBS 系统的功能要素包括用户注册、用户登录、帖子查询、发帖、回帖和管理员维护等。根据这些要素可以设计出小型 BBS 系统的功能模块如下。

（1）用户注册：用户名不允许重名。
（2）用户登录：允许注册用户和访客登录。
（3）查询主帖：分页显示主帖的标题等信息。
（4）详细信息：查询主帖的详细信息及其全部回复信息。
（5）发表新主帖：可以输入新帖并插入数据库中。
（6）回复：对某个主帖进行回复。
（7）管理员登录：只允许管理员登录。
（8）删除主帖及其全部回复：可以在主帖列表中选择并删除某个主帖。

以上是本实例包括的功能模块，实际应用中绝不仅限于这些功能，读者可以在此基础上进一步设计出功能更完善的 BBS 系统。

13.2 系统流程

由于本例功能比较简单，各功能模块都可以用一个独立的页面实现。图 13.1 展示了本例各功能模块之间的流程结构。

本例的系统流程中，普通用户和访客通过首页登录，可以进入主帖查询页面查看全部主帖标题列表，通过其中的链接可以进入发表新帖页面实现发帖。另外，用户可以通过"详细信息"链接进入查看详细信息的页面，在详细信息页面中可以进行回复操作。此外，在登录页中提供链接进入注册页，用户可以注册新用户。而管理员需要通过单独的登录页来验证身份，然后在查询主帖页面中可进行帖子的删除维护管理。

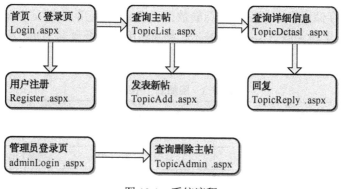

图 13.1　系统流程

13.3　数据库设计

根据前面介绍的功能需求，下面给出本系统的数据库 MyBBS_Data.MDF 中各个数据表的结构，以及表之间的关系。

表 13.1 是用于存储注册用户信息的数据表 User。它的主键是 UserID，LoginName 字段是用户登录名，在登录页中使用该名字来登录，而 UserName 是用户注册的全名，不是登录用的名称。

表 13.1　用户表（User）

字 段 名	字 段 类 型	允 许 空	说　　明
UserID	int	否	用户唯一标识，主键，自动增量
LoginName	varchar(50)	否	登录名
UserName	varchar(50)	否	用户名
Password	varchar(50)	否	密码
Address	varchar(100)	是	住址
Homepage	varchar(50)	是	个人主页
Email	varchar(50)	是	邮箱地址

表 13.2 是用于存储用户发布的主帖信息的数据表 Topic。它的主键是 TopicID，UserLoginName 字段是发帖用户的登录名，Title 是帖子的标题，Content 是主帖的详细内容。

表 13.2　主帖表（Topic）

字 段 名	字 段 类 型	允 许 空	说　　明
TopicID	int	否	主帖唯一标识，主键，自动增量
UserLoginName	varchar(50)	否	发帖者登录名
Title	varchar(50)	否	主帖标题
Content	varchar(50)	否	主帖内容
CreateTime	varchar(100)	是	发帖时间
IP	varchar(50)	是	用户机器 IP

表 13.3 是用于存储用户回复帖子信息的数据表 Reply。它的主键是 ReplyID，TopicID 字段与主帖表的 TopicID 字段关联，UserLoginName 是回帖用户的登录名，Title 是回帖的标题，Content 是回帖的详细内容。

表 13.3　回帖表（Reply）

字 段 名	字 段 类 型	允 许 空	说　　明
ReplyID	int	否	回帖唯一标识，主键，自动增量
TopicID	int	否	主帖标识，与主帖关联
UserLoginName	varchar(50)	否	发帖者登录名
Title	varchar(50)	否	回帖标题
Content	varchar(50)	否	回帖内容
CreateTime	varchar(100)	是	发表时间
IP	varchar(50)	是	用户机器 IP

表 13.4 是用于存储注册管理员信息的数据表 adminUser。它的主键是 UserID，LoginName 字段是管理员登录名，在登录页中使用该名字来登录，而 UserName 是用户注册的全名，不是登录用的名称。

表 13.4　管理员信息表（adminUser）

字 段 名	字 段 类 型	允 许 空	说　　明
UserID	int	否	用户唯一标识，主键，自动增量
LoginName	varchar(50)	否	管理员登录名
UserName	varchar(50)	否	用户名
Password	varchar(50)	否	密码

13.4　数据访问层设计

根据前面设计的功能模块和数据表结构，可以设计数据访问层类。数据访问类主要封装一些对数据库进行的基本操作（如连接数据库、获取数据、操作数据、关闭连接等）。下面将介绍数据访问类的具体设计。

根据要实现的功能，需要对数据库表进行插入、更新和删除记录的操作，还需要查询是否存在某个记录和返回 DataSet、DataReader、DataRow 等对象，因此，在数据访问类中对相关的方法进行封装，以供上层调用。表 13.5 列出了数据访问类 Database 定义的方法和属性。

表 13.5　Database 类的方法和属性

名　　称	类　　型	说　　明
Open	保护方法	打开数据库连接
Close	公有方法	关闭数据库连接
Dispose	公有方法	确保连接被关闭，释放资源
GetDataReader	公有方法	获取数据，返回一个 SqlDataReader

名称	类型	说明
GetDataSet	公有方法	获取数据,返回一个 DataSet
GetDataRow	公有方法	获取数据,返回一个 DataRow
ExecuteSQL(String SqlString)	公有方法	执行一条 Sql 语句
ExecuteSQL(ArrayList SqlStrings)	公有方法	执行一组 Sql 语句
Insert	公有方法	在一个数据表中插入一条记录
Update	公有方法	更新一个数据表中的一条记录

13.5 添加触发器

当删除了主贴表(Topic)中的帖子时,同时也要删除回帖表(Reply)中此帖的回复帖子,代码如下所示:

```sql
CREATE ALTER TRIGGER Trigger_Delete
ON dbo.Topic
FOR DELETE
AS
BEGIN
 DELETE   FROM Reply WHERE TopicID IN (SELECT TopicID FROM DELETED)
END
```

下面给出 Database 类的具体代码:

```csharp
using System;
using System.ComponentModel;
using System.Collections;
using System.Diagnostics;
using System.Data;
using System.Data.SqlClient;
using System.Configuration;
namespace WebApp13.DataAccessLayer
{
    /// <summary>
    /// 类,用于数据访问的类
    /// </summary>
    public class Database : IDisposable
    {
        /// <summary>
        /// 保护变量,数据库连接串
        /// </summary>
        protected SqlConnection Connection;
        /// <summary>
        /// 保护变量,数据库连接串
        /// </summary>
        protected String ConnectionString;
```

```csharp
/// <summary>
/// 构造函数
/// </summary>
/// <param name="DatabaseConnectionString">数据库连接串</param>
public Database()
{
    ConnectionString = ConfigurationManager.
        ConnectionStrings["MyBBSConnectionString"].ConnectionString;
}
/// <summary>
/// 构造函数
/// </summary>
/// <param name="pDatabaseConnectionString">数据库连接串</param>
public Database(string pDatabaseConnectionString)
{    ConnectionString = pDatabaseConnectionString;       }
/// <summary>
/// 析构函数,释放非托管资源
/// </summary>
~Database()
{
    try
    {
        if (Connection != null)
            Connection.Close();
    }
    catch{}
    try
    {    Dispose();       }
    catch{}
}
/// <summary>
/// 保护方法,打开数据库连接
/// </summary>
protected void Open()
{
    if (Connection == null)
    {    Connection = new SqlConnection(ConnectionString);       }
    if (Connection.State.Equals(ConnectionState.Closed))
    {    Connection.Open();       }
}
/// <summary>
/// 公有方法,关闭数据库连接
/// </summary>
public void Close()
{
    if (Connection != null)
        Connection.Close();
```

```csharp
}
/// <summary>
/// 公有方法,释放资源
/// </summary>
public void Dispose()
{
    //确保连接被关闭
    if (Connection != null)
    {
        Connection.Dispose();
        Connection = null;
    }
}
/// <summary>
/// 公有方法,获取数据,返回一个SqlDataReader(调用后注意调用SqlDataReader.Close())
/// </summary>
/// <param name="SqlString">Sql 语句</param>
/// <returns>SqlDataReader</returns>
public SqlDataReader GetDataReader(String SqlString)
{
    Open();
    SqlCommand cmd = new SqlCommand(SqlString,Connection);
    return cmd.ExecuteReader(System.Data.CommandBehavior.CloseConnection);
}
/// <summary>
/// 公有方法,获取数据,返回一个 DataSet
/// </summary>
/// <param name="SqlString">Sql 语句</param>
/// <returns>DataSet</returns>
public DataSet GetDataSet(String SqlString)
{
    Open();
    SqlDataAdapter adapter = new SqlDataAdapter(SqlString,Connection);
    DataSet dataset = new DataSet();
    adapter.Fill(dataset);
    Close();
    return dataset;
}
/// <summary>
/// 公有方法,获取数据,返回一个 DataRow
/// </summary>
/// <param name="SqlString">Sql 语句</param>
/// <returns>DataRow</returns>
public DataRow GetDataRow(String SqlString)
{
    DataSet dataset = GetDataSet(SqlString);
    dataset.CaseSensitive = false;
```

```csharp
        if (dataset.Tables[0].Rows.Count>0)
        {    return dataset.Tables[0].Rows[0];    }
        else
        {    return null;    }
    }
    /// <summary>
    /// 公有方法,执行 Sql 语句
    /// </summary>
    /// <param name="SqlString">Sql 语句</param>
    /// <returns>对 Update、Insert、Delete 为影响到的行数,其他情况为-1</returns>
    public int ExecuteSQL(String SqlString)
    {
        int count = -1;
        Open();
        try
        {
            SqlCommand cmd = new SqlCommand(SqlString,Connection);
            count = cmd.ExecuteNonQuery();
        }
        catch
        {    count = -1;    }
        finally
        {    Close();    }
        return count;
    }
    /// <summary>
    /// 公有方法,执行一组 Sql 语句
    /// </summary>
    /// <param name="SqlStrings">Sql 语句组</param>
    /// <returns>是否成功</returns>
    public bool ExecuteSQL(ArrayList SqlStrings)
    {
        bool success = true;
        Open();
        SqlCommand cmd = new SqlCommand();
        SqlTransaction trans = Connection.BeginTransaction();
        cmd.Connection = Connection;
        cmd.Transaction = trans;
        try
        {
            foreach (String str in SqlStrings)
            {
                cmd.CommandText = str;
                cmd.ExecuteNonQuery();
            }
            trans.Commit();
        }
```

```csharp
            catch
            {
                success = false;
                trans.Rollback();
            }
            finally
            {    Close();    }
            return success;
        }
        /// <summary>
        /// 公有方法，在一个数据表中插入一条记录
        /// </summary>
        /// <param name="TableName">表名</param>
        /// <param name="Cols">哈希表，键值为字段名，值为字段值</param>
        /// <returns>是否成功</returns>
        public bool Insert(String TableName,Hashtable Cols)
        {
            int Count = 0;
            if (Cols.Count<=0)
            {    return true;    }
            String Fields = " (";
            String Values = " Values(";
            foreach(DictionaryEntry item in Cols)
            {
                if (Count!=0)
                {
                    Fields += ",";
                    Values += ",";
                }
                Fields += item.Key.ToString();
                Values += item.Value.ToString();
                Count ++;
            }
            Fields += ")";
            Values += ")";
            String SqlString = "Insert into "+TableName+Fields+Values;
            return Convert.ToBoolean(ExecuteSQL(SqlString));
        }
        /// <summary>
        /// 公有方法，更新一个数据表
        /// </summary>
        /// <param name="TableName">表名</param>
        /// <param name="Cols">哈希表，键值为字段名，值为字段值</param>
        /// <param name="Where">Where 子句</param>
        /// <returns>是否成功</returns>
        public bool Update(String TableName,Hashtable Cols,String Where)
        {
```

```
            int Count = 0;
            if (Cols.Count<=0)
            {     return true;      }
            String Fields = " ";
            foreach(DictionaryEntry item in Cols)
            {
                if (Count!=0)
                {      Fields += ",";      }
                Fields += item.Key.ToString();
                Fields += "=";
                Fields += item.Value.ToString();
                Count ++;
            }
            Fields += " ";
            String SqlString = "Update "+TableName+" Set "+Fields+Where;
            return Convert.ToBoolean(ExecuteSQL(SqlString));
        }
    }
}
```

13.6 业务逻辑层设计

数据访问层只提供数据库最基本的操作功能，如果需要处理更为复杂的业务任务，就需要创建业务逻辑类来提供业务功能，这些类构成了业务逻辑层。业务逻辑层是基于数据访问层之上的，并且有提供实体的完整的面向对象的描述类，也有操作它们的方法。使用业务逻辑层可以隐藏数据访问层的详细信息。这些类的定义和使用要求读者具有较丰富的设计经验，需要在实践中不断地总结和积累。

本例涉及用户信息、管理员信息、主帖信息和回帖信息的访问，因此可以定义 4 个类来分别实现相关信息的业务逻辑功能。

1. 用户类 User

用户类封装了关于用户数据的属性和方法，包括获取用户详细信息、添加用户和判断用户是否存在的方法。下面给出 User 类的具体代码。

```
/***********************************************
 * 说明：用户类 User
 * 作者：
 * 创建日期：
 ***********************************************/
using System;
using System.Collections;
using System.Data;
using WebApp13.DataAccessLayer;
using WebApp13.DataAccessHelper;
namespace WebApp13.BusinessLogicLayer
{
```

```csharp
/// <summary>
/// User 的摘要说明
/// </summary>
public class User
{
    #region 私有成员
    private int _userID;             //用户 ID
    private string _loginName;       //用户登录名
    private string _userName;        //用户姓名
    private string _password;        //用户密码
    private string _address;         //用户地址
    private string _homepage;        //用户主页
    private string _email;           //用户 E-mail
    private bool _exist;             //是否存在标志
    #endregion 私有成员
    #region 属性
    public int UserID
    {
        set  {  this._userID = value;  }
        get  {  return this._userID;  }
    }
    public string LoginName
    {
        set  {  this._loginName = value;  }
        get  {  return this._loginName;  }
    }
    public string UserName
    {
        set  {  this._userName = value;  }
        get  {  return this._userName;  }
    }
    public string Password
    {
        set  {  this._password = value;  }
        get  {  return this._password;  }
    }
    public string Address
    {
        set  {  this._address = value;  }
        get  {  return this._address;  }
    }
    public string Homepage
    {
        set  {  this._homepage = value;  }
        get  {  return this._homepage;  }
    }
    public string Email
```

```csharp
    set    {   this._email = value;    }
    get    {   return this._email;     }
}
public bool Exist
{
    get    {   return this._exist;    }
}
#endregion 属性
#region 方法
/// <summary>
/// 根据参数 userID，获取用户详细信息
/// </summary>
/// <param name="loginName">用户登录名</param>
public void LoadData(string loginName)
{
    Database db = new Database();    //实例化一个 Database 类
    string sql = "";
    sql = "Select * from [User] where LoginName = "
        + SqlStringFormat.GetQuotedString(loginName);
    DataRow dr = db.GetDataRow(sql);    //利用 Database 类的 GetDataRow 方法查询用户数据
    //根据查询得到的数据，对成员赋值
    if (dr != null)
    {
        this._userID = GetSafeData.ValidateDataRow_N(dr, "UserID");
        this._loginName = GetSafeData.ValidateDataRow_S(dr, "loginName");
        this._userName = GetSafeData.ValidateDataRow_S(dr, "UserName");
        this._password = GetSafeData.ValidateDataRow_S(dr, "PassWord");
        this._address = GetSafeData.ValidateDataRow_S(dr, "Address");
        this._homepage = GetSafeData.ValidateDataRow_S(dr, "HomePage");
        this._email = GetSafeData.ValidateDataRow_S(dr, "Email");
        this._exist = true;
    }
    else
    { this._exist = false; }
}
/// <summary>
/// 向数据库添加一个用户
/// </summary>
/// <param name="htUserInfo">用户信息哈希表</param>
public void Add(Hashtable userInfo)
{
    Database db = new Database();    //实例化一个 Database 类
    db.Insert("[User]", userInfo);    //利用 Database 类的 Insert 方法在数据表中插入一条记录
}
/// <summary>
/// 判断是否存在登录名为 loginName 的用户
```

```csharp
/// </summary>
/// <param name="loginName">用户登录名</param>
/// <returns>如果存在,返回 true;否则,返回 false</returns>
public static bool HasUser(string loginName)
{
    Database db = new Database();
    string sql = "";
    sql = "Select * from [User] where [LoginName] = "
        + SqlStringFormat.GetQuotedString(loginName);
    DataRow row = db.GetDataRow(sql);
    if (row != null)
        return true;
    else
        return false;
}
#endregion 方法
```

2. 主帖类 Topic

主帖类 Topic 封装了关于主帖数据的访问方法,包括获取一个主帖详细信息、添加一个主帖、修改主帖内容、删除主帖及其全部回复、读取所有主帖和读取某个主帖所有回复的方法。下面给出 Topic 类的具体代码。

```csharp
using System;
using System.Collections;
using System.Data;
using WebApp13.DataAccessLayer;
using WebApp13.DataAccessHelper;
namespace WebApp13.BusinessLogicLayer
{
    /// <summary>
    /// 帖子对象
    /// </summary>
    public class Topic
    {
        #region 私有成员
        private int _topicID;              //帖子 ID
        private string _userLoginName;     //用户
        private string _title;             //标题
        private string _content;           //内容
        private DateTime _createTime;      //发表时间
        private string _ip;                //用户 IP
        private bool _exist;               //是否存在标志
        #endregion 私有成员
        #region 属性
        public int TopicID
        {
```

```csharp
            set     {    this._topicID = value;      }
            get     {    return this._topicID;       }
        }
        public string UserLoginName
        {
            set     {    this._userLoginName = value;    }
            get     {    return this._userLoginName;     }
        }
        public string Title
        {
            set     {    this._title = value;     }
            get     {    return this._title;      }
        }
        public string Content
        {
            set     {    this._content = value;     }
            get     {    return this._content;      }
        }
        public DateTime CreateTime
        {
            set     {    this._createTime = value;     }
            get     {    return this._createTime;      }
        }
        public string IP
        {
            set     {    this._ip = value;     }
            get     {    return this._ip;      }
        }
        public bool Exist
        {
            get     {    return this._exist;      }
        }
        #endregion 属性
        #region 方法
        /// <summary>
        /// 根据参数 topicID，获取帖子详细信息
        /// </summary>
        /// <param name="topicID">帖子 ID</param>
        public void LoadData(int topicID)
        {
            Database db = new Database();  //实例化一个 Database 类
            string sql = "";
            sql = "Select * from [Topic] where TopicID = " + topicID;
            DataRow dr = db.GetDataRow(sql);     //利用 Database 类的 GetDataRow 方法查询用户数据
            //根据查询得到的数据，对成员赋值
            if (dr != null)
            {
```

```csharp
        this._topicID = GetSafeData.ValidateDataRow_N(dr, "TopicID");
        this._userLoginName = GetSafeData.ValidateDataRow_S(dr, "UserLoginName");
        this._title = GetSafeData.ValidateDataRow_S(dr, "Title");
        this._content = GetSafeData.ValidateDataRow_S(dr, "Content");
        this._createTime = GetSafeData.ValidateDataRow_T(dr, "CreateTime");
        this._ip = GetSafeData.ValidateDataRow_S(dr, "IP");
        this._exist = true;
    }
    else
    {   this._exist = false;      }
}
/// <summary>
/// 向数据库添加一个帖子
/// </summary>
/// <param name="topicInfo">帖子信息哈希表</param>
public void Add(Hashtable topicInfo)
{
    Database db = new Database();         //实例化一个 Database 类
    db.Insert("[Topic]", topicInfo);      //利用 Database 类的 Insert 方法插入数据
}
/// <summary>
/// 修改帖子内容
/// </summary>
/// <param name="newTopicInfo"></param>
public void Update(Hashtable newTopicInfo)
{
    Database db = new Database();
    string strCond = "Where TopicID = " + this._topicID;
    db.Update("[Topic]", newTopicInfo, strCond);
}
/// <summary>
/// 删除本帖子,还要级联删除该帖所有的回帖
/// </summary>
public void Delete()
{
    ArrayList sqls = new ArrayList();
    string sql = "";
    sql = "Delete from [Topic] where TopicID = " + this._topicID;
    sqls.Add(sql);
    sql = "Delete from [Reply] where TopicID = " + this._topicID;
    sqls.Add(sql);
    Database db = new Database();
    db.ExecuteSQL(sqls);
}
/// <summary>
/// 按时间降序读取所有帖子
/// </summary>
```

```csharp
/// <returns></returns>
public static DataSet QueryTopics()
{
    string sql = "";
    sql = "Select * from [Topic] order by CreateTime desc";
    Database db = new Database();
    return db.GetDataSet(sql);
}
/// <summary>
/// 按时间降序读取本主题的所有回复
/// </summary>
/// <returns></returns>
public DataSet QueryReplies()
{
    string sql = "";
    sql = "Select [Reply].* from [Reply] "
        + " Where TopicID = " + this._topicID
        + " order by CreateTime desc ";
    Database db = new Database();
    return db.GetDataSet(sql);
}
#endregion 方法
    }
}
```

3. 回帖类 Reply

回帖类 Reply 封装了关于回帖数据的操作方法，其中包含添加一个回复的方法。下面给出 Reply 类的具体代码。

```csharp
using System;
using System.Collections;
using System.Data;
using WebApp13.DataAccessLayer;
using WebApp13.DataAccessHelper;
namespace WebApp13.BusinessLogicLayer
{
    /// <summary>
    /// Reply 的摘要说明
    /// </summary>
    public class Reply : Topic
    {
        #region 私有成员
        private int _replyID;           //回复 ID
        #endregion 私有成员
        #region 属性
        public int ReplyID
        {
            set { this._replyID = value; }
```

```csharp
            get    {    return this._replyID;    }
        }
        #endregion 属性
        #region 方法
        /// <summary>
        /// 向数据库添加一个回复
        /// </summary>
        /// <param name="replyInfo">回复信息哈希表</param>
        public new void Add(Hashtable replyInfo)
        {
            Database db = new Database();          //实例化一个 Database 类
            db.Insert("[Reply]", replyInfo);       //利用 Database 类的 Insert 方法插入数据
        }
        #endregion 方法
    }
}
```

4. 管理员用户类 adminUser

管理员用户类封装了关于管理员用户数据的属性和方法，包括获取管理员用户详细信息和判断用户是否存在的方法。下面给出 adminUser 类的具体代码。

```csharp
/********************************************************
 * 说明：管理员用户类 adminUser
 * 作者：
 * 创建日期：
 ********************************************************/
using System;
using System.Collections;
using System.Data;
using WebApp13.DataAccessLayer;
using WebApp13.DataAccessHelper;
namespace WebApp13.BusinessLogicLayer
{
    /// AdminUser 的摘要说明
    public class adminUser
    {
        #region 私有成员
        private int _userID;              //用户 ID
        private string _loginName;        //用户登录名
        private string _userName;         //用户姓名
        private string _password;         //用户密码
        private bool _exist;              //是否存在标志
        #endregion 私有成员
        #region 属性
        public int UserID
        {
            set    {    this._userID = value;    }
            get    {    return this._userID;    }
```

```csharp
}
public string LoginName
{
    set { this._loginName = value; }
    get { return this._loginName; }
}
public string UserName
{
    set { this._userName = value; }
    get { return this._userName; }
}
public string Password
{
    set { this._password = value; }
    get { return this._password; }
}
public bool Exist
{
    get { return this._exist; }
}
#endregion 属性
#region 方法
/// <summary>
/// 根据参数 userID，获取管理员用户详细信息
/// </summary>
/// <param name="loginName">管理员登录名</param>
public void LoadData(string loginName)
{
    Database db = new Database();         //实例化一个 Database 类
    string sql = "";
    sql = "Select * from [adminUser] where LoginName = "
        + SqlStringFormat.GetQuotedString(loginName);
    DataRow dr = db.GetDataRow(sql);      //利用 Database 类的 GetDataRow 方法查询用户数据
    //根据查询得到的数据，对成员赋值
    if (dr != null)
    {
        this._userID = GetSafeData.ValidateDataRow_N(dr, "UserID");
        this._loginName = GetSafeData.ValidateDataRow_S(dr, "loginName");
        this._userName = GetSafeData.ValidateDataRow_S(dr, "UserName");
        this._password = GetSafeData.ValidateDataRow_S(dr, "PassWord");
        this._exist = true;
    }
    else
    { this._exist = false; }
}
/// <summary>
/// 判断是否存在登录名为 loginName 的管理员
```

```csharp
/// </summary>
/// <param name="loginName">管理员登录名</param>
/// <returns>如果存在,返回 true;否则,返回 false</returns>
public static bool HasUser(string loginName)
{
    Database db = new Database();
    string sql = "";
    sql = "Select * from [adminUser] where [LoginName] = "
        + SqlStringFormat.GetQuotedString(loginName);
    DataRow row = db.GetDataRow(sql);
    if (row != null)
        return true;
    else
        return false;
}
#endregion 方法
```

5. 工具类 SqlStringFormat、GetSafeData

为了使用合法的 SQL 语句,在向数据访问层传递 SQL 语句时,应将 SQL 语句中的特殊字符转换成合法字符,为此专门建立了一个工具类 SqlStringFormat,该类封装了将文本转换成适合在 SQL 语句里使用的字符串的方法。下面给出 SqlStringFormat 类的具体代码。

```csharp
using System;
namespace WebApp13.DataAccessHelper
{
    /// <summary>
    /// SQLString 的摘要说明
    /// </summary>
    public class SqlStringFormat
    {
        /// <summary>
        /// 公有静态方法,将文本转换成适合在 SQL 语句里使用的字符串
        /// </summary>
        /// <returns>转换后文本</returns>
        public static String GetQuotedString(String pStr)
        {   return ("'" + pStr.Replace("'","''") + "'");   }
    }
}
```

另外,当数据表中的数据为 NULL 时,为了从数据库中安全获取数据,保证读取不发生异常,本例还封装了一个工具类 GetSafeData,该类封装了从一个 DataRow 中安全获取列中的值的方法。下面给出 GetSafeData 类的具体代码。

```csharp
using System;
using System.Data;
namespace WebApp13.DataAccessHelper
{
    /// <summary>
```

```csharp
/// 从数据库中安全获取数据，即当数据库中的数据为 NULL 时，保证读取不发生异常
/// </summary>
public class GetSafeData
{
    #region DataRow
    /// <summary>
    /// 从一个 DataRow 中安全得到列 colname 中的值：值为字符串类型
    /// </summary>
    /// <param name="row">数据行对象</param>
    /// <param name="colname">列名</param>
    /// <returns>如果值存在，返回；否则，返回 System.String.Empty</returns>
    public static string ValidateDataRow_S(DataRow row,string colname)
    {
        if(row[colname]!=DBNull.Value)
            return row[colname].ToString();
        else
            return System.String.Empty;
    }
    /// <summary>
    /// 从一个 DataRow 中安全得到列 colname 中的值：值为整数类型
    /// </summary>
    /// <param name="row">数据行对象</param>
    /// <param name="colname">列名</param>
    /// <returns>如果值存在，返回；否则，返回 System.Int32.MinValue</returns>
    public static int ValidateDataRow_N(DataRow row,string colname)
    {
        if(row[colname]!=DBNull.Value)
            return Convert.ToInt32(row[colname]);
        else
            return System.Int32.MinValue;
    }
    /// <summary>
    /// 从一个 DataRow 中安全得到列 colname 中的值：值为浮点数类型
    /// </summary>
    /// <param name="row">数据行对象</param>
    /// <param name="colname">列名</param>
    /// <returns>如果值存在，返回；否则，返回 System.Double.MinValue</returns>
    public static double ValidateDataRow_F(DataRow row,string colname)
    {
        if(row[colname]!=DBNull.Value)
            return Convert.ToDouble(row[colname]);
        else
            return System.Double.MinValue;
    }
    /// <summary>
    /// 从一个 DataRow 中安全得到列 colname 中的值：值为时间类型
    /// </summary>
    /// </summary>
```

```
/// <param name="row">数据行对象</param>
/// <param name="colname">列名</param>
/// <returns>如果值存在,返回;否则,返回 System.DateTime.MinValue;</returns>
public static DateTime ValidateDataRow_T(DataRow row,string colname)
{
    if(row[colname]!=DBNull.Value)
        return Convert.ToDateTime(row[colname]);
    else
        return System.DateTime.MinValue;
}
#endregion DataRow
    }
}
```

13.7　表示层设计

所谓表示层是指提供给用户使用的界面及各种功能函数。根据本章前面介绍的系统流程,这里的表示层分为两个部分,一个是普通用户界面,另一个是管理员界面。当管理员登录后,系统会出现维护功能选项,如删除等操作。

13.7.1　母版页设计

本例仅使用了一个母版页 MasterPage.master 来统一页面的风格。由于本例是小型的 BBS 系统,网站页面不多,纵深不深,访问者迷路的可能性较小,因此在母版页中只使用了简单的导航菜单 SiteMapPath。母版页部分代码如下:

```
<head id="Head1" runat="server">
    <title></title>
    <link href="css/myfreetemplates.css" rel="stylesheet" type="text/css"/>
</head>
<body background="images/pixi_lime.gif">
    <form id="form1" runat="server">
        <div align="center">
            <table width="763" border="0" cellpadding="0" cellspacing="0" bgcolor="#FFFFFF">
                <tr>
                    <td width="763" height="86" align="right" valign="top">
                        <img alt="" src="images/topic.gif"/></td>
                </tr>
                <tr>
                    <td width="763" height="53" align="right" valign="bottom"
                        background="images/nav_bg.gif">
                        <div style="text-align: center">
                            <asp:SiteMapPath ID="SiteMapPath1" runat="server">
                            </asp:SiteMapPath>
                        </div>
                    </td>
```

```
                </tr>
                <tr>
                    <td width="763" height="22" align="right" valign="top">
                        <img alt="" src="images/toppic2.gif" width="763" height="22"/></td>
                </tr>
                <tr>
                    <td width="763" valign="top">
                        <table width="100%" border="0" cellspacing="0" cellpadding="0">
                            <tr>
                                <td width="100%" align="center" valign="top">
                                    <asp:ContentPlaceHolder ID="ContentPlaceHolder1"
                                        runat="server">
                                    </asp:ContentPlaceHolder>
                                </td>
                            </tr>
                        </table>
                    </td>
                </tr>
                <tr>
                    <td width="763" height="1" background="images/pixi_lime.gif">
                        <img alt=""    src="images/pixi_lime.gif" width="1" height="1"/></td>
                </tr>
                <tr>
                    <td width="763" height="35" align="center" class="baseline">
                        &copy;Copyright Study.Com 2012</td>
                </tr>
            </table>
        </div>
    </form>
</body>
```

母版页中使用 Table 来布局（也可以使用 Div 来布局），母版页的中部显示内容，上、下部分使用图片作为背景，效果如图 13.2 所示。

图 13.2 母版页外观

13.7.2 站点导航地图文件设计

本例的站点地图文件 Web.sitemap 定义了导航菜单 XML 数据,其内容如下:

```xml
<?xml version="1.0" encoding="utf-8"?>
<siteMap xmlns="http://schemas.microsoft.com/AspNet/SiteMap-File-1.0">
    <siteMapNode title="登录" url="~/Login.aspx" description="登录">
        <siteMapNode title="主帖列表" url="~/TopicList.aspx" description="主帖列表">
            <siteMapNode url="TopicDetail.aspx" title="详细信息" description="详细信息">
                <siteMapNode    url="TopicReply.aspx" title="回复" />
            </siteMapNode>
            <siteMapNode    url="TopicAdd.aspx" title="发新帖" description="发新帖">
            </siteMapNode>
        </siteMapNode>
    </siteMapNode>
</siteMap>
```

13.7.3 页面设计

本例中的登录页和注册页单独设计外观,其他页都基于母版页 MasterPage.master 来创建,这样可以统一页面的风格。下面分别介绍本例中的页面外观及其相关代码。

1. 用户登录页 Login.aspx

用户登录页是注册用户和游客登录的页面,没有使用母版页,其效果如图 13.3 所示。

图 13.3 登录页设计

页面中的"注册"超链接可以链接到注册页,"登录"按钮供注册用户登录使用,而"游客"按钮供游客登录使用。相关的部分程序代码如下:

```csharp
using WebApp13.BusinessLogicLayer;
namespace WebApp13
{
    public partial class Login : System.Web.UI.Page
    {
        /// 用户单击"登录"按钮事件方法
        protected void ButtonLogin_Click(object sender, EventArgs e)
        {
            //获取用户在页面上的输入
            string userLoginName = TextBoxLoginName.Text.Trim();   //用户登录名
            string userPassword = TextBoxPassword.Text.Trim();      //密码
            User user = new User();                                  //实例化 User 类
```

```
            user.LoadData(userLoginName);           //利用 User 类的 LoadData 方法获取用户信息
            if (user.Exist)                         //如果用户存在
            {
                if (user.Password == userPassword)  //如果密码正确，转入留言列表页面
                {   //使用 Session 来保存用户登录名信息
                    Session.Add("login_name", userLoginName);
                    Response.Redirect("TopicList.aspx");
                }
                else                                //如果密码错误，给出提示
                {
                    Response.Write("<Script Language=JavaScript>alert(\"密码错误，请重新输入密码！
                        \")</Script>");
                }
            }
            else                                    //如果用户不存在
            { Response.Write("<Script Language=JavaScript>alert(\"对不起，用户不存在！\")</Script>");}
        }
        /// 用户单击"游客"按钮事件方法
        protected void ButtonGuest_Click(object sender, EventArgs e)
        {
            Session.Add("login_name", "guest");     //使用 Session 来保存游客名 guest 信息
            Response.Redirect("TopicList.aspx");
        }
    }
}
```

游客实际上是以"guest"登录名登录的。程序中使用 User 类的 LoadData 方法来获取指定登录名的用户信息。

2. 用户注册页 Register.aspx

注册页是新用户注册用的页面，也没有使用母版页，其效果如图 13.4 所示。

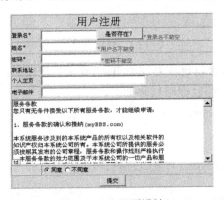

图 13.4 注册页设计

页面中使用了非空验证控件验证登录名、姓名和密码输入框，要求用户必须输入字符。"是否存在？"按钮供用户查询输入的登录名是否已存在，而"提交"按钮将把用户信息存入数据库中。相关的部分程序代码如下：

```
…
using WebApp13.DataAccessHelper;
```

```csharp
using WebApp13.BusinessLogicLayer;
namespace WebApp13
{
    public partial class Register : System.Web.UI.Page
    {
        /// "是否存在"按钮单击事件
        protected void ButtonCheck_Click(object sender, EventArgs e)
        {
            string loginName = TxtLoginName.Text;
            if (TxtLoginName.Text.Trim() == "")
            {
                Response.Write("<Script Language=JavaScript>alert('对不起，登录名不能为空！');</Script>");
                return;
            }
            if (WebApp13.BusinessLogicLayer.User.HasUser(loginName))
            {
                Response.Write("<Script Language=JavaScript>alert('对不起，已经存在同名用户，请选择
                        另外的登录名！');</Script>");
                TxtLoginName.Text = "";
            }
            else
            {
                Response.Write("<Script Language=JavaScript>alert(\"恭喜你，不存在同名用户！
                        \")</Script>");
            }
        }
        /// "提交"按钮单击事件
        protected void ButtonOK_Click(object sender, EventArgs e)
        {
            if (WebApp13.BusinessLogicLayer.User.HasUser(TxtLoginName.Text))
            {
                Response.Write("<Script Language=JavaScript>alert('对不起，已经存在同名用户，请你选
                        择另外的登录名！');</Script>");
                TxtLoginName.Text = "";
                return;
            }
            Hashtable ht = new Hashtable();
            ht.Add("LoginName", SqlStringFormat.GetQuotedString(TxtLoginName.Text));
            ht.Add("UserName", SqlStringFormat.GetQuotedString(TxtName.Text));
            ht.Add("Password", SqlStringFormat.GetQuotedString(TxtPass.Text));
            ht.Add("Address", SqlStringFormat.GetQuotedString(TxtAddress.Text));
            ht.Add("Homepage", SqlStringFormat.GetQuotedString(TxtHomePage.Text));
            ht.Add("Email", SqlStringFormat.GetQuotedString(TxtEmail.Text));
            User user = new User();
            user.Add(ht);
            Page.Session.Add("login_name", TxtLoginName.Text);
            Response.Redirect("TopicList.aspx");                    //直接转到主帖列表页面
```

```
            }
        }
}
```

程序中调用业务逻辑层中 User 类的 Add 方法将用户注册信息存入数据库。注册成功后，用户即处于已登录状态，并自动转到主帖列表页。

3. 主帖列表页 TopicList.aspx

主帖列表页是用户登录后进入的页面，该页面基于母版页创建，其效果如图 13.5 所示。

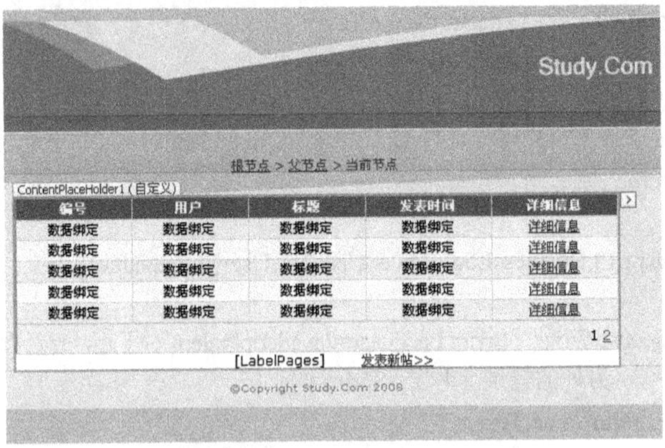

图 13.5 主帖列表页设计

页面中使用了 GridView 控件来分页显示所有主帖的基本信息，信息包括主帖编号、发帖者、主帖标题和发表时间，另外还添加了一个 HyperLinkField 字段列"详细信息"，用来显示主帖的详细信息。在 GridView 控件下方添加了一个超链接"发表新帖"，单击可转到发表新帖的页面。此外还添加了一个"LabelPages"标签控件，用于换页时显示当前页号的信息。相关的部分程序代码如下：

```
using WebApp13.BusinessLogicLayer;
namespace WebApp13
{
    public partial class TopicList : System.Web.UI.Page
    {
        /// 页面加载事件
        protected void Page_Load(object sender, EventArgs e)
        {
            if (!CheckUser())
                Response.Redirect("Login.aspx");
            if (!this.IsPostBack)
                InitData();
        }
        /// 验证用户是否登录
        private bool CheckUser()
        {
            if (Session["login_name"] == null)
            {
                Response.Write("<Script Language=JavaScript>alert('请登录！');</Script>");
                return false;
```

```
            }
            return true;
        }
        /// 按时间降序读取帖子数据
        private void InitData()
        {
            DataSet ds = Topic.QueryTopics();
            GV.DataSource = ds;
            GV.DataBind();
            LabelPages.Text = "查询结果（第" + (GV.PageIndex + 1).ToString() + "页 共" +
                GV.PageCount.ToString() + "页）";
        }
        /// 翻页事件
        protected void GV_PageIndexChanging(object sender, GridViewPageEventArgs e)
        {
            GV.PageIndex = e.NewPageIndex;
            InitData();
        }
    }
}
```

程序 InitData 中调用业务逻辑层中 Topic 类的 QueryTopics() 静态方法来获取所有的主帖信息填入 DataSet 对象，并将其绑定到 GridView 控件显示。

4. 发表新帖页 TopicAdd.aspx

在主帖列表页中单击超链接"发表新帖"，即可进入发表新帖的页面。该页面也是基于母版页创建的，以保持风格统一，其效果如图 13.6 所示。

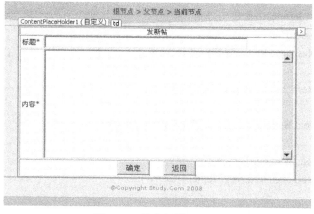

图 13.6 发表新帖页设计

页面中使用了多行文本框控件来输入内容，单行文本框用来输入标题。相关的部分程序代码如下：

```
using WebApp13.BusinessLogicLayer;
using WebApp13.DataAccessHelper;
namespace WebApp13
{
    public partial class TopicAdd : System.Web.UI.Page
    {
```

```csharp
protected void Page_Load(object sender, EventArgs e)
{
    if (!CheckUser())
        Response.Redirect("Login.aspx");
}
/// 验证当前操作的用户是否合法
private bool CheckUser()
{
    if (Session["login_name"] == null)
    {
        Response.Write("<Script Language=JavaScript>alert('请登录！');</Script>");
        return false;
    }
    return true;
}
protected void ButtonOK_Click(object sender, EventArgs e)
{
    Hashtable ht = new Hashtable();
    ht.Add("UserLoginName",
        SqlStringFormat.GetQuotedString(Session["login_name"].ToString()));
    ht.Add("Title", SqlStringFormat.GetQuotedString(TextBoxTitle.Text));
    ht.Add("Content", System.Web.HttpUtility.HtmlEncode
        (SqlStringFormat.GetQuotedString(TextBoxContent.Text)));
    ht.Add("CreateTime", SqlStringFormat.GetQuotedString(System.DateTime.Now.ToString()));
    ht.Add("IP", SqlStringFormat.GetQuotedString(Request.UserHostAddress.ToString()));   //用户 IP
    Topic topic = new Topic();
    topic.Add(ht);
    if (Session["admin"] == null)
        Response.Redirect("TopicList.aspx");
    else
        Response.Redirect("TopicAdmin.aspx");
}
protected void ButtonBack_Click(object sender, EventArgs e)
{
    if (Session["admin"] == null)
        Response.Redirect("TopicList.aspx");
    else
        Response.Redirect("TopicAdmin.aspx");
}
}
```

　　程序中调用业务逻辑层中 Topic 类的 Add() 方法将新帖写入数据库，然后转到主帖列表页，如果是管理员则转到主帖维护页。

5. 详细信息页 TopicDetail.aspx

　　在主帖列表页中单击超链接"详细信息"，即可进入显示详细信息的页面。该页面也是基于母版页创建的，以保持风格统一，其效果如图 13.7 所示。

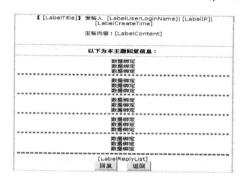

图 13.7 详细信息页设计

页面中使用了几个 Label 控件来分别显示主帖信息,使用了一个 Repeater 控件来显示所有回复信息。Repeater 控件中利用<ItemTemplate>模板来显示回复信息,利用<SeparatorTemplate>模板来分隔每个回复的信息,利用<FooterTemplate>模板来分隔回复与按钮。另外还添加了一个"回复"按钮,用来进入发表回复的页面。相关的部分程序代码如下:

```
…
using WebApp13.BusinessLogicLayer;
using WebApp13.DataAccessHelper;
namespace WebApp13
{
    public partial class TopicDetail : System.Web.UI.Page
    {
        protected void Page_Load(object sender, EventArgs e)
        {
            if (!this.IsPostBack)
                InitData();
        }
        /// 验证用户身份
        private bool CheckUser()
        {
            if (Session["login_name"].ToString() == "guest")
            {
                Response.Write("<Script Language=JavaScript>alert('对不起,你无此权限!');</Script>");
                return false;
            }
            return true;
        }
        /// 初始化页面数据
        private void InitData()
        {
            //获取链接传递的参数值
            int topicID = Convert.ToInt32(Request.QueryString["topic_id"]);
            Topic topic = new Topic();
            topic.LoadData(topicID);
            LabelTitle.Text = topic.Title;
            LabelContent.Text = System.Web.HttpUtility.HtmlEncode(topic.Content);
            LabelCreateTime.Text = topic.CreateTime.ToString();
```

```
                LabelIP.Text = topic.IP;
                LabelUserLoginName.Text = topic.UserLoginName;
                //输出回复信息
                DataSet dsReplis = topic.QueryReplies();
                Repeater1.DataSource = dsReplis;
                Repeater1.DataBind();
            }
            /// "回复"按钮单击事件：跳转到回复页面
            protected void ButtonReply_Click(object sender, EventArgs e)
            {
                if (CheckUser())
                    Response.Redirect("TopicReply.aspx?topic_id=" +
                        Request.QueryString["topic_id"].ToString());
            }
            /// "返回"按钮单击事件：跳转到主帖列表页面
            protected void ButtonBack_Click(object sender, EventArgs e)
            {
                if (Session["admin"] == null)
                    Response.Redirect("TopicList.aspx");
                else
                    Response.Redirect("TopicAdmin.aspx");
            }
        }
    }
```

程序 InitData 中调用业务逻辑层中 Topic 类的 QueryReplies() 静态方法，来获取该主帖的所有回复信息填入 DataSet 对象，并将其绑定到 Repeater 控件显示。

6. 回复页 TopicReply.aspx

在帖子的详细信息页面单击"回复"按钮，即可进入回复页面。该页面也基于母版页创建，以保持风格统一，其效果如图 13.8 所示。

页面中使用了多行文本框控件来输入回复内容，单行文本框用来输入标题。相关的部分程序代码如下：

```
…
using WebApp13.BusinessLogicLayer;
using WebApp13.DataAccessHelper;
namespace WebApp13
{
    public partial class TopicReply : System.Web.UI.Page
    {
        protected void Page_Load(object sender, EventArgs e)
        {
            if (!CheckUser())
                Response.Redirect("Login.aspx");
        }
        /// 验证当前操作的用户是否合法
        private bool CheckUser()
        {
```

```csharp
        if (Session["login_name"] == null)
        {
            Response.Write("<Script Language=JavaScript>alert('请登录！');</Script>");
            return false;
        }
        return true;
    }
    /// 回复主题"确定"按钮单击事件
    protected void ButtonOK_Click(object sender, EventArgs e)
    {
        int topicID = Convert.ToInt32(Request.QueryString["topic_id"]);
        Hashtable ht = new Hashtable();
        ht.Add("UserLoginName", SqlStringFormat.GetQuotedString
            (Session["login_name"].ToString()));
        ht.Add("TopicID", topicID);
        ht.Add("Title", SqlStringFormat.GetQuotedString(TextBoxTitle.Text));
        ht.Add("Content", SqlStringFormat.GetQuotedString(TextBoxContent.Text));
        ht.Add("CreateTime", SqlStringFormat.GetQuotedString(System.DateTime.Now.ToString()));
        ht.Add("IP", SqlStringFormat.GetQuotedString(Request.UserHostAddress.ToString()));   //用户IP
        Reply reply = new Reply();
        reply.Add(ht);
        Response.Redirect("TopicDetail.aspx?topic_id=" + topicID.ToString());
    }
    /// "返回"按钮单击事件
    protected void ButtonBack_Click(object sender, EventArgs e)
    {
        int topicID = Convert.ToInt32(Request.QueryString["topic_id"]);
        Response.Redirect("TopicDetail.aspx?topic_id=" + topicID.ToString());
    }
}
```

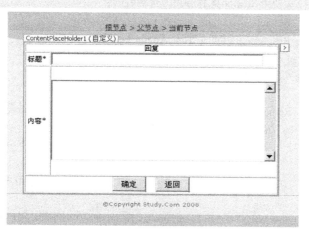

图 13.8 回复页设计

程序中调用业务逻辑层中 Reply 类的 Add() 方法将回复内容写入数据库，然后转到详细信息页。

7. 管理员登录页 adminLogin.aspx

管理员登录页是专门为管理员登录设计的页面,没有使用母版页,其效果如图 13.9 所示。

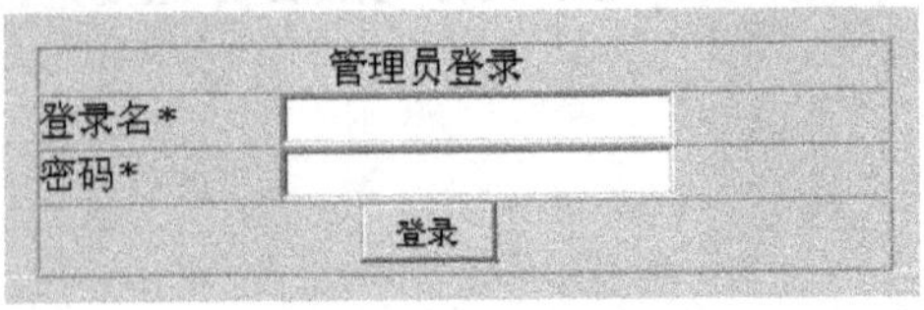

图 13.9 管理员登录页设计

管理员登录页界面简单,其相关的部分程序代码如下:

```csharp
…
using WebApp13.BusinessLogicLayer;
namespace WebApp13
{
    public partial class adminLogin : System.Web.UI.Page
    {
        /// 用户单击"登录"按钮事件方法
        protected void ButtonLogin_Click(object sender, EventArgs e)
        {
            //获取用户在页面上的输入
            string userLoginName = TextBoxLoginName.Text.Trim();   //管理员登录名
            string userPassword = TextBoxPassword.Text.Trim();     //密码
            adminUser user = new adminUser();                      //实例化 adminUser 类
            //利用 adminUser 类的 LoadData 方法获取用户信息
            user.LoadData(userLoginName);
            if (user.Exist)                                        //如果用户存在
            {
                if (user.Password == userPassword)                 //如果密码正确,转入留言列表页面
                {   //使用 Session 来保存管理员登录名信息
                    Session.Add("admin", userLoginName);
                    //使用 Session 来保存用户登录名信息
                    Session.Add("login_name", userLoginName);
                    Response.Redirect("TopicAdmin.aspx");
                }
                else        //如果密码错误,给出提示
                {
                    Response.Write("<Script Language=JavaScript>alert(\"密码错误,请重新输入密码!
                        \")</Script>");
                }
            }
            else                                                   //如果用户不存在
            {
                Response.Write("<Script Language=JavaScript>alert(\"对不起,用户不存在! \")</Script>");
            }
        }
    }
}
```

程序中使用业务逻辑层中 adminUser 类的 LoadData 方法来获取指定登录名的用户信息。

8. 主帖维护页 TopicAdmin.aspx

管理员登录成功后即进入主帖维护页,该页也是专门为管理员设计的页面,使用母版页创建,其效果如图 13.10 所示。

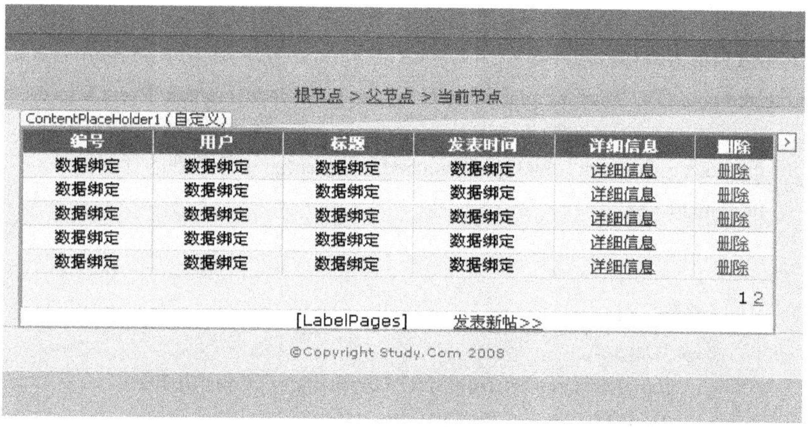

图 13.10 主帖维护页设计

主帖维护页与主帖列表页相似,只是在 GridView 控件中多了一个"删除"列,用于删除所在行的主帖及其全部回复。其相关的部分程序代码如下:

```csharp
...
using WebApp13.BusinessLogicLayer;
namespace WebApp13
{
    public partial class TopicAdmin : System.Web.UI.Page
    {
        protected void Page_Load(object sender, EventArgs e)
        {
            if (!this.CheckUser())
                Response.Redirect("adminLogin.aspx");
            if (!this.IsPostBack)
                InitData();
        }
        /// 验证管理员用户身份
        private bool CheckUser()
        {
            if (Session["admin"] == null)
            {
                Response.Write("<Script Language=JavaScript>alert('请登录!');</Script>");
                return false;
            }
            return true;
        }
        /// 按时间降序读取帖子数据
        private void InitData()
        {
```

```csharp
            DataSet ds = Topic.QueryTopics();
            GV.DataSource = ds;
            GV.DataBind();
            LabelPages.Text = "查询结果（第" + (GV.PageIndex + 1).ToString() + "页 共" +
                GV.PageCount.ToString() + "页）";
        }
        /// 按钮列单击事件
        protected void GV_RowCommand(object sender, GridViewCommandEventArgs e)
        {
            int index = Convert.ToInt32(e.CommandArgument);    //待处理的行下标
            int topicId = -1;
            switch (e.CommandName)
            {
                //删除
                case "Delete":
                    topicId = Convert.ToInt32(GV.Rows[index].Cells[0].Text);
                    Topic topic = new Topic();
                    topic.LoadData(topicId);
                    topic.Delete();
                    InitData();
                    break;
                default:
                    break;
            }
        }
        /// 翻页事件
        protected void GV_PageIndexChanging(object sender, GridViewPageEventArgs e)
        {
            GV.PageIndex = e.NewPageIndex;
            InitData();
        }
        protected void GV_RowDeleting(object sender, GridViewDeleteEventArgs e)
        { }
    }
}
```

程序中使用业务逻辑层中 Topic 类的 Delete 方法来删除指定的主帖及其全部回复信息。

13.7.4 全局变量

ASP.NET 站点使用 web.config 文件存储应用程序的全局变量和网站设置信息，合理地利用配置文件进行 ASP.NET 应用程序的开发是程序员必须掌握的技能之一。通过 web.config 文件可以为网站定义数据库连接字符串等全局变量、网站主题、自定义错误页、身份验证与授权等设置。本例主要使用 web.config 文件配置数据库连接字符串，代码如下：

```xml
<connectionStrings>
    <add name="ApplicationServices" connectionString="data source=.\SQLEXPRESS;I
ntegrated Security=SSPI;AttachDBFilename=|DataDirectory|\aspnetdb.mdf;User Instance=true"
```

```
        providerName="System.Data.SqlClient" />
    <add name="MyBBSConnectionString" connectionString=
    "Data Source=.\SQLEXPRESS;AttachDbFilename=|DataDirectory|\MyBBS_Data.MDF;
    Integrated Security=True;User Instance=True" providerName="System.Data.SqlClient" />
</connectionStrings>
```

```
<connectionStrings>
    <add name="MyBBSConnectionString" connectionString="Data Source=.\SQLEXPRESS;
AttachDbFilename=&quot;E:\App_Data\MyBBS_Data.MDF&quot;;Integrated Security=
True;Connect Timeout=30;User Instance=True" providerName="System.Data.SqlClient"/>
</connectionStrings>
```

程序中定义了一个<connectionStrings>配置段，添加了"MyBBSConnectionString"键及其数据库连接字符串的值，该值在数据访问层 Database 类中被使用，来连接指定的数据库。

13.8 读者完成系统扩展

本实例展示了一个三层架构的小型 BBS 论坛系统的设计，包含的功能较少，离真正的论坛系统还有一定距离。在此基础上，读者至少可以在以下几个方面做进一步的改进。

（1）增加搜索功能。
（2）实现分类论坛。
（3）增加用户权限设置（如分类论坛版主设置）。
（4）增加删除单个回复功能。
（5）增加帖子置顶功能。

上面列出的改进功能实现起来并不困难，有兴趣的读者可以自己进行尝试。

附录 A 编码规范

为了保证编写出的程序都符合相同的规范，保证一致性、统一性，作为一名专业开发人员必须遵守编码规范。下面列出一些推荐的编码规范，内容包括代码格式、注释规范、变量命名规范、常量命名规范、类命名规范、接口命名规范、方法命名规范、名字空间命名规范、资源命名规范和程序版本号确定规范。

1. 代码格式

在编写代码的过程中，代码格式方面应注意以下规则。

（1）通常情况下，代码缩进为 4 个空格。

（2）在代码中垂直对齐同一层次的左括号和右括号。

（3）为了防止在阅读代码时左右滚动源代码编辑器，每行代码或注释不得超过一个显示屏。

（4）当一行被分为几行时，需将串联运算符放在每一行的末尾。

（5）每一行中放置的语句避免超过一条。

（6）在大多数运算符之前或之后使用空格，这样做是不会改变代码意图的，却可以使代码更加容易阅读。

（7）将大的、复杂的代码节分为较小的、易于理解的模块。

（8）编写 SQL 语句时，关键字全部使用大写，数据库元素（如表、列和视图）使用大小写混合。

（9）将每个主要的 SQL 子句放在不同的行中，这样更容易阅读和编辑语句。正确的示例代码如下：

```
SELECT FirstName.LastName
       FROM Customer
       WHERE State='CHN'
```

2. 注释规范

注释规范包括源文件注释规范、类注释规范、类的属性和方法注释规范、代码间注释规范。

1) 源文件注释规范

建议的源文件头部注释示例如下：

```
/***********************************************
**文件名：
**copyright（c）2010-2012********软件项目开发部门
**文件编号：
**创建人：
**日期：
```

```
**修改人：
**日期：
**描述：
*********************************************/
```

2）类注释规范

类开始部分必须以如下形式书写注释：

```
/********************************************
**类编号：<类编号,可以引用系统设计中的类编号>
**作用：<对此类的描述,可以引用系统设计中的描述>
**作者：作者中文名
**编写日期：<类创建日期,格式：YYYY—MM—DD>
*********************************************/
```

3）类属性注释规范

在类的属性前必须以如下格式编写属性注释：

```
//
//属性说明
//
```

4）类方法注释规范

在类的方法声明前必须以如下格式编写注释：

```
/********************************************
**函数名：
**功能描述：
**输入参数：a—类型<说明>
           b—类型<说明>
**输出参数：x—类型<说明>
**返回值：—类型<说明>
**作者：<创建人>
**日期：
**修改：<修改人>
**日期：
*********************************************/
```

5）代码间注释规范

代码间注释规范应遵从以下格式：

```
//
//<注释>
//
```

代码中遇到语句块时，如 if、for、foreach，必须添加注释。添加的注释要能够说明此语句块的作用和实现手段。

3. 变量命名规范

1）程序文件（*.cs）中的变量命名规则

（1）命名必须具有一定的实际意义，形式为 XAbcFgh。X 由变量类型确定，Abc、Fgh 表示连续意义字符串，如果连续意义字符串仅两个，可都定义为大写。具体规范如表 A.1 所示。

补充说明一点：针对异常捕获过程中的 Exception 变量命名，在没有冲突的情况下，统一命名为 e；如果有冲突，可以重复 e，如 ee。如果捕获异常不需要做任何处理，则不需要定义 Exception 实例。

表 A.1　变量命名规范列表

前　缀	表示类型	示　　例
b	bool	bEnable
sz	char	szText
sb	sbyte	sbText
bt	byte	btText
n	int	nText
ui	uint	uiText
l	long	lText
ul	ulong	ulText
f	float	fText
d	double	dText
de	decimal	deText
str	string	strText
x,y	坐标	100,100
m_	类成员变量	m_nVal；m_bFlag
s_	类静态成员变量	s_nVal；s_bFlag

（2）对于即使可能仅出现在几个代码行中的、生存期很短的变量，仍然使用有意义的名称。仅对于短循环（如 for、foreach 等）索引使用单字母变量名，如 i 或 j。

（3）在变量名中使用互补对，如 min/max、begin/end 和 open/close 等。

（4）不要使用原义数字或原义字符串，如描述一周循环 for i=1 to 7，而应使用命名常数，如 for i=1 to NUM_DAYS_IN_WEEK，这样做便于维护和理解程序。

2）控件命名规则

为了和 .NET 类库统一，C# 控件命名规则分别针对 Windows Form 程序和 Web 程序创建。Windows Form 程序中的控件，使用小写前缀表示类别，并且遵从表 A.2 所示规则。

表 A.2　Windows Form 控件命名规范列表

前　缀	表示类型	示　　例
fm	窗口	fmLogin
btn	按钮	btnOK
cob	下拉式列表框	cobProduct
txt	文本输入框	txtProductID
lab	标签	labID
img	图像	imgFace
pic	图片	picShoow
grd	网格	grdProduct
scr	滚动条	scrA
lst	列表框	lstProduct

Web 应用程序控件使用首字母大写前缀表示类别，通常应遵从表 A.3 所示规则。

表 A.3　Web 控件命名规范列表

前缀	表示类型	示例
Fm	窗口	FmLogin
Btn	按钮	BtnOK
Cob	下拉式列表框	CobProduct
Txt	文本输入框	TxtProductID
Lab	标签	LabID
Img	图像	ImgFace
Pic	图片	PicShoow
Grd	网格	GrdProduct
Scr	滚动条	ScrA
Lst	列表框	LstProduct

4. 常量命名规范

在为常量命名时，建议常量名也应当有一定的意义，通常的格式为 NOUN 或 NOUN_VERB。常量名均为大写，单字与单字之间用下画线分隔。正确的示例代码如下：

```
Private const bool WEB_ENABLEPAGECACHE_DEFAULT=true
Private const int WEB_PAGECACHEEXPIRESINSECONDS_DEFAULT=3600
Private const bool WEB_ENABLESSL_DEFAULT=false
```

需要注意的是，变量名和常量名最多可以包括 255 个字符，但是，超过 25 或 30 个字符的名称比较笨拙。一个有实际意义的名称，应该能够清楚地表达变量或常量的用途。因此，25 或 30 个字符足够了。

5. 类命名规范

（1）名字应该能够标识事物的特性。
（2）名字尽量不使用缩写，除非是众所周知的。
（3）名字可以由两个或三个单词组成，通常不应多于三个。
（4）在名字中，所有单词的首字母大写。
（5）使用名词或名词短语命名类。
（6）少用缩写。
（7）不要使用下画线字符（_）。

6. 接口命名规范

与类命名规范相同，唯一的区别是接口在名字前加上"I"前缀，如"interface IDBCommand; interface Ibutton;"。

7. 方法命名规范

与类命名规范相同。

8. 名字空间命名规范

与类命名规范相同。

9. 资源命名规范

（1）菜单：IDM_XX 或者 CM_XX。
（2）位图：IDB_XX。

（3）对话框：IDD_XX。

（4）字符串：IDS_XX。

（5）图标：IDR_XX。

10. 程序版本号确定规范

主程序的版本号由主版本号+次版本号+Build（Fix 版本号）构成。主版本号表示程序的重大修改，如修改或改进了程序的重要功能；次版本号表示程序的一般修改，如修改或改进了程序的一般功能；Fix 版本号表示程序 Bug 的修改，以修改的日期缩写表示，如 2013-1-20 修改的 Fix 版本号是 20130120。举例说明，程序版本号为 1.2 Build（20130120），表示该程序的主版本号是 1，次版本号是 2，Fix 版本号是 20130120。

反侵权盗版声明

电子工业出版社依法对本作品享有专有出版权。任何未经权利人书面许可，复制、销售或通过信息网络传播本作品的行为，歪曲、篡改、剽窃本作品的行为，均违反《中华人民共和国著作权法》，其行为人应承担相应的民事责任和行政责任，构成犯罪的，将被依法追究刑事责任。

为了维护市场秩序，保护权利人的合法权益，我社将依法查处和打击侵权盗版的单位和个人。欢迎社会各界人士积极举报侵权盗版行为，本社将奖励举报有功人员，并保证举报人的信息不被泄露。

举报电话：（010）88254396；（010）88258888
传　　真：（010）88254397
E-mail：　dbqq@phei.com.cn
通信地址：北京市万寿路173信箱
　　　　　电子工业出版社总编办公室
邮　　编：100036